Das Fluor

und seine Verbindungen

von

Henri Moissan.

Professor an der École Supérieure de Pharmacie in Paris,
Mitglied der Académie des Sciences etc. etc.

Autorisierte deutsche Ausgabe

übersetzt von

Dr. Theodor Zettel.

Mit 21 in den Text gedruckten Abbildungen.

BERLIN W.
Verlag von M. Krayn.
1900.

Vorwort

des Verfassers zur französischen Ausgabe.

In vorliegendem Bande sind alle meine Forschungen über das Fluor und seine Verbindnngen zusammengefasst, welche in verschiedenen Zeitschriften veröffentlicht worden waren, und deren so manche einer Vervollständigung bedurften.

Gar oft während dieser ausgedehnten Arbeiten hatte ich Gelegenheit zu sehen, wie unvollständig unsere Kenntnis der Fluorverbindungen ist. Wie wenig ist über die Fluorverbindungen der Metalloide, wie wenig über die Fluormetalle bekannt, und wie eng gezogen ist die Grenze der Erforschung der organischen Fluorverbindungen! In allzu grossem Vertrauen auf die Analogie der Reaktionen stützen wir uns zumeist bei der Darstellung neuer Fluorverbindungen auf die Aehnlichkeit, welche dieselben mit den entsprechenden Chlor-, Brom- und Jodverbindungen zeigen sollten. Wir verfolgen den experimentellen Weg nicht in aller Strenge. Das Fluor besitzt besondere Eigenschaften, auf Grund deren es zwar an der Spitze der Halogengruppe stehen bleiben kann, aber doch eine Sonderstellung und einen eigenartigen Charakter besitzt. Wir sollten uns also weniger von den Analogien als von den Unterschieden leiten lassen, denn in dieser Hinsicht birgt die Erforschung der Fluorverbindungen wohl noch manche Ueberraschung in sich.

Meine Untersuchungen wurden übrigens bedeutend erleichtert, sobald ich gelernt hatte, mit ziemlich bedeutenden Mengen Fluor zu operieren.

Zunächst war die Hauptanstrengung darauf gerichtet gewesen, das Fluor als Element abzuscheiden, und erst später gelang es in fortgesetzten Versuchen bei der Darstellung des neuen Gases bessere und befriedigende Ausbeuten zu erzielen.

Nunmehr drängten sich sofort neue Versuche auf; die Bestimmung einiger physikalischen Constanten des Fluors, die Verbindungen mit den Metalloiden und Metallen und die organischen Fluorverbindungen. Alle diese Fragen waren von grösstem Interesse, und ihr Studium beschäftigte mich durch mehrere Jahre. Es waren ja nicht alle gleich wichtig, aber zur Vervollständigung des Gebietes des Fluors und seiner Verbindungen mussten sie gründlich behandelt werden.

Die Untersuchung eines neuen Elementes ist stets ausserordentlich fesselnd.

Hier handelte es sich zudem um ein Element mit einer ganz ausnahmsweise grossen chemischen Aktivität und Verbindungsenergie, so dass, wie leicht begreiflich ist, die Freude an der Erforschung desselben noch gesteigert wurde.

Es gereichte in der That den Chemikern unseres Zeitalters nicht gerade zur Ehre, diesen wichtigen mineralbildenden Körper, dieses in der Natur so reichlich vorkommende Element nicht zu kennen. Gegenwärtig, da es möglich ist, das Fluor mit Leichtigkeit darzustellen, ist man erstaunt, dass zu seiner Abscheidung in freiem Zustande so viel Zeit und Mühe erforderlich gewesen ist. Dies ist allerdings stets der Fall. In wenigen Jahren wird seine Darstellung ganz einfach scheinen, und wenn man noch eine industrielle Verwendung findet, wird man es in grossen Mengen darstellen und ganz an die Mühe vergessen, welche die erste Isolierung gekostet hat.

Die grosse Entdeckung, die heutzutage verwirklicht werden sollte, würde übrigens nicht darin bestehen, die Zahl unserer Elemente um eines zu vermehren, sondern im Gegenteile dieselbe zu verringern, indem man einen systematischen Uebergang von einem Elemente zum anderen finden würde.

Werden wir uns immer denselben, eventuell noch um die künftig neu zu entdeckenden, vermehrten Elementen gegenüber befinden, ohne von einem derselben zu dem anderen gelangen zu können? Oder werden wir vielmehr dazu gelangen, die einen Elemente in die anderen überführen zu können, eine Entdeckung, die in der Chemie ungefähr dieselbe Umwälzung hervorrufen würde, wie die durch Lavoisier's Genie zuerst erfasste Erklärung der Verbrennung?

Ob diese verschiedenen Elemente von einer einzigen Ursubstanz oder von der Verbindung zweier Körper herstammen, ist heute noch ziemlich gleichgiltig. Der Kern der Sache wäre, die Elemente derselben natürlichen Gruppe ineinander überführen zu können, wie wir es jetzt bei den allotropischen Modifikationen eines und desselben Elementes im Stande sind.

Alle die unzähligen, seit einem Jahrhundert über die Chemie des Kohlenstoffes angestellten Forschungen beweisen, welche wichtige, ungeheure Rolle die Polymerisation spielen kann.

Zeigen unsere verschiedenen Elemente nicht eine analoge Erscheinung?

Unsere einfachen Körper sind aufzufassen als Produkte astronomischer Phänomene, bei welchen die Sonne und ihre Planeten entstanden sind. An der Oberfläche der Erde finden wir nur eine gewisse Zahl dieser Elemente, die den geologischen Bedingungen entsprechen, welche bei der Entstehung der Erde massgebend gewesen sind. Es giebt aber keinen Beweis dafür, dass das Innere unseres Planeten, und dasjenige der Sonne nicht noch unbekannte Elemente, Polymere der ersteren, enthalten, welche unter gewissen Bedingungen von Temperatur und Druck entstanden wären, die sich unserer Beurteilung gegenwärtig noch entziehen.

Wir brauchen uns nur daran zu erinnern, dass wir bei der Analyse des Sonnenspektrums eine sehr grosse Anzahl Streifen finden, von welchen ungefähr der dritte Teil bei den an der Oberfläche der Erde vorkommenden Elementen nicht wiedergefunden werden konnte.

Eine sehr hohe Temperatur liefert nicht immer den einfachsten Körper; man darf nicht daran vergessen, dass Ozon nicht nur in der Kälte, sondern auch bei einer Temperatur von 800° entsteht und nur bei dieser Temperatur unbegrenzte Zeit in ständigem Gleichgewichtszustand mit Sauerstoff bestehen bleiben kann.

Unsere Kenntnisse auf diesem Gebiete sind noch keine sehr ausgedehnten.

Wenn wir nämlich auch heutzutage im Stande sind, sehr hohe Temperaturen zu erzeugen, so können wir dieselben doch weder messen noch uns unter verschiedenen Verhältnissen zu nutze machen, da uns das notwendige Material für solche Experimente fehlt.

Im elektrischen Ofen geht Graphit, der feuerbeständigste Körper, den wir kennen, in gasförmigen Zustand über; wir können ihn jedoch nicht als Gas handhaben, ja nicht einmal auffangen.

Andererseits spielt auch der Druck eine wichtige Rolle, die bei der Verbindung im allgemeinen und bei der Polymerisation im besonderen noch sehr wenig untersucht ist. Wir sind eben nicht Herren über diesen Druck. Sobald 10000 Atmosphären erreicht sind, ist die Elastizitätsgrenze von Stahl überschritten, derselbe zerfällt in Staub. Wir besitzen keinen genug widerstandsfähigen Körper, um unsere Versuche weiter ausdehnen zu können.

Uebrigens sind auch schon vor diesem uns ausserordentlich scheinenden äussersten Drucke die Experimente mit den grössten Schwierigkeiten verbunden.

Was ist jedoch ein solcher Druck im Vergleich zu den Grössen, die bei geologischen und astronomischen Erscheinungen auftreten können!

Bei diesen Polymerisations- oder Verbindungsvorgängen haben endlich jedenfalls auch elektrische Phänomene mitgewirkt. Auch hier drängt uns der Vergleich zwischen den im Laboratorium zu Gebote stehenden Grössen und den Kräften, die wir bei den Naturerscheinungen vorfinden, die Ueberzeugung auf, dass unsere Versuche nur ein kleiner schüchterner Anfang sind.

Grosse Probleme sind noch zu lösen! Und diese anorganische Chemie, die man erschöpft glaubte, ist erst im Anfgehen!

Doch genug hiervon, denn, wie Dumas seinerzeit bemerkt hat, ist man bei einem derartigen heikelen Thema stets in Gefahr, zu viel zu sagen, so wenig man auch sagen mag.

Paris, 24. Februar 1900.

Henri Moissan.

Das Fluor und seine Verbindungen.

ERSTES KAPITEL.

Abscheidung des Fluors.

ALLGEMEINES.

Die in dem vorliegenden Bande niedergelegten Untersuchungen hatten eine vorgefasste Idee zum Ausgangspunkt.

Nimmt man vorübergehend an, das freie Chlor sei noch nicht dargestellt worden, trotzdem die Gewinnung der Metallchloride, der Chlorwasserstoffsäure, der Chlorphosphorverbindungen und ähnlicher Körper wohl bekannt ist, so steigt die Wahrscheinlichkeit, freies Chlor zu erhalten jedenfalls, wenn man von den Verbindungen ausgeht, welche dieses Element mit den Metalloiden bilden kann.

Der Versuch, zum freien Chlor durch Zersetzung von Phosphorpentachlorid zu kommen, schien mehr Aussicht auf Erfolg zu haben, als durch Elektrolyse von Chlorcalcium oder Chloralkali.

Warum sollte es mit dem Fluor anders bestellt sein?

Da das Fluor schliesslich auch, wie aus früheren Untersuchungen, besonders aus denen von Davy und Frémy hervorgeht, ein Körper von besonders kräftiger Affinität ist, so war es von vornherein geboten, die Reaktionen behufs seiner Abscheidung und Gewinnung bei möglichst niedrigen Temperaturen auszuführen.

Dies sind die allgemeinen Betrachtungen, die dazu führten, in systematischer Weise die Untersuchung der Verbindungen des Fluors mit den Metalloiden wieder aufzunehmen.

Beim Fluorsilicium, welches zunächst zum Studium herangezogen wurde, verursachte von allem Anfang an seine grosse Beständigkeit ziemliche Ueberraschung. Mit Ausnahme der Alkalimetalle, durch welche es bei Dunkelrotglut leicht zerlegt wird, wirken fast gar keine Körper auf Fluorsilicium ein. Eine Erklärung dieser Eigenschaft ist nicht schwierig, wenn man berücksichtigt, dass bei Entstehung dieser Verbindung eine bedeutende Wärmemenge frei wird, denn durch die Untersuchungen Berthelot's ist seit langem bekannt, dass die Verbindungen umso beständiger sind, je grösser die bei ihrer Bildung frei werdende Wärmemenge ist. Guntz hat die Bildungswärme des Fluorsiliciums zu + 134,7 Calorien bestimmt.

Der Gedanke, dass das reine Fluor, wenn seine Gewinnung jemals gelingen sollte, sich unter Feuererscheinung mit krystallisirtem Silicium vereinigen müsse, war daher mit Recht oder Unrecht, selbst, ohne freies Fluor jemals gesehen zu haben, ziemlich naheliegend, und so oft im Verlauf der verschiedensten Versuche die Hoffnung vorhanden war, das freie Fluor erhalten zu haben, wurde stets die oben erwähnte Reaktion versucht, und wie sich zeigen wird, auch mit vollständigem Erfolg.

Nach den ersten Vorversuchen mit Fluorsilicium wurde die Untersuchung der Verbindungen des Fluors mit Phosphor in Angriff genommen. Seit Humphry Davy, welcher das Phosphorfluorid als Flüssigkeit ansah, hatte man sich mit diesen Körpern wenig beschäftigt; nur Thorpe veröffentlichte in jüngster Zeit ein Verfahren zur Darstellung von Phosphorpentafluorid, welches nach seiner Anschauung ein gasförmiger Körper war.

Ich habe mich mit dem Studium dieser Verbindungen so eingehend als möglich befasst, habe das Phosphortrifluorid und Phosphoroxyfluorid, beides gasförmige Verbindungen, entdeckt und analysiert und hierauf unter den verschiedensten Versuchsbedingungen die Resultate der Einwirkung des Induktionsfunkens auf diese Körper beobachtet.

Nur Phosphorpentafluorid konnte durch kräftige Induktionsfunken in Fluor und Trifluorid zerlegt werden, ohne dass es indes möglich war, die kleine Menge gebildeten Fluors zu isolieren. Der Misserfolg war den Versuchsbedingungen selbst zuzuschreiben, indem das Fluor nur in einem Reagensglas über Quecksilber abgeschieden wurde und überdies in dem überschüssigen Phosphortrifluorid verschwand.

Bei Versuchen in anderer Richtung lieferte die Einwirkung von rotglühendem Platin auf die Phosphorfluoride interessante Resultate; zur Entscheidung der Frage betreffend die Isolierung des Fluors waren dieselben indes nicht genug bestimmt.

Gleichzeitig stellte ich das Arsentrifluorid dar, welches schon von Dumas in sehr reinem Zustand erhalten worden war, und bestimmte die physikalischen Constanten, sowie einige neue Eigenschaften desselben. Auch die bei Einwirkung des elektrischen Stroms auf diese Verbindung auftretenden Erscheinungen wurden mit aller Sorgfalt untersucht.

Das Arsentrifluorid AsF_3, zusammengesetzt aus einem festen Körper, dem Arsen, und einem aller Wahrscheinlichkeit nach gasförmigen Körper, dem Fluor, ist bei gewöhnlicher Temperatur flüssig und schien daher ganz besonders für elektrolytische Versuche geeignet zu sein.

Die Versuche mit Arsentrifluorid mussten leider zu vier verschiedenen Zeitpunkten unterbrochen werden; das Arbeiten mit diesem Körper ist noch gefährlicher als das mit wasserfreiem Fluorwasserstoff infolge seiner ausserordentlich giftigen Eigenschaften, die schliesslich die Fortsetzung der Versuche ganz unmöglich machten.

Es gelang indes trotzdem, diese Verbindung mit einem Strom von 90 Bunsen-Elementen zu elektrolysieren; wenn auch bei diesem Versuche das freie Fluor nicht erhalten wurde, so wurden doch, wie später gezeigt werden wird, wertvolle Anhaltspunkte für die Elektrolyse der flüssigen Fluorverbindungen gewonnen, denn auf diesem Wege gelangte ich dazu, wasserfreien Fluorwasserstoff, der durch Zusatz von Fluorwasserstoff-Fluorkalium leitend gemacht worden war, der elektrolytischen Zersetzung zu unterwerfen.

Dieser letzte Versuch führte endlich zu dem gesuchten Resultat:

Am negativen Pol wurde Wasserstoff abgeschieden, am positiven dagegen ein neuer gasförmiger Körper mit ganz besonderen Eigenschaften, mit einer ganz ausserordentlichen chemischen Reactionsfähigkeit. Es war das Radical der Fluoride, das freie Fluor.

GESCHICHTLICHES.

Schon im Jahre 1768 untersuchte Margraff (1) die Einwirkung von Vitriolöl auf Flussspat, jedoch erst Scheele (2) beschrieb im Jahre 1771 den Fluorwasserstoff, ohne denselben indes rein dargestellt zu haben.

Gay-Lussac und Thénard (3) nahmen im Jahre 1809 die Untersuchung dieser Reaction wieder auf, welche Gegenstand einer wissenschaftlichen Diskussion zwischen Bergmann, Wiegleb, Bucholz und Meyer gewesen war; es gelang ihnen, eine ziemlich reine, sehr concentrierte Säure, die indes noch lange nicht wasserfrei war, darzustellen. Die Einwirkung der Flusssäure auf Kieselsäure und Silikate wurde sodann vollständig aufgeklärt.

In den Jahren 1813 und 1814 veröffentlichte Sir Hum-

1) MARGRAFF. *Berliner Sitzungsberichte*, 1876.

2) SCHEELE. Untersuchung des Flussspats und seiner Säure. *Berichte der Akademie der Wissenschaften von Stockholm*, 1771/II. und *Mémoires de chimie* t. I, p. 1.

3) GAY-LUSSAC und THÉNARD. Mémoire sur l'acide fluorique, *Annales de Chimie et Physique*, t. LXIX, p. 204; 1809.

phry Davy[1] mehrere wichtige Abhandlungen über diesen Gegenstand.

Kurze Zeit vorher hatte nämlich Ampère in zwei an Humphry Davy gerichteten Schreiben der Anschauung Ausdruck gegeben, die Fluorwasserstoffsäure könne als eine Verbindung von Wasserstoff mit einem unbekannten Element, dem Fluor, also mit einem Wort als Säure ohne Sauerstoff, als Wasserstoffsäure aufgefasst werden.

Davy teilte diese Auffassung und trachtete zunächst zu beweisen, dass die Fluorwasserstoffsäure keinen Sauerstoff enthielt. Zu diesem Zwecke neutralisierte er Fluorwasserstoff mit reinem Ammoniak und erhitzte das gebildete Fluorhydrat in einem Platinapparate bis zu einer hohen Temperatur. In dem kalten Teil des Apparates konnte nur sublimiertes Ammonfluorhydrat aufgefangen werden; Wasser war auch nicht in geringen Spuren nachzuweisen, während der gleiche Versuch mit einer sauerstoffhaltigen Säure angestellt, eine erhebliche Menge Wasser lieferte.

Nun erweiterte Davy sein Untersuchungsgebiet und suchte das Radical dieser Fluorwasserstoffsäure abzuscheiden; über ihre Analogie mit der Chlorwasserstoffsäure, entstanden durch die Verbindung von Chlor und Wasserstoff, hegte er nunmehr keinen Zweifel mehr.

Im allgemeinen können die Untersuchungen über Fluor in zwei grosse Gruppen eingeteilt werden:

1. Versuche durch Elektrolyse der Säure, oder der Fluoride;
2. Versuche auf trockenem Wege.

Schon bei Beginn dieser meiner Arbeiten, sah ich vor-

[1]) H. Davy. Some experiments and observations on the substances produced in different chemical processes on Fluor spar, *Philosophical Transactions of the Royal Society of London*, t. CIII, p. 263; 1813. – An account o, some new experiments on the fluoric compounds, *Ibid.*, t. CIV, p. 62; 1814. — Mémoire sur la nature de l'acide fluorique, lu à la Société Royale de Londres, le 8. juillet 1813, *Annales de Chimie et de Physique* 1re série, t. LXXXVIII, p. 271; 1813.

aus, dass das Fluor, wenn man es in Freiheit setzen könnte, Wasser zersetzen würde. Und in der That, alle Versuche auf nassem Wege, von den ersten Arbeiten Davy's angefangen, hatten nicht die geringste Aussicht auf Erfolg, so dass ich mich bei denselben in dieser geschichtlichen Uebersicht nicht aufhalten will.

Humphry Davy führte viele elektrolytische Versuche in Apparaten aus Platin oder geschmolzenem Chlorsilber, mit Hülfe der kräftigen Batterie der Royal Society, aus.

Er erkannte, dass Fluorwasserstoff so lange zersetzt wurde, als Wasser zugegen war, und dass hernach der Stromdurchgang viel schwieriger erfolgte. Er liess auch versuchsweise Funken in concentrierter Säure überspringen, auf welchem Wege er mitunter eine kleine Menge Gas erhielt. In kurzer Zeit jedoch war die ganze Säure, wenn auch noch so gut gekühlt, verdampft, und der Aufenthalt im Laboratorium wurde daher zur Unmöglichkeit.

Infolge Einatmens der Dämpfe von Fluorwasserstoffsäure erkrankte Davy sogar sehr schwer; er giebt den Chemikern den Rat, sehr vorsichtig zu sein, um die Einwirkung der Säure auf Haut und Atmungsorgane hintanzuhalten.

Auch Gay-Lussac und Thénard hatten bekanntlich viel von diesen Dämpfen zu leiden.

Die anderen Versuche Davy's (alle anzuführen, wäre zu weitläufig) erstreckten sich auf die Einwirkung von Chlor auf Fluoride. Sie waren mit grossen Schwierigkeiten verbunden, denn die Fluorhydrate der Fluoride waren dazumal ebensowenig bekannt, wie die Herstellung vieler wasserfreier Fluoride.

Wie nicht anders zu erwarten, sind diese Untersuchungen Davy's von der grössten Bedeutung, wurde doch durch ihn die Aufmerksamkeit auf eine wichtige Eigenschaft des Fluors gelenkt. Bei den Experimenten, die eine kleine Menge des Radicals der Fluoride ergeben hatten, war das Gold oder Platin der Gefässe, in welchen die Reaktion vor sich gegangen war, erheblich angegriffen worden, unter Bildung von Gold- oder Platinfluoriden. Auch Glas war angegriffen worden unter Bildung von Fluorsilicium und Entwicklung von Sauerstoff.

Bei den mannigfaltigen Versuchen, die Davy ausführte, liess er unter anderem wiederholt Chlor auf Metallfluoride in Gefässen aus Schwefel, Kohle, Gold, Platin etc. einwirken, ohne indess jemals ein zufriedenstellendes Resultat zu erhalten und gelangte so zu der Anschauung, dass die chemische Aktivität des Fluors bedeutend grösser sein müsse, als die der bis dahin bekannten einfachen Körper.

Am Schluss seiner Abhandlung sagt Humphry Davy, diese Versuche könnten vielleicht von Erfolg gekrönt sein, wenn sie in Gefässen aus Flussspat ausgeführt würden, ein Gedanke, der, wie sich zeigen wird, von verschiedenen Forschern wieder aufgenommen wurde.

Im Jahre 1833 unterwarf Aimé (1) das Fluorsilber der Einwirkung von Chlor in einem Glasgefäss, dessen Wandungen mit einer dünnen Schicht Kautschuk überzogen waren. Letzterer wurde verkohlt, und der Versuch lieferte keine besseren Resultate, als derjenige Davy's.

G. Knox und Th. Knox, Mitglieder der Royal Irish Academy (2) wiederholten den vorstehenden Versuch, die Einwirkung von Chlor auf Fluorsilber, in einem Gefäss aus Fluorcalcium. Ihre Versuche sind jedoch nicht einwandfrei, besonders darum, weil das verwendete Fluorsilber nicht trocken war. Es ist allerdings sehr schwer, Fluorsilber und Fluorquecksilber vollständig wasserfrei herzustellen. Ausserdem lehren die Arbeiten Fremy's, dass bei der Einwirkung von Chlor auf Fluoride viel eher Additionsprodukte, Fluorchloride entstehen, als dass das Fluor abgeschieden und in Freiheit gesetzt wird.

Im Jahre 1846 beschäftigte sich Louyet (3) mit einer ähn-

1) Aimé. Note sur le fluor, *Annales de Chimie et de Physique* 2e série . LV, p. 443; 1834.

2) G. J. Knox und Th. Knox. On Fluorine, *Proceedings of the Roya Irish Academy*, t. I, p. 54; 1841; und *London and Edinburg Philosophica Magazine and Journal of Science*, t. IX, p. 107; 1836.

3) Louyet. Nouvelles recherches sur l'isolement du fluor, *Comptes rendus de l'Académie des Sciences*, t. XXIII, p. 960; 1846. — De la véritable nature de l'acide fluorhydrique, *Comptes rendus de l'Académie des Sciences*, t. XXIV p. 434; 1847.

lichen Reaktion, der Einwirkung von Chlor auf Fluorquecksilber, die er ebenfalls in einem Apparat aus Flussspat ausführte. Die Einwände, die man gegen die Experimente der Brüder Knox erheben kann, gelten auch für die Versuche Louyet's. Fremy wies nach, dass das nach dem Verfahren Louyet's hergestellte Fluorquecksilber noch eine bedeutende Menge Wasser enthielt; es war daher gar nicht anders zu erwarten, als dass keine übereinstimmenden Resultate erhalten wurden. Das entweichende Gas bestand aus einem Gemenge von Luft, Chlor und Fluorwasserstoff, dessen Eigenschaften je nach der Dauer des Versuches verschiedene waren.

Die Untersuchungen Louyet's enthalten übrigens einen Irrtum, der bisher unbemerkt geblieben war. Zur Darstellung wasserfreier Fluorwasserstoffsäure behandelte Louyet concentriertes Fluorwasserstoffhydrat mit Phosphorsäureanhydrid und erhielt hierbei ein rauchendes Gas, welches Glas nicht aetzte. Dieses Gas, welches nicht analysiert wurde, war kein Fluorwasserstoff, sondern bestand zum grössten Teil aus Phosphoroxyfluorid. Fluorwasserstoffsäure wirkt nämlich, wie ich später nachweisen werde, auf Phosphorsäureanhydrid bei gewöhnlicher Temperatur unter Bildung der gasförmigen Verbindung POF_3 ein.

Diesen irrtümlich als wasserfreien Fluorwasserstoff angesehenen Körper verwendete Louyet zur Darstellung seiner Fluoride. Es ist daher kein Wunder, wenn er zu folgenden Schlüssen gelangt: „Was die Natur des Fluors betrifft, so habe ich die Hypothese Ampère's vollständig widerlegt, d. h. ich habe nachgewiesen, dass dieser Körper weit mehr Analogien mit Sauerstoff oder Schwefel zeigt als mit den Halogenen, Chlor, Brom und Jod."

Ebenso wie Davy hatten auch die Brüder Knox viel von der Einwirkung der Flusssäure auf die Atmungsorgane zu leiden. Der eine von ihnen berichtet sogar, er sei genötigt gewesen, drei Jahre in Neapel zuzubringen, um sich von den Folgewirkungen seiner Versuche zu erholen und sei trotzdem noch ziemlich leidend zurückgekehrt. Louyet liess sich vom Forschungseifer mitreissen, versäumte es, genügende Vorsicht gegenüber der ätzenden Wirkung der Flusssäuredämpfe anzuwenden und bezahlte seine Hingebung an die Wissenschaft mit dem Leben.

Fremy[1] nahm, veranlasst durch die Veröffentlichungen Louyet's, gegen 1850 die Versuche zur Abscheidung des Fluors wieder in Angriff. Nachdem er die Metallfluoride erforscht hatte, entdeckte er zahlreiche Fluorhydrate von Fluoriden und beschrieb deren Zusammensetzung und Eigenschaften. Hierauf untersuchte er mit grosser Sorgfalt die Einwirkung verschiedener Gase, besonders Chlor und Sauerstoff, auf diese Fluoride, und endlich wurde seine Aufmerksamkeit auf die elektrolytische Zersetzung der Fluormetalle gelenkt.

Die meisten dieser Versuche wurden bei ziemlich hohen Temperaturen in Platingefässen ausgeführt.

Nach der eben angeführten, mehr allgemeinen Untersuchung der Fluoride beschäftigte sich Fremy eingehender mit der Einwirkung von Chlor auf Fluorblei, Fluorantimon, Fluorquecksilber und Fluorsilber, und bewies bei dieser Gelegenheit deutlich, dass es zu jener Zeit nahezu unmöglich war, diese Fluoride in absolut trockenem Zustande zu erhalten. Aus diesem Umstande ist es leicht erklärlich, dass Fremy seine elektrolytischen Versuche hauptsächlich mit Fluorcalcium angestellt hat.

Nachdem er beobachtet hatte, wie hartnäckig die Fluormetalle Wasser zurückhalten, griff er eben immer wieder zum Flussspat, der in der Natur sehr rein und vollständig wasserfrei vorkommt, und elektrolysierte denselben bei hoher Temperatur als schmelzflüssiges Bad in einem Platingefässe. Hierbei wird das Calcium am negativen Pol ausgeschieden, während der die positive Elektrode bildende Platinstab sehr rasch angefressen wird. Das dort auftretende Aufschäumen beweist, dass ein gasförmiger Körper abgeschieden wird. Dieses Gas hatte die

[1]) FREMY. Recherches sur les fluorures, *Annales de Chimie et de Physique*, 3e série, t. XLVII, p. 5; 1856.

Eigenschaft, Jod aus den Jodiden frei zu machen. Wiederholte man aber den Versuch einigemale, so wurden die Wände des Platinapparates alsbald durch das freiwerdende alkalische Erdmetall zerstört, so dass der Apparat in wenigen Augenblicken unbrauchbar wurde, und man wieder von Anfang anfangen musste.

Fremy liess sich aber durch die Misserfolge nicht abschrecken; im Gegenteil, er bewies bei diesen Versuchen eine kaum glaubliche Hartnäckigkeit. Er ändert Versuchsbedingungen und Apparate in mannigfaltiger Weise, und jede neue Schwierigkeit ermutigt ihn nur von neuem, in seinem Werke fortzufahren.

Zwei wichtige Entdeckungen leuchten vor allem aus seinen Arbeiten hervor, deren eine sofort festen Fuss in der Wissenschaft fasste, während die andere, wie es scheint, weniger Eindruck gemacht hat.

Die erstere ist die Darstellung der völlig wasserfreien, wirklich chemisch reinen Fluorwasserstoffsäure, deren Existenz bis zu den Versuchen Fremy's unbekannt war.

Nachdem Fremy das Fluorkalium-Fluorhydrat dargestellt und analysiert hatte, verwendete er es sofort als Ausgangsmaterial zur Gewinnung von reiner wasserfreier Fluorwasserstoffsäure. Er erhielt dieselbe als einen bei gewöhnlicher Temperatur gasförmigen Körper, der sich in einer Kältemischung zu einer farblosen Flüssigkeit verdichtet, die äusserst gierig Wasser anzieht.

Dies ist also das eine wichtige Resultat: die Darstellung der reinen Fluorwasserstoffsäure.

Die zweite Thatsache, die eigentlich fast unbemerkt geblieben, für mich dagegen besonders gegen den Abschluss meiner Versuche zu vom grössten Interesse gewesen ist, besteht in der Entdeckung, dass das Fluor ausserordentlich befähigt ist, sich an fast alle Verbindungen durch Addition anzulagern [1].

[1]) Diese Eigenschaft des Fluors, Doppelverbindungen zu bilden, war bereits von Louyet erwähnt worden.

Das Fluor bildet mit Leichtigkeit tertiäre und höhere Verbindungen. Lässt man Chlor auf ein Fluormetall einwirken, so erhält man statt Fluor ein Fluorchlorid. Nimmt man Sauerstoff, so entsteht ein Oxyfluorid. Aus dieser Eigenschaft erklärt sich das Fehlschlagen der Versuche Louyet's, der Brüder Knox und anderer Forscher. Selbst mit trockenen Fluoriden erhält man in Chlor, Brom oder Jod eher tertiäre Verbindungen als freies Fluor, wie durch Fremy deutlich bewiesen wurde.

Die Abhandlung dieses eifrigen Forschers enthielt eine so grosse Anzahl Versuche, dass es fast den Anschein hat, als hätten sich die kommenden Forscher dadurch entmutigen und von neuen Untersuchungen abschrecken lassen. Denn seit 1856, in welchem Jahre Fremy seine Arbeit veröffentlichte, tritt ein Stillstand in den Untersuchungen über Fluorwasserstoffsäure und die Darstellung des freien Fluors ein, und wurde so viel wie nichts auf diesem Gebiete gearbeitet, bis im Jahre 1869 ein englischer Chemiker, Gore, das Studium der Fluorwasserstoffsäure in systematischer Weise wieder aufnahm. Er bestimmte den Siedepunkt der nach Fremy dargestellten wasserfreien Säure, ferner die Dampftension bei verschiedenen Temperaturen und ermittelte ihre wichtigsten Eigenschaften. Auch stellte er Untersuchungen an über die Elektrolyse der Fluorwasserstoffsäure, sei es in reinem Zustande, sei es im Gemenge mit anderen Säuren. Endlich berichtet er über seine zahlreichen Beobachtungen betreffend die Einwirkung der wasserfreien Fluorwasserstoffsäure auf Metalloide, Metalle und verschiedene Salze. Seine Abhandlung ist von bemerkenswerter Klarheit.

Faraday hatte bereits früher mit grosser Bestimmtheit nachgewiesen, dass absolut wasserfreie Flusssäure den elektrischen Strom nicht leite. Wenn die Säure eine kleine Menge Wasser enthielt, so wurde nur dieses durch den elektrischen Strom zersetzt, und sobald diese Zersetzung vollendet war, verhinderte die wasserfreie Säure den Stromdurchgang vollständig.

Auch diese Versuche wurden von Gore wieder aufgenommen, wobei sich die Bestätigung der Resultate Faradays ergab.

In einer anderen Reihe von Versuchen beschäftigt sich Gore (1) sehr eingehend mit Fluorsilber, mit der Elektrolyse desselben in geschmolzenem Zustande, und mit seiner Einwirkung auf verschiedene Metalloide. Er berichtet auch über die Bildung von einigen tertiären und quaternären Verbindungen durch Addition.

Kammerer (2) liess Jod auf Fluorsilber im zugeschmolzenen Rohr bei 60° einwirken, nachdem vorher die Luft durch Joddämpfe verdrängt worden war, und erhielt nach 24 Stunden ein Gas, welches mit Jod nicht reagierte und sich über Quecksilber (3) auffangen liess. Kammerer giebt an, das betreffende Gas greife Glas nicht an, werde von einer Alkalilösung sofort absorbiert und könne wohl freies Fluor sein.

Pfaundler (4), der obige Versuche wiederholte, bezeichnet das Gas als ein Gemenge von Fluorsilicium und Sauerstoff.

Zum Schlusse dieses ziemlich langen geschichtlichen Ueberblickes möchte ich auch noch an die interessanten Mitteilungen von Guntz (5) über die Neutralisationswärme der Fluorwasserstoffsäure und die Bildungswärme der Fluoride erinnern.

Meine Forschungen über die Isolierung des Fluors zerfallen in vier Teile:

1. Einwirkung des Induktionsfunkens auf verschiedene gasförmige Fluorverbindungen.

---

1) GORE. On fluoride of Silver, *Philosophical Transactions of the Royal Society of London*, t. CLX, p. 227, und t. CLXI, p. 321; 1870 und 1871. Ferner *Bulletin de la Société chimique de Paris*, t. XIV, p. 38, t. XV, p. 187 und t. XVII, p. 33.

2) KAMMERER. Notizen über Brom- und Jodsäure, sowie über Fluor, *Journal für praktische Chemie*, t. LXXXV, p. 452; 1862.

3) Fluor wird, wie weiter unten ersichtlich, von Quecksilber bei gewöhnlicher Temperatur absorbirt.

4) PFAUNDLER. Beiträge zur Kenntnis einiger Fluorverbindungen *Sitzungsberichte der Kais. Akademie der Wissenschaften, Wien*, t. XLVI, p. 258; 1863

5) GUNTZ. Recherches thermiques sur les combinaisons du fluor avec les métaux. *Annales de Chimie et de Physique*, 6e série, t. III, p. 5; 1884.

2. Einwirkung von rotglühendem Platin auf die Fluorphosphorverbindungen und auf Fluorsilicium.
3. Elektrolyse von Arsenfluorid.
4. Elektrolyse von Fluorwasserstoffsäure. Darstellung des Fluors.

EINWIRKUNG DES INDUKTIONSFUNKENS AUF VERSCHIEDENE GASFOERMIGE FLUORVERBINDUNGEN.

Da bekanntlich der Funken einer Ruhmkorff'schen Induktionsspule infolge seiner hohen Temperatur in verschiedenen Fällen eine teilweise Zerlegung zusammengesetzter Körper bewirkt, so war es von Interesse, diese Einwirkung auf eine Reihe gasförmiger Fluorverbindungen zu untersuchen.

Fluorsilicium.

Bei diesen Versuchen arbeitete ich nach der besonders bequemen Anordnung von Berthelot (1). In ein Reagensglas bringt man über Quecksilber ein bestimmtes Volumen trockenes Fluorsilicium. Um ganz sicher zu sein, dass jede Spur Feuchtigkeit entfernt ist, lässt man das Gas noch durch 5—6 Stunden in Berührung mit einem Stäbchen im Silbertiegel geschmolzenen Aetzkalis.

Die zur Stromzuführung dienenden Platindrähte gehen durch zwei mit Quecksilber gefüllte Glasrohre hindurch. (Fig. 1).

Zu diesen Experimenten wurde eine durch drei Grenet-Elemente betriebene Induktionsspule verwendet, welche mit Leichtigkeit Funken von 4 cm Länge geben konnte.

Es wurde genau darauf geachtet, dass der Funke zwischen den Platindrähten in der Mitte des Reagensglases übersprang, ohne sich an einer Wandung ausbreiten zu können, und dass

1) Berthelot. Essai de Mécanique chimique, t. II, p. 340.

das Quecksilber, das Reagensglas und die Röhren vollständig trocken waren.

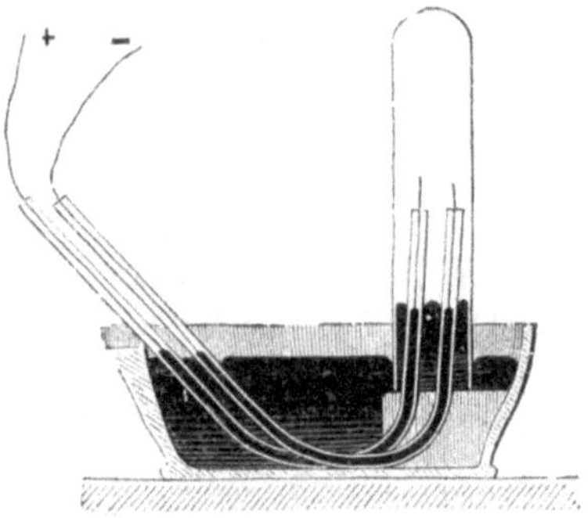

Fig. 1.

Nachdem der Funken eine Stunde lang hindurchgeschlagen hatte, wurde unterbrochen und auf Laboratoriumstemperatur abkühlen gelassen. Es war nicht eine Spur Silicium abgeschieden, das Glas war nicht matt geworden, das Volum und die Eigenschaften des Gases waren dieselben geblieben, wie vor dem Versuche.

Der gleiche Versuch mit einem Gemenge von gleichen Mengen Fluorsilicium und Sauerstoff ergab ein identisches, negatives Resultat.

Phosphortrifluorid.

Die Einwirkung des Induktionsfunkens auf Phosphortrifluorid wird weiter unten ausführlich behandelt werden; hier soll nur in Kürze auf einige Resultate hingewiesen werden.

War das Gas absolut trocken, so nimmt sein Volumen bei der Reaktion ab; ausserdem scheidet sich Phosphor auf den Wänden des Reagensglases ab, und man erhält schliesslich ein gasförmiges Gemenge von unzersetztem Trifluorid und Phosphorpentafluorid. Da kein Fluorsilicium gebildet wird — das

Glas wird nämlich nicht matt — muss man annehmen, dass das frei werdende Fluor sofort auf das überschüssige Trifluorid unter Bildung von Pentafluorid einwirkt:

$$5\,PF_3 = 3\,PF_5 + 2\,P.$$

Enthält das Phosphortrifluorid eine Spur Feuchtigkeit, so kann das Gasgemenge nach Beendigung der Reaktion $^1/_5$ seines Volumen an Fluorsilicium aufweisen, was leicht erklärlich ist, indem der in der kleinen Menge Wasser enthaltene Wasserstoff mit dem Fluor des Phosphorfluorids Fluorwasserstoffsäure bildet, die auf Glas unter Entstehung von Fluorsilicium und Wasser einwirkt.

$$SiO_2 + 4\,HF = SiF_4 + 2\,H_2O.$$

Dieses neu gebildete Wasser wird wieder zersetzt, und die oben beschriebene Reaktion beginnt von neuem. Eine äusserst geringe Menge Wasserdampf vermag auf diese Weise unter Einwirkung des Induktionsfunkens ein verhältnismässig grosses Quantum Phosphorfluorid in Fluorsilicium überzuführen. In der That ist nach Beendigung des Versuches die innere Oberfläche des Reagensglases ganz matt geworden.

Lässt man den Funken mehrere Stunden hindurch einwirken, so geht die Zersetzung träger vor sich, denn das gebildete Fluorsilicium wird durch den Funken nicht zerlegt und hält daher den Versuch allmählich auf, bis es ihm schliesslich überhaupt ein Ziel setzt.

Ich habe auch einen Versuch ausgeführt, an den schon Humphry Davy gedacht hatte, nämlich die Verbrennung von Phosphortrifluorid in Sauerstoff.

Ein Gemenge von 4 Raumteilen Phosphortrifluorid und 2 Teilen Sauerstoff wird über Quecksilber in einem Reagensglase der Einwirkung des Induktionsfunkens ausgesetzt. Sofort erfolgte eine heftige Detonation, ohne dass sich die Bildung von Phosphorsäure oder freiem Fluor, wie Davy hoffte, beobachten liess; dagegen vereinigen sich Trifluorid und Sauerstoff zu einer neuen gasförmigen Verbindung, dem Phosphoroxyfluorid.

$$PF_3 + O = POF_3.$$

Ein neues Beispiel für die besondere Fähigkeit des Fluors, Additionsprodukte zu bilden!

Phosphorpentafluorid.

Die Zerlegung des Phosphorpentafluorids durch den Induktionsfunken wurde von Thorpe versucht, jedoch ohne Erfolg. Ich wiederholte den Versuch unter peinlichster Sorgfalt und Anwendung aller möglichen Vorsichtsmassregeln, um mit einem absolut trockenen Gase zu experimentieren. Wie weiter oben mitgeteilt, greift das trockene Phosphorpentafluorid, welches sich bei der Einwirkung des Funkens auf Trifluorid bildet, Glas nicht an.

Die graduierte Röhre, in welcher die Zersetzung ausgeführt werden soll, wird auf 200° erhitzt, hernach bis auf 80° abkühlen gelassen, und mit trockenem Quecksilber gefüllt. Nun bringt man sie sofort umgekehrt in die Quecksilberwanne. Das Quecksilber selbst soll erst im letzten Moment aus einer durch einen Hahn verschlossenen Flasche, in welcher sich etwas Schwefelsäure befindet, abgezogen werden. Die Porzellanwanne für das Quecksilber, die Platindrähte und die Glasrohre müssen vorher im Luftbade getrocknet werden.

Nun bringt man Phosphorpentafluorid in ganz reinem Zustande, welches von Wasser ganz absorbiert wird und keine Spur Fluorsilicium enthält, in den Apparat und stellt die Platindrähte derart in die Axe des Rohres ein, dass der Funke die Glaswand nicht berühren kann. Hierauf führt man mit Hülfe eines Platindrahtes ein Stäbchen im Silbertiegel geschmolzenen Aetzkalis in das Gas ein, um die eventuell bei der Zusammenstellung des Apparates eingedrungene Feuchtigkeit zu entfernen, und lässt es mehrere Stunden einwirken. Nachdem nunmehr das Quecksilberniveau, Druck und Temperatur abgelesen wurden, lässt man eine Reihe von Induktionsfunken zwischen den beiden Platindrähten überspringen.

Verwendet man eine Induktionsspule, deren Funkenlänge in der Luft 4 cm beträgt, so tritt keinerlei Zersetzung ein. Nach dem Erkalten ist das Volumen des Gases das gleiche wie früher, die Wände des Glasrohres sind nicht angeätzt, das Quecksilber ist blank geblieben, und die Eigenschaften des Gases sind ganz unverändert. Genau dasselbe Resultat hatte auch Thorpe(1) erhalten.

Ganz anders verhält sich die Sache aber, wenn man mit einem starken Induktionsapparate arbeitet, der in Luft 20 cm lange Funken zu geben vermag. Stellt man hiermit den Versuch unter sonst genau gleichen Bedingungen wie früher an, so beobachtet man alsbald, wie die Glaswände matt werden, und wie die Oberfläche des Quecksilbers angegriffen wird und ihren Glanz verliert.

Bei meinen Experimenten liess ich zumeist den Funken eine Stunde lang hindurchschlagen und dann das stark erhitzte Reagensglas behufs Abkühlung ruhig stehen.

Hierauf wurden Druck, Temperatur und das Quecksilberniveau wieder abgelesen; es zeigte sich, dass das Gas an Volumen abgenommen hatte.

Bei der Analyse dieses Gases, nachdem es der Funkeneinwirkung ausgesetzt gewesen, ergiebt sich, dass es eine ziemlich bemerkenswerte Veränderung erlitten hatte.

Mit Wasser zusammengebracht, scheidet es Kieselsäure ab, ein Umstand, der auf die Bildung von Fluorsilicium hinweist, und es bleibt ein Gas übrig, (manchmal bis zu 15 Prozent), welches von Wasser nicht mehr sofort absorbiert wird, wohl aber durch eine Alkalilösung. Auch sonst zeigt dieses Gas alle Eigenschaften des Phosphortrifluorids.

Phosphorpentafluorid wird also unter Einwirkung kräftiger Induktionsfunken in Trifluorid und Fluor zerlegt:

$$PF_5 = PF_3 + F_2.$$

1) THORPE. On phosphorus pentafluoride, *Proceedings of the Royal Society of London*, t. XXV, p. 122; 1867.

Diesem letzteren ist die Veränderung des Glases und Quecksilbers zuzuschreiben, indem Fluorsilicium und Fluorquecksilber gebildet wurden. Auch eine geringe Abnahme des Volumens des Pentafluorids liess sich beobachten; dies kommt meiner Ansicht nach daher, dass ein Teil des Pentafluorids, wohl hauptsächlich unter Einwirkung der erhöhten Temperatur, eine Verbindung mit den im Glase enthaltenen Alkalien eingegangen ist. In der That erhält man beim Ausspülen des Reagensglases mit destilliertem Wasser eine Lösung von Fluoralkali und Alkaliphosphaten.

Die Resultate zweier verschiedener Experimente waren nachstehende:

(Alle Zahlen sind auf 0° und 760 mm reduziert)

I.	Ursprüngliches Volumen des Pentafluorids	98,60 cc.
	Volumen nach Beendigung des Versuches	95,25 cc.
	Volumen des gebildeten Trifluorids	14,22 cc.

Es wurden also 14,62 Prozent Trifluorid gebildet.

II.	Ursprüngliches Volumen des Pentafluorids	72,30 cc.
	Volumen nach Beendigung des Versuches	70,26 cc.
	Volumen des gebildeten Trifluorids	10,06 cc.
	oder 13,91 Prozent.	

Es folgt hieraus, dass das Phosphorpentafluorid nicht so leicht zerlegbar ist wie das Pentachlorid, welch' letzteres infolge dieser Eigenschaft mit Erfolg zur Chlorierung organischer Körper verwendet wird. Ersteres ist viel beständiger und zersetzt sich nur unter der Einwirkung sehr kräftiger Induktionsfunken. Da der Versuch in Glasgefässen über Quecksilber ausgeführt wird, so kann eine Charakterisierung des Fluors nicht gut möglich sein, indem unter diesen Umständen sofort Fluorsilicium und Fluorquecksilber entsteht.

Fluorbor.

Die Einwirkung des Induktionsfunkens auf Fluorbor ergab keine neuen Resultate. Das Volumen des Gases blieb constant, und auch das Glas wurde nicht angegriffen. Daher war auch kein Fluorsilicium gebildet worden.

Arsentrifluorid.

Arsentrifluorid, AsF_3, war zuerst von Dumas (1) dargestellt worden, welcher auch seine hauptsächlichsten Eigenschaften festgestellt und beschrieben hat, trotzdem er sich bei Gewinnung einer grösseren Menge dieses gefährlichen Körpers eine Verwundung zugezogen hatte. Mac Ivor (2) bestimmte die Dichte und den Siedepunkt des Arsentrifluorids, für welches er auch eine neue Darstellungsmethode angiebt.

Im Anschluss an meine Untersuchungen über die Phosphorfluoride gelangte ich dazu, die Erforschung der Eigenschaften des Arsentrifluorids von neuem in Angriff zu nehmen.

Arsentrifluorid siedet bei $+ 63^{0}$ und kann daher leicht in gasförmigem Zustand, wie die vorangehend beschriebenen Verbindungen der Einwirkung kräftiger Induktionsfunken ausgesetzt werden Man braucht nur den oberen Teil des Reagensglases, in welchem die Reaktion ausgeführt wird, mit einem Mantel zu umgeben, durch welchem Wasserdampf geleitet wird. Das Reagensglas wird mit trockenem Quecksilber gefüllt und in die Quecksilberwanne gebracht. Für die Stromzuführung wird die gleiche Anordnung, wie bei den voranstehend beschriebenen Versuchen benützt. Man lässt nun eine kleine, mit Arsenfluorid gefüllte, zugeschmolzene Glasbirne durch das Quecksilber aufsteigen, bricht die Spitze mit einem Glas-

---

[2]) DUMAS. Note sur quelques composés nouveaux, extraite d'une lettre de M. Dumas à M. Arago, *Annales de Chimie et de Physique*, 2e série, t. XXXI, p. 433; 1826.

[1]) MAC IVOR. On arsenic fluoride, *Chemical News*, t. XXX, p. 169 und t. XXXII, p. 232; 1874 und 1875.

stab ab, und leitet hierauf Wasserdampf durch den Heizmantel. Dieser Apparat war seinerzeit von Berthelot zur Untersuchung der Einwirkung des Induktionsfunkens auf leicht flüchtige Flüssigkeiten vorgeschlagen worden. Bei dem vorliegenden Versuch ist wohl zu beachten, dass Arsenfluorid ein gefährlich zu handhabender Körper ist und bei geringster Berührung auf der Haut tiefe und schmerzende Wunden verursacht.

Nachdem der Versuch eine Stunde hindurch im Gange war, lässt man erkalten, schliesst die Zuführungs- und Ableitungsrohre für den Wasserdampf und bringt das gebildete Gas auf der Quecksilberwanne in ein anderes Gefäss. Es besteht zum grössten Teil aus Fluorsilicium; einige Erscheinungen lassen indes vermuten, dass eine Spur Fluor der Einwirkung des Glases entgangen ist. Das frisch bereitete Gas greift nämlich Quecksilber in geringem Masse an und setzt in einer Jodkaliumlösung so viel Jod in Freiheit, dass einige Cubikcentimeter Chloroform deutlich rosa gefärbt werden. Diese Reaktionen sind von grossem Interesse; die Mengen, an welchen sie ausgeführt wurden, waren aber zu klein, als dass man sichere Schlüsse daraus ziehen könnte.

Die Platindrähte erschienen nach Beendigung des Experimentes mit einer schwarzen Schicht von Arsen überzogen; das Reagensglas war innen matt geworden, zeigte aber keinen Beschlag von Arsen.

Der Induktionsfunken übt in diesem Falle nur dieselbe Wirkung aus, wie Erhitzen auf gewöhnlichem Wege.

Erwärmt man Phosphortrifluorid in einer Glasglocke, so zerfällt es in Phosphor, Phosphorsäure und Fluorsilicium. Die Menge Sauerstoff, die in der Kieselsäure des Glases enthalten ist, genügt nämlich nicht, um den ganzen Phosphor zu Phosphorsäure zu oxydieren.

$$4\,PF_3 + 3\,SiO_2 = 3\,SiF_4 + 3\,O_2 + 4\,P.$$

Arsentrifluorid dagegen bildet bei Gegenwart von Alkalisilikaten keinen Beschlag von Arsen; dieses wird durch den

Sauerstoff der Kieselsäure vollständig in arsenige Säure übergeführt.

$$4\,AsF_3 + 3\,SiO_2 = 3\,SiF_4 + 2\,As_2O_3.$$

EINWIRKUNG VON ROTGLÜHENDEM PLATIN AUF DIE PHOSPHORFLUORIDE UND AUF FLUORSILICIUM.

Durch die Untersuchungen Fremy's wurde zum erstenmale darauf hingewiesen, dass das zufällig bei der Elektrolyse der Alkalifluoride gebildete Fluorplatin durch Einwirkung hoher Temperaturen zerlegt wird, so dass schliesslich nur Platinschwamm in dem Apparate zurückbleibt. Der Gedanke lag daher nahe, zuerst bei Dunkelrotglut eine gasförmige Fluorverbindung mit Platinschwamm zu vereinigen und hierauf durch rasches Erhitzen auf Hellrotglut das Fluor daraus abzuscheiden.

Zunächst sollte durch einen Vorversuch festgestellt werden, ob Platin bei Rotglut mit den Phosphorfluoriden reagierte.

Zu diesem Zwecke wurde folgendes Experiment ausgeführt:

Mit drei abgeschwächten Bunsenelementen wurde durch entsprechende Anordnung ein möglichst constanter Strom erzielt und hierauf kurz geschlossen. Ein Nebenschluss diente dazu, den Strom nach Belieben entweder durch den zwischen den Polen befindlichen Kupferdraht oder durch einen Platindraht von derart bemessenem Querschnitt zu senden, dass derselbe in freier Luft bei einer weit unter seinem Schmelzpunkt liegenden Temperatur bis zur Rotglut erhitzt wurde.

Diesen Platindraht brachte man nun in eine Atmosphäre von Phosphortrifluorid und liess den Strom von neuem hindurchgehen; sofort schmolz das Platin mit grosser Schnelligkeit. Ein in gleicher Weise mit Phosphorpentafluorid ausgeführter Versuch ergab ein etwas verschiedenes Resultat. Im Augenblicke, wo das Platin schmolz, wuchs das Volumen plötzlich, um hierauf wieder abzunehmen, während die Oberfläche des Quecksilbers sich schwarz färbte.

Rotglühendes Platin zerstört also die Phosphorfluoride, wobei sich eine ziemlich leicht schmelzbare Verbindung, vermutlich Phosphorplatin bildet. Gleichzeitig wurde das Reagensglas, in welchem der Versuch ausgeführt wurde, angeätzt, und das Quecksilber verlor an der Oberfläche seinen Glanz.

Die Versuchsanordnung war ungefähr die gleiche, wie sie Berthelot für die Elektrolyse der Gase verwendete; die Kupferdrähte, die durch das Quecksilber hindurchgingen, waren durch Guttapercha isoliert.

Der Versuch wurde hierauf mit Hülfe eines Apparates wiederholt, der es ermöglichte, eine grössere Menge dieser gasförmigen Fluorverbindungen in Reaktion zu bringen. Die hierzu verwendeten Gefässe durften keine Kieselsäure enthalten und mussten derart angeordnet sein, dass die Schnelligkeit des hindurchströmenden Gases reguliert werden konnte.

Die Anordnung war folgende:

Sorgfältig bereiteter Platinschwamm wurde zur Entfernung jeder Spur Kieselsäure zuerst mit Flusssäure, hierauf mit destilliertem Wasser ausgewaschen und dann gut ausgeglüht. Nun brachte man die getrocknete Masse in die Mitte eines Platinrohres von 80 cm Länge und 15 mm Durchmesser.

Derjenige Teil des Apparates, der dauernd auf Rotglut erhitzt werden sollte, wurde in ein gut glasiertes Porzellanrohr gebracht (Fig. 2), durch welches mittelst zweier durch die Stopfen hindurchgehender Glasrohre Stickstoff geleitet werden konnte. Die Enden des Platinrohres waren mit Gewinden versehen, an welche ein Platinrohr von viel geringerem Durchmesser, welches zur Zufuhr des Gases diente, angeschraubt werden konnte.

Sobald der Apparat erwärmt ist, schickt man zunächst durch das innere Rohr einen Strom reinen Wasserstoffs, um alle fremden Gase zu verdrängen. Nach einer Stunde ersetzt man den Wasserstoff durch Stickstoff und lässt den Platinschwamm in dieser neutralen Gasatmosphäre erkalten.

Während der ganzen Dauer des Versuches wird durch den Raum zwischen Platinrohr und Porzellanrohr reiner trockener Stickstoff hindurchgeleitet. Dieser Kunstgriff ermöglicht es, das Rohr zu erhitzen, ohne befürchten zu müssen, dass die Ofengase die Platinwände durchdringen könnten.

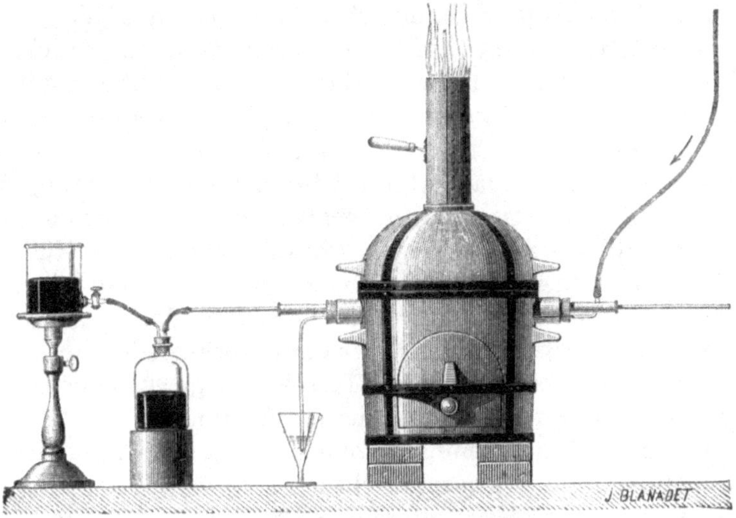

Fig. 2.

Das Gas, welches in das Platinrohr geleitet werden soll, wird aus der Flasche, in welcher es aufbewahrt ist, mittelst trockenen Quecksilbers unter Anwendung der von Berthelot bei seinen calorimetrischen Arbeiten empfohlenen Vorsichtsmassregeln verdrängt. Aus vorstehender Figur ist diese sehr einfache Einrichtung, die es gestattet, den Gasstrom nach Belieben zu regulieren oder ganz abzustellen, deutlich zu ersehen.

Bei einigen Versuchen mit Phosphortrifluorid und Fluorsilicium konnte der Apparat, in welchem das reine und trockene Gas entwickelt wurde, direkt mit dem Platinrohr verbunden werden. In diesem Falle wurde jedoch ein Dreiweghahn eingeschaltet, um trotzdem im gegebenen Moment den Platinapparat ausschalten zu können. Aus dem Platinrohr wurde das Phosphortrifluorid oder Fluorsilicium in eine kleine Quecksilberwanne geleitet, die auf obiger Abbildung nicht ersichtlich ist.

Phosphortrifluorid.

Sobald der Apparat in der eben beschriebenen Weise montiert ist, erhitzt man das Platinrohr zur Rotglut und drückt das Phosphortrifluorid, welches vorher mit im Silbertiegel geschmolzenem Aetzkali getrocknet wurde, langsam mittels Quecksilbers hinein. Ein sicherer Beweis dafür, dass das Phosphortrifluorid vom Platin absorbiert wird, ist der Umstand, dass ein teilweises Vacuum entsteht, wenn man den Gasstrom unterbricht, sobald der Apparat mit Phosphortrifluorid gefüllt ist.

Das Experiment verläuft etwas anders, wenn man mit einem lebhaften Gasstrom arbeitet. Es bildet sich dann eine kleine Menge Phosphorpentafluorid, welches ausserordentlich rasch von Wasser absorbiert wird. Ein Teil des freigewordenen Fluors lagert sich also an das überschüssige Trifluorid an. Zunächst scheint die Reaktion demnach analog der Einwirkung des Induktionsfunkens auf Phosphortrifluorid zu verlaufen.

Das auf diese Weise erhaltene Gas zeigt indes einige besondere Eigenschaften. Es zersetzt eine Jodkaliumlösung augenblicklich unter Abscheidung einer solchen Menge Jod, dass Chloroform stark gefärbt wird, und wirkt auf Quecksilber ein. Fängt man das Reaktionsprodukt in einem getrockneten Glasgefäss auf, so wird dasselbe in kurzer Zeit matt und beim Oeffnen und Ausspülen mit Wasser entsteht ein leichter Niederschlag von Kieselsäure, der auf die Bildung einer kleinen Menge Fluorsilicium hinweist. Das verwendete Gas wurde vor dem Versuche analysiert und ergab, mit Wasser zusammengebracht, keine Spur Kieselsäure. Ich werde später noch auf die Vorsichtsmassregeln zurückkommen, die notwendig sind, um die Bildung von Siliciumverbindungen bei der Darstellung von Phosphortrifluorid zu verhindern.

Leitet man das Gas, nachdem es das Platinrohr passiert

hat, in eine mit Stärke versetzte Jodkaliumlösung, so entsteht eine intensiv blaue Färbung. Diese Reaktion wird indes von so zahlreichen Verbindungen hervorgerufen, dass sie nicht als massgebend angesehen werden konnte, bevor nicht die Einwirkung der Phosphorfluoride auf Jodkalium untersucht worden war.

Phosphortrifluorid wird von einer Jodkalium-Stärkelösung sehr langsam absorbiert; eine Färbung tritt erst nach einigen Stunden ein.

Pentafluorid ergiebt eine weinrote Färbung, die schliesslich in Violett übergeht.

Ein Gemenge beider Gase, in welchem Trifluorid im Ueberschuss vorhanden ist, giebt keine augenblickliche Farbenreaktion, wie sie bei dem oben erwähnten Gase eintritt.

Trotzdem betrachte ich diesen Versuch nicht als massgebend, denn man darf dieser Farbenreaktion, die so leicht auftritt, nicht allzu sehr trauen.

Was noch am ausschlaggebendsten erschien, ist die Einwirkung auf Glas und Quecksilber.

Meiner Ansicht nach wird diese Reaktion übrigens nie zu einer vollständigen Zerlegung in Fluor und Phosphor führen, und zwar aus folgenden Gründen: Aus dem Experiment über die Einwirkung des Platins geht hervor, dass einerseits Phosphor durch das Metall unter Bildung von Phosphorplatin gebunden, und andererseits auch das Fluor, sogar bei erhöhter Temperatur, zurückgehalten wurde. Betrachtet man den Platinschwamm, der in Phosphortrifluorid erhitzt worden ist, so bemerkt man sofort eine damit vorgegangene Veränderung. Er ist schwerer und zum Teil geschmolzen; beim Erhitzen mit Schwefelsäure in einem Bleigefäss entwickelt sich Fluorwasserstoff.

Es ist daher nicht nur Phosphor, sondern auch Fluor gebunden worden. Hieraus erklärt sich die Erscheinung, dass bei langsamem Verlauf des Versuches der Gasdruck im Apparate abnimmt. Wenn der Gasstrom lebhaft genug ist, wird eine kleine Menge freies Fluor mit fortgeführt, die sich an der Stelle, wo sich der Platinschwamm befindet, von der erhitzten Wand entfernt und dann zurückgehalten werden kann.

Das nach Beendigung des Experimentes zurückbleibende geschmolzene Phosphor- oder vielmehr Fluorphosphorplatin enthält ungefähr 70 bis 80 Prozent Platin.

Zu jedem Versuch ist ein neues Platinrohr erforderlich, denn jedesmal, wenn einige Gramme Phosphorplatin gebildet worden sind, ist der Apparat verloren. Wenn die Temperatur nicht sehr hoch ist, beobachtet man mitunter, dass sich das Metall mit einer krystallinischen Substanz bedeckt; erhitzt man dann bis zu heller Rotglut, so schmilzt es auf eine Länge von mehreren Centimetern.

Das Experiment zur Beobachtung der Einwirkung von Phosphortrifluorid auf Platinschwamm, wurde dreimal in einem Rohr aus Platin ausgeführt, und jedesmal dasselbe Resultat erhalten. Um die Bildung des Phosphorpentafluorids ausser jeden Zweifel zu stellen, wurde der Versuch in einem Rohr aus blankem Kupfer, in welchem sich wie bei den anderen Versuchen Platinschwamm befand, ausgestellt. Das hierbei aufgefangene Gas greift Quecksilber nicht mehr an, besteht aber ebenfalls aus einem Gemenge von Tri- und Pentafluorid. Letzteres kann leicht quantitativ bestimmt werden, wenn man das Gemenge über Quecksilber auffängt und eine kleine Menge Wasser darauf einwirken lässt. Das Pentafluorid wird sofort absorbiert; fügt man Aetzkali hinzu, so verschwindet das Trifluorid ebenfalls.

Die Analyse des Gasgemenges ergab folgende Resultate:

	I.	II.
Gasgemenge über Quecksilber	45,0 cc	48,0 cc
Nach Einwirkung von Wasser	39,2 cc	40,1 cc
Nach Einwirkung von Aetzkali	0,4 cc	0,5 cc

Der Rückstand enthielt nur Stickstoff und keinen Sauerstoff, denn die kleine Menge letzteren Gases, die eventuell in dem Apparat hätte vorhanden sein können, wäre in Phosphoroxyfluorid POF_3, welches von Wasser leicht absorbiert wird, übergeführt worden.

Durch Ueberleiten über glühenden Platinschwamm erhält man also aus Phosphortrifluorid 12,80 Prozent Phosphorpentafluorid.

Phosphorpentafluorid.

Bei der Einwirkung von Phosphorpentafluorid auf Platin bei Rotglühhitze erhält man Resultate von viel grösserer Bestimmtheit, als mit Trifluorid. Eine ganze Reihe wichtiger Reaktionen wurde hierbei beobachtet, und wenn zunächst nichts darüber veröffentlicht wurde, so geschah dies aus dem Grunde, weil eine Erklärung für die Erscheinungen erst dann mit Sicherheit gegeben werden konnte, sobald die Eigenschaften des Fluors bekannt waren.

Das zu diesen Versuchen verwendete Phosphorpentafluorid war durch Einwirkung von Brom auf Phosphortrifluorid dargestellt worden. Das Gas war absolut trocken, denn die Glasgefässe, in welchen es aufbewahrt wurde, blieben unversehrt.

Für die chemische Reinheit diente als Beweis, dass das Gas von luftfreiem Wasser über Quecksilber bis auf eine fast unmerkliche Spur vollständig absorbiert wurde, und dass in der erhaltenen Lösung Brom nicht nachgewiesen werden konnte.

Die Versuchsanordnung war dieselbe wie früher, nur wurde darauf geachtet, dass der Platinschwamm in dem Platinrohre nur eine Länge von circa 10 cm einnahm, um vollständig auf Rotglut erhitzt werden zu können. Unmittelbar beim Austritt aus dem Ofen wurde das Platinrohr mittelst einer Bleirohrschlange, welche von Eiswasser durchflossen war, gekühlt. Der Ofen war durch ein gutes Cokesfeuer geheizt und mit einem kräftig ziehenden Kamin versehen.

Der Versuch wurde in folgender Weise ausgeführt: Zunächst erhitzte man das Rohr mit dem Platinschwamm, nachdem es mit Stickstoff gefüllt worden war, bis zur lebhaften Rotglut und verjagte dann den Stickstoff durch einen raschen Strom von Phosphorpentafluorid, worauf man die Gaszufuhr etwas verlangsamte. Nach fünf Minuten wurde der Gasstrom von Pentafluorid wieder etwas beschleunigt, und die Eigenschaften des am Ende des Platinrohres ausströmenden Gases untersucht. Zu diesem Zwecke waren vorher einige feste Körper in Glasröhrchen, die an einem Ende mit einer kugelförmigen Erweiterung versehen waren, gebracht worden. Der Durchmesser der Glasröhrchen war so gewählt, dass das am Ende des Platinrohres befindliche Platinansatzstück bequem bis in die Erweiterung resp. bis zu dem zu untersuchenden festen Körper eingeführt werden konnte. Die Röhrchen wurden zuerst bei 100^0 getrocknet, hierauf unter eine Glocke mit Aetzkali gebracht, und eines nach dem anderen erst im Augenblick des Versuches herausgenommen.

Bringt man trockenes Jodkalium mit dem aus dem Platinrohr austretenden Gase zusammen, so färbt es sich sofort schwarz, indem Jod in Freiheit gesetzt wird.

Krystallisiertes Silicium verliert sofort seinen Glanz und wird deutlich schwarz, jedoch ohne jede Feuererscheinung. Die Bildung von Fluorsilicium lässt sich indess leicht nachweisen, wenn man Wasser in das Röhrchen bringt. Das Phosphorpentafluorid, dessen Analyse vorher ausgeführt worden war gab mit Wasser keinen Niederschlag von Kieselsäure.

Trockener Phosphor entzündete sich bei Berührung mit dem Gase.

Quecksilber wurde geschwärzt und Glas wurde unter Bildung von Fluorsilicium angegriffen.

Dieses Experiment für die partielle Zerlegung des Phosphorpentafluorids wurde zwei Mal im Platinrohre mit gleichem Resultat ausgeführt.

Das erhaltene Gas besitzt, wie aus den eben angeführten Merkmalen hervorgeht, viel energischere Eigenschaften, als das Phosphorpentafluorid. Die wichtigsten Unterschiede sind die

Einwirkung auf Silicium und Quecksilber und die Entzündung von Phosphor. Allerdings verschwindet das neue, bei der Zersetzung gebildete, äusserste aktive Gas in einem Ueberschuss von Pentafluorid.

Letzterem Umstande ist es andererseits zu verdanken, dass das heisse Platin nicht darauf einwirkt. Wenn diese Versuche auch ermutigend wirkten, so war die Frage der Abscheidung des Fluors doch noch lange nicht gelöst, im Gegenteil, es schien die Aussichtslosigkeit, mit Reaktionen bei hoher Temperatur zu einem Ziele zu gelangen, daraus hervorzugehen.

Fluorsilicium.

Man konnte erwarten, dass aus Fluorsilicium bei Rotglut mit Platinschwamm ein leicht schmelzbares Platinsilicid und Fluorplatin entstehen, und dass letzteres bei der hohen Temperatur in Platin und Fluor zerfallen würde.

Auch zu diesem Versuche wurde der weiter oben beschriebene Apparat verwendet. Das erhaltene Gas zeigte nur e i n e vom Fluorsilicium abweichende Eigenschaft: Quecksilber wurde in geringem Maasse angegriffen. Brachte man 100 cc des Gasgemenges in einem Reagensglase mit Quecksilber zusammen, so liess sich nach 12 Stunden eine Verminderung des Gasvolumens um 2 cc beobachten. Ausserdem war die vorher glänzende Quecksilberoberfläche schwarz und fettig, und das Glas matt geworden.

Das zu diesen Experimenten verwendete Fluorsilicium war in einem dickwandigen Glasgefässe durch Einwirkung von Schwefelsäure auf ein Gemenge von Kieselsäure, welche von der Darstellung von Kieselflusssäure herstammte und Fluorcalcium dargestellt worden. Das erhaltene Gas enthielt noch Fluorwasserstoffsäure und wurde deshalb durch ein mit Glaswolle gefülltes und auf Dunkelrotglut erhitztes Rohr geleitet. Auf diesem Wege kann man leicht Fluorsilicium frei von jeder Spur Fluorwasserstoff erhalten.

Auch verschiedene Modifikationen des Versuches wurden

ausgeführt, so leitete man z. B. ein Gemenge von Fluorsilicium und Sauerstoff (dargestellt aus Braunstein und Schwefelsäure) über rotglühenden Platinschwamm, ohne jedoch neue Resultate zu erhalten.

Nun wandte sich meine Aufmerksamkeit von neuem der Einwirkung des elektrischen Stromes auf einige flüssige Fluorverbindungen zu, worüber in Folgendem berichtet werden soll.

ELEKTROLYSE VON FLUORARSEN.

Wie schon im allgemeinen Teil dieses Werkes hervorgehoben, schien das Fluorarsen, ein bei gewöhnlicher Temperatur flüssiger Körper, bestehend aus einem festen Element, dem Arsen, und einem voraussichtlich gasförmigen Körper, dem Fluor, besonders günstige Aussichten für elektrolytische Versuche darzubieten. Es war daher naheliegend, dass ich diese Experimente gleich zu Beginn meiner Untersuchungen über die Verbindungen von Fluor mit Metalloiden in Angriff nahm.

In einen Platintiegel, der als negative Elektrode diente, brachte man möglichst reines Fluorarsen. Als positiver Pol diente ein dünner Platindraht, der senkrecht in den Tiegel bis auf 5 mm vom Boden eintauchte. Lässt man nun den Strom von 3 Grenet-Elementen einwirken, so bildet das ausgeschiedene Arsen eine schwarze Schicht auf der Oberfläche des Tiegels, ohne dass indes am positiven Pole irgend eine Gasentwicklung bemerkt werden könnte. Taucht man jedoch den Platindraht in Jodkaliumstärkelösung, so beobachtet man die Bildung von blauen Streifen, die langsam zu Boden sinken und auf die Zersetzung des Salzes unter Freiwerden von Jod hinweisen. Bringt man aber einen in Fluorarsen getauchten Platindraht in die Jodkaliumstärkelösung, so tritt keine Farbenreaktion ein. Dieser Versuch wurde etwa fünfzehn Mal mit verschiedenen Proben von Fluorarsen wiederholt, immer mit gleichem Resultate. Bei der Elektrolyse bildet sich also an der positiven Elektrode eine kleine Gasschicht, die die Eigenschaft besitzt, Jodkalium zu zersetzen.

Bei gleicher Versuchsanordnung liess man nun auf das Fluorarsen einen Strom von 25 in Serie geschalteten Bunsenelementen einwirken. Das Arsen scheidet sich rasch auf dem Tiegel aus, während sich an dem Platindraht ein Gas in grossen Blasen entwickelt. Leider ist Fluorarsen ein sehr schlechter Leiter, und geht daher die Reaktion sehr langsam von Statten; ausserdem ist auch das auf dem Platin ausgeschiedene Arsen ein schlechter Leiter, so dass schliesslich der Strom, und daher auch die Zersetzung nach einigen Minuten unterbrochen wird. Die Oberfläche des als positive Elektrode dienenden Drahtes, wird von dem entwickelten Gas angefressen, was bekanntlich auch von Fremy bei seinen Untersuchungen über die elektrolytische Zersetzung der Fluormetalle beobachtet wurde.

Ermutigt durch diesen ersten Erfolg ging ich nun mit allem Eifer an die Versuche, Fluorarsen zu elektrolysieren. Zunächst trachtete ich, die Leitfähigkeit, sei es durch Zusatz von wasserfreier Fluorwasserstoffsäure, sei es durch Zusatz eines Fluormetalles zu erhöhen, und gelangte nach zahlreichen, in dieser Richtung angeführten Versuchen zu der Beobachtung, dass die besten Resultate mit Fluorkaliumfluorhydrat erhalten wurden.

Gleichzeitig wurden einige Veränderungen an dem Apparate angebracht. Ich verwendete damals geschlossene, mit einem Gasentbindungsrohr versehene Bleigefässe, bei deren Form ich nicht länger verweilen will.

Diese Untersuchungen über Fluorarsen mussten mehrmals abgebrochen werden; ich kam indes immer wieder darauf zurück in der Hoffnung, endlich doch die Schwierigkeiten zu überwinden, und das Fluorarsen in festes Arsen und Fluor zu spalten.

Schliesslich gelang es, diese Verbindung mit Hülfe des Stromes von 70 bis 90 Bunsenelementen continuirlich zu elektrolysieren.

Der Apparat (Fig. 3), in welchem das Experiment durchgeführt wurde, bestand aus einem Reagensrohr aus Platin, welches durch einen paraffinierten Korkstopfen, der in zwei

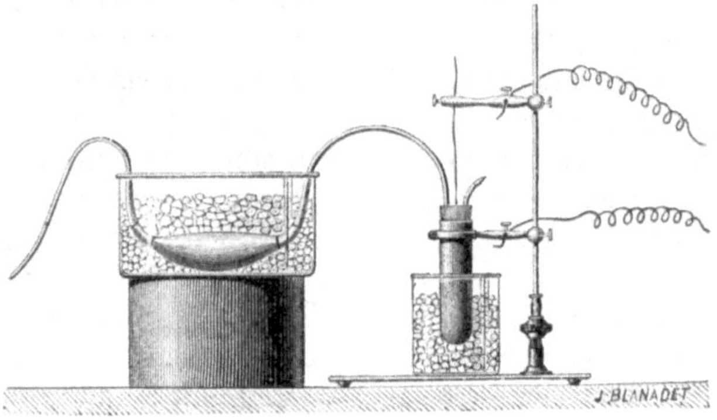

Fig. 3.

Bohrungen zwei Gasentwicklungsrohre aus Platin enthielt, verschlossen war. Eines von denselben ist einfach rechtwinklig abgebogen und dient dazu, den Apparat mit reinem Stickstoff zu füllen. Während des Versuches selbst bleibt es geschlossen. Das andere verbindet das Reagensrohr mit einem kleinen länglichen Kühler aus Platin, in welchem die Fluorarsendämpfe condensiert werden. An dem Kühler befindet sich ein anderes, zweimal rechtwinklig abgebogenes Platinrohr, durch welches das Gas in eine kleine Quecksilberwanne geleitet werden kann. Ein Metallring, welcher das Reagensrohr umgiebt und durch einen Glasfuss isoliert ist, dient zur Verbindung mit dem negativen Pole der Batterie, während die positive Elektrode, ein Platindraht, durch den paraffinierten Korkstopfen bis auf 1 cm vom Boden geführt ist.

Das Fluorarsen wurde hergestellt durch Erhitzen von gleichen Mengen arseniger Säure und Fluorcalcium mit überschüssiger Schwefelsäure in einer Glasretorte. Die entweichenden Dämpfe wurden in einem Bleiapparat condensiert, und die erhaltene Flüssigkeit sodann raschest in einem Destillationsapparat aus Platin rektifiziert. Verwendet wurde nur der Teil, der zwischen 60° und 65° überging.

Das Fluorarsen wurde nun in das Reagensrohr gebracht, und dieses, sowie der kleine Kühler mit gestossenem Eis umgeben. Hierauf füllte man den kleinen Apparat mit trockenem reinen Stickstoff und verschloss das erste kleine Platinrohr durch Zusammendrücken, womit alles zum Beginn des Versuches bereit war.

Bei Verwendung des Stromes von 70 bis 90 Bunsenelementen geht die Zersetzung ununterbrochen vor sich. Man vernimmt ein ziemlich starkes Brausen in dem Apparate; das abgeschiedene Arsen bleibt in der Flüssigkeit suspendiert und haftet nicht an den Wandungen des Platinrohres, so dass keine schlecht leitende Schicht entsteht, die den Strom unterbrechen könnte.

Die Ergebnisse des Versuches sind verschieden, je nachdem das verwendete Fluorarsen nach seiner Darstellung rektifiziert wurde oder nicht. Es ist wohl überflüssig, darauf hinzuweisen, dass das Fluorarsen sehr hygroskopisch ist, sich mit Wasser in jedem Verhältnis mischt, und daher vor Feuchtigkeit geschützt werden muss.

Unterwirft man nicht rektifiziertes Fluorarsen der Einwirkung eines starken elektrischen Stromes, so wird Arsen ausgeschieden, und gleichzeitig entwickelt sich continuirlich ein Gas, welches auf amorphes oder krystallisiertes Silicium nicht einwirkt und trockenes oder in Lösung befindliches Jodkalium nicht zersetzt. Dieses Gas zeigt alle Eigenschaften des Sauerstoffs, es unterhält die Verbrennung, wird von Phosphor in der Kälte und in der Wärme absorbiert und verbindet sich im Eudiometer mit dem doppelten Volumen Wasserstoff zu Wasser.

Aus folgenden, an verschiedenen am Ende des Versuches aufgefangenen Gasproben ausgeführten Analysen geht hervor, dass in der That langsam, aber regelmässig reiner Sauerstoff entwickelt wird:

	I.	II.
Ueber Wasser aufgefangen	17,2 cc	24,6 cc
Nach Einwirkung von Aetzkali	17,2 cc	24,6 cc
Nach Einwirkung von pyrogallussaurem Kali	0,3 cc	0,6 cc

Das übrig bleibende Gas war nicht brennbar.

Bei einem einzigen Versuche konnten 300 bis 400 cc Sauerstoff erhalten werden. Da keine Spur Wasserstoff darin vorhanden ist, so kann angenommen werden, dass ein Arsenoxyfluorid dem Trifluorid beigemischt ist und bei der Elektrolyse zersetzt wird.

Wiederholt man nämlich den Versuch mit rektifiziertem Fluorarsen, dessen Siedepunkt genau bei 63^0 liegt, so erhält man ein ganz anderes Resultat.

Die Zerlegung des Fluorids geht zwar fortdauernd vor sich, und in dem Reagensrohr findet man einen pulverförmigen Niederschlag; eine Gasentwickelung indes liess sich nicht beobachten.

An einem hinter dem Apparat eingeschalteten Manometer konnte nicht die geringste Druckerhöhung constatiert werden.

Um diese Erscheinung genau studieren zu können, griff ich wieder zu der Eingangs dieses Kapitels beschriebenen Versuchsanordnung mit dem Platintiegel, bei welcher die Vorgänge genau verfolgt werden konnten. Sobald der Strom von 70 Elementen durch die Flüssigkeit hindurchgeht, scheidet sich Arsen auf der Innenwand des Platintiegels ab, während rings um den Platindraht reichliche Gasblasen aufsteigen. Während diese Gasblasen aber durch das Fluorarsen hindurch aufsteigen, nehmen dieselben fortwährend an Volumen ab, so dass sie, bis sie an die Oberfläche der Flüssigkeit gelangt sind, fast ganz verschwunden sind.

Die Zersetzung des Fluorarsens geht also ganz regelrecht vor sich; das an der negativen Elektrode gebildete Gas wird aber sofort von dem Trifluorid absorbiert, welch letzteres hierbei ohne Zweifel in Pentafluorid übergeht.

Es ist wenig Wahrscheinlichkeit vorhanden, dass ein Erfolg leichter erzielt werden könnte, sobald der grössere Teil des Trifluorids in Pentafluorid übergeführt ist. Man muss vielmehr annehmen, dass dieses Pentafluorid, wenn man es in genügend grosser Menge darstellen könnte, seinerseits auf das in der Flüssigkeit suspendierte pulverförmige Arsen unter Regenerierung von Trifluorid einwirken würde.

Das Verständnis und die Erklärung der Einwirkung des elektrischen Stromes auf Trifluorarsen war nunmehr leicht.

Da es nicht gelang, auf chemischen Wege ein Pentafluorarsen darzustellen, blieb nichts anderes übrig, als diese Versuche an einer anderen Fluorverbindung weiter fortzuführen.

Wenn diese eben beschriebenen ausgedehnten Forschungen auch nicht zum Fluor geführt haben, so lieferten sie doch wertvolle Anhaltspunkte für die Elektrolyse der flüssigen Fluorverbindungen; ich erlangte auf diese Weise eine gewisse Uebung bei Ausführung solcher schwieriger Experimente, welche bei der Zersetzung der wasserfreien Fluorwasserstoffsäure gut verwertet werden konnte.

ELEKTROLYSE DER FLUORWASSERSTOFFSAEURE. DARSTELLUNG DES FLUORS.

Zu diesen neuen Untersuchungen konnte der Apparat (Fig. 3), der zur Elektrolyse des Fluorarsens gedient hatte, nicht verwendet werden. Da die Fluorwasserstoffsäure aus zwei gasförmigen Körpern, dem Wasserstoff und Fluor, besteht, so musste die Trennung derselben im Moment der Abscheidung erfolgen. Ich verwendete daher ein U-Rohr aus Platin, dessen beide Schenkel durch paraffinierte Korkstopfen verschlossen waren, durch welche die zur Stromzuführung dienenden starken Platindrähte bis auf 5 mm Entfernung vom abgebogenen Teil des U-Rohres eingeführt waren. An jedem Schenkel war unterhalb des Verschlussstopfens ein kleines Platinrohr zur Ableitung der entwickelten Gase angelötet. Da die wasserfreie Fluorwasserstoffsäure bei + 19,5 ^{0} siedet, und da es andererseits sehr wichtig war, mit einer Flüssigkeit zu operieren, deren Temperatur möglichst weit von ihrem Siedepunkt entfernt war; so wurde der Apparat mit Chlormethyl gekühlt. Dieses siedet regelmässig bei — 23 ^{0}; bläst man zur Beförderung des Verdampfens einen trockenen Luftstrom darauf, so erreicht man mit Leichtigkeit — 50 ^{0}. Die Differenz zwischen dieser Temperatur und + 19,5 ^{0} ist dann so gross, dass man die Elektrolyse vornehmen kann, ohne befürchten zu müssen, dass das gewonnene Gas in einem grossen Ueberschuss von Fluorwasserstoffdämpfen verschwinden könnte.

Da ausserdem das Fluor eine besonders grosse chemische Affinität besitzt, so lag es nahe, zu versuchen, dieselbe so viel wie möglich durch eine beträchtliche Temperaturerniedrigung abzuschwächen.

Enthält die Fluorwasserstoffsäure, deren Herstellung wie später ersichtlich, ungemeine Sorgfalt erfordert, eine kleine Menge Wasser, welches entweder infolge nicht genügender Vorsicht hinzugekommen ist, oder mit Absicht beigefügt wurde, so entwickelt sich zunächst am positiven Pole Ozon, welches auf krystallisiertes Silicium nicht im geringsten einwirkt. In gleichem Masse, wie die Zersetzung des in der Säure enthaltenen Wassers fortschreitet, nimmt die Leitungsfähigkeit der Flüssigkeit rapid ab, wie an einem in den Stromkreis eingeschalteten Ampèremeter leicht beobachtet werden kann. Sobald die Fluorwasserstoffsäure ganz wasserfrei ist, findet kein Stromdurchgang mehr statt. Bei mehreren Versuchen erhielten wir eine derart wasserfreie Säure, dass ein Strom von 35 Ampères, der von 50 Bunsenelementen geliefert wurde, vollständig unterbrochen wurde.

Diese Thatsache war übrigens bereits von Faraday festgestellt, und hierauf von Gore und anderen Forschern bestätigt worden.

Aus dem Versuche folgt also:

1. dass wasserfreie Fluorwasserstoffsäure den Strom nicht leitet;
2. dass eventuell in kleiner Menge darin enthaltenes Wasser zuerst zersetzt wird, bis in dem Apparat nur wasserfreie Säure zurückbleibt.

Infolge der bei den Versuchen mit Fluorarsen gewonnenen Erfahrungen versetzte ich die Fluorwasserstoffsäure mit gut getrocknetem Fluorkaliumfluorhydrat. Es sei hier darauf hingewiesen, dass die von Berzelius, Fremy, Gore und Guntz ausgeführten Analysen dieser Verbindung genau auf die Formel KF. HF stimmen.

Fügt man zu wasserfreier Säure in einem Platintiegel kleine Stücke Fluorhydrat hinzu, so verschwinden dieselben sofort, ein Beweis für die ausserordentlich grosse Löslichkeit des Fluorkaliumfluorhydrats in wasserfreier Fluorwasserstoffsäure.

In dem früher beschriebenen kleinen Apparate bemerkt man bei Einwirkung des elektrischen Stromes auf diese Lösung sofort, dass an jeder Elektrode ein Gas entwickelt wird, und zwar andauernd, wie man an einem in Verbindung mit dem Gasentbindungsrohre des positiven Schenkels gebrachten Manometer constatieren kann. Krystallisiertes Silicium wird indes nicht unter Feuererscheinung davon angegriffen.

Am negativen Pole tritt eine regelmässige Entwicklung von reinem Wasserstoff ein, welcher in einer Lösung von pyrogallussaurem Kali keine Färbung hervorruft.

Am meisten überraschte mich bei diesem Versuche, dass nach 15 Minuten, ja sogar nach einer Stunde ein Strom von 35 Ampères mit derselben Leichtigkeit hindurchging wie zu Beginn, so dass die Zersetzung regelmässig fortdauerte. Welcher Fortschritt gegenüber den ersten Versuchen mit Fluorarsen!

Als der Apparat nach einer Stunde auseinander genommen wurde, zeigte sich, dass der paraffinierte Korkstopfen, welcher zum Verschluss des Rohres am negativen Pole gedient hatte und in Berührung mit Wasserstoff und Fluorwasserstoffdämpfen gewesen war, vollständig intakt geblieben war, während der andere auf eine Tiefe von mindestens 10 mm verkohlt war. Diese Beobachtung schien mir sehr massgebend zu sein; am positiven Pole war ein Gas abgeschieden worden, welches auf den Kork viel heftiger als Chlor eingewirkt und denselben zerstört hatte, um den Wasserstoff an sich zu binden. Die positive Platin-Elektrode war stark angefressen, während der oberhalb des Niveaus der Fluorwasserstoffsäure befindliche Teil des Platinrohres keine sichtliche Veränderung erlitten hatte. Die negative Elektrode war nicht angegriffen worden, was mit Sicherheit daraus hervorging, dass man an der Oberfläche des Drahtes genau die vom Ausziehen herrührenden Streifen wahrnehmen konnte.

Nach drei Jahren eifriger Forschung hatte ich so den ersten wichtigen Schritt nach Vorwärts zur Isolierung des Fluors gemacht; am positiven Pole war offenbar ein sehr energisch reagierender, gasförmiger Körper abgeschieden worden.

Ich liess nunmehr sofort Stopfen aus Flussspat anfertigen, die in die Schenkel des Platinrohres leicht eingeschliffen und zur Aufnahme der Platinelektroden längs der Achse durchbohrt waren. Das U-Rohr wurde wie früher mit Fluorwasserstoffsäure gefüllt, die Stopfen mit geschmolzener Guttapercha abgedichtet, und der Versuch wiederholt. Der Stromdurchgang erfolgte mit gleicher Leichtigkeit; nach wenigen Minuten jedoch schmolz die am positiven Pole befindliche Guttapercha an mehreren Stellen, der Apparat wurde undicht und musste ausser Betrieb gesetzt werden. Mit Schellack wurde kein besseres Resultat erzielt. Noch einige andere Versuche wurden erfolglos angestellt, wobei begreiflicherweise sehr viel Zeit verloren ging, da zu jedem Experiment die Herstellung reiner wasserfreier Fluorwasserstoffsäure und die Inbetriebsetzung einer Batterie von 30 bis 50 Elementen notwendig war.

Die Fluorwasserstoffsäure zieht nämlich die Feuchtigkeit der Luft so gierig an, dass sie nicht gut in absolut wasserfreiem Zustande in einer Platinflasche aufbewahrt werden kann. Da aber zu den vorliegenden Versuchen eine absolut wasserfreie Säure erforderlich war, so griff ich zu dem einzig möglichen Ausweg, nämlich die Säure immer erst im Augenblick des Versuches darzustellen.

Die Hoffnung, ein geeignetes Dichtungsmittel zu finden, musste aufgegeben werden, und so gelangte ich dazu, einen gasförmigen Verschluss zu verwenden und die Stopfen auf die Oeffnungen des U-Rohres aufzuschrauben, in der Annahme, dass die in den Schraubenwindungen befindliche Gasschicht dem am positiven Pol entwickelten aktiven Gase den Weg bis zu dem Dichtungsmittel versperren würde, und dass so ein hermetischer Verschluss erreicht wäre, der dem Gase nur Flussspat- und Platinflächen darbieten würde.

Beschreibung des Apparates.

Den Hauptbestandteil des Apparates bildet ein zweimal rechtwinklig abgebogenes Platinrohr von 15 mm Durchmesser und 95 mm Höhe (Fig. 4). Die beiden Oeffnungen sind durch

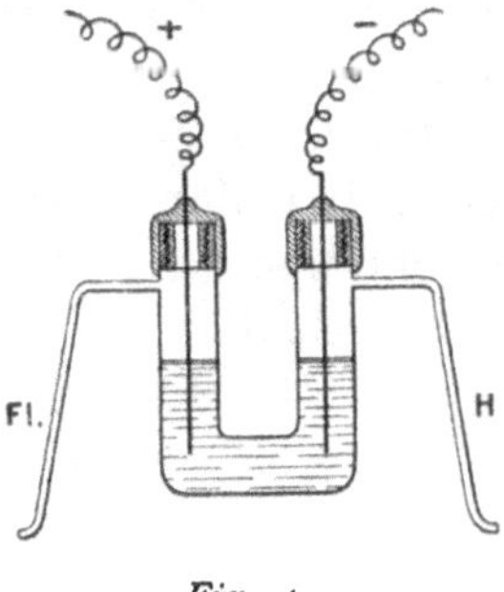

Fig. 4.

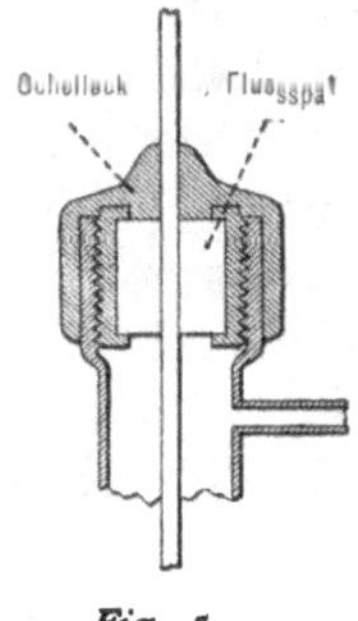
Fig. 5.

Schraubenstopfen verschlossen, welche aus einem Flussspatcylinder bestehen, der sorgfältig in einen hohlen, aussen mit einem Schraubengewinde versehenen Platincylinder eingepasst ist. (Fig. 5). Auf einer Höhe von 12 mm befinden sich 14 Windungen. Durch jeden Flussspatcylinder führt ein viereckiger Platindraht von 2 mm^2 Querschnitt und 12 cm Länge bis auf ungefähr 3 mm vom Boden des Rohres. Diese Elektroden bestanden bei meinen ersten Versuchen aus einer Legierung von Platin mit 10 Prozent Iridium, welche etwas weniger leicht angegriffen wird, als reines Platin, und tauchten mit ihren unteren Enden in die zu elektrolysierende Flüssigkeit. An jedem Schenkel des U-Rohres war etwas unterhalb der Verschlüsse, und daher über dem Niveau der Flüssigkeit ein Ableitungsrohr aus Platin angelötet, durch welches die bei der Einwirkung des Stromes entwickelten Gase entweichen konnten.

Der ganze Platin-Apparat wird mittelst eines Korkstopfens in einem cylindrischen, mit Chlormethyl gefüllten Glasgefässe befestigt. (Fig. 6). Ausserdem sind zwei Rohre vorgesehen, von welchen das eine zur Zufuhr eines Stromes trockener Luft, das andere zur Verbindung mit einer regulierbaren Saugpumpe dient. Lässt man das Luftzuleitungsrohr in das Chlormethyl eintauchen, so kann man mit Leichtigkeit durch die Beschleunigung des Verdampfens eine Temperatur von -50^0 erreichen; berührt dagegen das Zuleitungsrohr nur die Oberfläche der Flüssigkeit, und ist der Luftstrom nur mässig lebhaft, so erhält man eine constante Temperatur von -23^0. Sobald das Niveau des Chlormethyls in dem Glascylinder sank, wurde der Kautschukschlauch, der zur Luftzufuhr diente, gelöst, und der Apparat mit Hülfe eines Trichters von neuem mit Chlormethyl gefüllt. Bequemer ist es noch, die Chlormethylbombe durch einen dickwandigen Kautschukschlauch direkt mit dem Apparate zu verbinden und das flüssige Chlormethyl durch Oeffnen des Schraubenhahnes in den Glascylinder einströmen zu lassen. Man vermeidet auf diese Weise den Uebelstand, viel Chlormethyl in die Luft zu jagen, was mit der Zeit unangenehm wird, besonders wenn der Versuch mehrere Stunden dauern soll. Ausserdem ist es unerlässlich, den Apparat unter einem gut ziehenden Abzuge und in einem genügend luftigen Raume aufzustellen.

Die als Elektroden dienenden Platin-Iridiumdrähte waren

durch starke Platindrahtspiralen mit den Polen der Batterie verbunden. Die Leitungsdrähte werden mittelst Klemmschrauben in zwei kleinen, an Glasstäben isoliert befestigten Kupfercylin-

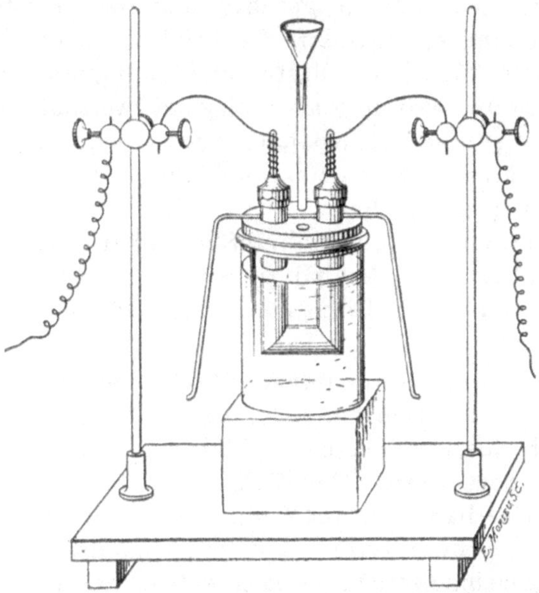

Fig. 6.

dern verbunden, wie aus der Abbildung ersichtlich ist. Ein Bertin'scher Umschalter gestattete, den Strom nach Belieben zu unterbrechen; für die notwendigen Angaben betreffs Stromstärke und Leitungsfähigkeit der Flüssigkeit wurde ein Ampèremeter in den Stromkreis eingeschaltet.

Darstellung des Fluorkaliumfluorhydrates und der wasserfreien Fluorwasserstoffsäure.

Die Darstellung der Fluorwasserstoffsäure wurde nach dem Verfahren von Fremy ausgeführt, und die grösste Sorgfalt darauf verwendet, ein wasserfreies Produkt zu erhalten.

Der vierte Teil eines bestimmten Volumens guter käuflicher Flusssäure wird mit alkoholischer Aetzkalilösung oder besser mit reinem, aus Bicarbonat hergestelltem Kaliumcarbonat neutralisiert. Man fügt den Rest der Säure hinzu und destilliert das Ganze im Oelbade bei 120° aus einer Bleiretorte ab. Bei dieser Temperatur wird das Kaliumfluorsilikat nicht zersetzt, die übergehende Flüssigkeit enthält daher keine Kieselsäure, welche sich in der käuflichen Flusssäure in reichlichem Masse vorfindet.

Die Hälfte des Destillationsproduktes wird mit reinem Kaliumcarbonat neutralisiert und das so gebildete neutrale Fluorkalium durch Zusatz der anderen Hälfte Säure in Fluorkaliumfluorhydrat übergeführt. Das Salz wird in einer Platinschale auf dem Wasserbade bei 100° und hierauf im Vacuum über concentrierter Schwefelsäure und zwei bis drei Stäbchen im Silbertiegel geschmolzenem Aetzkali getrocknet. Die Säure, und das Aetzkali werden während drei Wochen jeden Morgen erneuert, und das Vacuum in der Glocke constant auf 20 mm Quecksilberdruck erhalten.

Während des Trocknens muss das Salz von Zeit zu Zeit behufs Erneuerung der Oberfläche in einem eisernen Mörser zerrieben werden. Sobald das Fluorhydrat kein Wasser mehr enthält, zerfällt es zu Staub und ist nun zur Darstellung der Fluorwasserstoffsäure geeignet. Zu bemerken ist noch, dass richtig dargestelltes Fluorkaliumfluorhydrat nicht zerfliesslich ist, wie Fluorkalium.

Das getrocknete Fluorhydrat wird nun rasch in einen Destillationsapparat aus Platin gebracht, welcher kurz vorher ausgeglüht worden war. Während einer bis eineinhalb Stunden erwärmt man gelinde, um die Zersetzung langsam einzuleiten. Der zuerst übergehende Teil der Fluorwasserstoffsäure wird separat aufgefangen und nicht verwendet, da stets eine Spur Wasser, die während des Einfüllens von dem Salze angezogen wurde, darin vorhanden ist. Nachdem nunmehr die Platin-Vorlage an die Retorte angesetzt wurde, erhitzt man stärker, ohne indes die Zersetzung des Fluorhydrates allzusehr zu beschleunigen. Die Vorlage wird mit einer Eis-Kochsalz-Kältemischung

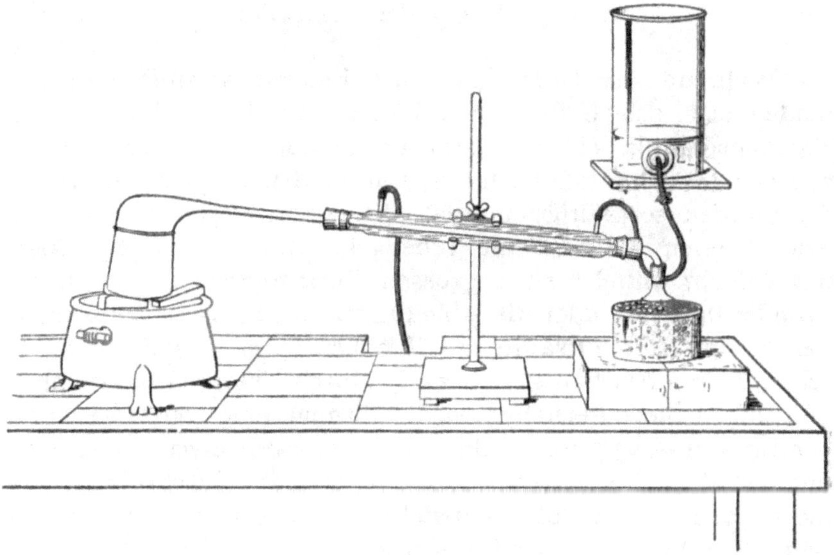

Fig. 7.

gekühlt. Auf diese Weise wird die ganze Fluorwasserstoffsäure zu einer klaren, sehr hygroskopischen Flüssigkeit condensiert, die bei + 19,5° siedet und an feuchter Luft reichliche weisse Nebel bildet. (Fig. 7).

Die auf diesem Wege erhaltene Fluorwasserstoffsäure enthält mitunter eine kleine Menge Fluoralkali, welches von den Säuredämpfen im Augenblick der Zersetzung des Salzes mitgerissen wurde. Da die Säure dadurch leitend gemacht wird, war es nicht notwendig, irgend eine Massregel gegen diese Erscheinung zu ergreifen. Will man absolut reine Fluorwasserstoffsäure gewinnen, so muss der Platinapparat viel grösser dimensioniert und in Verbindung mit einem langen Platinrohre sein, welches nicht gekühlt und gegen die Retorte zu geneigt gehalten wird. Die Dämpfe gelangen hierauf in eine Platinflasche, die nur am Boden mit Eis umgeben ist.

Durchführung des Versuches.

Während der Darstellung der Fluorwasserstoffsäure befanden sich das U-Rohr aus Platin und die Elektroden im Trockenschrank bei 120°. Man bringt nun 6—7 g vollständig wasserfreies Fluorkaliumfluorhydrat in den Apparat, schraubt die Stopfen sorgfältig ein und überzieht sie gleichmässig an einer kleinen Flamme mit Schellack. Hierauf befestigt man das U-Rohr mittelst eines grossen Korkstopfens in dem Glascylinder und verbindet die Ableitungsrohre bis zum Einbringen der Fluorwasserstoffsäure mit Trockenröhren, welche mit geschmolzenem Aetzkali gefüllt sind. Durch Chlormethyl, welches im ruhigen Sieden erhalten wird stellt man eine constante Temperatur von —23° her. Wäre die Temperatur etwas höher z. B. nur —10°, so wäre der Versuch nicht mehr durchführbar, da die an den beiden Polen entwickelten Gase in überschüssigen Säuredämpfen verschwinden würden.

Die Einführung der Fluorwasserstoffsäure in den kleinen Apparat kann durch eines der seitlichen Ansatzrohre geschehen durch Aufsaugen mittelst einer Quecksilberpumpe entweder aus der Vorlage selbst, in welcher die Säure aufgefangen worden war oder aus einer kleinen Platinflasche. Zu jedem Experimente wurden 15 bis 16 g Säure verwendet.

Bei einigen Versuchen wurde die Fluorwasserstoffsäure bei der Destillation direkt in dem mit Chlormethyl gekühlten U-Rohr aufgefangen; in diesem Falle muss aber Sorge getragen werden, dass die Rohre durch die mitgerissenen Teilchen Fluorhydrat nicht verstopft werden, da sonst unfehlbar eine Explosion eintritt, die durch das Umherspritzen einer so heftig ätzenden Flüssigkeit sehr gefährlich werden kann.

Sobald der Strom durch den Apparat hindurchgeht, tritt an beiden Polen eine regelmässige Gasentwickelung ein. Am negativen Pole entweicht Wasserstoff, der mit fast farbloser Flamme zu Wasserdampf verbrennt, und dessen Eigenschaften leicht verifiziert werden können. Am positiven Pol tritt ein farblos erscheinendes Gas auf, welches eine sehr grosse chemische Reaktionsfähigkeit besitzt. Seine Eigenschaften werden im folgenden Kapitel beschrieben werden. ([1])

Anfangs verwendete ich den Strom einer Batterie von 50 grossen Bunsenelementen; ich bemerkte jedoch bald, dass Ströme von solcher Intensität überflüssig, und infolge der dabei eintretenden Temperaturerhöhung sogar schädlich sind. Der Strom, den 20 Bunsenelemente liefern, genügt reichlich. Als Beispiel diene folgender Versuch, bei welchem sehr gute Resultate erhalten wurden. Um 11 Uhr 30 Minuten waren 21 Ampères zur Verfügung. Durch den Apparat gingen 4,5 Ampères hindurch. Um 2 Uhr 30 Minuten hatte der Strom noch eine Intensität von 16 Ampères, die während der Zersetzung auf 3,5 Ampères sank.

Wenn der Versuch mehrere Stunden gedauert hat, und auf dem Boden des Rohres nicht mehr genug flüssige Fluorwasserstoffsäure übrig bleibt, um beide Gase getrennt zu erhalten, so vereinigen sich dieselben im Apparate in der Kälte unter heftiger Detonation.

In der nach Beendigung des Versuches im Apparate zurückbleibenden Fluorwasserstoffsäure findet man eine kleine Menge Fluorplatin in Lösung vor. Ausserdem ist in der Flüssigkeit ein schwarzer Schlamm suspendiert, bestehend aus einem Gemenge von Iridium und Platin. Die negative Elektrode hat nicht gelitten, die positive dagegen ist angefressen und läuft in eine

[1]) Der erste Versuch, bei welchem die Abscheidung von Fluor gelang, wurde am 26. Juni 1886 ausgeführt.

Spitze aus. Sie kann gewöhnlich nicht öfter als zweimal verwendet werden.

Ich will noch bemerken, dass man bei der Elektrolyse der Fluorwasserstoffsäure an jedem Pole bei gutem Verlauf eine Ausbeute von 1,5 bis 2 Liter Gas pro Stunde erreichen kann. Der Versuch kann leicht 3 Stunden mit zeitweiligen Unterbrechungen fortgesetzt werden, sofern eine genügende Menge Fluorwasserstoffsäure zur Verfügung steht.

Auf reine Fluorwasserstoffsäure wirkte, wie bereits bemerkt, der Strom nicht ein. Sobald aber die Flüssigkeit Fluorkalium gelöst enthält, tritt die Zersetzung ein. Wahrscheinlich wird dieses Salz in Fluor, welches am positiven Pol entweicht, und Kalium, welches am negativen Pole ausgeschieden wird, zerlegt. Das Kalium wirkt im nascierenden Zustande auf die umgebende Fluorwasserstoffsäure ein, unter Rückbildung von Fluorkalium, während Wasserstoff frei wird. Auf diese Weise kann ein kleiner Prozentsatz Fluorkaliumfluorhydrat zur Zersetzung einer verhältnismässig grossen Menge Fluorwasserstoffsäure dienen.

Es ist indes für einen guten Verlauf der Elektrolyse doch von Vorteil, eine ziemlich grosse Menge Fluorkaliumfluorhydrat zuzusetzen. Wie schon erwähnt, ist dieses Salz in wasserfreier Fluorwasserstoffsäure sehr leicht löslich. Hierbei entsteht eine krystallisierte Verbindung, die reicher an Fluorwasserstoff ist als das Fluorkaliumfluorhydrat und bei $+ 19{,}5^0$, dem Siedepunkt der wasserfreien Säure keinen Fluorwasserstoff abgiebt. Diese Verbindung soll eigentlich stets zur Elektrolyse verwendet werden, da sie in Fluorwasserstoffsäure äusserst leicht löslich ist, und die so erhaltene Lösung den Strom sehr gut leitet.

Selbstverständlich wurde nach Feststellung der eben angeführten Thatsachen der Versuch gemacht, das Fluorkaliumfluorhydrat selbst durch Elektrolyse zu zerlegen. Das Salz schmilzt, wenn es mit Sorgfalt bereitet wurde, und kein Fluorkalium, sondern etwas Fluornatrium enthält, bei ziemlich niedriger Temperatur, ungefähr bei 140^0 zu einer etwas zähen, farblosen Flüssigkeit, die sich gut zu elektrolytischen Versuchen zu eignen scheint.

Das Experiment kann in dem weiter oben beschriebenen U-Rohre durchgeführt werden. Am positiven Pol entsteht ein Gas, welches auf Silicium unter Feuererscheinung einwirkt. Das geschmolzene Fluorhydrat bläht sich aber beim Durchgang des Stromes so stark auf, dass ein Teil in die Gasableitungsrohre eindringt. Ausserdem wird bei 140° das Platin sehr stark angegriffen, so dass ich den Versuch abbrechen musste, um meinen Apparat nicht unbrauchbar zu machen.

Schmilzt man Fluorkaliumfluorhydrat in einer Platinschale und leitet mit Hülfe zweier in die geschmolzene Masse eintauchender Platindrähte den Strom von 10 Bunsenelementen hindurch, so entwickeln sich an beiden Polen Gase, die beim Zusammentreffen, auch im Dunkeln, eine kleine Detonation verursachen. Die Platindrähte werden in wenigen Minuten aufgezehrt.

Was die Anordnung des zur Elektrolyse der Fluorwasserstoffsäure dienenden Platinapparates betrifft, so war vom physikalischen Gesichtspunkte aus der Einwand vorauszusehen, dass eventuell der Strom, anstatt durch den Elektrolyten, zwischen der Elektrode und der Platinwandung übergehen könnte, und dass so in jedem Schenkel des U-Rohres ein Gemenge von Fluor und Wasserstoff abgeschieden werden könnte. Um diesen Einwand auszuschliessen, wurde stets darauf geachtet, dass die Entfernung zwischen dem Ende der Platinelektroden und dem Boden des Apparates geringer war, als die Entfernung zwischen der Achse und der Wand des Rohres. Selbst wenn aber diese Vorsicht nicht angewendet wird, liefert die Fluorwasserstoffsäure bei der Elektrolyse stets am negativen Pole reinen Wasserstoff und am positiven Pole ein anderes Gas, dessen Eigenschaften nicht im Geringsten an die des Wasserstoffs erinnern.

Unterwirft man aber, um sich von dem Funktionieren des Apparates zu überzeugen, in dem U-Rohre Wasser, welches mit Schwefelsäure leitend gemacht wurde, der Elektrolyse, so erhält man ganz andere Resultate. An jedem Pole wird ein Gemenge von Wasserstoff und Sauerstoff entwickelt, aber nicht im Verhältnis, wie es der Zusammensetzung des Wassers entsprechen würde, sondern am positiven Pol überwiegt Sauerstoff, am negativen Wasserstoff.

Meiner Ansicht nach beruht dieser Unterschied zwischen den beiden elektrolytischen Versuchen auf zwei Ursachen.

Bei der Elektrolyse von Wasser findet bei dem an jedem Pole entwickelten Gemenge von Wasserstoff und Sauerstoff keine Vereinigung statt, sondern das Gemenge entweicht als solches. Dagegen besitzt, wie später gezeigt werden wird, das am positiven Pole bei der Elektrolyse von Fluorwasserstoff entwickelte aktive Gas in hohem Masse die Eigenschaft, sich mit Wasserstoff in der Kälte und im Dunkeln zu vereinigen. Daher kann in einem Gemenge dieser Gase nur dasjenige, welches im Ueberschuss vorhanden ist, frei werden. Entwickelt sich am negativen Pol zugleich mit Wasserstoff eine kleine Menge Fluor, so zieht dieses sofort die notwendige Menge Wasserstoff an sich, um wieder Fluorwasserstoff zu bilden, so dass nur der überschüssige Wasserstoff entweicht. Durch diese sekundäre Reaktion wird wohl die Ausbeute vermindert, aber die Reinheit der entweichenden Gase nicht beeinträchtigt.

Die zweite Ursache der Durchführbarkeit der Elektrolyse ist folgende:

Setzt man zu der als Elektrolyt zu verwendenden Fluorwasserstoffsäure einige Gramme Fluorkaliumfluorhydrat, welches darin leicht löslich ist, so entsteht auf der bis auf -23^{0} abgekühlten Platinwand ein krystallinischer Niederschlag, bestehend aus einer Verbindung von Fluorwasserstoff mit Fluorkaliumfluorhydrat, welcher einen festen Ueberzug bildet, innerhalb dessen die Elektrolyse vor sich geht. Daraus erklärt sich auch, dass bei einem einzigen Versuche der Platindraht am positiven Pole durchaus angefressen wird, während das Platinrohr nur eine fast unmerkliche Einbusse an Gewicht erleidet. Fügt man anstatt 6 bis 7 g nur 0,1 g Fluorhydrat zu der zu elektrolysierenden Säure hinzu, so erfolgt zwar noch eine Zersetzung, aber

Fluor und Wasserstoff vereinigen sich unter kleinen Detonationen fortwährend wieder im Apparate, wodurch die Ausbeute ausserordentlich gering wird.

Von dem Vorhandensein dieser festen Schicht kann man sich leicht überzeugen, wenn man den Apparat, mitten während eines Versuches auseinander nimmt, so lange er sich noch in dem Chlormethylbade befindet.

Nach Durchführung dieser ersten Versuche liess ich ein Rohr in Gestalt eines V aus einem Flussspatblock bohren. Dasselbe wurde, wie das kleine U-Rohr aus Platin mit Schraubenstopfen, durch welche die Elektroden hindurchgingen, verschlossen, und mit seitlichen Ansatzstücken zur Ableitung der Gase versehen. Unterwarf man in diesem Apparate Fluorwasserstoffsäure, mit etwas Fluorkalium versetzt, bei $+15^0$ der Elektrolyse, so traten so reichliche Flusssäuredämpfe auf, dass die abgeschiedenen Gase ganz darin verschwanden, und kein deutliches Resultat zu erreichen war. Bei einem hierauf angestellten Versuche zur Elektrolyse von geschmolzenem Fluorkaliumfluorhydrat bei $+180^0$ wurde, in weniger als einer Viertelstunde, die positive Elektrode total zerstört, und der Apparat unbrauchbar gemacht; allerdings war die Ausscheidung von Fluor viel reichlicher als bei den vorangehenden Versuchen.

Eigenschaften des am positiven Pol aufgefangenen Gases.

Wie oben auseinandergesetzt, geht die Zerlegung von Fluorwasserstoffsäure, welche etwas Fluorkaliumfluorhydrat enthält unter Einwirkung eines elektrischen Stromes regelmässig vor sich. Am negativen Pol entwickelt sich ein Gas, welches mit farbloser Flamme brennt und alle Eigenschaften von Wasserstoff zeigt, am positiven Pole ein Gas, welches farblos erscheint, einen durchdringenden, sehr unangenehmen Geruch, welcher an den von unterchloriger Säure erinnert, besitzt und rasch die Schleimhaut des Rachens und die Augen angreift.

Dieses Gas besitzt eine sehr energische Reaktionsfähigkeit.

Seine Einwirkung auf feste Körper untersucht man am besten, indem man dieselben in kleinen Glasröhrchen oder auf dem Deckel eines Platintiegels an die Mündung des am positiven Pole befindlichen Platinrohres bringt.

Schwefel schmilzt und entzündet sich sofort bei Berührung mit dem Gase, ebenso Selen. Tellur verbindet sich damit unter Feuererscheinung und starker Nebelbildung, die jedoch bald nachlässt, da sich eine Schicht von festem Fluortellur bildet, welches die Reaktion abschwächt. Dieses Fluortellur ist flüchtig und sehr hygroskopisch.

Phosphor entzündet sich und bildet ein Gas-Gemenge von Phosphoroxyfluorid oder Phosphorpentafluorid, welches von Wasser absorbiert wird, und Phosphortrifluorid, welches nur in Kalilauge löslich ist, wie leicht nachgewiesen werden kann, indem man das Röhrchen, in welchem die Reaktion ausgeführt wurde, mit dem Finger verschliesst, hernach auf Quecksilber bringt und sodann erst Wasser und hierauf Kalilauge auf das Gasgemenge einwirken lässt.

Pulverförmiges Arsen und Antimon reagieren unter Feuererscheinung. Lässt man die Reaktion mit Arsen einige Minuten andauern, so condensiert sich im kalten Teile des Rohres eine rauchende farblose Flüssigkeit, welche die Eigenschaften von Fluorarsen zeigt. Jod wird davon gelöst, und Glas in der Wärme angegriffen. Wasser wirkt zersetzend; aus der so erhaltenen Lösung lässt sich das Arsen mit Schwefelwasserstoff ausfüllen.

Ein Blättchen Jod bildet mit dem neuen Gas unter einer fahlen Flammenerscheinung eine farblose Verbindung. In einer Jodatmosphäre brennt das Gas mit heller Flamme. Auch Brom wird entfärbt; die Einwirkung erfolgt zuweilen unter Detonation.

Amorpher, nicht ausgeglühter Kohlenstoff entzündet sich bei gewöhnlicher Temperatur bei Berührung mit dem Gase.

Krystallisiertes Silicium beginnt zu erglühen und verbrennt sodann mit lebhaftem Glanze, manchmal unter Funkensprühen.

Hierbei entsteht ein Gas, welches von Wasser unter Abscheidung von Kieselsäure gelöst wird. Dieser Versuch wird am besten auf folgende Weise ausgeführt: An das Ende des Gasentbindungsrohres wird ein zweimal rechtwinklig abgebogenes und mit Siliciumkrystallen gefülltes Platinrohr angepasst; das austretende Gas zeigt, über Quecksilber aufgefangen, alle Eigenschaften von Fluorsilicium. Unterbricht man den Versuch, bevor alles Silicium verschwunden ist, so findet man, dass die in dem Platinrohr zurückbleibenden Teilchen geschmolzen worden sind.

Reines, aus Borsäure und Magnesium hergestelltes Bor wird sofort glühend und entwickelt heftig rauchende Dämpfe.

Wie bereits angeführt, vereinigten sich die bei der Zersetzung der Fluorwasserstoffsäure in jedem Schenkel des U-Rohres abgeschiedenen Gase, Wasserstoff und das neue, so heftig reagierende Gas, sofort unter heftiger Detonation, sobald nicht genügend Säure in dem Apparate vorhanden war. Diese Detonation kann leicht absichtlich herbeigeführt werden, indem man die Stromrichtung umkehrt, während der Apparat im Betriebe ist. Sobald Wasserstoff und das aktive Gas miteinander in Berührung kommen, erfolgt die Vereinigung. Um nachzuweisen, dass diese Reaktion nicht der Gegenwart von Platin zuzuschreiben ist, wurde folgender Versuch ausgeführt: Ein Trichterrohr, wie es für die mittlere Tubulierung einer Woulff'schen Flasche benützt wird, wurde umgekehrt und ein Wasserstoffstrom von oben nach unten hindurch geschickt. Die Geschwindigkeit dieses Wasserstoffstromes war an dem weiten Ende des Rohres jedenfalls eine ziemlich geringe. Bringt man nun bei gewöhnlicher Temperatur die Trichteröffnung dieses Rohres in die Nähe des Gasentbindungsrohres am positiven Pole des Platinapparates, so erfolgt sofort eine leichte Detonation, und der Wasserstoff entzündet sich. Hierbei ist wohl darauf zu achten, dass das U-Rohr gut gekühlt ist, damit das aktive Gas keine Säuredämpfe mit sich führt. Es empfiehlt sich auch, knapp vor dem Experiment das Ende des kleinen Platinrohres mit einer Flamme leicht zu erwärmen, um die Fluorwasserstoffsäure, die dort eventuell condensiert worden sein könnte, zu verjagen.

Die Metalle werden im Allgemeinen weniger energisch angegriffen, als die Metalloide. Dies hängt damit zusammen, dass die gebildeten Verbindungen nicht flüchtig sind, und die kleine zunächst gebildete Menge Metallfluorid eine weitere Einwirkung hindert.

Kalium und Natrium reagieren in der Kälte unter Feuererscheinung und liefern die entsprechenden Fluormetalle; ebenso verhält sich reines Kalium, welches sich nach und nach mit einer weissen Schicht von unlöslichem Fluorkalium überzieht.

Magnesium und Aluminium werden oberflächlich, aber anscheinend nicht sehr energisch angegriffen. Erhitzt man Aluminium zuvor auf Dunkelrotglut, so erfolgt die Einwirkung unter lebhafter Feuererscheinung. Der Rückstand erscheint unter dem Mikroskope aus kleinen geschmolzenen Metallkügelchen gebildet, die mit einer durchsichtigen Schicht von Fluoraluminium umhüllt sind. Eisen und Mangan verbrennen, als Pulver und in der Wärme der Einwirkung des Gases ausgesetzt, unter Funkensprühen.

Blei wird in der Kälte unter Bildung von weissem Fluorblei angegriffen, ebenso ganz blankes Zinn; bei letzterem wächst die Lebhaftigkeit der Einwirkung mit einer geringen Temperaturerhöhung.

Quecksilber wird bei gewöhnlicher Temperatur vollständig in hellgelbes Quecksilberfluorid übergeführt. Erhitzt man diese Verbindung in einem Glasrohre, so entsteht Quecksilber und Fluorsilicium.

Silber bedeckt sich bei gelindem Erwärmen mit einer braunen satinierten Schicht von Fluorsilber, welches von Wasser gelöst wird.

Gold und Platin werden in der Kälte nicht angegriffen.

Erhitzt man Platin auf 300 bis 400^0 und lässt das Gas darauf einwirken, so bedeckt es sich mit einer staubförmigen, kastanienbraun gefärbten Verbindung, welche bei dunkler Rotglut zersetzt wird unter Bildung von Platinschwarz und einem

Gase, welches sich mit Silicium in der Kälte unter Feuererscheinung verbindet.

Gold zeigt ein genau gleiches Verhalten.

Festes Jodkalium wird bei Berührung mit diesem Gase sofort geschwärzt. Das freigemachte Jod wird von Chloroform oder Schwefelkohlenstoff mit dunkelvioletter Färbung gelöst. Jodblei und Jodquecksilber werden unter Feuererscheinung zerlegt. Die reichlich entweichenden Joddämpfe werden sofort in Jodfluor übergeführt, während im ersten Fall weisses Fluorblei, im zweiten gelbes Fluorquecksilber entsteht.

Geschmolzenes Chlorkalium wird in der Kälte unter deutlicher Chlorentwicklung angegriffen. Dieses Gas, dessen Auftreten schon sein Geruch bezeugt, kann auf folgende Weise nachgewiesen werden: Man entfernt vorsichtig das Stückchen Chlorkalium, bringt das Gas langsam in ein grösseres Reagensglas und schüttelt mit wenig Wasser. Die erhaltene Lösung entfärbt eine verdünnte Indigolösung, löst dünne Blättchen Gold und giebt mit saurer Silbernitratlösung einen weissen käsigen Niederschlag, der am Lichte schwarz wird und in Ammoniak, Cyankalium und Alkalihyposulfitlösung löslich ist. Fluorsilber ist bekanntlich in Wasser und Säuren sehr leicht löslich.

Trockenes Chlorsilber färbt sich bei Berührung mit dem Gase gelb.

Bromkalium wird unter reichlicher Entwicklung von Bromdämpfen zerlegt.

Phosphorpentachlorid wird mit Feuererscheinung und unter Abscheidung dichter weisser Dämpfe zersetzt.

Ein Krystall Jodoform wird durch das Gas entflammt, wobei Joddämpfe entweichen.

Schwefelkohlenstoff entzündet sich sofort.

Alle wasserstoffhaltigen organischen Verbindungen werden heftig angegriffen. Bringt man ein Stück Kork an das Ende des Platinrohres, durch welches das Gas entweicht, so verkohlt es sofort und entzündet sich schliesslich.

Alkohol, Aether, Benzol, Terpentinöl, Petroleum entzünden sich beim Zusammentreffen mit dem Gase.

Wasser wird in der Kälte zersetzt und liefert Fluorwasserstoff und Ozon. Zur Ausführung dieses Versuches bringt man die Enden der Gasableitungsrohre des Apparates in kleine, zur Hälfte mit Wasser gefüllte Platinschalen, und fängt die Gase in umgekehrten, mit Wasser gefüllten Reagensrohren auf. Man muss darauf achten, dass die beiden kleinen Platinrohre gleich weit in die Flüssigkeit eintauchen, sonst bleibt das Niveau der Fluorwasserstoffsäure in den beiden Schenkeln des Apparates nicht in einer Ebene, und die an jedem Pole entwickelten Gase vereinigen sich wieder unter Explosionserscheinungen, die oft so heftig sein können, dass der Experimentator durch umhergespritzte Fluorwasserstoffsäure oder durch Glassplitter von den zertrümmerten Reagensgläsern verletzt werden kann.

Wird dieser Versuch richtig durchgeführt, so entwickelt sich am negativen Pole, wie schon früher bemerkt, Wasserstoff, der Fluorwasserstoff nur in ganz geringen Spuren enthält. Am positiven Pole erhält man ein Gas, welches auf Glas nur unmerklich, auf Silicium gar nicht einwirkt, einen glimmenden Holzspahn entflammt, Thalliumoxydpapier bräunt, Jodkaliumstärkelösung bläut und vollständig von pyrogallussaurem Kali absorbiert wird, durch welche Reaktionen das Gas als Ozon gekennzeichnet wird.

Wir stehen hier vor einer neuen Reaktion, bei welcher Sauerstoff auf kaltem Wege erhalten wird und zwar als Ozon, wie auch bei den anderen Zersetzungsreaktionen, die bei niedriger Temperatur vor sich gehen, (Kaliumpermanganat und Baryumsuperoxyd). Das Wasser in der Platinschale enthält Fluorwasserstoff, wie leicht nachzuweisen ist.

Kaltes Wasser wird also von diesem neuen gasförmigen Körper zerlegt unter Bildung von Fluorwasserstoffsäure und ozonisiertem Sauerstoff.

Wiederholt man den Versuch und bringt in die am positiven Pole befindliche Platinschale statt Wasser Tetrachlorkohlenstoff und ersetzt das Glasrohr durch eine kleine Eprouvette aus Flussspat, so entwickelt sich ein Gas, welches auf Quecksilber einwirkt, von Wasser langsam absorbiert wird und alle Merkmale von Chlor zeigt. An Tetrachlorkohlenstoff lässt sich also ein interessanter Substitutionsvorgang beobachten, indem das Chlor durch das am positiven Pole entwickelte Gas verdrängt wird.

Discussion des Versuches.

Welches sind nun die Folgerungen, die aus dieser Einwirkung des elektrischen Stromes auf Fluorwasserstoffsäure, die Fluorkalium enthält, gezogen werden können?

Ueber die Natur des am positiven Pole entwickelten Gases sind verschiedene Hypothesen möglich. Am einfachsten wäre wohl die, dass man das Fluor vor sich hat; es wäre zum Beispiel aber auch möglich, an ein Wasserstoffperfluorid oder sogar an ein Gemenge von Fluorwasserstoff mit Ozon zu denken, welches genügende chemische Reaktionsfähigkeit besässe, um die so heftige Einwirkung auf krystallisiertes Silicium zu erklären.

Gleich zu Beginn der Versuche über Elektrolyse von Fluorwasserstoff hatte ich mich vergewissert, dass das verwendete Fluorkaliumfluorhydrat weder Salpetersäure noch Chlor enthielt. Wäre übrigens selbst eine kleine Menge Chlorkalium im Fluorkalium vorhanden gewesen, so hätte man trotzdem reinen Fluorwasserstoff erhalten, denn die Differenz zwischen den Siedepunkten der Salzsäure, — -80^0 —, und der Flusssäure, — $+19,5^0$ —, ist zu gross, als dass auch nur eine Spur Chlorwasserstoff in einem grossen Ueberschuss flüssiger Fluorwasserstoffsäure hätte zurückbleiben können.

Zum Nachweis, dass das neu gewonnene Gas nicht ein bei niedriger Temperatur gebildetes Gemenge von Ozon und Fluorwasserstoffdämpfen sei, wurde Ozon in dem Apparat von Berthelot bei -18^0 dargestellt.

Die dunkle elektrische Entladung wurde mit Hülfe einer kräftigen Induktionsspule und 4 Bunsenelementen bewerkstelligt. Das Ozon wurde in einen kleinen Platinrezipienten geleitet, in welchem sich flüssige Fluorwasserstoffsäure von -20^0 befand. Das so erhaltene Gasgemenge wirkt weder auf Jod, Schwefel, geschmolzenes Chlorkalium, noch auf krystallisiertes Silicium ein, giebt also keine der oben angeführten Reaktionen.

Bei den Versuchen über Elektrolyse der Fluorwasserstoffsäure wurde übrigens oft ein ähnliches Gemenge von Ozon und Säuredämpfen erhalten, wenn die verwendete Säure noch eine kleine Menge Wasser enthielt. In diesem Falle entwickelte sich zu Beginn des Prozesses am positiven Pole Ozon, oft sogar bei -50^0, und Silicium wurde niemals angegriffen.

Bei einem Experimente wurde eine sehr kleine Menge Wasser zu der Säure hinzugefügt; sofort trat am positiven Pole eine reichliche Entwicklung von Ozon ein, welches Silicium nicht veränderte und in der Kälte weder auf Jod noch auf Schwefel oder geschmolzenes Chlorkalium einwirkte.

Die Hypothese, dass das Gas ein Gemenge von Ozon und Fluorwasserstoffdämpfen sei, kann somit fallen gelassen werden.

Das Gas könnte nun auch eine Verbindung von Wasserstoff und Fluor sein, die mehr Fluor enthält als Fluorwasserstoffsäure, also ein Perfluorid. Dass dies nicht der Fall ist, und dass keine Verbindung von Wasserstoff mit Fluor vorliegt, kann auf folgende Weise nachgewiesen werden:

Nehmen wir an, die Fluorwasserstoffsäure zerfiele unter der Einwirkung des Stromes in Wasserstoff und Fluor.

$$\underbrace{2\,HF}_{4\text{ Volume}} = \underbrace{H_2}_{2\text{ Volume}} + \underbrace{F_2}_{2\text{ Volume.}}$$

Werden die entwickelten Gase an beiden Polen über Wasser aufgefangen, so kann der am negativen Pole abgeschiedene Wasserstoff gemessen werden. Das aktive Gas am positiven Pole dagegen wird nicht erhalten, da, wie oben beschrieben, das Wasser damit reagiert, wobei Sauerstoff entwickelt wird. Der Zersetzungsvorgang wird daher anders verlaufen, wenn Fluor, und anders, wenn ein Perfluorid z. B. HF_2 auf Wasser einwirkt.

Mit Fluor erfolgt die Reaktion nach folgender Gleichung:

$$\underbrace{F_2}_{2\ \text{Vol.}} + \underbrace{H_2O}_{2\ \text{Vol.}} = \underbrace{2\,HF}_{4\ \text{Vol.}} + \underbrace{O}_{1\ \text{Vol.}}$$

Mit einem hypothetischen Perfluorid:

$$\underbrace{2\,HF_2}_{4\ \text{Vol.}} + \underbrace{H_2O}_{2\ \text{Vol.}} = \underbrace{4\,HF}_{8\ \text{Vol.}} + \underbrace{O}_{1\ \text{Vol.}}$$

Das Volumen Sauerstoff muss bei beiden Reaktionen gleich gross sein, während bei der zweiten das doppelte Volum Fluorwasserstoff erhalten wird. Könnte man also die in Wasser lösliche Fluorwasserstoffsäure im Moment ihrer Entstehung titrieren, so könnte ermittelt werden, ob Fluor oder ein Wasserstoffbifluorid vorhanden war, je nach der durch die Titration bestimmten Menge Fluorwasserstoff.

Die Ausführung dieses Experimentes war ziemlich schwierig, angesichts der grossen Vorsicht, die erforderlich ist, um das Niveau der Fluorwasserstoffsäure in beiden Schenkeln des U-Rohres in derselben Ebene zu erhalten, wie bereits weiter oben bei Gelegenheit der Zersetzung des Wassers durch das am positiven Pole entwickelte Gas auseinandergesetzt wurde.

Um einen möglichst constanten Strom von nicht über 16 Ampères zu erhalten, liess man die Batterie sich erschöpfen; hierauf füllte man den Glascylinder vollständig mit Chlormethyl und beschleunigte die Verdampfung desselben, wodurch eine Temperatur von ungefähr — 40° erreicht wurde.

Zwei in Zehntelcubikcentimeter eingeteilte Glasrohre waren schon vorher innen und aussen mit einer Firnisschicht überzogen worden. Hierzu diente eine Lösung von Schellack in Alkohol, welch' letzterer sodann durch einen trockenen Luftstrom verjagt wurde.

Diese Messrohre wurden mit destilliertem Wasser gefüllt und umgekehrt in zwei Platinschalen mit Wasser gestellt. Im gegebenen Moment wurden beide gleichzeitig über die Platinansatzrohre des Zersetzungsapparates gebracht, und die an beiden Polen sich entwickelnden Gase aufgefangen. Hierauf werden die graduierten Rohre, ohne den Strom zu unterbrechen, in den Platinschalen, gleichzeitig wieder entfernt.

Nachdem man die Volume der an beiden Polen abgeschiedenen Gase abgelesen hatte, liess man das Wasser aus den Rohren ausfliessen, spülte dieselben mit wenig destilliertem Wasser aus und titrierte die gebildete Fluorwasserstoffsäure in beiden Platinschalen mit Phenolphtaleïn als Indikator. Die Flusssäure war mit dem Glase nicht in Berührung gekommen, denn die Rohre erschienen nach der Entfernung der Firnisschicht durch Alkohol, ganz unverändert.

Der am negativen Pole entwickelte Wasserstoff hatte eine kleine Menge Fluorwasserstoff mitgeführt; da die Temperatur in dem ganzen Apparate dieselbe ist, kann man annehmen, dass die auf diese Weise mitgeführte Menge Fluorwasserstoff an beiden Polen die gleiche ist. Zieht man also die am negativen Pole bestimmte mitgeführte Menge Fluorwasserstoff von der am positiven Pole erhaltenen Menge ab, so erhält man ziemlich genau die Menge der durch die Zersetzung des Wassers entstandenen Fluorwasserstoffsäure.

Die Resultate dieses Versuches waren folgende:

Am positiven Pole bei 0^0 und 760 mm	9,6 cc Gas
Am negativen Pole bei 0^0 und 760 mm	23,0 cc Gas
Am positiven Pole Titration der Flüssigkeit	153 Teile
Am negativen Pole Titration der Flüssigkeit	33 Teile

107 Teile der Alkalilösung entsprechen nun 0,1 g Schwefelsäure oder 0,040 816 g Fluorwasserstoffsäure. Am positiven Pole ist nun durch Zersetzung des Wassers eine Menge Fluorwasserstoffsäure gebildet worden, die

$$153 - 33 = 120 \text{ Teilen}$$

der Alkalilösung entspricht, also

$$\frac{120 \times 0{,}040\,816}{107} = 0{,}0467 \text{ g}$$

Fluorwasserstoff.

Bei der Vergleichung der an jedem Pole erhaltenen Gasvolumina, 9,6 cc und 23 cc, zeigt sich, dass dieselben nicht im Verhältnis von 1 : 2 stehen. Die Hälfte von 23 ist 11,5, daher besteht eine Differenz von 11,5 — 9,6 = 1,9. Die Erklärung hierfür ist, dass wie früher nachgewiesen, das am positiven Pole aufgefangene Gas, ozonisierter, sozusagen condensierter Sauerstoff ist.

Angenommen, das Volumen von 23 cc sei dasjenige des am positiven Pole gebildeten Fluors, also gleich dem des Wasserstoffs, so kann man die Menge der gebildeten Fluorwasserstoffsäure berechnen und das Resultat mit dem Analysenresultate vergleichen:

23 cc Fluor würden 0,03948 g wiegen

und könnten

0,0415 g Fluorwasserstoff

liefern.

Wäre die Formel des am positiven Pole entwickelten Gases HF_2, so würden 23 cc davon

0,0830 g Fluorwasserstoff

bilden.

Die am positiven Pole erhaltene Lösung enthielt aber nach der Analyse

0,0467 g Fluorwasserstoff,

was viel näher zur ersten als zur zweiten Zahl liegt. Hiernach wäre das aktive Gas in der That Fluor und kein Perfluorid.

Dass das gewonnene Gas keinen Wasserstoff enthält, kann auch auf anderem Wege nachgewiesen werden, indem man es über rotglühendes Eisen leitet. Fluor müsste vollständig absorbiert werden. Liegt dagegen eine Verbindung von Fluor mit Wasserstoff vor, so müsste letzterer frei werden und könnte in einer Kohlensäureatmosphäre aufgefangen werden. Die Kohlensäure kann man hierauf leicht durch Kalilauge entfernen.

Der Versuch wurde auf den Rat Berthelot's in folgender Weise ausgeführt: (Fig. 8).

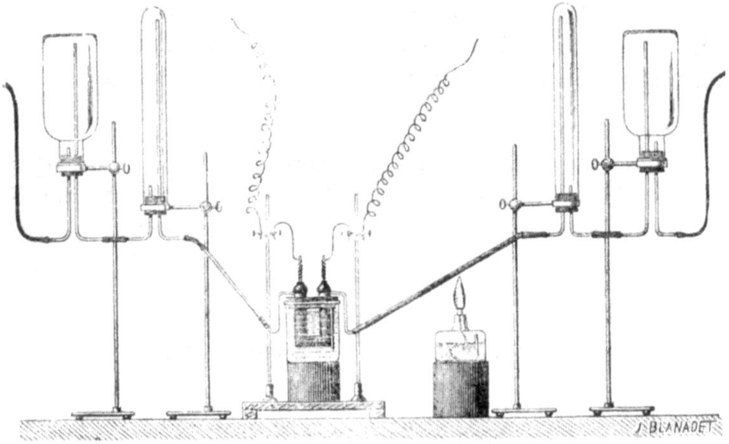

Fig. 8.

An das Platinrohr, durch welches das aktive Gas entweicht, wird ein 20 cm langes Rohr aus gleichem Metall angeschraubt und mit vollkommen trockenem Fluorkalium in kleinen Stückchen gefüllt. Auf diese Weise werden die Fluorwasserstoffdämpfe sehr gut zurückgehalten, da dieselben mit dem Fluorkalium das Fluorhydrat bilden. Ein anderes gleich langes Platinrohr wird mit Eisendraht gefüllt und an das erste unter sanfter Reibung angepasst. Vor dem Beginn des Versuches wird das letztere Rohr gewogen. An dieses Rohr schliesst sich nun mittelst einer Kautschukverbindung ein grosses Reagensglas und hierauf eine Glasflasche in umgekehrter Stellung. Durch diesen Teil des Apparates wurde fünf bis sechs Stunden lang ein lebhafter Strom reiner trockener Kohlensäure geleitet, bis das austretende Gas mit Ausnahme einer kleinen Luftblase, deren Volum vernachlässigt werden konnte, von Kalilauge absorbiert wurde.

Auf der Seite, wo Wasserstoff entwickelt wird, befindet

sich ebenfalls ein Reagensglas und eine Literflasche, beide auch in umgekehrter Stellung und mit reiner Kohlensäure gefüllt. Der Apparat steht an beiden Enden mit der atmosphärischen Luft durch 2 m lange Kautschukschläuche in Verbindung, deren Oeffnung nach oben gerichtet ist und sich höher befinden muss als das Niveau der Kohlensäure in den Glasgefässen. Dank dieser Anordnung ist es möglich, ohne Druckvorrichtung die aus dem Platinapparat entweichenden Gase am positiven und negativen Pol getrennt aufzufangen.

Nach diesen Vorbereitungen schickt man den Strom von 20 Bunsenelementen durch die Fluorwasserstoffsäure, deren Temperatur durch rasche Verdampfung von Chlormethyl auf -50^{0} erhalten wird, und erhitzt das Platinrohr, in welchem sich das Eisen befindet, gleichzeitig bis zu dunkler Rotglut. Man bemerkt hierbei durch das Platin hindurch infolge der im Inneren auftretenden Feuererscheinung, die in dem entwickelten Gase brennenden Eisendrähte. Nachdem die elektrolytische Zersetzung 10 Minuten gedauert hat, wobei das Chlormethyl wenn notwendig, erneuert werden muss, unterbricht man, nimmt den Apparat auseinander und wägt das Platinrohr, welches nunmehr Fluoreisen in Gestalt von grünlichweissen Krystallen an der Oberfläche der Drähte enthält. Nebenbei wurde auch eine geringe Menge Fluorplatin gebildet. Hierauf lässt man in beiden Teilen des Apparates die Kohlensäure durch Kalilauge absorbieren und misst und analysiert das übrigbleibende Gas.

Versuch I.

Das Eisen hatte um 0,130 g an Gewicht zugenommen. Das Gas am negativen Pole enthielt, auf 0^{0} und 760^{0} reduciert, 78 cc Wasserstoff, welcher mit nicht leuchtender Flamme ohne Detonation verbrannte.

Am positiven Pole hinterblieben nach Absorption der Kohlensäure nur 10,2 cc eines nicht brennbaren Gases, welches ca. ein Fünftel seines Volumens an Sauerstoff enthielt, was ungeführ dem Volumen der in den beiden Platinrohren bei der Zusammenstellung des Apparates enthalten gewesenen Luft entspricht.

Die Analyse dieses Gases ergab folgendes Resultat:

Ursprüngliches Volum	10,2 cc
Nach Einwirkung von Kalilauge	10,2 cc
Nach Einwirkung von pyrogallussaurem Kali	8,0 cc

Andererseits wiegen 78 cc Wasserstoff 0,006 942 g, woraus sich, wenn man das Atomgewicht des Fluors zu 19 annimmt, für das in Freiheit gesetzte Fluor ein Gewicht von 0,132 g ergeben würde.

Bei dem Versuche wurden 0,130 g erhalten.

Das umgekehrte Reagensglas am positiven Pole zeigte keine Spur von Feuchtigkeit und war nicht angegriffen worden.

Das durch das Fluorkalium vom Fluorwasserstoff befreite Gas war somit vollständig, ohne Wasserstoffentwicklung, von rotglühendem Eisen absorbiert worden unter Bildung einer Menge Fluoreisen, welche nahezu genau der Menge Fluor entspricht, die gemäss dem am anderen Pole abgeschiedenen Volumen Wasserstoff hätte am positiven Pole entwickelt werden müssen.

Versuch II.

Gewicht des Platinrohres + Eisendraht	29,339 g
Gewicht des Platinrohres nach dem Versuche	29,477 g
	0,138 g

Nach Einwirkung von Kalilauge hinterblieben:

Am positiven Pole:

Wasserstoff auf 0° und 760 mm reduciert 80,01 cc

Am positiven Pole:

Gasrückstand	11,40 cc
Nach Einwirkung von pyrogallussaurem Kali	9,10 cc

80,01 cc Wasserstoff wiegen 0,00712 g was mit F = 19 multipliciert, 0,134 g giebt.

Wie beim ersten Versuche entspricht das Gewicht des Fluoreisens der nach dem Volumen des entwickelten Wasserstoffs berechneten Gewichtsmenge Fluor; nach dem Ueberleiten des Gases über rotglühendes Eisen hinterblieb kein Wasserstoff.

Das am positiven Pole des Platin-Apparates abgeschiedene Gas ist somit in der That das Fluor.

Das Fluor ist also, um die erhaltenen Resultate zusammenzufassen, ein Gas, welches eine grössere chemische Reaktionsfähigkeit besitzt, als alle anderen bekannten Elemente und daher jedenfalls wichtige neue Reaktionen ermöglichen wird.

Wenn es auch bisher nicht isoliert worden war, so war doch merkwürdigerweise dank der Untersuchung seiner Verbindungen sein Platz in der natürlichen Einteilung der Metalloide seit Langem im Voraus bestimmt. Die bisherigen Versuche zu seiner Gewinnung hatten einige seiner wichtigsten Eigenschaften vorhersehen lassen, und an dem Tage, wo es endlich gelingt, das neue Element aus einer seiner Verbindungen abzuscheiden, zeigt es sich, dass es keinen anderen, als den vorausbestimmten Platz, an der Spitze der Chlorgruppe einnehmen kann. So erscheint die von Dumas aufgestellte Einteilung der Metalloide nochmals glänzend bestätigt.

ZWEITES KAPITEL.

Neue Apparate zur Erzeugung von Fluor.

Zur eingehenderen Untersuchung der Einwirkung des Fluors auf gewisse einfache und zusammengesetzte Körper waren neue Versuche notwendig. Zu diesem Zwecke war es aber unerlässlich, den ersten Apparat zu modifizieren, denselben bedeutend zu vergrössern und alle Anstrengungen darauf zu richten, das Fluor in ganz reinem Zustande zu gewinnen.

Die Darstellung geschah immer auf elektrolytischem Wege, denn alle Versuche, das Fluor durch einen chemischen Prozess zu erhalten, schlugen fehl. Meiner Ansicht nach könnte dies doch gelingen, sei es durch Zerlegung von Fluorgold oder Fluorplatin, wenn man zuvor gelernt hätte, diese Verbindungen auf einem Umwege darzustellen, sei es durch Dissociation eines bei niedriger Temperatur gewinnbaren Perfluorids.

Es würde sich der Mühe lohnen, die gründliche Untersuchung der Fluorverbindungen von Mangan, Blei, Kupfer und Cerium und der Fluordoppelverbindungen von Platin und Phosphor, die den von Schützenberger (1) entdeckten Verbindungen analog sind, in dieser Richtung wieder aufzunehmen, wobei sich vielleicht wichtige Resultate ergeben könnten. Es sei hier auch noch darauf hingewiesen, dass Fluorsilber, dessen Schmelzpunkt nach meinen Untersuchungen bei 435° liegt, und

1) SCHÜTZENBERGER. Sur une nouvelle classe de composés platiniques, *Annales de Chimie et de Physique*, 4e série, t. XXI, p. 350; 1870.

welches den elektrischen Strom sehr gut leitet, leicht in einem Gefäss aus Flussspat elektrolysiert werden könnte.

Zur Modifikation des ersten Apparates führte hauptsächlich das Bestreben, bessere Ausbeuten zu erhalten, um zunächst die physikalischen Constanten des Fluors: Dichte, Farbe, Spektrum, Siedepunkt etc. bestimmen zu können. Ueber die erhaltenen Resultate wird im folgenden Kapitel berichtet werden.

Ausserdem wurden Versuche angestellt, auf direktem Wege, d. h. durch Anlagerung des Fluors an Elemente und zusammengesetzte Körper, Verbindungen darzustellen, deren Gewinnung bisher unmöglich gewesen war, worüber weiter unten berichtet werden wird.

Alle diese Versuche wurden oftmals wiederholt; es ist daher nicht zum Verwundern, wenn wir Gelegenheit hatten, bei diesen Experimenten mehrere hundert Liter Fluor darzustellen und zu verbrauchen. Arbeitet man mit gasförmigen Körpern, und handelt es sich darum, flüssige oder feste Körper zu gewinnen, so sind die Ausbeuten sehr gering. Die Darstellung des Fluors, wie die meisten physikalischen Experimente, bleibt immer mit Schwierigkeiten verbunden, und erfordert grosse Sorgfalt.

Dieser zweite Teil der Untersuchungen steht an Interesse jedenfalls weit hinter dem ersten zurück; die Resultate sind vielleicht aber mindestens ebenso lehrreich, denn es war unerlässlich, die Kenntnis dieses neuen Körpers, der von allen bekannten Elementen die grösste Reaktionsfähigkeit besitzt, zu vervollständigen.

FLUORHYDRATVERBINDUNGEN DES FLUORKALIUMS.

Zunächst trachtete ich festzustellen, welche Verbindungen Fluorkalium mit verschiedenen Mengen Flourwasserstoff eingehen könnte.

Bringt man in wasserfreie Fluorwasserstoffsäure gut getrocknetes gepulvertes Fluorkaliumfluorhydrat, so löst sich dasselbe rasch unter Wärmeentwicklung auf. Unter Umschütteln kann man leicht in wenigen Augenblicken 5 bis 6 g Fluorhydrat in 10 g Säure auflösen. Kühlt man hierauf die Lösung auf -23^0 ab, so krystallisiert sie zum Teile. Die weissen Krystalle werden von der Säure getrennt, zwischen trockenem Filtrierpapier rasch getrocknet und hierauf in ein durch einen paraffinierten Korkstopfen verschliessbares Platinrohr gebracht.. Löst man eine bestimmte Gewichtsmenge dieses Salzes in einer Platinschale in destilliertem Wasser, so kann man durch Titration mit Phenolphtaleïn als Indikator, die in der Verbindung enthaltene Säuremenge bestimmen.

Dic Titration ergiebt, dass die Krystalle der Formel KF. 3 HF entsprechen. Diese Verbindung kann übrigens auch leicht direkt erhalten werden, in dem man die der obigen Formel entsprechenden Gewichtsmengen Fluorhydrat und Säure sorgfältig, unter Vermeidung einer plötzlichen Temperaturerhöhung mischt, und das Gemenge in einem geschlossenen Platintiegel im Oelbade auf $+85^0$, also weit über den Siedepunkt der Fluorwasserstoffsäure erhitzt. Es entweichen keine Säuredämpfe, und man erhält eine ganz klare Flüssigkeit, die beim Erkalten bei 68^0 zu krystallisieren beginnt und in der Kälte zu einer sehr harten Masse verfilzter Krystalle erstarrt.

Auch die Analyse dieses synthetisch erhaltenen Körpers führte zu der Formel KF. 3 HF. Die Krystalle ziehen sehr energisch Feuchtigkeit an und entwickeln in feuchter Luft beständig Fluorwasserstoffdämpfe. In Wasser lösen sie sich sehr rasch und zerfallen nach Guntz (1) in Säure und Fluormetall, wobei eine ziemliche bedeutende Temperaturerniedrigung eintritt. Beim Erhitzen zerfallen sie in Fluorwasserstoffsaure und Fluorkalium.

Steigert man die Temperatur des geschmolzenen Salzes auf 100^0, so findet keine Einwirkung auf krystallisiertes Silicium statt; erhitzt man ein Gemenge davon aber plötzlich sehr

1) GUNTZ. Sur les chaleurs de formation des fluorures de potassium, *Comptes rendus de l'Académie des Sciences*, t. XCVII, p. 256; 1883.

stark, so tritt eine Feuererscheinung und reichliche Entwicklung von Fluorsilicium ein.

Das geschmolzene Salz greift Kieselsäure energisch an und zersetzt die Carbonate.

Durch Schwefelsäure wird das Trifluorhydrat in der Kälte sofort zerlegt unter stürmischer Entwicklung von Fluorwasserstoff, ebenso tritt eine sehr energische Reaktion ein, wenn man einzelne Krystalle in eine concentrierte Lösung von Aetzkali oder Ammoniak fallen lässt.

Aendert man das Verhältnis von Fluorhydrat und Säure, so kann man auch zu der Verbindung $KF . 2HF$ gelangen. Diese ist bei $+105^0$ flüssig und erstarrt beim Abkühlen zu einer krystallinischen Masse von denselben Eigenschaften, wie die vorstehend beschriebene Verbindung.

Die Formel wurde durch Titration bestätigt gefunden.

Diese Verbindungen, die so reich an Fluorwasserstoff sind und bei $+65$ und $+105^0$ in flüssigem Zustande erhalten werden können, werden es voraussichtlich unter gewissen Bedingungen ermöglichen, Fluorwasserstoffsäure bequem auf gewisse organische und anorganische Körper einwirken zu lassen.

Diese Körper zeigen eine Analogie mit den Chloralkalichlorhydraten Berthelot's oder den Ammoniaksalzen mit mehreren Molekulen Ammoniak, die von Troost entdeckt worden sind. Das Trifluorid besitzt indes, wie hervorgehoben werden soll, eine gewisse Beständigkeit. Als genügender Beweis hierfür mag folgender Versuch dienen. Bringt man die Verbindung $KF . 3HF$ in ein Vacuum, so sinkt das Manometer in einem Zeitraum von 12 Stunden nur um 1 cm; bei 15^0 in trockener Luft geht der Zerfall also noch viel langsamer vor sich. Feuchtigkeit dagegen wirkt, wie oben beschrieben, sofort zersetzend ein.

Fluorkalium verbindet sich also mit Fluorwasserstoff in verschiedenen Verhältnissen. Bis jetzt sind folgende Verbindungen bekannt:

$KF . HF$
$KF . 2HF$
$KF . 3HF$

Die beiden letzteren Körper, die bei —23° in Gegenwart überschüssiger Fluorwasserstoffsäure fest sind, ermöglichen die Erklärung für die Thatsache, dass die als Elektroden dienenden Platindrähte viel rascher angegriffen werden, als das Platin des U-Rohres. Diese Verbindungen sind in wasserfreier Fluorwasserstoffsäure sehr wenig löslich, scheiden sich daher auf der Metallwandung ab und bilden eine Hülse, innerhalb deren sich eine Lösung von Fluorkalium in Fluorwasserstoffsäure befindet, die allein elektrolysiert wird. Die Platindrähte dagegen erwärmen sich infolge des Stromdurchganges und werden von dem Fluor angegriffen unter Bildung von Fluorplatin, welches hierauf wieder zerfällt.

EIN NEUER PLATIN-APPARAT.

Bei Fortsetzung dieser Untersuchungen ergab sich die Notwendigkeit, ziemlich bedeutende Mengen Fluor herzustellen. Der frühere Apparat musste daher in viel grösseren Dimensionen ausgeführt werden. Das U-Rohr aus Platin, in welchem die Elektrolyse ausgeführt wird, besitzt einen Fassungsraum von 160 cc und kann während der Reaktion circa 100 cc Fluorwasserstoff aufnehmen. Die Stopfen wurden so ziemlich in gleicher Weise ausgeführt, wie bei dem zu den früheren Versuchen verwendeten Apparate. Dieselben bestanden aus einem Flussspatcylinder, welcher von einem dicken, mit einem Schraubengewinde versehenen Platinblech umhüllt war. Dieses Gewinde passte in ein anderes an den Mündungen des U-Rohres eingeschnittenes Gewinde, so dass ein sicherer Schraubenverschluss bewerkstelligt werden konnte. Die als Elektroden dienenden Platindrähte waren in einer senkrechten Bohrung des Flussspatcylinders befestigt und auf diese Weise vollständig von dem Apparate isoliert. (Fig. 9). Das obere Ende beider Schenkel des U-Rohres, sowie der Kopf der Flussspatstopfen waren mit Messingschrauben versehen, welche zum Oeffnen und Schliessen des Apparates dienten. Durch Einklemmen eines

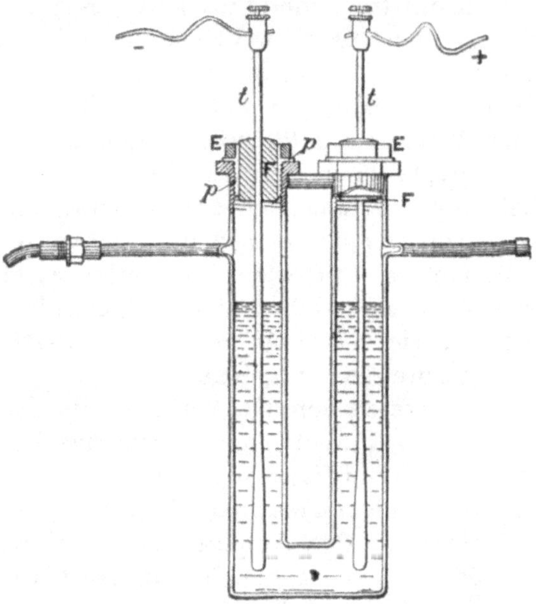

Fig. 9.

Bleiringes zwischen die Metallränder des Rohres und der Stopfens wurde ein hermetischer Verschluss erzielt. Die Elektroden bestanden aus reinem Platin, wenn dasselbe auch etwas rascher angegriffen wird als die früher verwendete Platin-Iridiumlegierung ([1]), und waren an ihrem Ende keulenförmig

[1]) Bei einem Versuche wurde an das Ende des als Elektrode dienenden Platin-Drahtes ein kleiner Cylinder aus Iridium (von Matthey in London) mit Hülfe des Knallgasgebläses angelötet. Das bei der Elektrolyse gebildete Fluor greift das reine Iridium viel rascher an als reines Platin oder eine Legierung beider Metalle.

verstärkt um der Einwirkung des Fluors länger Widerstand leisten zu können.

Da dieser neue Apparat eine ziemlich bedeutende Menge Fluorwasserstoffsäure fasst, und man diese in keinem Falle an einem Tage verbrauchen konnte, wurden, um dieselbe aufbewahren zu können, beide seitlichen Ableitungsrohre mit metallischen Schraubenstopfen verschlossen; der ganze Apparat wurde hierauf in ein mit trockener Luft gefülltes grosses Glasgefäss gebracht und über Nacht im Keller oder in einer Eisgrube bei einer unter 19,5°, dem Siedepunkt der Fluorwasserstoffsäure, liegenden Temperatur aufbewahrt (1). Auf diese Weise konnte der Apparat mit Säure gefüllt und für den Gebrauch bereit mehrere Wochen lang aufbewahrt werden.

Bei der Elektrolyse befand sich der Apparat, wie früher, in Chlormethyl (2), welches bei —23° in ruhigem Sieden erhalten wurde. Die Gefässe mit dem Chlormethyl wurden noch in Glascylinder gestellt, in welchen sich einige Stücke Chlorcalcium befanden, um sie mit einer trockenen Luftschicht, die die Wärme schlecht leitet, zu umgeben.

Will man das Eintreten von Detonationen im Innern des Apparates vermeiden, so thut man gut daran, das Eindringen von Chlormethyldämpfen sorgfältigst zu verhüten. Im Augenblicke, wo man das flüssige Chlormethyl in den Gascylinder bringt, bildet sich rings um den Apparat eine Atmosphäre von Dämpfen dieses Körpers, und da gleichzeitig der Platinapparat abgekühlt wird, dringen Chlormethyldämpfe durch die seitlichen Rohre ein. Sobald der Apparat wieder in Betrieb gesetzt wird,

1) Die Temperatur von 19,5° war mit einem genau controlirten Thermometer von Baudin ermittelt worden; sie stimmt ziemlich genau mit der von Gore in seinen Arbeiten über Fluorwasserstoff angegebenen Zahl 19,4° überein.

2) Bei einigen Versuchen konnte das Chlormethyl durch eine sorgfältig bereitete Mischung von gestossenem Eis und fein gepulvertem, gut gekühltem Seesalz ersetzt werden. Man erreicht auf diese Weise leicht eine Temperatur von —25°. Hierbei ist wohl darauf zu achten, dass sich der Platinapparat in einer grossen Menge dieser Kältemischung befindet, und dass dieselbe von Zeit zu Zeit erneuert wird. Man vermeidet auf diese Weise, sich der toxischen Wirkung der Chlormethyldämpfe, die heftige Kopfschmerzen im Gefolge hat, auszusetzen.

erfolgt sofort eine Detonation. Zur Verhütung dieses Zwischenfalles steckt man, sobald man behufs Erneuerung des Chlormethyls den elektrischen Strom unterbricht, die Rohre für die Ableitung von Wasserstoff und Fluor in sehr lange Kautschukschläuche, die mit kleinen Chlorcalciumröhren verbunden sind. Auf diese Weise kann trockene Luft, die keine Chlormethvldämpfe enthält, von einer Höhe von 1 m über dem Apparate von ausserhalb des Abzuges, zugeführt werden.

Für die neuen Versuche war es unerlässlich, ganz reines, das heisst, von den im Moment der Entstehung mitgerissenen Fluorwasserstoffdämpfen befreites Fluor zur Verfügung zu haben.

Um dies zu erreichen, wurde hinter den zur Elektrolyse dienenden Apparat eine kleine 40 cc fassende Platinschlange eingefügt, die durch Chlormethyl bei einer möglichst niedrigen Temperatur, ungefähr — 50°, erhalten wurde, und zur Condensation der Fluorwasserstoffsäure, die ja bei + 15° siedet bestimmt war. In der That bleibt fast die ganze Menge als Flüssigkeit in dem Schlangenrohr zurück; das Fluor führt nur die äusserst geringe Menge Säure mit, die der Dampfspannung der Fluorwasserstoffsäure bei — 50°, also bei einer 70° unter ihrem Siedepunkt liegenden Temperatur entspricht.

Nach der kleinen Platinschlange folgten zwei Platinrohre, die mit Stücken von Fluornatrium gefüllt waren. Dies Salz ist dem Fluorkalium vorzuziehen, da es keine Feuchtigkeit anzieht und Fluorwasserstoff bei gewöhnlicher Temperatur, unter Bildung eines Fluorhydrates sehr energisch absorbiert.

Die einzelnen Teile des Apparates (Fig. 10) sind unter einander durch Mutter- und Klemmschrauben, zwischen welchen Bleiringe eingepresst sind, verbunden. Sobald das Fluor in Berührung mit Blei kommt, erfolgt in der Kälte eine Einwirkung, bei welcher sich das Blei alsbald mit einer weissen Schicht von Fluorblei bedeckt. Das Aussehen dieses Salzes erinnert an das nach dem holländischen Verfahren dargestellte Bleiweiss. Da der Ring bei der Verwandlung in Fluorblei sein Volumen stark vergrössert, können leicht hermetische Verschlüsse, besonders für Rohre mit kleinem Durchmesser erzielt werden.

Wenn es sich aber darum handelte, den Apparat zu schliessen und hierauf zu wägen, oder wenn das Platin sich erhitzen konnte, wie bei der Darstellung von Fluorkohlenstoff, konnte man mit diesem Verschluss nicht mehr auskommen und

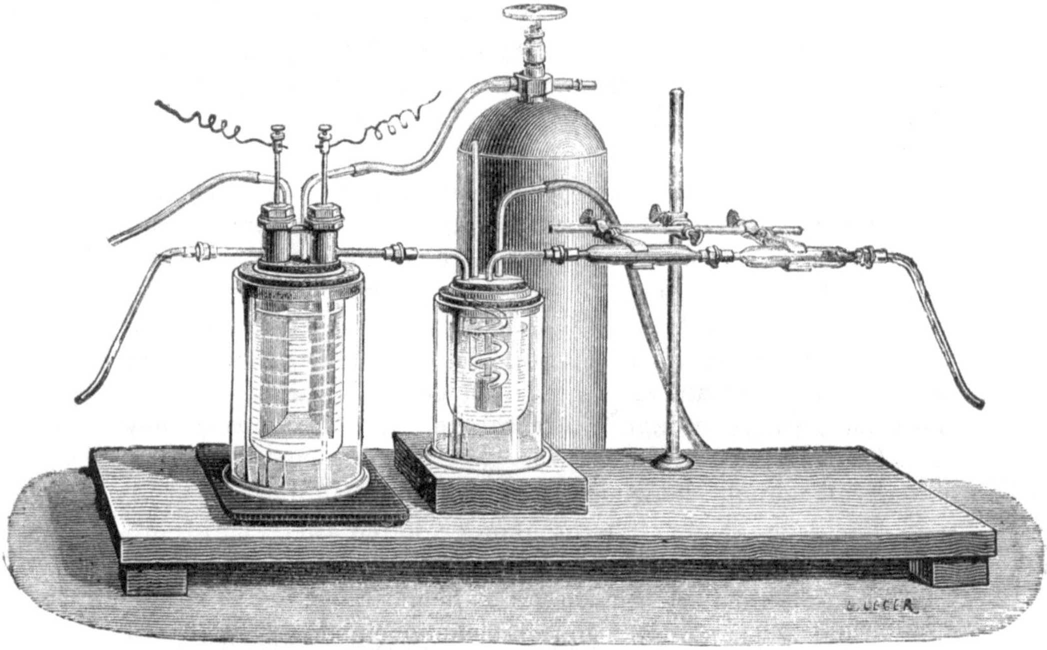

Fig. 10.

verwendete dann Ringe aus gepresstem, porösen Goldschwamm, der durch gemässigte Einwirkung von schwefliger Säure auf Goldchloridlösung dargestellt wurde.

Als Stromquelle diente eine Batterie von 26 bis 28 in Serie geschalteten Bunsenelementen; vor dem Apparate waren ein Ampèremeter und ein Bertin'scher Ausschalter angebracht.

Bei einem bestimmten Versuche stand ein Strom von 25

Ampères und 52 Volts zur Verfügung. Sobald der Apparat in den Stromkreis eingeschaltet war, ging die Elektrolyse von Statten, und die Messinstrumente zeigten nur mehr 4 Ampères und 38 Volts.

Auf die bei Inbetriebsetzung des Apparates anzuwendenden Vorsichtsmassregeln braucht wohl nicht mehr hingewiesen zu werden, denn die Bereitung und Handhabung der reinen Fluorwasserstoffsäure, die immer durch Zersetzung von Fluorkalium-Fluorhydrat [1] gewonnen wurde, ist weiter oben ausführlich beschrieben worden.

Zu jedem Versuche wurden 90 bis 100 cc Säure und 20 bis 25 g Fluorhydrat verwendet. Die Mischung wurde in den gekühlten Apparat geschüttet; hierauf wurden die Flussspatstopfen eingeschraubt und an der äusseren Oberfläche mit geschmolzenem Schellack überzogen.

Die ersten Versuche hatten dazu gedient, die physikalischen Bedingungen für diese Reaktion festzustellen; jetzt dagegen soll der elektrolytische Vorgang von chemischem Gesichtspunkte aus untersucht werden.

Anfangs war ich der Ansicht gewesen, dass das in Fluorwasserstoffsäure gelöste Fluorkalium unter der Einwirkung des elektrischen Stromes am positiven Pole gasförmiges Fluor und am negativen Pole Kalium liefere.

$$KF = K + F.$$

In einer sekundären Reaktion könnte dann das am negativen Pole frei gewordene Kalium Fluorwasserstoffsäure zersetzen und ein dem des Fluors entsprechendes Volum Wasserstoff entwickeln.

$$K + HF = KF + H.$$

Es genügt aber, den Zersetzungsverlauf mit Hülfe eines in den Stromkreis eingeschalteten Voltmeters und Ampèremeters aufmerksam zu verfolgen, um sich zu überzeugen, dass die

[1]) Fremy. Recherches sur les fluorures. *Annales de Chimie et de Physique*, 3e série, t. XLVII. p. 13; 1856.

Reaktion nicht so regelmässig verläuft, wie aus obiger Formel hervorzugehen scheint. Die Zerlegung geht in der That mit dem neuen Apparat zu Beginn der Elektrolyse stossweise vor sich und wird erst nach ein bis zwei Stunden verhältnismässig regelmässig.

Nimmt man nach Beendigung des Versuches den Apparat auseinander, so bemerkt man sehr deutlich, dass der Platindraht, an welchem das Fluor sich entwickelt, stark angefressen ist. Am Boden der Flüssigkeit befindet sich ein schwarzer Schlamm, der zuerst für metallisches Platin gehalten wurde, nach der Analyse aber eine complizierte Verbindung ist und ein Atom Kalium auf ein Atom Platin und eine beträchtliche Menge Fluor oder Fluorwasserstoff enthält.

Ausserdem kann man sich leicht davon überzeugen, dass die Fluorwasserstoffsäure eine kleine Menge Fluorplatin in Lösung enthält.

Die Elektrolyse verläuft in der That complizierter, als sich von Anfang an voraussehen liess. Das Gemenge von Säure und Fluorkalium liefert allerdings zuerst am positiven Pole Fluor, dieses aber greift das Platin an und bildet Fluorplatin, welches sich wahrscheinlich mit dem Fluorkalium verbindet. Erst wenn dieses Doppelalsz in der Lösung vorhanden ist, geht die Elektrolyse verhältnismässig regelmässig vor sich.

In der Fluorwasserstoffsäure befinden sich also nach einiger Zeit Fluorkalium und Fluorplatin; die Elektrolyse dieses Salzgemenges oder dieser Verbindung ergiebt dann am negativen Pole Wasserstoff und die komplizierte, weiter oben erwähnte Verbindung, die zugleich Fluor, Kalium und Platin enthält.

Hieraus geht hervor, dass die Elektrolyse infolge dieser sekundären Reaktionen nicht die Constanz und Regelmässigkeit besitzen kann, wie sie bei anderen elektrolytischen Zersetzungen beobachtet wird.

Unter den eben beschriebenen Verhältnissen beträgt die Ausbeute 2 bis 3 Liter Fluor in der Stunde.

Das mit Hülfe dieses neuen Apparates erhaltene Fluor zeigt alle die früher beschriebenen Reaktionen, bildet keine Dämpfe in Berührung mit trockener Luft und kann durch kleine flexible Platinrohre in geeignete Apparate geleitet werden.

DARSTELLUNG VON FLUOR AUF ELEKTROLYTISCHEM WEGE IN EINEM KUPFERNEN APPARAT.

Bisher war das Fluor durch Elektrolyse einer Lösung von Fluorkalium in Fluorwasserstoffsäure in einem Platin-Apparate gewonnen worden. Gleich bei den ersten Versuchen zeigte es sich, dass das Platin der Elektroden und des Apparates angegriffen wurde und in gewisser Menge in Lösung ging, und dass erst von da an die Elektrolyse regelmässiger von Statten ging.

Der Apparat, der an und für sich durch die verwendete grosse Menge Platin schon sehr kostspielig war, wurde infolge dieser Vorgänge ziemlich rasch abgenützt, und unbrauchbar gemacht.

Um festzustellen, ob sich das Platin durch ein anderes Metall ersetzen liesse, brachte man Drähte aus verschiedenen Metallen auf den Boden des Elektrolysierapparates und führte die Darstellung des Fluors wie gewöhnlich durch. Von den verschiedenen, auf diese Weise untersuchten Metallen schien das Kupfer am wenigsten angegriffen zu werden, unter der Voraussetzung, dass die Säure ganz wasserfrei war. Dies entspricht übrigens ganz den von Poulenc(1) in meinem Laboratorium festgestellten Eigenschaften des Fluorkupfers.

Im Anschluss an diese Vorversuche liess ich ein kupfernes U-Rohr ungefähr von derselben Form wie der Platin-Apparat anfertigen. (Fig. 11). Das Volumen wurde etwas grösser gewählt; es hatte einen Inhalt von 300 cc und gestattete,

1) Poulenc. Recherches sur les fluorures métalliques, *Annales de Chimie et de Physique* 7e série t. XI, p. 66; 1897.

200 cc Fluorwasserstoffsäure, die durch Zusatz von 50 g Fluorkaliumfluorhydrat leitend gemacht worden war, bequem der Elektrolyse zu unterwerfen. Der Verschluss des Apparates blieb derselbe wie früher und wurde mit Hülfe von Flussspatstopfen bewerkstelligt; nur die Elektroden wurden in anderer Weise ausgeführt. Bei den vorangehenden Versuchen waren cylindrische Platinstäbe, deren Ende in Keulenform verbreitert war verwendet worden. Nunmehr wurden hohle, in der Längsrichtung mit einem Schlitz versehene Cylinder als Elektroden genommen, um eine grössere Oberfläche und damit auch eine grössere Ausbeute zu erhalten.

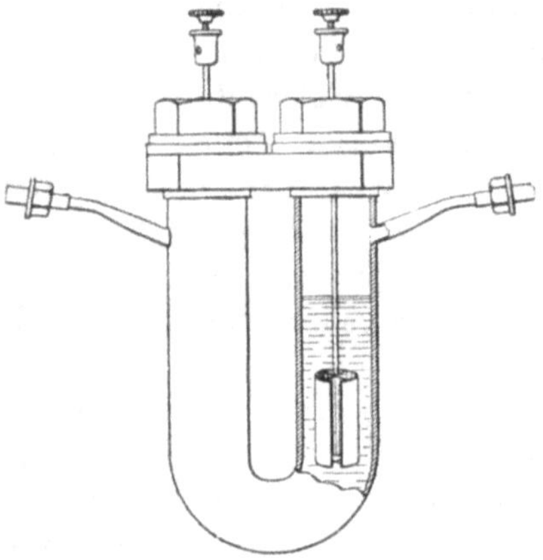

Fig. 11.

Für die Elektroden musste Platin beibehalten werden; es war nicht möglich, für dieselben Kupfer zu verwenden. Bei einem Versuche, der mit kupfernen Elektroden ausgeführt wurde, ging das Kupfer sofort bei Beginn der Elektrolyse in Lösung und bildete auf der positiven Elektrode bald einen Ueberzug von Fluorkupfer. Dieses ist ein schlechter Leiter und verhinderte daher den Stromdurchgang. Wenn das Gemenge von Fluorwasserstoffsäure und Fluorkalium ganz wasserfrei ist, so geht die Elektrolyse mit Platinelektroden in einem Kupfergefässe sehr gut von Statten, ohne dass letzteres angegriffen wird. Vermutlich bildet das Fluor, welches nach kurzer Zeit in der Fluorwasserstoffsäure in Lösung vorhanden ist, an der Oberfläche des Kupfers eine dünne Schicht des oben besprochenen, in Fluorwasserstoffsäure unlöslichen Fluorkupfers, welches als Schutz gegen eine weitere Einwirkung dient.

Die Ausbeute mit dem neuen Apparate wurde ermittelt, indem das Volum des am negativen Pole während einer bestimmten Zeit entwickelten Wasserstoffs gemessen wurde. Wie durch Vorversuche festgestellt wurde, entsprach die durch Einwirkung des Fluors auf Wasser gebildete Menge Sauerstoff genau der am negativen Pole frei gewordenen Menge Wasserstoff, wenn der Prozentsatz von gebildetem Ozon berücksichtigt wurde.

Mit einem Strome von 50 Volts und 15 Ampères wurde eine Ausbeute von ungefähr 5 Liter per Stunde erhalten, wenn der Versuch nur 6 bis 10 Minuten dauert. Bei Verwendung eines Stromes von 20 Ampères bei gleicher Spannung kann die Ausbeute bis auf 8 Liter gesteigert werden. In diesem Falle darf aber der einzelne Versuch nicht zu lange ausgedehnt werden, da sich die Flüssigkeit sonst zu stark erwärmt, und das Fluor daher, trotz energischer Kühlung, — bis auf -50^0 —, in reichlichem Maasse Dämpfe von Fluorwasserstoffsäure mitreisst.

Die Temperatur darf auch nicht zu sehr erniedrigt werden, da sonst die Fluoralkali-Fluorwasserstoffverbindung auskrystallisiert, so dass oft die ganze Masse erstarrt.

Als Kältemischung wurde bei den neueren Versuchen ein Gemenge von Aceton und fester Kohlensäure verwendet, welches eine Temperatur von -80^0 erreichen lässt, leichter zu handhaben ist und bessere Resultate liefert als Chlormethyl.

Mit dem neuen Kupfer-Apparat wurden sehr gute Ausbeuten erzielt, sogar bei Versuchen, die mehrere Stunden hindurch fortgesetzt wurden. Hierdurch wurde die Möglichkeit geboten, das Studium verschiedener neuer Reaktionen in Angriff zu nehmen, zu welchen ein continuierlicher Strom von Fluor notwendig war.

ANORDNUNG DER VERSUCHE.

Zur Vermeidung von Wiederholungen, die sich auf mehrere Kapitel erstrecken würden, soll schon jetzt die allgemeine Anordnung, die bei diesen Experimenten verwendet wurde, beschrieben werden.

Es handelte sich darum, die Einwirkung des Fluors auf feste, flüssige und gasförmige Körper zu untersuchen.

Will man einen festen Körper mit Fluor in Reaktion treten lassen, so bringt man am besten ein Stückchen dieses Körpers, auf einem Platintiegeldeckel mittelst einer Pinzette an die Mündung des am positiven Pole des Elektrolysierapparates angebrachten Gasableitungsrohres.

Eine besondere Anordnung wird indes notwendig, wenn es sich darum handelt, den gebildeten flüssigen oder gasförmigen Körper aufzufangen.

In diesem Falle bringt man den festen Körper in kleinen Stücken, sorgfältig getrocknet in ein Platinrohr, ähnlich den in Figur 10, Seite 76 abgebildeten, welch letztere dazu dienten, die letzten Spuren von Fluorwasserstoffsäuredämpfen mittelst Fluornatrium zurückzubehalten. Das reine Fluor strömt dann über die feste Substanz, die Reaktion tritt ein, und die Reaktionsprodukte können, wenn es Gase sind, über Wasser oder Quecksilber aufgefangen, wenn es Flüssigkeiten sind, in einem kleinen gekühlten Platincylinder condensiert werden. Auf diese Weise ist es leicht, entweder überschüssiges Fluor auf eine kleine Menge fester Substanz, oder wenig Fluor auf einen grossen Ueberschuss eines festen Körpers einwirken zu lassen.

Dank dieser Anordnung konnte z. B. die Reaktion von Fluor mit Jod, Schwefel und Kohlenstoff untersucht werden.

Es kann aber auch der Fall eintreten, dass der feste Körper, Phosphor zum Beispiel, das Platin angreift, oder dass die Reaktionstemperatur so hoch liegt, dass das Fluor mit Platin eine Verbindung eingeht, was bei gegen 500° erfolgt. Dann ersetzt man das Platinrohr durch eine Röhre aus möglichst homogenem und kieselsäurefreiem Flussspat. Jeder solche Flussspatcylinder ist 12—14 cm lang und an beiden Enden mit Platinansatzstücken versehen, welche gut in die Mündung eingepasst und mit den anderen Teilen des Apparates durch Druckschrauben, wie bereits weiter oben beschrieben wurde, verbunden sind. Diese Anordnung diente dazu, die Einwirkung von Fluor auf Gold, Platin, Phosphor und noch einige andere feste Körper zu untersuchen.

Handelt es sich um Flüssigkeiten, so kann man einfach das Fluor in ein kleines Glasrohr leiten, in welchem sich der flüssige Körper befindet. Auf diese Weise kann gleich von vornherein constatiert werden, ob die Reaktion nicht zu heftig oder gar unter Explosionserscheinungen verläuft.

Wenn die Wände des Rohres durch die Flüssigkeit benetzt sind, und sich nur eine schwache oder gar keine Reaktion beobachten lässt, kann es vorkommen, dass das Glasrohr vollständig mit Fluor gefüllt wird. Das Fluor ist schwerer als Luft, und verbleibt daher in dem Rohre, ohne dasselbe wesentlich anzugreifen; nur die Oberfläche wird fast unmerklich matt. Ist das Glas trocken, so ist die Einwirkung entweder sehr schwach, oder es bildet sich an der Oberfläche eine dünne Schicht Fluoralkali, welche eine tiefere Einwirkung verhindert.

In einigen Fällen, besonders bei organischen Verbindungen gelang es, einige flüssige, in Reagensgläsern befindliche Körper mit Fluor zu sättigen.

Enthält eine Flüssigkeit etwas Wasser, oder entsteht bei der Reaktion Fluorwasserstoff, so müssen an Stelle der Reagensgläser Cylinder aus Platin oder Gefässe aus Flussspat, die ziemlich leicht zu beschaffen sind, verwendet werden. Man kann endlich die flüssigen Körper auch in horizontale Platinröhren bringen, wie sie zur Untersuchung der festen Körper dienen. Das Fluor strömt in diesem Falle über die Flüssigkeit, sättigt dieselbe mehr oder weniger rasch, und geht mit den Dämpfen eine Verbindung ein, die, falls sie gasförmig ist, mit Hülfe dieser Anordnung, aufgefangen werden kann.

Zur Untersuchung der Reaktion von Fluor mit Gasen genügt es für einfache Versuche, im Falle, dass das betreffende Gas schwerer ist, als Luft, ein Reagensrohr damit zu füllen und das zur Zufuhr des Fluor dienende Rohr darein einzuführen. Ist das zu untersuchende Gas bedeutend leichter als Luft, wie dies z. B. bei Wasserstoff der Fall ist, so kehrt man das Gasableitungsrohr um und bringt rasch eine mit dem Gase gefüllte umgekehrte Glocke darüber.

Handelt es sich darum, die Einwirkung von Fluor auf einen gasförmigen Körper eingehender zu untersuchen, so ist folgender Apparat zu verwenden: Ein 15 cm langes Platinrohr (Fig. 12)

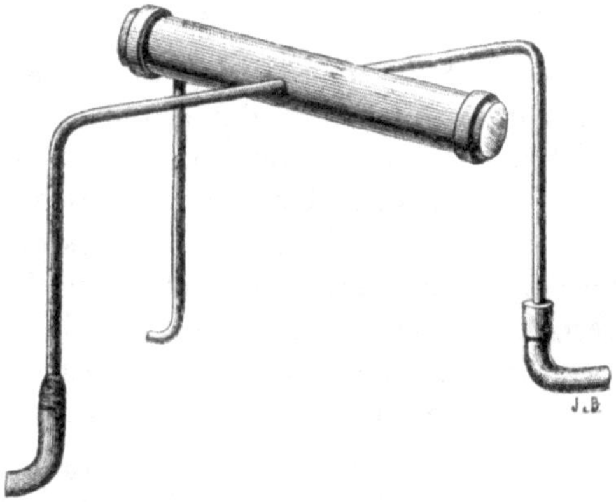

Fig. 12.

welches mittelst zweier möglichst durchsichtiger Flussspatplatten verschlossen ist wird an den Seiten mit drei kleinen Platinrohren versehen. Zwei dieser Rohre besitzen einen kleinen Durchmesser und befinden sich einander gegenüber in der Mitte des Apparates. Eines davon dient zur Zuleitung des Fluors, das andere zur Zufuhr des zu untersuchenden Gases. Das dritte kleine Platinrohr besitzt einen etwas grösseren Durchmesser und dient dazu, das Gasgemenge in eine Wanne, die entweder mit Wasser oder mit Quecksilber gefüllt ist, zu leiten. Zunächst füllt man den Apparat vollständig mit dem zu untersuchenden Gase. Hierauf lässt man das Fluor hinzutreten und beobachtet, ob eine Entzündung eintritt, und ob ein festes oder flüssiges Reaktionsprodukt gebildet wird. Nach wenigen Augenblicken fängt man die Gase über Wasser oder Quecksilber auf.

Bei diesen Versuchen ist wohl darauf zu achten, dass, im Falle man in die Lage kommt, Gase über Quecksilber aufzufangen, das Platinableitungsrohr höchstens 2 bis 3 mm in das Quecksilber eintauchen soll.

Man darf nämlich nicht vergessen, dass dem, durch das Quecksilber verursachten Druck durch die in dem U-Rohre, in welchem die Elektrolyse vor sich geht, befindliche Fluorwasserstoffsäure das Gleichgewicht gehalten wird. Wenn daher der Druck ein wenig zu gross würde, könnte das Fluor sich in beiden Schenkeln des U-Rohres mit Wasserstoff mischen und infolge dessen eine heftige Explosion eintreten.

DRITTES KAPITEL.

Physikalische Eigenschaften des Fluors.

Da die zur Bestimmung der physikalischen Constanten des Fluors verwendeten Apparate durchaus in Platin ausgeführt waren, musste zunächst ermittelt werden, bei welchen Temperaturverhältnissen die Zerstörung des Platins eintreten könnte.

Wenn das Fluor absolut frei von Fluorwasserstoff ist, wird Platin in Form von Draht oder Blech bei 100 ^{0} nicht angegriffen. Eine Platindrahtspirale von 1,022 g Gewicht, wurde 25 Minuten lang bei 100 ^{0} der Einwirkung von Fluor ausgesetzt. Nach dem Waschen mit destilliertem Wasser und Ausglühen, liess sich keine Zunahme oder Abnahme des Gewichtes constatieren. Erst wenn die Temperatur 400 ^{0} überschreitet, lässt sich die Bildung einer Verbindung deutlich beobachten; bei Dunkelrotglut, also bei ungefähr 600 ^{0} entsteht dieselbe sehr rasch.

Befindet sich Platin in Berührung mit einem gasförmigen Gemenge von Fluor und Fluorwasserstoff, so erfolgt die Einwirkung viel leichter, ebenso wenn das Platin mit flüssiger Fluorwasserstoffsäure, welche mit Fluor gesättigt ist, zusammengebracht wird, wie dies in den Elektrolysierapparaten der Fall ist, wo der als positive Elektrode dienende Platinstab sogar bei ungefähr 0 ^{0} sehr rasch zerstört wird.

Es folgt hieraus also, dass es möglich ist, Fluor in Platingefässen zu handhaben und aufzubewahren.

DICHTE DES FLUORS.

Zur Bestimmung der Dichte des Fluors versuchte ich bei den ersten Versuchen innen vergoldete oder platinierte Glasgefässe zu verwenden, ohne indes bei den verschiedenen Versuchen gute Resultate zu erhalten. Hierauf liess ich kleine, möglichst leichte Platinfläschchen anfertigen, analog den von Berthelot zur Bestimmung der specifischen Wärme von Flüssigkeiten (1) benutzten. Die Form erinnerte an die des Apparates zur Dichtebestimmung von Chancel (2).

Ein kleines cylindrisches Platinfläschchen (Fig. 13) ist am

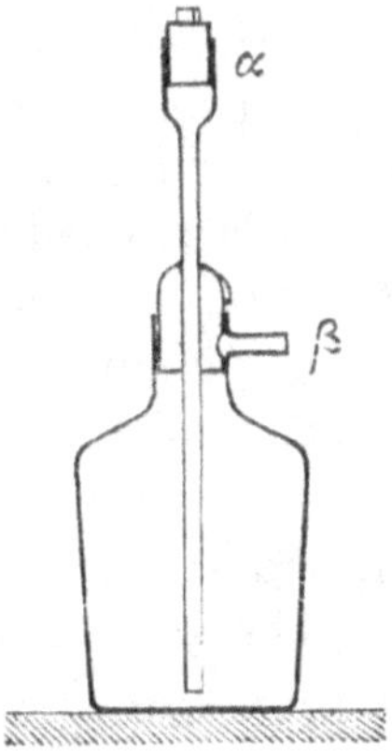

Fig. 13.

oberen Teile mit einem kleinen Ansatzstück β versehen, welches dazu dient, die Verbindung mit der äusseren Luft herzustellen. Als Verschluss dient ein leicht konischer Stopfen, welcher entsprechend der seitlichen Oeffnung β mit einem kleinen Loch versehen ist. Durch eine einfache Drehung des Stopfens

1) BERTHELOT. Appareil pour mesurer la chaleur spécifique des liquides, *Annales de Chimie et de Physique* 5e série, t. XII, p. 559; 1877.

2) CHANCEL. Détermination de la densité des gaz, *Comptes rendus de l'Académie des Sciences*, t. XCIV, p. 626; 1882.

ist es dank dieser Einrichtung möglich, das Gas in dem Fläschchen mit der atmosphärischen Luft in Berührung zu bringen. Durch den Stopfen geht ein kleines Rohr, welches daran angelötet ist, bis auf den Boden des Apparates und kann oben mit Hülfe eines beweglichen Platincylinders verschlossen werden. Der Platinstopfen, der um seine Achse drehbar ist und als Hahn dient, sowie der obere kleine Cylinder, müssen mit grosser Sorgfallt eingepasst und eingeschliffen werden.

Wenn alle Flächen genügend glatt sind, kann sich das Gas einige Augenblicke in diesem Apparate befinden, ohne dass sich ein merklicher Verlust konstatieren lässt. Meistens jedoch wurde lieber zur Sicherheit, zwischen dem Stopfen und dem Hals des Fläschchens eine kleine Menge von dem Eisenoxyd zurückgelassen, welches dazu gedient hatte, den letzten Schliff zu erzeugen. Auf diese Weise wird die Diffusion des Gases verhindert. Wenn der Apparat richtig zusammengestellt war, konnte er, wie durch Versuche festgestellt wurde, ein partielles Vacuum von 300 mm Wasser sehr lange Zeit hindurch halten.

Es ist unerlässlich, nach jedem Versuche das Fläschchen auf die Drehbank zu bringen und die Oberfläche der Stopfen frisch zu polieren.

Dieser kleine Apparat fasst circa 100 cc und wiegt etwa 70 g, sodass es leicht war, sehr genaue Wägungen zu erhalten.

Das Prinzip war ein sehr einfaches. Es genügte zur Bestimmung der Dichte, bei bestimmter Temperatur und bestimmtem Druck zunächst das mit Luft gefüllte Fläschchen, hernach dasselbe Fläschchen mit Fluor gefüllt zu wägen, und das genaue Volum des Fluors zu bestimmen. Da es nicht anging, den Apparat mit Quecksilber zu füllen, weil dieses von Fluor angegriffen wird, so konnte nur an die Verdrängung durch ein Gas gedacht werden.

Um direkt die Dichte des Fluors zu bestimmen, wurde das Fläschchen mit Stickstoff gefüllt, und dieser hierauf durch einen Strom reinen Fluors verdrängt. Nachdem das Gewicht des Fläschchens bestimmt worden war, wurde es umgekehrt senkrecht in Wasser gebracht. Das Wasser wird sofort zersetzt; es bildet sich Fluorwasserstoffsäure und Sauerstoff entweicht.

$$F_2 + H_2O = 2HF + O.$$

Das entweichende Gas wird sorgfältig aufgefangen. Nachdem der Sauerstoff durch pyrogallussaures Kali absorbiert wurde, hinterbleibt ein bestimmtes Volum Stickstoff, welches durch das Fluor nicht verdrängt werden konnte, und daher von dem Volumen des Fläschchens abzuziehen ist.

Aus den auf diesem Wege erhaltenen Zahlen kann man leicht die Dichte des Fluors berechnen.

Das Experiment wurde auf folgende Weise ausgeführt: An den Apparat, in welchem das reine Fluor entwickelt wurde, war ein ziemlich langes und biegsames Gabelrohr aus Platin angeschraubt, dessen einer Schenkel mit einem Apparate in Verbindung stand, der zur Entwicklung von reinem, trockenem Stickstoff diente, während der andere Schenkel mit einem gut polierten Ansatzstück versehen war, welches unter sanfter Reibung in den oberen Trichter α des kleinen Dichtigkeitsfläschchens eingefügt werden konnte. Zur Verbindung der einzelnen Teile des Apparates dienten Mutterschrauben, wie sie weiter oben bei der Darstellung des Fluors beschrieben wurden. Die Schnelligkeit des Stickstoffstromes konnte mit Hülfe eines Schraubenhahnes reguliert werden.

Der zu diesen Experimenten verwendete Stickstoff wurde nach dem von Berthelot (1) angegebenen Verfahren dargestellt.

Zur Reinigung und Trocknung des Gases dienten eine mit Chromchlorür gefüllte Waschflasche und Röhren, welche geschmolzenes Aetzkali und Phosphorsäureanhydrid enthielten.

Sobald die Gasentwicklungsapparate entsprechend reguliert sind, tariert man zwei ähnliche Dichtigkeitsfläschchen aus Platin auf der Wage, schliesst hierauf das eine davon an den Appa-

---

1) Berthelot. Note sur la préparation de l'azote à froid, au moyen de l'air atmosphérique, *Bulletin de la Société chimique de Paris*, 3e série, t. II, p. 643; 1889.

rat an und leitet 15—20 Minuten einen lebhaften Strom trockenen, reinen Stickstoffs hindurch, bis es vollständig damit gefüllt ist. Nun schliesst man den Stickstoffapparat, ohne an die Hähne des Fläschchens zu rühren, und leitet das Fluor durch die Mündung α hinzu. Da das Fluor eine grössere Dichte besitzt, als Stickstoff, so sinkt es auf den Boden des Fläschchens und erfüllt allmählich den Apparat, bis es aus der Oeffnung β entweicht. Sobald kaltes Silicium sich in dem aus dem Ansatzstück β ausströmenden Gase mit Leichtigkeit entzündet, lässt man den Gasstrom noch fünf Minuten hindurchgehen, um den Stickstoff so vollständig als möglich zu entfernen und dreht hierauf den Platinstopfen um 180^0 wodurch α geschlossen wird.

Der Apparat wird nun mit Hülfe einer Holzzange rasch in einen Exsiccator und von da auf die Wage gebracht, welch letztere sich in demselben Raume befindet, in welchem der ganze Versuch vorgenommen wurde, um eine möglichst gleichmässige Temperatur, während der ganzen Dauer des Experimentes zu erzielen.

Die Gewichtszunahme, Druck und Temperatur werden bestimmt und hierauf wird zur Ermittlung des vom Fluor erfüllten Volumens das Fläschchen über einer grossen mit destilliertem Wasser gefüllten Schale umgekehrt, und der Stopfen α entfernt. Das austretende Fluor zersetzt sofort das Wasser; es bildet sich Fluorwasserstoff, welcher augenblicklich in Lösung geht, und Sauerstoff, welcher zusammen mit der kleinen Menge Stickstoff, die durch das Fluor nicht verdrängt worden war, übrig bleibt. Der Gasrückstand wird aufgefangen, gemessen, mit pyrogallussaurem Kali behandelt, und alle Zahlen auf die Wägetemperatur reduziert. Man erhält so das Volum des Stickstoffs und durch Subtraktion von dem bekannten Volumen des Fläschchens das wirkliche Volumen des Fluors.

Der innere Fassungsraum des Fläschchens wird bestimmt, indem man es zuerst leer und hernach mit destilliertem Wasser von 0^0 gefüllt, wägt.

Bei einem ersten Versuche wurden folgende Zahlen erhalten:

Platinfläschchen mit Luft gefüllt	+ 1,780 g (Differenz)
Platinfläschchen mit Fluor gefüllt	+ 1,756 g (Differenz)
Gewichtszunahme für Fluor	0,024 g
Atmosphärischer Druck	748,5 mm
Aeussere Temperatur	16°

Volum des Platinfläschchens bei 16° (1)	79,95 cc
Volum des zurückgebliebenen Stickstoffs bei 16°	5,06 cc
Volum des Fluors bei 16°	74,89 cc

Das wirkliche Gewicht des Fluors, das heisst, die Differenz 0,024 g vermehrt um das Gewicht eines ebenso grossen Volumens Luft bei 16° und 748,5 sei nun

$$p = 0{,}024 + 74{,}89 \times 0{,}001\,293 \times \frac{748{,}5}{760} \times \frac{1}{1 + 16 \times 0{,}00367}.$$

Die Dichte des Fluors x sei durch die Formel

$$p = 74{,}89 \times 0{,}001\,293\, x \times \frac{748{,}5}{760} \times \frac{1}{1 + 16 \times 0{,}00367}$$

gegeben, woraus

$$x = 1{,}264$$

folgt.

Die Dichte des Fluors ist also nach diesem ersten Versuche bei 0° und 760 mm gleich 1,264.

Drei andere, nach der gleichen Methode ausgeführte Bestimmungen ergaben die Zahlen 1,262, 1,265 und 1,270. Auf Grund dieser Versuche soll demnach die Zahl 1,26 acceptiert werden.

Die theoretische Dichte des Fluors, erhalten durch Multiplikation der Dichte des Wasserstoffs 0,06927 mit dem Atom-

---

1) Dieses Volum wurde aus dem Volum bei 0° berechnet unter der Annahme, dass der Coefficient für die Ausdehnung des Platins im Raume 0,000027 beträgt.

gewicht des Fluors, 19, beträgt 1,316, ist also um 0,05 höher als die auf experimentellem Wege ermittelte Zahl.

Gelegentlich dieser Differenz soll darauf hingewiesen werden, dass bei den Untersuchungen über Phosphortrifluorid eine etwas niedrigere Zahl für die Dichte gefunden wurde, woraus man schliessen könnte, dass die Bestimmung des Atomgewichtes des Fluors einen etwas zu hohen Wert ergeben hat. Bei einer neu durchgeführten Bestimmung wurde, wie weiter unten beschrieben, für das Atomgewicht des Fluors die Zahl 19,05 erhalten, woraus sich eine theoretische Dichte von 1,314 ergiebt.

Die Wage, die zu diesen Bestimmungen verwendet wurde, zeigte leicht eine Gewichtsdifferenz von 0,0005 g bei einer beiderseitigen Belastung von 70 g an.

Das Platinfläschchen trägt dazu bei, die Temperatur des darin enthaltenen Gases rasch mit der Lufttemperatur des Wagekastens auszugleichen. Dies ist ein grosser Vorteil, der vielleicht sogar bis zu einem gewissen Grade den Nachteil, der in der Kleinheit des verwendeten Gasvolumen liegt aufhebt. Bei Verwendung von Platinapparaten bedingt ja eine Vergrösserung des Volumens eine Erhöhung des Gewichtes in grossem Massstabe, wodurch die Empfindlichkeit der Wage vermindert wird. ([1]).

Bei Parallelversuchen, die in diesem Apparate mit verschiedenen Gasen ausgeführt wurden, wurden ziemlich genaue Resultate erhalten und zwar wohl gerade dank den Versuchsbedingungen. Bei Kohlensäure CO_2 wurde z. B. eine Dichte von 1,492 gefunden, eine Zahl, die nur wenig von 1,52, dem von Regnault bestimmten Werte, abweicht.

Es war also gelungen, die Dichte des reinen Fluor zu ermitteln; dieselbe beträgt 1,26 und liegt der theoretischen Dichte sehr nahe.

[1]) Das Platinfläschchen wurde nicht in der Gestalt ausgeführt, in welcher es bei gleicher Oberfläche das grösste Volumen gehabt hätte, nämlich kugelförmig, weil die Bearbeitung des Platins sonst zu schwierig gewesen wäre. Das ohnehin schon genügend grosse Gewicht des Apparates wäre durch verschiedene unerlässliche Lötstellen noch erhöht worden.

FARBE DES FLUORS.

Das Fluor steht auf Grund der Gesammtheit seiner Eigenschaften mit Sicherheit an der Spitze der natürlichen Gruppe: Fluor, Chlor, Brom und Jod. Alle Elemente dieser Gruppe sind in gasförmigem Zustande gefärbt, die Intensität der Färbung nimmt indes vom Jod zum Chlor allmählich ab; es war also von Wichtigkeit, festzustellen, ob das Fluor eine besondere Färbung zeigt.

Betrachtete man bei den vorangehenden Versuchen das Fluor beim Austritt aus dem Platinansatzrohr des Elektrolysierapparates gegen einen weissen Hintergrund, so erschien es farblos. Diese Beobachtung war aber nur sehr oberflächlicher Natur, und musste in eingehenderer Weise ausgeführt werden. Zu diesem Zwecke dienten Platinrohre von 50 oder 100 cm Länge, die mittelst vollständig durchsichtiger Flussspatplättchen verschlossen waren. In der Nähe der beiden Mündungen waren zwei Platinrohre angelötet, durch welche der Ein- und Austritt des Gases erfolgen konnte. (Fig. 14).

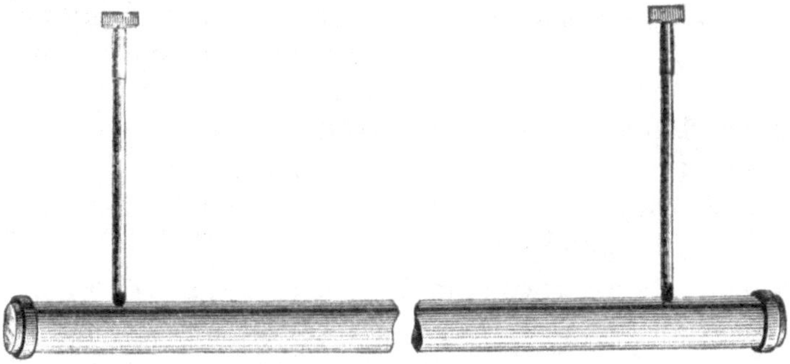

Fig. 14.

Es ist sehr schwer, ja fast unmöglich, solchen durchsichtigen Flussspat in grossen Stücken zu beschaffen; Plättchen von kleiner Oberfläche dagegen finden sich ziemlich häufig in weissen Flussspatblöcken.

Einige dieser Plättchen zeigten nicht den geringsten Sprung und waren so rein und durchsichtig, wie der schönste Bergkrystall. Sie wurden kreisförmig in einer Dicke von 3 mm und mit einem Durchmesser von 20 mm zugeschnitten und mit Hülfe zweier Bleiringe sanft auf den Rand des Platincylinders aufgepresst. Die Platinansatzrohre waren mit Gewinden versehen, die zur Verbindung mit dem Entwicklungs-Apparate dienten.

Der Apparat wird zunächst sorgfältig getrocknet, hierauf leicht geneigt und durch Verdrängung mit Fluor gefüllt, bis das austretende Gas kaltes Silicium zu entflammen vermag. Ein Rohr von 1 m Länge und 200 cc Inhalt konnte mit Hülfe des Fluorentwicklungsapparates in wenigen Minuten gefüllt werden.

Die kleinen Zu- und Ableitungsrohre werden hierauf durch Platincylinder, die unter sanfter Reibung eingepasst sind, verschlossen.

Zur Erreichung eines vollständigen Verschlusses empfiehlt es sich, auf dem Verbindungsring des kleinen Ansatzstückes etwas Fluorkaliumfluorhydrat zu schmelzen.

Die Farbe des Gases lässt sich nunmehr leicht feststellen, indem man auf eine weisse Fläche blickt und die beobachtete Färbung mit derjenigen vergleicht, die sich dem Auge darbietet, wenn man durch ein mit Luft gefülltes Glasrohr von gleicher Länge und gleichem Durchmesser, welches mit schwarzem Papier umhüllt und durch zwei planparallele Glasplättchen verschlossen ist, hindurchsieht.

In einer Schicht von 50 cm Dicke zeigt das Fluor eine deutlich grünlich-gelbe Färbung, schwächer als eine gleich dicke Schicht Chlor. Ausserdem schlägt die Färbung mehr ins Gelbe.

Nebenstehend sind die Färbungen ersichtlich, die beobachtet werden

1. bei dem mit Luft gefüllten Apparate;

2. bei einem mit Fluor gefüllten Platinrohre von 1 m Länge;
3. bei einer gleich dicken Chlorschicht.

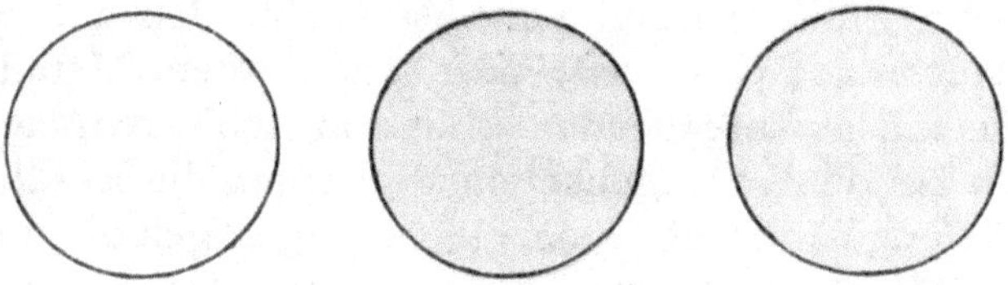

1 2 3

Bei spektroskopischer Untersuchung zeigte das Fluor in einer Schicht von 1 m Dicke keine Absorptionsstreifen.

SPEKTRUM DES FLUORS.

Salet hat in einer Arbeit über die Spektra der Metalloide durch Vergleichung der Spektra von Chlorsilicium und Fluorsilicium mehrere dem Fluor eigentümliche Linien bestimmt. (1).

Die Resultate waren folgende:

Linienspektrum.

$F\alpha$	1	692	ungefähr.
	2	686	
	3	678	
$F\beta$		640	
$F\gamma$		623	

1) G. Salet. Sur les spectres des métalloïdes, *Annales de Chimie et de Physique*, 4e série, t. XXVIII, p. 34; 1873.

Ich trachtete nun, die Linien des Fluors zu bestimmen, indem ich den elektrischen Funken in einer Atmosphäre von Fluor oder von verschiedenen gasförmigen, durch starke Temperaturerhöhung leicht zersetzbaren Körpern überspringen liess, und die dabei erhaltenen Spektra vergleichend beobachtete.

Beim Fluor wurden zunächst Elektroden aus Platin, hernach solche aus Gold verwendet, um die dem Metall oder dem Fluormetall entsprechenden Linien ausschliessen zu können.

Da bei den vorangehenden Versuchen die Entdeckung verschiedener gasförmiger Fluorverbindungen gelungen war, wurde es ermöglicht, das obige Spektrum mit denen dieser Körper, des Fluorwasserstoffs, des Fluorsiliciums, des Tetrafluorkohlenstoffs, des Phosphortrifluorids und des Phosphorpentafluorids zu vergleichen.

Wenn die diesen verschiedenen Verbindungen gemeinsamen Linien mit denjenigen übereinstimmten, die durch den elektrischen Funken in einer Fluoratmosphäre hervorgerufen wurden, so wurde angenommen, dass dieselben dem Fluor angehörten.

Die Versuchsanordnung war eine sehr einfache. Die Gase, die auf Silikate nicht einwirkten, wurden bei gewöhnlichem Druck in Entladerohre aus Glas gebracht, in welche Platindrähte eingeschmolzen waren, wie sie auch von Salet benützt wurden. Auf diese Weise wurden Fluorsilicium und Tetrafluorkohlenstoff untersucht. Wenn der Versuch möglichst rasch durchgeführt wurde, konnte man in diesen Glasapparaten sogar mit Phosphorfluoriden experimentieren.

Gase wie Fluor und Fluorwasserstoff mussten in einem Platinapparate (Fig. 15) untersucht werden. Die Elektroden wurden durch sehr starke Platindrähte gebildet, die mittelst kleiner Flussspatcylinder isoliert waren. Vor dem Teile, wo der Funke übersprang, befand sich ein sehr kurzes seitliches Ansatzstück, welches durch ein durchsichtiges Flussspatplättchen verschlossen war. Dieses letztere war so hell wie Glas, sodass es möglich war, den Funken, dessen Glanz durch die Spiegelwirkung des vertikalen Platinrohres noch verstärkt wurde, ganz deutlich zu erblicken. Zur Zu- und Ableitung des Gases waren zwei kleine durch Schraubenstopfen verschliessbare Ansatzrohre vorgesehen. Das seitliche Rohr, welches zur Beobachtung des Funkens diente, sowie die beiden zur Isolierung der Elektroden dienenden Flussspatcylinder waren beweglich und konnten mit Hülfe metallischer Fassungen an den Apparat angeschraubt

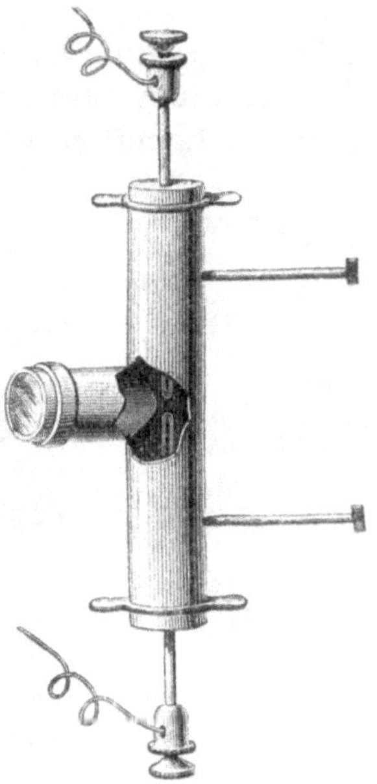

Fig. 15.

werden. Ein hermetischer Verschluss wurde dadurch erzielt, dass kleine Ringe aus Blei oder Goldschwamm zwischen die Ränder der Muttern und Schrauben eingepresst wurden.

Der Apparat, der also vollständig aus Platin und Flusspat bestand, wurde im Trockenschrank getrocknet und hierauf mit trockenem Stickstoff gefüllt, welcher hernach durch Fluor oder Dämpfe von Fluorverbindungen verdrängt wurde. Zur Erzeugung des Induktionsfunkens diente ein kräftiger Ruhmkorff-Apparat, mit welchem in Luft leicht Funken von 10 cm Länge erhalten werden konnten, und der ausserdem noch mit einer ziemlich grossen Leydenerflasche verbunden war. Als Stromquelle wurden 6 Bunsenelemente verwendet. Die Elektroden wurden derart eingestellt, dass nur kleine Funken mit einer Länge von wenigen Millimetern überspringen konnten.

Das verwendete Spektroscop war mit drei sehr dichten Prismen versehen, um ein ziemlich ausgedehntes Spektrum zu erhalten.

Die nachfolgenden Tabellen enthalten in Wellenlängen ausgedrückt, die mit Stickstoff, Fluor und verschiedenen gasförmigen Fluorverbindungen erhaltenen Resultate.

Stickstoff.

Platin-Apparat.

Platin-Elektroden.		*Gold-Elektroden.*	
λ = 660,2	Stickstoff	λ = 660,2	Stickstoff
656,2	Wasserstoff	656,2	Wasserstoff
		648	Stickstoff
		627,5	Gold
		596	Gold
		595,5	Gold
		595	Stickstoff
		594	Stickstoff
		593	Stickstoff
		583	Gold
		571	Stickstoff
		566	Stickstoff
		568	Stickstoff
		567,5	Stickstoff
		566	Stickstoff
		523	Gold

Die zu diesem Versuche als Elektroden verwendeten Golddrähte müssen ganz rein, und frei von Kupfer, Blei und Arsen sein. Um dies zu erreichen, reduziert man Goldchlorid mit schwefliger Säure und behandelt das erhaltene Metall wiederholt mit Salzsäure. Hierauf wäscht man mit viel Wasser aus, löst in Königswasser und fällt nochmals mit schwefliger Säure. Den erhaltenen Goldschwamm schmilzt man ein und zieht hierauf Drähte daraus.

Fluor.

Platin-Apparat.

Platin-Elektroden.		*Gold-Elektroden.*	
λ = 744	Fluor		
740	Fluor		
734	Fluor	λ = 734	Fluor
714	Fluor	714	Fluor
704	Fluor	704	Fluor
691	Fluor	691	Fluor
687,5	Fluor	687,5	Fluor
685,5	Fluor	685,5	Fluor
683,5	Fluor	683,5	Fluor
677	Fluor	677	Fluor
656,2	Wasserstoff		
640,5	Fluor	640,5	Fluor
634	Fluor	634	Fluor
623	Fluor	623	Fluor

Der Versuch giebt glänzende Resultate, besonders mit Platin Elektroden, da hierbei die Linien leuchtender erscheinen als bei Verwendung von Gold-Elektroden. Zwischen den Wellenlängen 744 und 677 beobachtet man keine anderen Linien als die auf vorstehender Tabelle angeführten. Ausserdem treten verschiedene Linien auf, die sich bei anderen Fluorverbindungen nicht wieder vorfinden und von dem Fluormetall herrühren können.

Fluorwasserstoff.

Platin-Apparat.

Platin-Elektroden.

λ = 704	Fluor
656,2	Wasserstoff

Fluorwasserstoff.

λ = 652,2	Platin
640,0	Fluor
634	Fluor
623	Fluor
596,3	Platin
585,5	Platin
583,7	Platin
580,6	Platin.

Für diesen Versuch wurde rings um den Platinapparat heisse Luft geleitet, um den Fluorwasserstoff bei ungefähr $+50^0$ in gasförmigen Zustand zu erhalten.

Fluorwasserstoff wird durch den Induktionsfunken nur sehr schwer zersetzt, weshalb auch die Linien im äussersten Rot fehlen. Ausser den oben angeführten Linien werden sehr viele andere beobachtet. Man erhält nämlich nicht nur die Linien von Fluorwasserstoff, sondern auch die von Platin und Fluorplatin, sowie diejenigen von Fluor und Wasserstoff.

Wie bei dem vorangehenden Versuche erscheinen auch hier alle Linien des Fluor besonders glänzend. Unter Einwirkung des Funkens zerfällt Fluorwasserstoff in Fluor und Wasserstoff, die sich sofort wieder vereinigen. Ein kleiner Teil des freigewordenen Fluors greift indes gleichzeitig auch das Metall der Elektroden an, und auf diese Weise erhält man die glänzenden Linien des Platins und die unbekannten Linien des Fluorplatins.

Es sei hier noch darauf hingewiesen, dass beim Fluorwasserstoff in Gelb und Violett mehrere Streifen beobachtet werden; dieselben sind aber sehr breit und nicht sehr deutlich, sodass ihre Lage nicht genau bestimmt werden konnte.

Fluorsilicium.

Glas-Apparat.

Platin-Elektroden.

nach meinen Versuchen		nach Salet
λ = 734	Fluor	
714	Fluor	

Fluorsilicium.

nach meinen Versuchen		nach Salet
λ = 691	Fluor	λ = 692
687,5	Fluor	
685,5	Fluor	686
683,5	Fluor	
677	Fluor	678
656,2	Wasserstoff	
640,5	Fluor	640
634	Fluor	
623	Fluor	623
598	Fluorsilicium nach Troost und Hautefeuille.	

Das zu diesem Experiment verwendete Fluorsilicium war absolut rein und frei von Fluorwasserstoffdämpfen.

Die Zahl der im äussersten Rot sichtbaren Linien ist geringer als bei dem mit einer Fluoratmosphäre erhaltenen Spektrum. Diese Thatsache hängt mit der Beständigkeit des Fluorsiliciums zusammen, welches nur sehr schwer durch den Funken zerlegbar ist, wie im ersten Kapitel dieses Werkes ersichtlich ist. Dies erklärt auch, warum Salet bei der Untersuchung des Fluorsiliciums nur eine sehr geringe Zahl Linien in Rot gefunden hat.

Wenn der Funke durch die bei atmosphärischem Druck mit Fluorsilicium gefüllten geschlossenen Entladungsrohre mehrere Stunden lang hindurch geschlagen hat, so entsteht auf dem Glase ein leichter grauer Beschlag von Silicium.

Phosphortrifluorid.

Glas-Apparat.

Platin-Elektroden.

γ = 740	Fluor
714	Fluor
704	Fluor
691	Fluor

Phosphortrifluorid.

λ = 685,5	Fluor
677	Fluor
650,6	Phosphor
646,3	Phosphor
640,5	Fluor
634	Fluor
623	Fluor
604,6	Phosphor
603,5	Phosphor
602,5	Phosphor
549,8	Phosphor
546,1	Phosphor
545,2	Platin.

Die Phosphorlinien erscheinen besonders glänzend, dagegen fehlen die schwächsten Linien von Fluor. Wie schon lange vorher nachgewiesen, wird Phosphortrifluorid durch den Funken zerlegt, in Phosphor, welcher abgeschieden wird und Fluor, welches sich sofort mit dem überschüssigen Trifluorid zu Pentafluorid verbindet.

$$2\,PF_3 = 2\,P + 3\,F_2$$
$$3\,F_2 + 3\,PF_3 = 3\,PF_5$$

Phosphorpentafluorid.

Glas-Apparat.

Platin-Elektroden.

λ = 704	Fluor
691	Fluor
685,5	Fluor
650,6	Phosphor
646,3	Phosphor
640,5	Fluor
634	Fluor
623	Fluor

Bei Phosphorpentafluorid erhält man viel weniger Linien, als bei Trifluorid, noch ein Beweis für die besonders grosse Beständigkeit des Pentafluorids. Es wurde bereits wiederholt darauf hingewiesen, dass es nicht gelingt, Phosphorpentafluorid zu zerlegen, ausser mit sehr heissen Induktionsfunken.

Die Linien $\lambda = 604{,}6$ und $\lambda = 602{,}5$, die bei Phosphor sehr stark sind, bleiben bei Phosphorpentafluorid entweder ganz unsichtbar oder sind nur sehr schwer wahrzunehmen. Es tritt nur eine sehr spärliche Zerlegung in Fluor und Trifluorid ein:

$$PF_5 = PF_3 + F_2$$

Die Wasserstofflinie $\lambda = 656{,}2$ wurde bei keinem der beiden Phosphorfluoride beobachtet.

Tetrafluorkohlenstoff.

Glas-Apparat.

Platin-Elektroden.

$\lambda =$ 744	Fluor
740	Fluor
734	Fluor
714	Fluor
704	Fluor
691	Fluor
687,5	Fluor
685,5	Fluor
683,5	Fluor
677	Fluor
640,5	Fluor
634	Fluor
623	Fluor
596,3	Platin.

Dieses Spektrum ist das schönste von allen beobachteten. Die Zahl der Linien ist sehr gross, und die des Fluors zeichnen sich durch besonderen Glanz aus. Gleichzeitig erhält man im Spektrum des Kohlenstoffs die Linien:

$\lambda = 569{,}4$	sehr schwach
566	sehr schwach
564,6	besser sichtbar
537,9	sehr schwach
515	deutlich
514,4	deutlich
513,3	sehr schwach.

Von der Linie $\lambda = 564{,}6$ angefangen, besteht das Spektrum aus einer Menge sehr feiner und ganz nahe an einander liegender grüner Linien, welche sich bis $\lambda = 378$ erstrecken. Unter diesen besonders feinen Linien finden sich auch einige mit lebhafterem Glanze. In Violett zeigen sich auch einige Streifen.

Der erste Versuch hatte also, um die Resultate nochmals kurz zusammenzufassen, dazu gedient, die Linien zu bestimmen, die mit Hülfe des mit Platinelektroden versehenen und mit Stickstoff gefülltem Apparates beobachtet werden konnten.

Der zweite Versuch ergab die Linien des mit Fluor gefüllten Apparates bei Verwendung von Platin-Elektroden. Der dritte und vierte Versuch wurde mit Gold-Elektroden in Stickstoff und Fluor ausgeführt. Die erhaltenen Resultate wurden verglichen und nachdem die dem Platin und Gold angehörigen Linien eliminiert waren, wurden die gemeinsamen Linien als zum Fluor gehörig betrachtet.

Hierauf wurden die durch Fluorwasserstoff, durch Fluorsilicium, durch Phosphortrifluorid, Phosphorpentafluorid und Tetrafluorkohlenstoff erzeugten Linien bestimmt. Die ziemlich breite rote Wasserstofflinie, die bei den meisten Versuchen beobachtet werden konnte, wurde bei Seite gelassen, und nur die der Mehrzahl obiger Verbindungen gemeinsamen Linien angenommen.

Auf diese Weise wurden für Fluor folgende Zahlen, in Wellenlängen ausgedrückt, erhalten:

$\lambda = 744$	sehr schwach
740	sehr schwach
734	sehr schwach

$\lambda = 714$	schwach
704	schwach
691	schwach
687,5	schwach
685,5	schwach
683,5	schwach
677	stark
640,5	stark
634	stark
623	stark.

Die Distanzen dieser roten Linien wurden mehrere Male sehr genau bestimmt, zunächst auf der Skala eines beleuchteten Mikrometers und hierauf mit Hülfe eines beweglichen Netzes. Zur Ueberführung der Distanzen in Wellenlängen konnte weder die Formel von Cornu, noch diejenige von Gibbs verwendet werden, da in demjenigen Teil des Rot, wo die Fluorlinien auftreten, kein Anhaltspunkt zwischen der zweiten Kaliumlinie und der Lithiumlinie gegeben war. Infolge dieser ziemlich grossen Distanz von $\lambda = 99{,}2$ zwischen $\lambda = 769{,}7$ und $\lambda = 670{,}5$ war es nur möglich, eine Curve zu konstruieren, von welcher die weiter oben angeführten Resultate abgenommen wurden.

Allerdings könnte man mit Hülfe des Sonnenspektrums die dazwischen liegenden Punkte bezeichnen; leider war aber mein Laboratorium für derartige Messungen nicht ausgerüstet.

Ich bedaure dies umsomehr, da das Spektrum des Fluors voraussichtlich nicht nur aus den eben angeführten roten Linien besteht. Nach meinen Versuchen mit Fluor und Fluorkohlenstoff glaube ich vielmehr, dass das Spektrum ausgedehnter und teilweise dem von Chlor vergleichbar ist.

Die bisher bekannten Fluorlinien, dreizehn an der Zahl, befinden sich also im roten Teil des Spectrums.

VERFLÜSSIGUNG DES FLUORS.

Die Untersuchungen über die Verflüssigung des Fluors wurden gemeinsam mit Dewar ausgeführt.

Aus den physikalischen Eigenschaften einer ganzen Reihe anorganischer und organischer Fluorverbindungen liess sich der Schluss ziehen, dass die Verflüssigung des Fluors nur bei sehr niedriger Temperatur zu erreichen wäre.

Während Chlorbor und Chlorsilicium bei gewöhnlicher Temperatur flüssig sind, sind die entsprechenden Fluorverbindungen gasförmig und von ihrem Condensationspunkte sehr weit entfernt.

Bei den organischen Verbindungen besteht der gleiche Unterschied: Chloraethyl siedet bei $+12^{0}$, Fluoraethyl dagegen bei -32^{0}; nach meinen Versuchen siedet Propylchlorid bei $+45^{0}$ und Propylfluorid bei -2^{0} [1]. Auch Paterno und Oliveri [2] und Wallach und Heusler [3] hatten bereits auf ähnliche Beobachtungen hingewiesen. Die Versuche Gladstone's über Atomrefraktion können hier gleichfalls in Betracht gezogen werden.

Wenn auch das Fluor ganz gewiss an der Spitze der Chlorgruppe steht, so nähert es sich endlich doch auch durch manche seiner Eigenschaften dem Sauerstoff.

Aus allen diesen Beobachtungen schien hervorzugehen, dass das Fluor nur sehr schwer in flüssigen Zustand übergeführt werden könnte.

Bei gewöhnlichem Druck und einer Temperatur von -95^{0} trat, wie aus früheren Versuchen hervorging, nicht die geringste Veränderung ein.

[1] MESLANS. Préparation et propriétés du fluorure de propyle, *Comptes rendus de l'Académie des Sciences*, t. CVIII, p. 352; 1889.

[2] PATERNO und OLIVERI. Ricerche sui tre acidi fluobenzoici e sugl. acidi fluotoluico e fluoanisico, *Gazetta chimica italiana*, t. XII, p. 85, 1882; und t. XIII, p. 583; 1883.

[3] WALLACH und HEUSLER. Über organische Fluorverbindungen, *Liebig's Annalen der Chemie*, t. CCXLIII, p. 219; 1887.

Bei den neuen in Gemeinschaft mit Dewar ausgeführten Untersuchungen wurde das Fluor durch Elektrolyse einer Lösung von Fluorkalium in wasserfreier Fluorwasserstoffsäure dargestellt und hierauf von den mitgeführten Fluorwasserstoffsäuredämpfen befreit, indem es durch ein kleines Platinschlangenrohr geleitet wurde, welches mittelst einer Mischung von fester Kohlensäure und Alkohol gekühlt war. Zur Vervollständigung der Reinigung dienten zwei mit vollständig trockenem Fluornatrium gefüllte Platinrohre.

Der erste Verflüssigungsapparat, dessen wir uns bedienten, bestand aus einem kleinen Cylinder aus dünnem Glase, an dessen oberes Ende ein Platinrohr angeschmolzen war, welches ein anderes kleineres concentrisches Rohr aus gleichem Metall enthielt. Das zu verflüssigende Gas wurde durch den ringförmigen Raum zwischen den beiden Platinrohren hinzugeleitet, ging durch das Glasgefäss und konnte durch das innere Rohr entweichen.

Der ganze Apparat wurde an das Zuleitungsrohr für das Fluor angelötet.

Als Abkühlungsmittel wurde zu diesen Versuchen flüssiger Sauerstoff verwendet, welcher nach dem von Dewar(1) beschriebenen Verfahren dargestellt wurde. Zu diesen Experimenten waren mehrere Liter davon erforderlich.

Sobald der Apparat auf die Temperatur des ruhigen Siedens von flüssigem Sauerstoff (— 183°) abgekühlt war, ging das Fluor, zwar ohne verflüssigt zu werden, hindurch, hatte aber seine chemische Reaktionsfähigkeit eingebüsst. Das Glas wurde nicht mehr angegriffen.

Stellt man hierauf über dem flüssigen Sauerstoff ein Vacuum her, so beobachtet man in dem Momente, wo lebhaftes Sieden eintritt, dass sich im Innern des kleinen Glasgefässes eine Flüssigkeit bildet, während kein Gas mehr aus dem Appa-

1) J. DEWAR. The liquefaction of air and researches at low temperatures, *Proceedings of the Chemical Society of London*, t. XI, p. 321; 1895 — New researches on liquid air, *Proceedings of the Royal Society of London*, t. LX, p. 57, 283, 358, 425; 1896.

rate entweicht. Nun verschliesst man das Gasableitungsrohr mit dem Finger, um den Zutritt von Luft ganz auszuschliessen. Das Glasgefäss füllt sich alsbald mit einer hellgelben, äusserst beweglichen Flüssigkeit, deren Farbe genau an die von Fluor, in einer Schicht von einem Meter Dicke betrachtet, erinnert. Nach diesem ersten Versuche würde sich das Fluor also gegen — 185 ⁰ verflüssigen.

Sobald man den kleinen Apparat aus dem flüssigen Sauerstoff entfernt, beginnt die gelbe Flüssigkeit mit der eintretenden Temperaturerhöhung zu sieden und entwickelt grosse Mengen eines Gases, welches alle die energischen Reaktionen des Fluors zeigt.

Zu den weiteren Versuchen zur Verflüssigung des Fluors wurde ein dem eben beschriebenen ähnlicher Apparat verwendet, ein Glasbehälter, der an ein Platinrohr angeschmolzen ist, welches ein zweites engeres Rohr aus gleichem Metall enthält; nur war jedes dieser Platinrohre mit einem Schraubenhahn versehen, sodass es in einem gegebenen Moment leicht war, die Verbindung entweder mit der atmosphärischen Luft oder mit dem Fluor abzuschliessen. Dieser kleine Apparat befand sich in einem doppelwandigen, cylindrischen Glasrecipienten, welcher mit flüssiger Luft gefüllt war und einerseits mit einer Vacuumpumpe, andererseits mit einem Manometer in Verbindung stand.

Zunächst wurden durch Vorversuche die Siedepunkte des flüssigen Sauerstoffes bei den am Manometerrohre abgelesenen Drucken genau bestimmt.

Durch die vorangehenden Versuche war festgestellt worden, dass Fluor bei gewöhnlichem atmosphärischem Druck durch Abkühlung auf die Siedetemperatur von Sauerstoff nicht verflüssigt werden konnte.

Bei Wiederholung desselben Experimentes mit frisch bereiteter flüssiger Luft, wurde das Fluor sofort verflüssigt, sobald die flüssige Luft bei gewöhnlichem Druck zu sieden begann.

Wenn bei dem ursprünglichen Versuch mit flüssigem Sauerstoff als Abkühlungsmittel der Druck vermindert wurde, so trat die Verflüssigung des Fluors durch Verdampfung des Sauerstoffs bei einem Quecksilberdruck von 435 mm ein.

Aus diesen Untersuchungen folgt, dass der Siedepunkt des Fluors sehr nahe bei —187° liegt.

Versuche, das Fluor zum Erstarren zu bringen.

Sobald das kleine Glasgefäss zu drei Vierteilen mit flüssigem Fluor gefüllt war, wurden die beiden Schraubenhähne geschlossen, und die zur Abkühlung dienende Luft bei einem Drucke von 35 mm zum lebhaften Sieden gebracht, wodurch die Temperatur von —210° erreicht wird. Das Fluor zeigte nicht die geringste Neigung zu erstarren und behielt seine ausserordentliche Beweglichkeit bei.

Zur Vervollständigung dieses Versuches hätte man das auf diesem Wege erhaltene flüssige Fluor möglichst rasch verdampfen müssen, ein Experiment, welches vorläufig aufgeschoben werden musste und späteren Untersuchungen vorbehalten bleibt.

Bei einer der zahlreichen Wiederholungen dieses Versuches trat ein kleiner Unfall an einem der kleinen, zur Aufnahme des Fluors dienenden Apparate ein. Die Schraube war verdreht worden, so dass atmosphärische Luft bis in das kleine Glasgefäss eindringen konnte. Diese Luft verflüssigte sich sofort und in wenigen Augenblicken bildeten sich zwei getrennte Flüssigkeitsschichten; die obere war farblos und bestand aus flüssiger Luft, die untere war hellgelb gefärbt und bestand aus Fluor.

Um jeden Zutritt von Luft sicher auszuschliessen, wurde bei einem anderen Versuche das Fluor in flüssigem Zustande in ein Glasrohr gebracht und dieses sodann zugeschmolzen. Das zugeschmolzene mit flüssigem Fluor gefüllte Rohr wurde längere Zeit der Temperatur von —210° (lebhaftes Sieden einer grossen Menge flüssiger Luft) ausgesetzt; es konnte jedoch auch nicht eine Spur eines festen Körpers beobachtet werden.

Die angenäherte Dichte des flüssigen Fluors.

Zur Bestimmung der Dichte des flüssigen Fluors wurden einige Substanzen, deren Dichte genau bekannt war, damit in Berührung gebracht. Wenn man Teilchen von solchen Stoffen auswählt, deren Dichten ziemlich nahe aneinander liegen, kann man leicht konstatieren, welche davon auf der Flüssigkeit schwimmen, und welche darin untersinken. Für diese schwierigen Versuche war diese übrigens schon lange bekannte Methode noch am ehesten anwendbar.

Zunächst musste festgestellt werden, ob das flüssige Fluor nicht mit den verwendeten Substanzen in Reaktion tritt. Zu diesem Zwecke wurde zunächst ein Krystall von Rhodanammonium (Dichte 1,31) in ein Glasrohr gebracht, welches von siedender flüssiger Luft umgeben war und hierauf mit Hülfe eines Platinrohres ein Strom von Fluor auf den Boden des Rohres geleitet. Das Fluor wird sofort verflüssigt, und es lässt sich dann leicht konstatieren, dass das Rhodanammonium nicht angegriffen wird.

In gleicher Weise wurden Ebonit (Dichte 1,13), Kautschuk (Dichte 0,99), Holz (Dichte 0,96), Bernstein (Dichte 1,14) und Oxalsäuremethylaether (Dichte 1,15) untersucht. Bei diesen Untersuchungen ist darauf zu achten, dass alle eben angeführten Substanzen einige Zeit der Temperatur von -200^0 ausgesetzt werden müssen, bevor man sie mit dem Fluor in Berührung bringt.

Als einmal bei einem Experimente ein Stückchen Kautschuk nicht genügend gekühlt worden war, entzündete sich dasselbe an der Oberfläche der Flüssigkeit und verbrannte unter lebhaften Glanze vollständig, ohne auch nur den geringsten Rückstand von Kohlenstoff zu hinterlassen ([1]).

[1]) Das Stückchen Kautschuk bewegt sich auf der Oberfläche des flüssigen Fluors unter lebhafter Lichterscheinung, wie ein Stückchen Natrium auf Wasser.

Die Bestimmung der Dichte wurde in folgender Weise ausgeführt:

In ein Glasrohr, welches an einem Ende zugeschmolzen und am anderen Ende leicht ausgezogen war, brachte man Stückchen von den fünf oben angeführten Substanzen und tauchte es hierauf bis zu einem Drittel in flüssige Luft, die sich in vollem Sieden befand. Sobald das Ganze eine Temperatur von ungefähr -200^0 angenommen hat, leitet man langsam Fluor hinzu. Dieses verflüssigt sich alsbald und man bemerkt sofort, dass Holz, Kautschuk und Ebonit auf der Oberfläche der hellgelben Flüssigkeit schwimmen. Der Oxalsäuremethylaether dagegen blieb stets auf dem Boden, während der Bernstein in der Flüssigkeit auf- und abstieg und demnach die gleiche Dichte, wie dieselbe zu besitzen schien. Der Apparat wurde mehrmals geschüttelt, die Menge des flüssigen Fluors wurde vergrössert; es wurde immer dasselbe Resultat erhalten.

Aus diesem Versuch ergiebt sich demnach, dass die Dichte des flüssigen Fluors nahe bei 1,14 liegt.

Noch eine andere interessante Erscheinung wurde bei dieser Gelegenheit beobachtet.

Das kleine Stückchen Bernstein, welches in der Mitte des Fluors schwamm, war nur mehr mit grosser Anstrengung zu unterscheiden. Dies scheint darauf hinzudeuten, dass Brechungsexponent des flüssigen Fluors dem des Bernsteins sehr nahe liegt.

Bei einem anderen Versuche wurde das Fluor in einem vorher graduierten und gewogenen Glasrohre verflüssigt, dieses sodann zugeschmolzen und in einem mit flüssiger Luft gefülltem Gefässe bei gewöhnlichem Druck sich selbst überlassen. Nach $1^1/_2$ Stunden tauchte das Rohr noch 1 cm in verflüssigte Luft ein, und das Aussehen des Fluors war unverändert. Kurze Zeit, nachdem die flüssige Luft verdampft war, erfolgte aber eine heftige Detonation; das zugeschmolzene Rohr und der doppelwandige Recipient, in welchem es sich befand, wurden zerschmettert und vollständig in Staub verwandelt.

In dem zugeschmolzenen Rohre liess sich beobachten, dass das flüssige Fluor bei Abnahme der Temperatur von -187^0 auf -210^0 eine Volumabnahme von $^1/_{14}$ erleidet.

Absorptionsspektrum.

Verschiedene Proben von flüssigem Fluor in einer Schicht von circa 1 cm Dicke wurden entweder in zugeschmolzenen Röhren oder in dem kleinen Condensationsapparate spektroskopisch untersucht, ohne dass jemals Absorptionsstreifen beobachtet werden konnten.

Magnetismus.

Bringt man flüssiges Fluor zwischen die Pole eines kräftigen Elektromagneten, so zeigt sich keinerlei magnetische Erscheinung. Dieser Versuch wurde mehrmals wiederholt und ist als vollständig ausschlaggebend zu bezeichnen, da sich bei einem in gleicher Weise mit flüssigem Sauerstoff ausgeführten Parallelversuche magnetische Erscheinungen sehr deutlich beobachten liessen.

Capillarität.

Die Capillaritätsconstante des Fluors ist geringer als die des flüssigen Sauerstoffs. Taucht man ein Capillarrohr hintereinander in Fluor, Sauerstoff, Alkohol und Wasser, so erhält man folgende Zahlen:

Höhe der Säule flüssigen Fluors . .	3,5 mm
„ „ „ „ Sauerstoffs	5,0 mm
„ „ „ Alkohol	14,0 mm
„ „ „ Wasser	22,0 mm

EINWIRKUNG EINIGER SUBSTANZEN AUF FLÜSSIGES FLUOR.

Diese Versuche dienten dazu, einige Reaktionen des Fluors bei sehr niedriger Temperatur zu studieren.

Wasserstoff. — Flüssiges Fluor wurde in einem Glasrohre sehr stark abgekühlt, indem man flüssige Luft unter geringem Druck zum Sieden brachte. Hierauf leitete man mit

Hülfe eines Platinrohres auf die Oberfläche der gelben Flüssigkeit einen langsamen Wasserstoffstrom. Sofort trat eine Vereinigung unter Feuererscheinung ein. Bei einer Wiederholung des Versuches liess man das Platinrohr bis in die Mitte des flüssigen Fluors eintauchen. Bei der ausserordentlich tiefen Temperatur von — 210^0 tritt noch eine vollständige Verbindung unter starker Wärme- und Lichtentwicklung ein.

Der Versuch wurde auch in der Weise ausgeführt, dass der Wasserstoff durch ein ausgezogenes Glasrohr in das flüssige Fluor eingeleitet wurde. Sobald genügend flüssiges Fluor vorhanden war, trat die Vereinigung sofort mit grosser Intensität ein.

Sauerstoff. — Die Einwirkung von flüssigem Sauerstoff wurde mit besonderer Sorgfalt untersucht.

Leitet man auf die Oberfläche des in einem Glasrohre befindlichen flüssigen Sauerstoffs Fluor, so löst sich dasselbe in jedem Verhältnis darin auf unter Gelbfärbung, deren Intensität von oben nach unten abnimmt. Leitet man dagegen Fluor auf den Boden des den flüssigen Sauerstoff enthaltenden Gefässes, so bildet sich die gelbe Schicht im unteren Teil und verbreitet sich nur langsam in der darüberstehenden Flüssigkeit.

Diese Erscheinung rührt daher, dass die Dichte des flüssigen Fluors nahezu dieselbe ist, wie die des flüssigen Sauerstoffs.

Steigert man die Temperatur eines solchen flüssigen Gemenges von Sauerstoff und Fluor allmählich, so verdampft der Sauerstoff zuerst, und die Flüssigkeit reichert sich mehr und mehr mit Fluor an. Der Beweis hierfür ist leicht erbracht. Das zu Beginn des Siedens entweichende Gas entflammt ein glimmendes Streichholz und entzündet Russ oder Silicium nicht, welche Körper dagegen von dem zu Ende des Versuches entweichenden Gase sofort entflammt werden. Sobald das Gefäss ganz leer ist und die Temperatur weiter steigt, tritt plötzlich Wärmeentwicklung ein, und die innere Oberfläche des Glases wird matt. Diese plötzliche Temperaturerhöhung rührt daher, dass das

Glas durch das gasförmige Fluor und den durch die Mitwirkung des Wasserdampfes in der atmosphärischen Luft erzeugten Fluorwasserstoff angegriffen wird.

Wasser. — Auf dem Boden eines Glasrohres liess man eine kleine Menge Wasser erstarren und kühlte das Eis bis auf — 210° ab. Brachte man nun flüssiges Fluor hinzu, so bildete dieses auf dem Eise eine bewegliche Schicht, ohne irgend eine Reaktion hervorzurufen. Mit der Erhöhung der Temperatur ging es wieder in gasförmigen Zustand über. Sobald sich aber der Apparat erwärmte, trat eine heftige Reaktion zwischen den übrig gebliebenen gasförmigen Fluor und dem Eis ein, wobei sich ein sehr starker Ozongeruch bemerkbar machte.

Quecksilber. — Auf dem Boden eines Glasrohres brachte man ein Kügelchen Quecksilber mit lebhaft glänzender Oberfläche zum Erstarren. Das Fluor wurde hierauf auf dem Metalle verflüssigt, wobei dasselbe Aussehen und Glanz unverändert beibehielt. Als nun die Temperatur auf — 187° stieg, begann das Fluor zu sieden, die Flüssigkeit verschwand, das Metall wurde aber durch das gasförmige Fluor erst angegriffen, als sich der Apparat nahezu bis auf Laboratoriumstemperatur erwärmt hatte.

Terpentinöl. — Flüssiges Fluor wirkt auf gefrorenes und auf — 210° abgekühltes Terpentinöl ein.

Zur Ausführung dieses Versuches brachte man etwas Terpentinöl in ein Glasrohr, welches von siedender flüssiger Luft umgeben war. Sobald ein wenig Fluor sich auf der Oberfläche des Kohlenwasserstoffes verflüssigt hatte, erfolgte die Reaktion unter lebhafter Feuererscheinung, begleitet von einer Explosion und von Abscheidung von Kohle.

Nach jeder Explosion bildete sich, da das Fluor fortwährend in langsamem Strome zugeführt wurde, eine neue Menge flüssigen Fluors, so dass die Detonationen in Intervallen von fünf bis sieben Minuten auf einander folgten. Endlich, nach einem etwas längeren Zwischenraum, neun Minuten, hatte sich soviel flüssiges Fluor angesammelt, dass im Augenblicke der

Reaktion der ganze Apparat unter heftiger Explosion zerstört wurde. ([1]).

Kühlt man Silicium, Bor, Kohlenstoff, Schwefel, Phosphor und reduziertes Eisen zuerst in flüssigem Wasserstoff ab und bringt man diese Körper hierauf mit Fluor in Berührung, so tritt keine Feuererscheinung ein.

Bei diesen tiefen Temperaturen verdrängt Fluor auch Jod aus Jódiden nicht, besitzt indes noch eine genügend grosse chemische Energie, um Benzol oder Terpentinöl unter Feuererscheinung zu zersetzen. Hiernach erscheint die kräftige Affinität des Fluors zum Wasserstoff zuletzt zu verschwinden.

Aus diesen Experimenten folgt also, dass bei sehr niedriger Temperatur die Affinität des Fluors bedeutend abnimmt, ein neues Beispiel für die Veränderung der chemischen Eigenschaften als Funktion der Aenderung der Temperatur.

Schlussfolgerungen.

Die physikalischen Eigenschaften des Fluors sind also kurz folgende:

Das gasförmige Fluor verflüssigt sich leicht bei der Temperatur des Siedepunktes von flüssiger Luft. Der Siedepunkt des flüssigen Fluors liegt nahe bei — 187°. Das flüssige Fluor ist in jedem Verhältnis in flüssigem Sauerstoff und flüssiger Luft löslich. Bei —210° erstarrt es noch nicht. Seine Dichte beträgt 1,14, seine Capillaritätsconstante ist kleiner als die des flüssigen Sauerstoffs. Es zeigt kein Absorptionsspektrum und besitzt keine magnetischen Eigenschaften. Bei der Temperatur von —210° wirkt es auf trockenen Sauerstoff, Wasser und Quecksilber nicht ein, reagiert aber unter Feuererscheinung mit Wasserstoff und Terpentinöl.

Das Fluor ist ein gefärbtes Gas, und zwar zeigt es in einer Schicht von 50 cm oder 1 m eine grünlich gelbe Färbung, die etwas schwächer ist als bei einer gleich starken Schicht Chlor.

Seine Dichte beträgt 1,265; die theoretische Dichte, erhalten

---

[1]) Bei einigen Versuchen fielen aus Unvorsichtigkeit einige Tropfen flüssigen Fluors zu Boden und setzten das Holz sofort in Brand.

durch Multiplikation des specifischen Gewichtes von Wasserstoff, 0,06927, mit dem Atomgewicht des Fluors, 19, ist 1,316.

Lässt man den elektrischen Funken in einer Fluoratmosphäre überspringen, so beobachtet man im roten Teil des Spektrums 13 für Fluor charakteristische Linien.

VERBINDUNGSWÄRME DES FLUORS MIT WASSERSTOFF.

Diese Untersuchungen führte ich in Gemeinschaft mit Berthelot aus.

Aus der Verbindungswärme des Fluors mit Wasserstoff lässt sich mit Hülfe der gegenwärtig bereits bekannten Werte die Bildungswärme der anderen Fluorverbindungen ableiten; ihre Bestimmung war deshalb von Wichtigkeit. Es gelang Berthelot und mir, diese Verbindungswärme mit Hülfe einiger ziemlich heikeler, in Nachstehendem beschriebener Reaktionen zu messen.

Zunächst hatten wir daran gedacht, aus einer Jodkaliumlösung das Jod durch Fluor zu verdrängen. Prinzipiell musste diese Reaktion erfolgen unter Bildung des Fluormetalles, analog, wie es bei Chlor und Brom der Fall ist.

$$RJ + F = RF + J.$$

Es wäre, wie es scheint, dann leicht, nach den bekannten Methoden das frei gewordene Jod zu bestimmen, und daraus das Gewicht des absorbierten Fluors zu berechnen, während die entsprechende Wärmemenge calorimetrisch gemessen werden könnte.

Die Reaktion verläuft aber leider ganz anders. Zunächst erhielten wir für die Wärmemengen, welche durch gleiche Gewichtsmengen Fluor, die nach der eben angegebenen Analysenmethode bestimmt worden waren, entwickelt wurden, sehr abweichende Werte; ausserdem aber bewies die nachstehend beschriebene Controlbestimmung die Unrichtigkeit der Hypothese. Nach der Reaktion brachten wir eine titrierte Lösung von schwefliger Säure in das Calorimeter bis alles freie Jod verschwunden war und massen die entwickelte Wärme; diese Wärmemenge musste für jedes durch schweflige Säure in Jodwasserstoff übergeführte Jodatom + 10,9 Cal. betragen (1). Nach der Einwirkung des Fluors fanden wir aber + 22,3 Cal. und + 24,1 Cal.

Hieraus folgt zur Genüge, dass bei der ersten Reaktion kein freies Jod, sondern irgend eine noch nicht isolierte Verbindung, von Fluor und Jod zum Beispiel, gebildet wurde. Ausserdem schienen verschiedene Umstände darauf hinzuweisen, dass im Moment der Einwirkung des Fluors eine gewisse Menge Sauerstoff durch Zersetzung des Wassers entwickelt wurde.

Auf die Verwendung dieser Reaktion musste also verzichtet werden.

Auch die Reaktion von Fluor mit Wasser ergab keine besseren Resultate, da sich, wie früher beschrieben, Ozon in Gasform bildet, wobei eine bedeutende Wärmemenge absorbiert wird.

Nach verschiedenen tastenden Versuchen fanden wir, dass nur ein einziges Verfahren zufriedenstellende Resultate lieferte. Dieses bestand darin, das Fluor durch eine titrierte Lösung von schwefligsaurem Kalium, die überschüssiges Alkali enthielt, absorbieren zu lassen. Hierbei bildet sich Kaliumsulfat und Fluorkalium.

Zur Bestimmung der Menge des absorbierten Fluors säuert man nach dem Versuche die Lösung mit Salzsäure an und titriert die schweflige Säure mit Jod; die Differenz gegen früher ist dem Gewicht des Fluors proportional. Ebenso verhält es sich mit der entwickelten Wärme, wie wir ganz deutlich constatieren konnten.

Die calorimetrische Messung bietet keine besondere Schwierigkeit. Dieselbe wurde an 400 cc einer wässrigen Lösung aus-

---

1) BERTHELOT. Quelques-unes des données fondamentales de la thermochimie, *Annales de Chimie et de Physique*, 5e série, t. XIII, p. 17; 1878.

geführt, welche 7,136 g schweflige Säure im Liter, und eine doppelt so grosse Gewichtsmenge Aetzkali enthielt, als für die chemische Neutralisation dieser Säuremenge notwendig gewesen wäre. Die Lösung befand sich in einem Platincalorimeter, in welches das Fluor mit Hülfe eines Platinrohres eingeleitet wurde.

Auch das Thermometer befand sich in einer kleinen Platinhülse, die mit Quecksilber gefüllt war, um das Glas des Instrumentes gegen die ätzende Wirkung der Fluorwasserstoffsäure zu schützen [1].

Die Versuche ergaben folgende Resultate:

I. — Gewicht des absorbierten Fluors: 0,0976 g

$\Delta t = 0{,}778^\circ$ M = 411,7 Q = 320,3 Cal. $T = 18^\circ$

Daraus folgt für F = 19 g . . + 62,3 Cal.

II. — Gewicht des absorbierten Fluors: 0,0901 g

$\Delta t = 0{,}759^\circ$ M = 411,7 Q = 308,3 Cal. $T = 18^\circ$

Daraus folgt für F = 19 g . . + 65,6 Cal.

Das Mittel aus beiden Resultaten beträgt + 64,0 Cal.

Zur Bestimmung des absorbierten Fluors wurde die Flüssigkeit mit Salzsäure angesäuert, und hierauf eine titrierte Jodlösung bis zur bleibenden Färbung hinzugefügt, wie bereits weiter oben bemerkt wurde.

Die Operation verläuft ohne Schwierigkeiten. Wir führten sie in solcher Weise durch, dass es möglich war, gleichzeitig auch eine calorimetrische Bestätigung zu erhalten. Hierzu genügte es, die Analyse in dem Calorimeter selbst auszuführen. Hätte die Flüssigkeit weder Kaliumsulfat, noch schweflige Säure, noch Salzsäure enthalten, so hätte man bei diesem Versuche + 10,9 Cal erhalten müssen. Wir erhielten eine etwas höhere

[1] Guntz. Recherches thermiques sur les combinaisons du fluor avec les métaux, *Annales de Chimie et de Physique*, 6e série, t. III, p. 6; 1884.

Zahl, + 12,0 Cal; die Differenz hat in den complicierten Gleichgewichtszuständen zwischen Bisulfat, neutralem Sulfat, Fluorid, Chlorid und Chlorwasserstoff, Fluorwasserstoff, Jodwasserstoff und Schwefelsäure ihren Grund. Alle diese Körper entstehen gleichzeitig im Augenblick des Versuches und müssen sich in die Base teilen. (1).

Die genaue Berechnung dieser mannigfaltigen Reaktion ist so ziemlich unmöglich; ihre Summe aber ist immerhin nicht sehr bedeutend und hat daher keinen besonderen Einfluss auf das Gesamtresultat. Der statt + 10,9 Cal. erhaltene Wert von + 12,0 Cal. kann als calorimetrische Bestätigung von genügender Genauigkeit für die Hauptreaktion angesehen werden.

Unter dieser Voraussetzung erhält man aus den vorangehenden Zahlen:

Ursprünglicher Zustand.

	Cal.
$S + O_2 + Aq. = SO_2\ Aq.$ verdünnt	+ 77,2
2 KOH verd. + SO_2 verd. = SO_2, K_2O (in Lösung) + H_2O	+ 31,8
$H_2 + O = H_2O$	+ 69,0
2 KOH verd. zur Erinnerung	—
	+ 178,0
Reaktion (64) × 2	+ 128,0
	+ 306,0

Endezustand.

$S + O_3 + Aq. = SO_3, H_2O$ verdünnt	+ 141,0
2 KOH verdünnt + SO_3, H_2O verd. = SO_3, K_2O (in Lösung) + H_2O	+ 31,6
2 (H + F + Aq.) = 2 HF verdünnt	2x
2 HF verd. + 2 KOH verd. = 2 KF (in Lösung) + H_2O	+ 32,6
	+ 205,2 + 2x

1) BERTHELOT. *Essai de Mécanique chimique*, t. II, p. 639.

Durch Gleichsetzung der beiden Wärmemengen folgt hieraus:

$$x = +50{,}4 \text{ Cal.}$$

für die Bildungswärme von gelöster Fluorwasserstoffsäure aus den Elementen.

Zieht man die von Guntz bestimmte Lösungswärme des gasförmigen Fluorwasserstoffs von obiger Zahl ab, so erhält man endgültig

$$\text{H Gas} + \text{F Gas} = +38{,}6 \text{ Cal.}$$

Diese Zahl ist grösser als die Bildungswärme aller anderer Wasserstoffverbindungen, wie Wasser und Chlorwasserstoff. Hieraus erklärt sich die mächtige Reaktionsfähigkeit des Fluors.

VIERTES KAPITEL.

Verbindungen des Fluors mit den Metalloiden. Untersuchung einiger Fluorverbindungen.

Im ersten Kapitel sind die Versuche, die zur Isolierung des Fluors geführt haben, sowie auch die wichtigsten Eigenschaften des neuen Elementes beschrieben. Es schien indes unerlässlich, die meisten dieser Reaktionen nochmals und eingehender zu studieren, um dieses Kapitel der Chemie möglichst zu vervollständigen.

Zu diesen neuen Experimenten wurden entweder das freie Fluor oder Fluorverbindungen, die leicht doppelte Umsetzungen ergeben, verwendet. Einige Versuche, wie zum Beispiel diejenigen über die Phosphorverbindungen des Fluor, waren ausgeführt worden, bevor die Darstellung des Fluors gelungen war; auch diese wurden in der Folge noch vervollständigt und sind in das vorliegende Kapitel mit aufgenommen.

Meine Untersuchungen erstrecken sich also ausser auf die Isolierung des Fluors auch auf die Erforschung einer grossen Zahl anorganischer und organischer Fluorverbindungen. Ich bin mir wohl bewusst, dass auf diesem Gebiet noch viel Arbeit übrig ist, und dass noch manche Lücke auszufüllen bleibt, denn wie überall in der Wissenschaft wird auch hier durch einen neuen Fortschritt die Aufmerksamkeit umso klarer und deutlicher auf das gelenkt, was noch zu entdecken übrig bleibt. Besonders zur Erforschung der sauerstoffhaltigen Fluorverbindungen, der Fluorverbindungen von Schwefel, Jod und Brom und zahlreicher Metallfluoride und Metalloxyfluoride wären neue Versuche am Platze, deren Ausführung jetzt ja bedeutend erleichtert worden ist, seitdem das Fluor verhältnismässig leicht dargestellt werden kann, und seitdem die Doppelreaktionen des Fluorarsens zugänglich gemacht worden sind.

Einwirkung von Fluor auf Wasserstoff. — Wasserstoff verbindet sich mit Fluor in der Kälte, das erste Beispiel für eine direkte Vereinigung zweier gasförmiger Elemente ohne Mithülfe irgend einer von aussen zugeführten Energie.

Sobald man Fluor in eine Wasserstoffatmosphäre leitet, bildet sich an dem Ende des kleinen Gaszuleitungsrohres eine sehr heisse Flamme, während gleichzeitig Dämpfe von Fluorwasserstoff entweichen. Zur Ausführung dieses Versuches kann ein bereits früher beschriebener Apparat verwendet werden. (Fig. 12. Seite 84).

Noch viel einfacher kann dieses Experiment ausgeführt werden, indem man das Gasableitungsrohr des Fluorapparates nach oben dreht und rasch ein grosses mit Wasserstoff gefülltes Reagensglas umgekehrt darüber stülpt. Solange sich Fluor entwickelt, bildet sich am Ende des Platinrohres eine blaue rotgesäumte Flamme; gleichzeitig entsteht Fluorwasserstoff, der das Reagensglas langsam angreift.

Einwirkung auf Sauerstoff und Ozon. — Bei gewöhnlicher Temperatur wirkt Fluor auf Sauerstoff nicht ein, und auch, wenn man ein Gemenge von Fluor und Sauerstoff durch ein auf 500° erhitztes Flussspat-Rohr leitet, zeigt das austretende Gas keine neue Eigenschaft, die auf eine stattgefundene Reaktion hinweisen würde. Eine solche scheint nur einzutreten, wenn man Fluor auf sehr concentriertes Ozon einwirken lässt. Als Beleg hierfür diene folgender Versuch:

Es wurde bereits darauf hingewiesen, dass Wasser durch

Fluor unter Bildung von Fluorwasserstoff und Ozon zersetzt wird. (1).

Lässt man in ein horizontales mit Fluor gefülltes Platinrohr, welches mit durchsichtigen Flussspatplättchen verschlossen ist, einige Tropfen Wasser fallen, so dass ein grosser Ueberschuss von Fluor gegenüber dem Wasser vorhanden ist, so tritt eine plötzliche Zersetzung ein. Eine dichte, dunkelgefärbte Wolke entsteht über dem Wassertropfen, die bald wieder schwächer wird, und nun bemerkt man eine schöne blaue Färbung, die die Bildung von Ozon beweist, welches ziemlich concentriert sein muss, um die von Hautefeuille und Chappuis beobachtete blaue Färbung zu zeigen. Dieser Versuch ergab bei öfterer Wiederholung stets das gleiche Resultat. Sobald man nach der Bildung dieser dunklen Nebel das Gasgemenge durch einen lebhaften Stickstoffstrom aus dem Rohre jagt, bemerkt man sogleich einen sehr intensiven, von dem des Fluors ganz verschiedenen Geruch, der jedoch alsbald in einen geradezu unerträglichen Ozongeruch übergeht. Vielleicht ist zuerst eine unbeständige, sauerstoffhaltige Verbindung entstanden, die leicht bei Erhöhung der Temperatur zerfällt oder durch eine Spur Feuchtigkeit zersetzt wird.

Wie weiter unten beschrieben, liefert auch die Einwirkung von Fluor auf Aetzkali keine besseren Resultate.

Einwirkung auf Schwefel. — Sobald Schwefel mit Fluor in Berührung kommt, entzündet er sich und schmilzt rasch, während gleichzeitig die Temperatur steigt. Sogar in einem geschlossenen Gefässe tritt diese Reaktion noch unter Feuererscheinung ein; es entsteht von Beginn an ein durchdringend, ähnlich dem Chlorschwefel riechender gasförmiger Körper, ein Gemenge von zwei Fluorsulfiden, deren eines in der Kälte von einer alkalischen Lösung absorbiert wird.

Mischt man dieses Gemenge mit Luft oder Sauerstoff, so entzündet es sich an einer offenen Flamme nicht. Erhitzt man

[1]) Die Einzelheiten dieses Versuches folgen später.

es in einer Glocke, so wird das Glas unter Bildung von Fluorsilicium angegriffen.

Einwirkung auf Selen. — Selen wird in der Kälte von Fluor angegriffen; zunächst entweichen reichliche weisse Dämpfe, endlich schmilzt das Selen und entzündet sich. Ringsumher entsteht ein Beschlag von einer weissen, krystallinischen Verbindung, welche von Wasser zersetzt wird und in Fluorwasserstoffsäure löslich ist.

Einwirkung auf Tellur. — Pulverförmiges Tellur verbindet sich mit Fluor unter Feuererscheinung und Entwicklung reichlicher weisser Dämpfe.

Die ganze Masse bedeckt sich alsbald mit einer festen krystallisierten Verbindung, die leicht flüchtig und sehr hygroskopisch ist und die Eigenschaften und das Aussehen des von Berzelius [1] beschriebenen Fluortellurs zeigt.

Einwirkung auf Chlor. — Beim Einleiten von Fluor in eine Chloratmosphäre erfolgt keine sichtbare Reaktion, entweder weil keine Verbindung von Chlor mit Fluor existiert, oder weil bei gewöhnlicher Temperatur eine direkte Vereinigung nicht eintritt.

Einwirkung auf Brom. — Zwischen Bromdampf und Fluor vollzieht sich in der Kälte eine heftige Reaktion, die zwar von einer leuchtenden Feuererscheinung begleitet, aber anscheinend trotzdem nicht mit einer heftigen Wärmeentwicklung verbunden ist. Leitet man Fluor in flüssiges, gut getrocknetes Brom, so tritt die Vereinigung sofort und ohne sichtbare Flamme ein.

Einwirkung auf Jod. — Leitet man Fluor auf ein Blättchen gut getrocknetes Jod, so bildet sich eine fahle Flamme, und es verschwindet rasch. Befindet sich das Jod vor Luft geschützt in einem Platinrohr, so vollzieht sich die Reaktion unter

[1] BERZELIUS. Untersuchungen über die Eigenschaften des Tellurs, *Poggendorff's Annalen der Physik und Chemie*, t. XXXII, p. 623; 1834.

heftiger Wärmeentwicklung. Als Reaktionsprodukt erhält man kein Gas, sondern eine sehr schwere Flüssigkeit, die, wenn sie kein Jod in Lösung enthält, farblos ist, an der Luft stark raucht und von Wasser unter lebhaftem Zischen zersetzt wird.

Die Eigenschaften dieser Verbindung erinnern an das flüssige Fluorjod, welches von Gore beschrieben und durch Einwirkung von Jod auf Fluorsilber dargestellt wurde. Meiner Ansicht nach sollte diese Fluorverbindung weiter erforscht werden.

Es gelang nicht, eine gasförmige Jodfluorverbindung zu erhalten, so viel auch die Versuchsbedingungen geändert wurden, und trotzdem bald mit überschüssigem Fluor, bald mit überschüssigem Jod gearbeitet wurde.

Einwirkung auf Stickstoff. — In der Kälte wirkt Fluor auf Stickstoff nicht ein. Ich hätte gerne ein Gemenge von Fluor und Stickstoff der Einwirkung des Induktionsfunkens ausgesetzt; es existiert aber kein bekannter Körper, aus welchem die zur Zuführung des Stromes notwendigen, unangreifbaren Elektroden hätten angefertigt werden können.

Einwirkung auf Argon. — Prof. Ramsay hatte die Liebenswürdigkeit, mir etwa 100 cc Argon zu überlassen. Die Versuche, Argon mit Fluor in Verbindung zu bringen, hatten ein negatives Resultat; weder bei gewöhnlicher Temperatur, noch unter Einwirkung des Induktionsfunkens wurde eine Reaktion zwischen den beiden Elementen beobachtet.

Einwirkung auf Phosphor. — Sobald Fluor mit Phosphor in Berührung kommt, tritt eine lebhafte Feuererscheinung ein. Bringt man ein Stückchen trockenen Phosphor in ein Flussspatrohr, durch welches ein lebhafter Strom Fluor hindurchgeht, so entsteht ein Gas, welches an der Luft stark raucht, und wenn man es über Quecksilber auffängt, das überschüssige Fluor an dieses Metall abgiebt.

Die Analyse dieses Gases ergab folgende Zahlen:

Ueber Quecksilber	12,1 cc
Nach Einwirkung von Wasser	0,5 cc
Nach Einwirkung von Kalilauge . . .	0,5 cc

Dieses Gas, welches also von Wasser absorbiert wird, ist Phosphorpentafluorid. PF_5.

Wenn dagegen Phosphor im Ueberschuss vorhanden ist, so entweicht ein Gasgemenge, von welchem ein kleiner Teil nicht durch Wasser, wohl aber durch Kalilauge absorbiert wird.

Analyse des Gasgemenges.

Ueber Quecksilber	8,2 cc	10,3 cc
Nach Einwirkung von Wasser . . .	4,1 cc	1,4 cc
Nach Einwirkung von Aetzkali . . .	4,0 cc	1,2 cc

Dieses letztere, nur in sehr geringer Menge entstandene Gas ist Phosphortrifluorid PF_3.

Die Einwirkung von Fluor auf Phosphor verläuft daher derjenigen von Chlor nicht ganz analog. Wie weiter unten beschrieben werden wird, wirkt Fluor auf Phosphortrifluorid ein, wobei Phosphorpentafluorid entsteht, genau so wie Chlor Trichlorid in Pentachlorid überführt. Bei dieser Reaktion wird eine grosse Wärmemenge frei, woraus sich die Erklärung ergiebt, warum bei der Einwirkung von Fluor auf Phosphor so wenig Trifluorid entsteht.

Roter Phosphor wird bei gewöhnlicher Temperatur von Fluor ebenso heftig angegriffen, wie gelber Phosphor.

Einwirkung auf Arsen. — Arsen verbindet sich mit Fluor bei gewöhnlicher Temperatur unter Feuererscheinung. Wenn der Versuch mit einem lebhaften Fluorstrom einige Augenblicke lang fortgesetzt wird, so condensiert sich im kalten Teile des Apparates eine rauchende, farblose Flüssigkeit, welche alle Eigenschaften des Trifluorarsens zeigt, nämlich Jod löst, Glas in der Wärme angreift und durch Wasser zersetzt wird, wobei man hernach das Arsen mit Schwefelwasserstoff ausfüllen kann. Die wässerige Lösung zeigt zugleich die Merkmale von Arsensäure und arseniger Säure; dies scheint darauf hinzuweisen, dass ein Gemenge von Trifluorarsen und Pentafluorarsen vorliegt. In der That ist, wie später beschrieben werden wird, das Trifluorarsen befähigt, sich mit einer neuen Menge Fluor zu verbinden, was die Möglichkeit der Existenz eines neuen Fluorarsens mit fünf Atomen Fluor beweist.

Einwirkung auf Kohlenstoff. — Bei den ersten Untersuchungen über Fluor, war die Einwirkung von Fluor auf Kohlenstoff verhältnismässig oberflächlich behandelt worden.

Wie seit langem bekannt, ist es unmöglich, Chlor direkt mit Kohlenstoff zu vereinigen. Humphry Davy konnte nicht einmal mit Hülfe eines kräftigen elektrischen Lichtbogens eine Vereinigung dieser beiden Elemente erzielen. Fluor dagegen verbindet sich direkt mit Kohlenstoff, und wie ich zeigen werde, gehört diese Reaktion zu denjenigen, welche die Unterschiede der einzelnen Modifikationen des Kohlenstoffs am deutlichsten erkennen lassen.

Bringt man in einen lebhaften Strom von reinem Fluor etwas trockenen, kalten Russ, so tritt die Reaktion sofort mit grosser Heftigkeit unter so starker Wärmeentwicklung ein, dass die ganze Masse glühend wird.

Der Kienruss, welcher also leicht angegriffen wird, war von eventuell darin enthaltenen Kohlenstoffverbindungen durch Petroläther und durch Auskochen mit absolutem Alkohol gereinigt und hierauf bei 120° in einem trockenen Luftstrom getrocknet worden. Bei dieser Reinigung wurde jede Temperaturerhöhung vermieden, um eine möglichst leicht angreifbare Modifikation des Kohlenstoffs zu erhalten. Behandelt man indes Kienruss mit Chlor bei Rotglühhitze und lässt ihn hierauf in einem Stickstoffstrom abkühlen, so verbindet er sich auch in der Kälte direkt unter Feuererscheinung mit Fluor; nur ist die Reaktion weniger energisch, und scheint also der Kohlenstoff während des Reinigungsprozesses bereits eine Polymerisation erlitten zu haben.

Leichte Holzkohle kann sich unter gleichen Bedingungen ebenfalls von selbst entzünden. Zuerst scheint sie condensierend auf das Fluor einzuwirken, bis plötzlich die Entflammung unter lebhaftem Funkensprühen eintritt. Wenn die Kohle ein etwas grösseres specifisches Gewicht besitzt, und sich kein Staub an der Oberfläche befindet, so muss man zur Einleitung der Reaktion auf 50^0 bis 60^0 erwärmen. Sobald ein Punkt ins Glühen kommt, verbreitet sich die Feuererscheinung rasch über die ganze Masse.

Graphit aus Gusseisen muss bis auf eine nahe der Dunkelrotglühhitze liegende Temperatur erhitzt werden, um mit Fluor in Reaktion zu treten.

Graphit von Ceylon, der vorher mit geschmolzenem Aetzkali gereinigt wurde, entzündet sich sogar erst bei einer noch etwas höheren Temperatur.

Retortenkohle brennt erst bei Rotglühhitze.

Bringt man endlich einen Diamant, der einige Augenblicke in der Flamme eines Bunsenbrenners auf Rotglühhitze erwärmt worden war mit Fluor zusammen, so verändert er sein Gewicht nicht. Wahrscheinlich würde bei einer noch höheren Temperatur auch der krystallisierte Kohlenstoff angegriffen werden.

Diese Versuche gestatten also, einige der verschiedenen Polymerisationszustände des Kohlenstoffs genau zu unterscheiden.

Untersucht man nun die bei dieser Einwirkung von Fluor auf Kohlenstoff erhaltenen Reaktionsprodukte, so erkennt man rasch, dass die verschiedenen Modifikationen des Kohlenstoffs in Fluor zu einem gasförmigen Körper verbrennen.

Die Eigenschaften dieses Gases sind je nach den Versuchsbedingungen verschieden, und zwar handelt es sich zumeist um ein Gemenge von Fluorkohlenstoffverbindungen verschiedener Zusammensetzung.

Trotzdem zeigen alle diese Verbindungen einige gemeinsame Reaktionen und zerfallen oder polymerisieren sich leicht unter Einwirkung erhöhter Temperaturen. Ihre Reindarstellung ist aus diesem Grunde recht schwierig. Die Bedingungen, unter welchen es möglich ist, Tetrafluorkohlenstoff zu erhalten, sollen weiter unten beschrieben werden.

Einwirkung auf Bor. — Amorphes reines Bor entzündet sich bei Berührung mit Fluor sofort. Die Reaktion ist äusserst heftig und verläuft unter lebhafter Feuererscheinung und glänzendem Funkensprühen, wobei Fluorbor in grosser Menge entwickelt wird.

Führt man die Verbrennung von Bor durch Fluor unter Luftabschluss in einem Flussspatgefässe aus, so kann man über Quecksilber ein farbloses Gas auffangen, welches an der Luft stark raucht und von Wasser sofort zersetzt wird.

Einwirkung auf Silicium. — Krystallisiertes, nach Deville dargestelltes Silicium wird bei Berührung mit Fluor sofort glühend. Die Verbindung erfolgt unter so heftiger Wärmeentwicklung, dass das Silicium unter lebhaftem Funkensprühen verbrennt. Unterbricht man die Reaktion, bevor das Silicium vollständig verschwunden ist, so findet man, dass die übrig bleibenden Teilchen geschmolzen sind. Bekanntlich schmilzt das krystallisierte Silicium erst bei einer sehr hohen Temperatur, die jedenfalls höher als 1200° liegt.

Wenn die Reaktion in einen Flussspatrohr ausgeführt wird, so kann man das entweichende Gas leicht über Quecksilber auffangen. Es raucht an der Luft sehr stark und wird durch Wasser vollständig zersetzt, wobei sich Kieselsäure abscheidet, zeigt also alle Eigenschaften von Fluorsilicium.

EINWIRKUNG VON FLUOR AUF EINIGE VERBINDUNGEN DER METALLOIDE.

Wasser. — Wird bei irgend einer Reaktion Sauerstoff bei niedriger Temperatur in Freiheit gesetzt, so polymerisiert er sich bekanntlich äusserst leicht und bildet Ozon, wie zum Beispiel bei der Einwirkung von Schwefelsäure auf Baryumsuperoxyd oder Kaliumpermanganat. Verläuft eine solche Reaktion unter Bedingungen, die eine bedeutende Wärmeentwicklung ermöglichen, so wird das Ozon zerstört und man findet nur mehr Spuren davon.

Die Zersetzung kann sogar vollständig sein, da das Ozon ja auch bei gewöhnlicher Temperatur nicht beständig ist.

Die Einwirkung von Fluor auf Wasser liefert einen neuen Beweis für die leichte Polymerisationsfähigkeit von Sauerstoff bei niedriger Temperatur.

Im Jahre 1891 habe ich nachgewiesen, dass das Fluor Wasser bei gewöhnlicher Temperatur unter Bildung von Fluor-

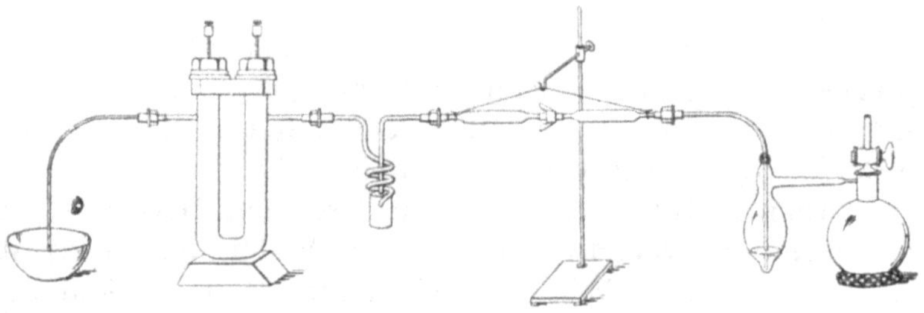

Fig. 16.

wasserstoff zersetzte, und darauf aufmerksam gemacht, dass das Ozon, welches entstand, wenn man ein paar Tropfen Wasser mitten in eine Fluoratmosphäre brachte, so concentriert war, dass es die schöne von Hautefeuille und Chappuis beschriebene blaue Färbung zeigte.

Diese Versuche wurden nunmehr mit Hülfe unseres Fluorapparates aus Kupfer wiederholt. Es war auf diesem Wege möglich, ein grosses Volumen Fluor mit einer kleinen Menge Wasser in Berührung zu bringen.

Das Fluor wird durch ein kleines Platinrohr (Fig. 16) in einen mit Wasser gefüllten Waschapparat, welcher constant auf 0^0 abgekühlt ist, geleitet und gelangt von da in einen Rundkolben, welcher mit einem eingeschliffenen und mit einem Hahn versehenen Stopfen verschlossen ist, wie man sie für die Bestimmung der Dichte von Gasen nach Chancel verwendet.

Sobald dieser Apparat durch Verdrängung mit ozonisiertem Sauerstoff gefüllt ist, titriert man denselben mit einer Jodkaliumlösung in Gegenwart von überschüssiger verdünnter Schwefelsäure, um die Bildung von jodsaurem Kali zu vermeiden. Das frei gewordene Jod wird sodann mit Natriumhyposulfit bestimmt.

Um die Jodlösung in den Ballon zu bringen, ohne dass Ozon entweichen kann, bringt man auf die mittlere Oeffnung einen ausgezogenen Trichter, in welchen das Gemenge von Jodkaliumlösung und Schwefelsäure gegossen wird. Hierauf kühlt man den Ballon mit Hülfe eines Gemenges von fester Kohlensäure und Aceton stark ab. Hierdurch findet eine Contraktion des Gases statt, und beim Oeffnen des Hahnes fliesst die Flüssigkeit hinein.

Die mit Schwefelsäure angesäuerte Jodkaliumlösung wird auf diese Weise in kleinen Partien hinzugefügt, bis das Jodkalium durch das Gas nicht mehr gefärbt wird. Das Ende der Reaktion erkennt man, wenn man den Ballon Laboratoriumstemperatur annehmen und durch den Hahn eine sehr kleine Gasblase in die in dem Trichter befindliche Jodlösung austreten lässt; hierbei darf keinerlei Färbung mehr eintreten.

Folgende Versuche, die sehr regelmässig verliefen, seien als Beispiel angeführt.

Dauer des Versuches.	*Ozon pro Liter* Volum	Gewicht
1.) fünf Minuten	56,3 cc	0,1207 g
2.) zehn Minuten	90,7 cc	0,1945 g
3.) dreissig Minuten	143,9 cc	0,3085 g

Hiernach betrug der Ozongehalt des gebildeten Gases 14,39 Volumprozente, eine Menge, die ziemlich constant bleibt. Wie aus diesen Zahlen folgt, ist der Gehalt an Ozon ein ziemlich bedeutender; die wirkliche Menge Ozon, die durch Einwirkung von Fluor auf Wasser entsteht, ist indes noch grösser, als die

Analysen angeben. Die Verdrängung der Luft durch das Ozon aus dem Ballon erfordert nämlich ziemlich lange Zeit, während welcher das concentrierte Ozon zerfällt.

Von grossem Einfluss ist andererseits auch die Geschwindigkeit des Fluorstromes; welche bei vorliegenden Versuchen drei Liter in der Stunde betrug. Je lebhafter der Fluorstrom ist, desto grösser wird die Concentration des Ozons sein, vorausgesetzt, dass das Wasser fortwährend auf 0^0 abgekühlt bleibt. Es entsteht hier ein Gleichgewichtszustand zwischen den beiden folgenden Reaktionen:

1.) Bildung von blauem Ozon durch die Zersetzung des Wassers unter Einwirkung von überschüssigem Fluor.

2.) Zerfall des Ozons, welches bei der Versuchstemperatur nicht beständig ist.

Bei verschiedenen Versuchen, bei welchen die Geschwindigkeit des Fluorstromes geringer war, als drei Liter pro Stunde, schwankte der Ozongehalt des Sauerstoffs von 10 bis 12 Prozent. Bei anderen Versuchen, bei welchen das Wasser nicht auf 0^0 abgekühlt wurde, war der Ozongehalt noch viel geringer.

Diese so leicht eintretende Bildung von concentriertem Ozon durch Einwirkung von Fluor auf Wasser bei 0^0 könnte vielleicht einige Anwendung finden.

Die Darstellung des Fluors auf elektrolytischem Wege ist zwar noch heikel, aber nicht kostspielig, und das auf diese Weise erhaltene Ozon enthält keine Spur von Sauerstoffverbindungen von Stickstoff. Hierdurch wird jede sekundäre Reaktion vermieden, bekanntlich ein nicht zu unterschätzender Vorteil.

Meiner Ansicht nach könnte die Industrie aus dieser neuen Darstellungsmethode, die sich aus der grossen chemischen Reaktionsfähigkeit des Fluors ergiebt, gewiss Nutzen ziehen.

Schwefelwasserstoff. — Die Einwirkung von Fluor auf Schwefelwasserstoff wurde wie bei den anderen Gasen in dem auf Seite 84 Fig. 12 beschriebenen Platinapparate untersucht. Das horizontale Rohr wird zuerst mit reinem, trockenen Schwefelwasserstoff gefüllt. Sobald das Fluor durch das kleine seitliche Platinrohr hinzutritt, bildet sich am Ende desselben eine blaue Flamme, während gleichzeitig bei der Reaktion Fluorwasserstoff und Fluorschwefelverbindungen entstehen. Die Reaktionsprodukte sind alle gasförmiger Natur.

Schweflige Säure. — Gasförmige schweflige Säure wird durch Fluor in der Kälte zersetzt; es bildet sich eine gelbe Flamme, die während der ganzen Reaktion anhält.

Schwefelsäure. — Leitet man Fluor durch concentrierte Schwefelsäure, so tritt nur eine teilweise Zersetzung ein; eine bedeutende Menge des Gases wird indes von der Schwefelsäure zurückgehalten, die hierbei die Eigenschaft annimmt, Glas anzugreifen. Bringt man solche Säure in ein Reagensglas, so entweicht continuierlich Fluorsilicium.

Chlorwasserstoffgas. — Fluor zersetzt Chlorwasserstoffgas bei gewöhnlicher Temperatur unter Feuererscheinung, ja sogar unter Explosion, wenn nicht ein grosser Ueberschuss von Chlorwasserstoff zugegen ist. Es entsteht Fluorwasserstoff und Chlor, welches in wässriger Lösung durch seine entfärbende Einwirkung auf Indigo, seine lösende Wirkung auf ein Blättchen Gold und endlich durch Fällung von Chlorsilber ([1]) mit Silbernitrat nachgewiesen werden konnte.

Wässrige Fluorwasserstoffsäure. — Leitet man Fluor in eine 50prozentige wässrige Lösung von Fluorwasserstoff, so tritt eine energische Reaktion ein, bei welcher sich mitten in der Flüssigkeit eine Flamme bildet und eine Reihe von Detonationen erfolgt.

Jodwasserstoffgas. — Leitet man Fluor in einen grossen Ueberschuss von Jodwasserstoffgas, so tritt Zersetzung

---

[1]) Salpetersaures Silber dient gewöhnlich nur zum Nachweis von Chlorwasserstoff, ist jedoch, wie ich festgestellt habe, auch ein ausgezeichnetes Reagen für freies Chlor. Durch Einwirkung von Salzsäure auf Braunstein wurde Chlor dargestellt und durch Waschen mit gesättigter Kochsalzlösung von der mitgeführten Salzsäure befreit. Leitet man es in eine Lösung von Silbernitrat, so wird Chlorsilber gefällt, während die entsprechende Menge Sauerstoff frei wird.

ein unter Feuererscheinung und Bildung von Fluorjod und Fluorwasserstoff.

Wässrige Jodwasserstoffsäure. — Sobald Fluor bei 0^0 in eine gesättigte Jodwasserstofflösung geleitet wird, entzündet sich jede aufsteigende Gasblase; wenn der Fluorstrom etwas lebhafter wird, kann eine sehr heftige Detonation erfolgen.

Bromwasserstoffgas. — Fluor wirkt unter Feuererscheinung zersetzend ein, wobei Fluorbrom und Fluorwasserstoff entstehen.

Salpetersäure. — Jede Blase Fluor verursacht sofort beim Eintritt eine von einer Flamme begleitete Reaktion. Ein Gemenge von Fluor und Säuredämpfen explodiert heftig.

Ammoniak. — Leitet man Fluor zu überschüssigem gasförmigen Ammoniak, so tritt Zersetzung unter Bildung einer gelben Flamme ein. In einer Lösung von Ammoniak erzeugt jede Blase Fluor eine Flamme und mitunter Detonationen.

Phosphorsäureanhydrid. — In der Kälte tritt keine Reaktion ein; bei Dunkelrotglühhitze bildet sich eine fahle Flamme, und entweicht Phosphorfluorid und Phosphoroxyfluorid.

Phosphorpentachlorid. — Phosphorpentachlorid wird durch Fluor sofort zersetzt; die ganze Masse wird glühend, und es entweicht ein Gasgemenge, welches Chlor und Phosphorpentafluorid enthält.

Phosphortrichlorid. — Bei Einwirkung von Fluor liefert diese Verbindung unter Flammenerscheinung ein Gasgemenge, bestehend aus Chlor und Phosphorpentafluorid.

Phosphorpentafluorid. — Fluor reagiert weder in der Kälte noch bei Glühhitze auf Phosphorpentafluorid. Diese Verbindung ist gesättigt, und vereinigt sich nicht mehr mit

Fluor; es scheint daher keine Verbindung zu existieren, die reicher an Fluor ist als das Pentafluorid.

Phosphoroxyfluorid. — In der Kälte tritt keine Reaktion ein.

Phosphortrifluorid. — Sobald Fluor mit Phosphortrifluorid in Berührung kommt, entsteht eine gelbe Flamme, deren Temperatur nicht sehr hoch zu sein scheint. Setzt man die Reaktion längere Zeit fort und sammelt das entweichende Gas über Quecksilber, so bemerkt man sofort, dass es an der Luft reichliche Dämpfe bildet, was bei Trifluorid nicht der Fall ist.

Bei der Analyse des Gases wurden folgende Zahlen erhalten:

Ueber trockenem Quecksilber . . .	18,2 cc	20,6 cc
Nach Einwirkung von Wasser . . .	6,4 cc	4,3 cc
Nach Einwirkung von Kalilauge . . .	0,5 cc	0,4 cc

Hieraus ist ersichtlich, dass ein grosser Teil des Gases von Wasser sofort absorbiert wird; daher ist eine gewisse Menge Phosphorpentafluorid gebildet worden.

Das übrig bleibende Gas wird durch Kalilauge absorbiert, eine Reaktion, welche wie früher nachgewiesen, für Phosphortrifluorid charakteristisch ist.

Trifluorid wird also durch Anlagerung von Fluor in Pentafluorid übergeführt, ganz analog wie bei der Einwirkung von Chlor auf Phosphortrichlorid Phosphorpentachlorid entsteht.

Bringt man eine geringe Menge Phosphortrifluorid mit Fluor in grossem Ueberschuss zusammen, so erfolgt die Umsetzung vollständig, und man erhält nur Phosphorpentafluorid.

Arsenige Säure. — Sobald Fluor mit arseniger Säure zusammentrifft, erfolgt eine heftige Reaktion, begleitet von einer fahlen Flamme; es entsteht eine Flüssigkeit, die in wässriger Lösung mit Schwefelwasserstoff einen gelben Niederschlag von Arsensulfid liefert.

Arsentrichlorid. — Fluor wirkt auf Arsentrichlorid energisch ein, unter Bildung von Chlor und Fluorarsen.

Arsentrifluorid. — Leitet man Fluor in Trifluorarsen $As F_3$, so erhitzt sich die Flüssigkeit rasch, während ein Teil des Fluors absorbiert wird. Diese Reaktion scheint die Existenz eines Pentafluorarsens $As F_5$ zu bestätigen.

Eingangs dieses Werkes (Seite 34) habe ich gelegentlich der Versuche über die Elektrolyse des Fluorarsens darauf hingewiesen, dass die Existenz eines Pentafluorarsens und eines Oxyfluorids von der Formel $As F_3 O$ wahrscheinlich sei.

Kohlenoxyd. — In der Kälte tritt keine sichtbare Reaktion ein und auch an dem Platinapparat lässt sich keine Erwärmung beobachten.

Kohlensäure. — In der Kälte erfolgt keine Reaktion.

Schwefelkohlenstoff. — Schwefelkohlenstoffdampf entzündet sich bei Berührung mit Fluor in der Kälte. Leitet man Fluor in das Innere der Flüssigkeit, so entzündet sich jede Gasblase. Es entweicht hierbei ein Gasgemenge von Fluorschwefel- und Fluorkohlenstoffverbindungen, ohne dass Kohlenstoff abgeschieden wird.

Tetrachlorkohlenstoff. — Die diesbezüglichen Versuche sollen eingehender beschrieben werden. In die Mitte einer mit frisch destilliertem Tetrachlorkohlenstoff gefüllten Platinschale, brachte man das zur Zuleitung des Fluors dienende Platinrohr und stülpte über die Mündung desselben ein umgekehrtes, ebenfalls mit Tetrachlorkohlenstoff gefülltes Reagensglas. Die Flüssigkeit hatte eine Temperatur von $+ 15^0$. Sobald die Fluorentwickelung beginnt, sammelt sich in dem Reagensglas ein farblos erscheinendes Gas, reines Fluor, welches gar nicht oder nur langsam auf Tetrachlorkohlenstoff einwirkt. Plötzlich aber tritt eine heftige Reaktion ein, die oft unter Feuererscheinung und einer kräftigen Explosion zur Zertrümmerung des Reagensglases führt; Kohle wird nicht abgeschieden, aber die Oberfläche des Quecksilbers wird mit einer dicken, fettigen Schmutzschicht bedekt.

Diese plötzliche Verbindung kann nach kürzerer oder längerer Zeit ohne vorhergehendes Umschütteln eintreten, oder auch, wie es mehrmals vorkam, in dem Augenblicke, wo man das aufgefangene Gas auf der Quecksilberwanne in ein anderes Gefäss bringen wollte.

Die Reaktion verläuft anfangs ganz langsam und wird erst infolge der eintretenden Wärmeentwicklung plötzlich heftig und explosiv.

Sättigt man indes Tetrachlorkohlenstoff bei 15 ⁰ mit Fluor, ohne das entweichende Gas aufzufangen und erhitzt nachher zum Sieden, so entweicht ein Gasgemenge, von welchem ein Teil alle Eigenschaften von Tetrafluorkohlenstoff zeigte.

Die Analyse des Gasgemenges ergab:

Ueber trockenem Quecksilber	4,6 cc	3,8 cc
Nach Einwirkung von alkoholischem Kali	2,1 cc	1,3 cc

Das durch alkoholisches Kali absorbierbare Gas ist Tetrafluorkohlenstoff; der Rückstand ist eine andere Fluorverbindung von Kohlenstoff, die von wässrigem oder alkoholischem Aetzkali nicht absorbiert und durch Alkalimetalle in der Wärme zersetzt wird.

Wenn der Strom Fluor, welcher durch den Tetrachlorkohlenstoff hindurchgeht, nicht zu lebhaft ist, und die Temperatur über 30 ⁰ liegt, so wird das Chlor durch Fluor ersetzt.

Es entsteht Tetrafluorkohlenstoff in Gasform, von welchem ein Teil im Tetrachlorkohlenstoff gelöst bleibt, und Chlor entweicht. Dieses letztere Gas wurde in Wasser aufgefangen und durch die Reaktion mit Indigo und mit einem dünnen Goldblättchen identifiziert.

C y a n. — Cyan wird bei gewöhnlicher Temperatur durch Fluor unter Bildung einer weissen Flamme zerlegt.

Besitzt das Fluor eine Temperatur von — 23 ⁰, so tritt keine sofortige Zersetzung ein, sondern es bildet sich ein Gemenge der beiden Gase. Sobald man aber eine Flamme nähert, explodiert das Gemenge, ohne einen Rückstand von Kohlenstoff zu hinterlassen.

B o r s ä u r e. — Diese Verbindung reagiert mit Fluor bei gewöhnlicher Temperatur sehr energisch unter lebhafter Feuererscheinung und Bildung reichlicher weisser Dämpfe.

C h l o r b o r. — Fluor wirkt auf gasförmiges Chlorbor unter Entzündung ein. Unter einer Schicht von flüssigem Chlorbor erzeugt jede Blase Fluor eine Flamme, und Fluorbor entweicht.

K i e s e l s ä u r e. — Gut getrocknete Kieselsäure wird in der Kälte durch Fluor angegriffen. Die ganze Masse erglüht lebhaft und lässt ein Gas entweichen, welches an der Luft heftig raucht und von Wasser unter Abscheidung von Kieselsäure zersetzt wird.

C h l o r s i l i c i u m. — Leitet man Fluor in Chlorsilicium, welches auf —23 ^{0} abgekühlt ist, so tritt keine Reaktion ein; bei +40 ^{0} aber erfolgt die Umsetzung mit schwach leuchtender, Flamme; es entsteht Fluorsilicium, welches teilweise in Chlorsilicium löslich ist.

Untersuchung einiger Fluorverbindungen.

DIE FLUORVERBINDUNGEN DES PHOSPHORS.

Die Untersuchungen über die Fluorverbindungen des Phosphors waren in Angriff genommen worden, bevor die direkte Einwirkung von Fluor auf Phosphor versucht worden war. In folgendem sind die diesbezüglichen Versuche zusammengefasst, und zwar werden successive das Phosphortrifluorid, das Phosphorpentafluorid und das Phosphoroxyfluorid behandelt werden.

Geschichtliches.

Die ersten Untersuchungen über die Verbindungen des Fluors und Phosphors verdankt man Humphry Davy, welcher durch Destillation eines Gemenges von Phosphor mit Fluorblei oder Fluorquecksilber in einem Platingefässe eine rauchende, an der Luft brennbare Flüssigkeit erhielt, die als Trifluorid von der Formel PF_3 angesehen wurde.

Berzelius schreibt hierüber: „Das Fluor verbindet sich mit Schwefel und Phosphor. Diese Verbindungen werden erhalten, indem man Fluorblei oder Fluorquecksilber mit Phosphor oder Schwefel in Platingefässen destilliert. Hierbei entsteht ein Schwefel- oder Phosphormetall und Fluorschwefel oder Fluorphosphor, welch letztere Verbindungen flüchtig sind. Nach Davy, der diese Körper zum erstenmale erhalten hat, sind dieselben flüssig und rauchen an der Luft. Das Phosphorfluorid vermag sich zu entzünden und zu verbrennen, wobei wahrscheinlich ausser Phosphorsäure ein gasförmiges Fluorid entsteht, welches sich in der Luft verbreitet. Durch Wasser wird es in phosphorige Säure von Fluorwasserstoff zersetzt; es ist also ein Phosphorfluorid von der Formel PF_3."

(Traité de Chimie, seconde édition française, t. I, p. 253; 1845).

Dumas, der sich mit der Erforschung verschiedener flüchtiger Verbindungen gelegentlich seiner Arbeiten über Dampfdichten beschäftigte, liefert im Jahre 1826 in einem an Arago gerichteten und in den Annales de Chimie veröffentlichten Briefe folgende nähere Angaben über das Phosphorfluorid: „Es ist eine weisse heftig rauchende Flüssigkeit, die leicht in reichlicher Menge durch Behandlung von Fluorblei mit Phosphor zu gewinnen ist." (1)

Zu einer Zeit, wo die Fluorhydrate der Fluormetalle, die erst später von Fremy (2) entdeckt wurden, unbekannt waren,

1) Dumas. Note sur quelques composés nouveaux, extraite d'une lettre de M. Dumas à M. Arago, *Annales de Chimie et de Physique*, 2e série, t. XXXI, p. 433; 1826.

2) Fremy. Recherches sur les fluorures, *Annales de Chimie et de Physique*, 3e série, t. XLVII, p. 5; 1856.

war es ohne Zweifel sehr schwer, Fluormetalle darzustellen, die ganz frei von Wasser oder Fluorwasserstoff waren, und daher um so schwieriger, die Verbindungen von Fluor und Phosphor in reinem Zustande zu erhalten. Jedenfalls liegt hierin der Grund dafür, dass das Phosphortrifluorid als Flüssigkeit angesehen werden konnte.

Thorpe(³) stellte durch Einwirkung von Phosphorpentachlorid auf Trifluorarsen einen neuen gasförmigen Körper dar, dessen Dichte er bestimmte, und der, wie es ihm nachzuweisen gelang, als Phosphorpentafluorid anzusehen ist.

PHOSPHORTRIFLUORID.

Darstellung.

Bei den ersten Versuchen wurde in der Weise verfahren, dass man auf den Boden eines Glasrohres ein Stück Phosphor brachte, dasselbe mit gepulvertem Fluorblei bedeckte und das Gemenge erhitzte. Hierbei entwickelte sich ein Gas, welches über Quecksilber aufgefangen wurde. Brachte man zu dem auf diese Weise erhaltenen Gase Wasser, so nahm das Gasvolumen rasch ab, und gleichzeitig schied sich gelatinöse Kieselsäure aus, wodurch die Anwesenheit von Fluorsilicium bewiesen wurde. Das übrig bleibende Gas wurde von Wasser nur sehr langsam absorbiert, von Kalilauge oder oxydierenden Agentien, wie Kaliumbichromat oder Kaliumpermanganat dagegen sofort zersetzt. Da der Phosphor nicht ganz trocken war, entwickelte sich gleichzeitig auch ein wenig Fluorwasserstoff.

Im Verlauf dieser Versuche gelangte ich zur Entdeckung der drei folgenden Verfahren:

1.) Zur Herstellung von reinem Phosphortrifluorid lässt man Fluorblei auf gut getrocknetes Phosphorkupfer einwirken. Das Gemenge besteht aus gleichen Teilen beider Körper und wird auf die Temperatur von dunkler Rotglut erhitzt.

---

[1]) THORPE. On phosphorus pentafluoride, *Proceedings of the Royal Society of London*, t. XXV, p. 122; 1877.

Der Versuch muss in folgender Weise ausgeführt werden:

Ein Messingrohr (Fig. 17) von 2 cm Durchmesser und circa 25 cm Länge, welches auf einer Seite verschlossen ist, wird auf der anderen Seite an der Oeffnung abgefeilt und mit einen Korkstopfen versehen. Dieser trägt in einer Bohrung ein Gasentbindungsrohr aus Blei, welches dazu dient, das Gas in eine kleine gläserne Gaswaschflasche, die nur einige Kubik-

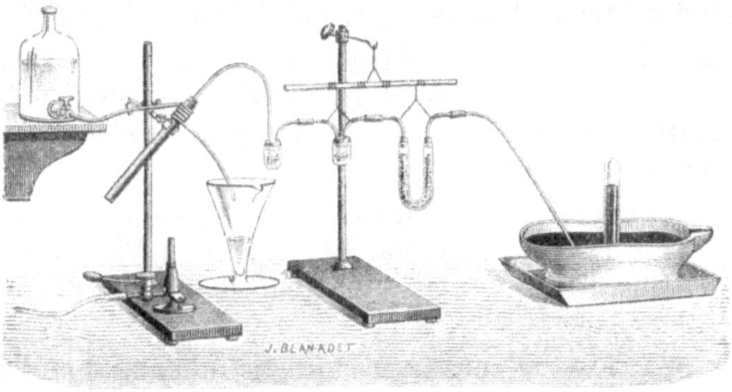

Fig. 17.

centimeter Wasser enthalten darf, zu leiten. Auf diese Weise werden eventuell entstandene Spuren von Fluorwasserstoffsäure oder Pentafluorid zurück gehalten. Von hier aus gelangt das Gas durch Glasrohre in eine kleine Schwefelsäurewaschflasche und hierauf in ein Rohr, welches in Schwefelsäure getränkten Bimsstein enthält, der bei jedem Versuche erneuert werden muss.

Man fängt endlich das Phosphortrifluorid über trockenem Quecksilber auf.

Es empfiehlt sich, an dem oberen Teile des Messingrohres eine von kaltem Wasser durchflossene Kühlschlange aus Bleirohr anzubringen, damit der Kork nicht verbrennt; es könnte sonst eine kleine Menge Wasserdampf entstehen, die auf das Phosphorfluorid zersetzend einwirken würde.

Das Messingrohr, der Stopfen und das Bleirohr müssen mit aller Sorgfalt vollständig getrocknet werden. Die Wahl des Messingrohres erfolgte aus der Ursache, weil mit demselben die besten Resultate erhalten wurden. Ich hatte den Versuch gemacht, die Zersetzung des Fluorbleis durch Phosphorkupfer in eisernen Rohren auszuführen. Hierbei zeigte sich der Uebelstand, dass diese Rohre, sobald sie erhitzt werden, Wasserstoff hindurchlassen, welcher mit Fluorblei zusammengebracht, in bedeutender Menge Fluorwasserstoff liefert.

Trotz aller bei den Versuchen angewandten Sorgfalt entstand immer eine sehr kleine Menge Fluorwasserstoff und Phosphorpentafluorid, wodurch die weiter oben erwähnte Waschflasche notwendig wurde.

In einem Glasrohr, überhaupt in einem kieselsäurehaltigen Gefässe, darf das Gemenge von Fluorblei und Phosphorkupfer niemals erhitzt werden, sonst entsteht immer in reichlichem Maasse Fluorsilicium.

Auch die Darstellung des Fluorbleis und Phosphorkupfers erfordert einige Aufmerksamkeit, besonders, wenn es sich darum handelt, diese Körper frei von Kieselsäure und Sauerstoffverbindungen zu erhalten.

Zunächst wird nach dem bereits beschriebenen Verfahren reine Fluorwasserstoffsäure dargestellt. Eine gewisse Menge hiervon bringt man hierauf in eine Platinschale und fügt ein bestimmtes Quantum Bleiweiss hinzu, welches nach dem holländischen Verfahren dargestellt wurde und vollständig frei von Kieselsäure sein muss. Es ist hierbei darauf zu achten, dass stets $^1/_{10}$ Fluorwasserstoff mehr vorhanden ist, als zur Sättigung notwendig wäre. Nachdem die stürmische Kohlensäureentwicklung aufgehört hat, erhitzt man die Flüssigkeit 24 Stunden lang, verdampft auf dem Wasserbad und hierauf auf dem Sandbad zur Trockene und behandelt die so erhaltene körnige Masse von neuem mit überschüssiger Fluorwasserstoffsäure. Man trocknet nunmehr und schmilzt das Produkt rasch in einem Platintiegel, um den überschüssigen Fluorwasserstoff zu verjagen und eventuell entstandenes Fluorbleifluorhydrat zu zersetzen.

Das Fluorblei schmilzt erst bei der Temperatur von heller Rotglut; man erhält so eine glasartige Masse, die noch warm in einem eisernen Mörser fein gepulvert und in einer Glocke über Schwefelsäure aufbewahrt werden muss.

Bereits Fremy[1] hatte auf die bei der Darstellung von reinem Fluorblei zu beobachtenden Vorsichtsmassregeln hingewiesen; er rät davon ab, Bleiacetat oder Bleinitrat durch Fluorkalium zu fällen, da das auf diesem Wege dargestellte

Fig. 18.

Fluorblei immer eine gewisse Menge Salpetersäure oder Essigsäure zurückhält.

Phosphorkupfer wird dargestellt durch Erhitzen von Kupfer in Phosphordampf. Man füllt zu diesem Zwecke einen Kolben mit Kupferspänen und bringt am Halse desselben ein ausgezogenes Rohr an, in welchem sich einige Stangen Phosphor und darunter einige Stücke geschmolzenes Chlorcalcium befinden. (Fig. 18). Nun leitet man einen Strom von Stickstoff oder trockener Kohlensäure durch den Apparat, erhitzt den Kolben zunächst auf 150° um jede Spur von Feuchtigkeit zu verjagen

[1]) Fremy Recherches sur les fluorures, *Annales de Chimie et de Physique*, 3e série, t. XLVII, p. 24; 1856.

und steigert hierauf die Temperatur des Kupfers auf Dunkelrotglut. Sodann wird auch der Phosphor gelinde erhitzt; derselbe schmilzt und läuft durch das Chlorcalcium, welches jede Spur von Feuchtigkeit absorbiert, hindurch auf das Kupfer, wodurch Phosphorkupfer gebildet wird.

Der Versuch wird unter Zufügung neuer Phosphorstangen so lange fortgesetzt, bis das ganze Kupfer in Phosphorkupfer übergeführt ist; hierauf lässt man den Apparat in dem neutralen Gasstrom völlig erkalten.

Das Phosphorkupfer wird in einem eisernen Mörser zerkleinert, wobei etwa unangegriffenes Metall entfernt und aufbewahrt wird, um später wieder verwendet zu werden. Man bringt es hierauf in einem trockenem Glase in eine Glocke über Schwefelsäure.

Die Analyse ergab folgende Zahlen:

	I.	II.
Phosphor . . .	27,080	26,864 Prozent
Kupfer	72,920	73,136 Prozent

Erhitzt man Phosphorkupfer in einem Reagensrohr auf Dunkelrotglühhitze, so wird Phosphor abgeschieden, und es entsteht ein Phosphorkupfer von geringerem Phosphorgehalt.

Wie bereits erwähnt, verwendet man zur Darstellung des Phosphortrifluorids am besten gleiche Gewichtsteile Fluorblei und Phosphorkupfer. Man erhält allerdings noch dasselbe Gas, auch wenn man weniger Phosphorkupfer nimmt, aber in viel geringerer Ausbeute. Sogar aus einem Gemenge von 2 g Phosphorkupfer und 15 g Fluorblei, also bei einem grossen Ueberschuss an Fluormetall wurde immer ein Gas erhalten, welches nach dem Waschen mit Wasser und Trocknen mit Schwefelsäure die Eigenschaften von Phosphortrifluorid zeigte. In dem ungereinigten Gase war nur eine geringe Menge, höchstens 2 Prozent Phosphorpentafluorid enthalten.

Bei dieser Darstellungsmethode zersetzt sich also das Phosphorkupfer bei der Temperatur von dunkler Rotglühhitze langsam und giebt continuierlich Phosphor ab, welcher auf das Fluorblei einwirkt, wobei eine regelmässige Entwicklung vom gasförmigem Phosphortrifluorid eintritt. In dem Messingrohre bleibt nach Beendigung des Versuches ein Gemenge von Phosphorblei und einem Phosphorkupfer mit geringem Phosphorgehalte zurück.

Abweichend von dem eben beschriebenen Verfahren kann Phosphortrifluorid auch dargestellt werden durch Erhitzen eines Gemenges von Fluorblei und vollständig trockenem, rotem Phosphor. Auch hier ist das Hauptaugenmerk darauf zu richten, dass weder Kieselsäure noch Silikate zugegen sind. Die Gasentwicklung ist indes nicht so regelmässig und reichlich, wie bei Verwendung von Phosphorkupfer. In dem Augenblicke, wo der rote Phosphor in gewöhnlichen Phosphor übergeht, tritt plötzlich die Zersetzung ein; die Phosphordämpfe condensieren sich infolge dessen in den Glasrohren und können daher nicht mehr mit dem überschüssigen Fluorblei in Reaktion treten.

2.) Phosphortrifluorid kann auch dargestellt werden durch Einwirkung von Trifluorarsen auf Phosphortrichlorid.

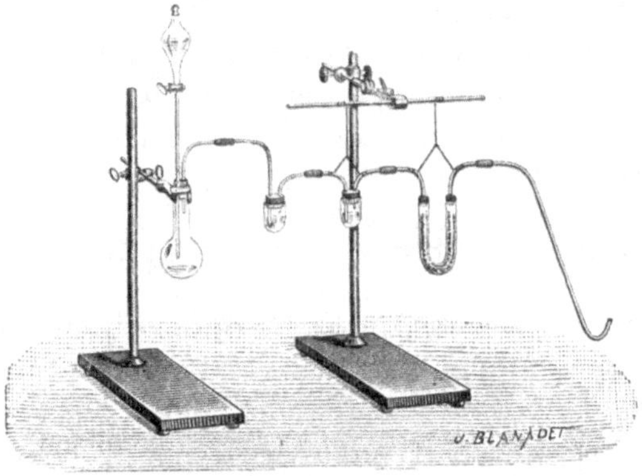

Fig. 19.

Man bringt das Fluorarsen in einen Tropftrichter (Fig. 19) und lässt es langsam zu dem in einem kleinen Glaskölbchen befindlichen Phosphortrichlorid hinzutropfen, wobei jede Spur von Feuchtigkeit sorgfältigst auszuschliessen ist.

Sofort entweicht unter Erwärmung des Gemenges ein Gas, welches durch ein langes auf — 15° abgekühltes Rohr geleitet und über Quecksilber aufgefangen wird.

Da dieses Gas noch eine kleine Menge von Phosphortrichlorid- und Fluorarsen-Dämpfen enthielt, wirkte es auf das Quecksilber ein und musste daher gereinigt werden. Hierzu brachte man es mit wenigen Kubikcentimetern Wasser zusammen; die beiden obigen Verbindungen wurden hierbei sofort zerstört, während das Phosphortrifluorid nur langsam angegriffen wird. Hierauf bringt man das Gas in ein Rohr über Schwefelsäure; hernach raucht es an der Luft nicht mehr und zeigt alle Eigenschaften von Phosphortrifluorid.

Beabsichtigt man direkt ein reines Produkt zu erhalten, so führt man den Versuch aus, wie die Abbildung zeigt: man schaltet dann nach dem Entwicklungsapparate Waschflaschen mit Wasser und Schwefelsäure und ein U-Rohr mit Schwefelsäure und Bimsstein ein und fängt das Phosphortrifluorid über Quecksilber in vorher getrockneten Glasgefässen auf.

3.) Phosphortrifluorid kann auch erhalten werden durch Erhitzen eines Gemenges von Phosphortribromid und Fluorzink ([1]) Sobald die Temperatur steigt, wird die Reaktion sehr heftig und man kann in wenigen Augenblicken leicht mehrere Liter Gas auffangen.

$$3\,ZnF_2 + 2\,PBr_3 = 2\,PF_3 + 3\,ZnBr_2.$$

Das zu dieser Darstellungsmethode verwendete Fluorzink wird durch Behandlung von Zinkcarbonat mit reiner Fluorwasserstoffsäure erhalten. Der Niederschlag wird mit destilliertem Wasser ausgewaschen und hierauf im Trockenschrank bei 200° getrocknet. Eine zu hohe Temperatur muss hierbei ver-

[1]) Auch auf Fluorblei reagirt das Phosphortribromid, wenn auch langsamer; ebenso kann die Reaktion auch noch mit Phosphortrichlorid und Fluorzink ausgeführt werden.

mieden werden, denn das Fluorzink wird nur mehr sehr schwer von Phosphortribromid angegriffen, wenn es vorher auf Dunkelrotglut erhitzt worden war.

Die Versuchsanordnung ist folgende:

Das gut getrocknete Fluorzink wird in ein Reagensrohr aus Messing gebracht, welches mit einem paraffinirten Korkstopfen verschlossen ist. Dieser trägt in zwei Bohrungen ein Gasableitungsrohr aus Blei und einen Tropftrichter, welcher dazu dient, das Phosphortribromid langsam zu dem gelinde erwärmten Fluorzink zutropfen zu lassen. Das entwickelte Gas leitet man zunächst durch Wasser, um die mitgerissenen Bromdämpfe zurückzuhalten, und trocknet es hierauf mit Hülfe von mit Schwefelsäure getränktem Bimsstein. Da Phosphortrifluorid von Schwefelsäure in beträchtlicher Menge absorbiert wird, so empfiehlt es sich, möglichst wenig Säure zu verwenden. Schliesslich wird das Gas über Quecksilber aufgefangen.

Phosphortrifluorid kann endlich noch aus Fluorsilber und Phosphortrichlorid durch gelindes Erhitzen in einem Metallapparate dargestellt werden.

$$P\,Cl_3 + 3\,Ag\,F = P\,F_3 + 3\,Ag\,Cl.$$

Verflüssigung und Erstarrung.

Die Ausführung der Versuche zur Verflüssigung des Phosphortrifluorids war sehr leicht, dank dem ingeniösen Apparat von Cailletet.

Bei $+24^0$ verflüssigt sich das Phosphortrifluorid auch unter einem Druck von 180 Atmosphären nicht. Sobald man aber den Druck plötzlich bis auf 50 Atmosphären vermindert, beobachtet man Streifen, die rasch längs des Rohres herabfliessen und auf dem Quecksilber eine Flüssigkeitsschicht von ungefähr 1 cm Höhe bilden. In kurzer Zeit jedoch, beinahe sofort, geht die Flüssigkeit wieder in gasförmigen Zustand über, ohne dass der Druck sich merklich verändert hätte.

Bei der Temperatur von $+3^0$ verläuft der Versuch in ganz analoger Weise. Das Gas verflüssigt sich erst in dem Moment, in welchem der Druck vermindert wird; nur entsteht ungefähr die dreifache Flüssigkeitsmenge, und die Rückverwandlung in Gas erfolgt weniger rasch.

Bei — 10 ⁰ und einem Druck von 40 Atmosphären bleibt das Phosphortrifluorid constant flüssig und bildet eine vollständig farblose, sehr bewegliche Flüssigkeit, welche Glas nicht angreift.

Bringt man flüssiges Phosphortrifluorid bei einer Temperatur von — 20⁰ unter einen Druck von 200 Atmosphären und vermindert dann plötzlich den Druck, so bildet sich eine undurchsichtige Wolke, aus welcher sich festes Phosphortrifluorid als weisse schneeartige Masse niederschlägt, die jedoch sehr rasch wieder zu der ursprünglichen Flüssigkeit schmilzt.

Dichte.

Die Dichte des Phosphortrifluorids wurde mit Hülfe eines von Chancel[1] angegebenen Apparates an einer sorgfältig hergestellten und vollständig trockenen Probe des Gases bestimmt. Der kleine Gasballon konnte infolge der grossen Dichte des Phosphortrifluorids durch langsame Verdrängung der Luft gefüllt werden; man überzeugte sich hierauf durch Absorption des Gases in Kalilauge, dass der Apparat wirklich mit Phosphortrifluorid gefüllt war. Wenn eine kleine Menge Luft in dem Kölbchen zurückgeblieben war, bestimmte man genau das Volum derselben, und zog es hierauf in Rechnung.

Gewicht des mit Gas gefüllten Ballons . . .	66,354 g
Gewicht des mit Luft gefüllten Ballons . . .	65,954 g
Gewichtszunahme durch das Gas	0,400 g
Volumen des Phosphortrifluorids	164 cc

Druck . . . . . 772,5 mm
Temperatur . . 22⁰

1) Chancel. Méthode expéditive pour la détermination de la densité des gaz, *Comptes rendus de l'Académie des Sciences*, t. XCIV, p. 626; 1882.

Nach der Formel $V_0 = \frac{VP}{(1 + \alpha t)\, 760}$ beträgt

das Volumen des Phosphortrifluorids bei 0° und
760 mm Druck . . . . 153,24 cc.

Das Gewicht eines gleich grossen Volumens Luft beträgt unter gleichen Verhältnissen 0,19814 g daraus folgt für die Dichte des Gases

$$D = \frac{G}{V \times 0{,}001\,293} = \frac{0{,}400 + 0{,}198}{153{,}24 \times 0{,}001\,293} = 3{,}0188.$$

Zwei andere in gleicher Weise ausgeführte Versuche lieferten die Zahlen 2,994 und 3,054. Das Mittel aus den drei Versuchen, 3,022, soll für die Dichte des Phosphortrifluorids angenommen werden. Die theoretische Dichte beträgt 3,045.

Einwirkung der Wärme.

Das Phosphortrifluorid wurde auf der Quecksilberwanne in eine eiserne Glocke gebracht, und der runde Teil derselben dreissig Minuten lang auf 500° erhitzt. Die Eigenschaften des Gases wurden hierdurch nicht verändert.

Sind aber Silikate zugegen, so tritt eine Reaktion ein.

Bringt man in eine Glasglocke über trockenes Quecksilber ein bestimmtes Volum Phosphortrifluorid und erhitzt den runden Theil auf Dunkelrotglut, so tritt eine Zersetzung ein. Das Volum nimmt ab, und die Phosphordämpfe condensieren sich an dem kalten Teile in kleinen Tröpfchen. Nach circa vierzig Minuten ist die Zersetzung vollständig, das Volum hat um den vierten Teil abgenommen, und der erhitzte Teil des Glases ist stark angegriffen. Das übrigbleibende Gas besteht ausschliesslich aus Fluorsilicium, welches als solches durch die Kieselsäureabscheidung bei der Einwirkung von Wasser identifiziert werden kann.

Phosphortrifluorid wurde also durch Einwirkung der Hitze zersetzt, wobei das Fluor mit dem im Glase enthaltenen Silicium Fluorsilicium bildete. Aus dem Volumen des gebildeten Fluorsiliciums kann man, wie weiter unten auseinandergesetzt werden wird, mit Leichtigkeit die in Phosphortrifluorid enthaltene Menge Fluor bestimmen.

Die Untersuchung des an den Wandungen der Glocke befindlichen Rückstandes ergab, dass derselbe zum grössten Teil aus gewöhnlichem, in Schwefelkohlenstoff löslichem Phosphor, etwas Phosphorsäure und ein wenig rotem Phosphor besteht. Der durch Zersetzung der Kieselsäure freiwerdende Sauerstoff genügt nämlich nicht, um allen Phosphor in Phosphorsäure überzuführen.

$$4\,PF_3 + 3\,SiO_2 = 3\,SiF_4 + 3\,O_2 + 4\,P.$$

Auch die Einwirkung des Induktionsfunkens auf Phosphortrifluorid wurde untersucht, um das Verhalten desselben bei der auf diese Weise erzielten höheren Temperatur zu beobachten.

Einwirkung des Induktionsfunkens.

Die meisten Verbindungen zerfallen unter der Einwirkung der durch den Funken eines Ruhmkorff Apparates hervorgebrachten hohen Temperatur in ihre Elemente. Es musste daher von Interesse sein, diese Reaktion auch bei Phosphortrifluorid auszuführen.

Zur Durchführung des Experimentes diente die bequeme von Berthelot [1] angegebene Anordnung. In ein Reagensglas bringt man über Quecksilber ein bestimmtes Volumen Phosphortrifluorid, welches bei der Darstellung bereits sorgfältig getrocknet worden war und fügt ein Stäbchen im Silbertiegel geschmolzenen Aetzkalis hinzu, welches fünf bis sechs

[1]) BERTHELOT. *Essai de Mécanique chimique*, t. II, p. 340.

Stunden mit dem Gase in Berührung gelassen wird, um mit Sicherheit jede Spur Feuchtigkeit auszuschliessen. Phosphortrifluorid wird wie trockene Kohlensäure von Aetzkali nicht absorbiert.

Die zur Stromzuführung dienenden Platindrähte befinden sich in zwei gebogenen, mit Quecksilber gefüllten Glasröhren. Als Stromquelle dienten drei Grenet-Elemente mit welchen an der Induktionsspule leicht in der Luft Funken von 4 cm Länge erhalten werden konnten.

Die Platindrähte wurden in der Mitte des Reagensglases derart angeordnet, dass der überspringende Funke sich nicht an der Glaswand ausbreiten konnte. Quecksilber und Glasrohre waren vorher sorgfältigst getrocknet worden.

Nachdem der Funke eine Stunde lang hindurch gegangen ist, unterbricht man den Versuch und lässt den Apparat wieder die Laboratoriumstemperatur annehmen. Es zeigt sich, dass das Volumen merklich abgenommen hat. Die Wände des Reagensglases sind mit einer gelben Substanz bedeckt, die sich beim Umschütteln mit Wasser leicht ablöst, und unter dem Mikroskop als mehr oder weniger dichter, regelmässiger Ueberzug erscheint, wie er sich auf Glaswandungen durch langsame Condensation von Dämpfen bildet. Die Substanz ist in Schwefelkohlenstoff löslich und zeigt alle Merkmale von Phosphor.

Das in dem Reagensglase nach Einwirkung des Induktionsfunkens zurückbleibende Gas enthält nicht die geringste Spur Fluorsilicium, da es mit Wasser keinen Niederschlag von Kieselsäure giebt. In seinen Eigenschaften unterscheidet es sich indes von Phosphortrifluorid, indem es an der Luft heftig raucht. Bringt man es mit ein wenig Wasser zusammen, so wird ein Teil davon, etwa 6 bis 7 Prozent, sofort absorbiert unter Bildung von Phosphorsäure; das zurückbleibende Gas besitzt dann alle Eigenschaften von Phosphortrifluorid.

Da unter der Einwirkung des Induktionsfunkens eine Verminderung des Gasvolumens eingetreten war, musste der Gedanke an einen Zerfall in Fluor und Phosphor von vornherein ausgeschlossen werden; nachdem Phosphortrifluorid in 4 Volumteilen einen Teil Phosphor und 6 Teile Fluor enthält. Da ausserdem keine Bildung von Fluorsilicium eintritt, so muss meiner Ansicht nach angenommen werden, dass ein Teil des frei gewordenen Fluors mit dem überschüssigen Phosphortrifluorid gasförmiges Phosphorpentafluorid bildet, welches bereits von Thorpe[1] beschrieben worden ist.

$$\underbrace{5\,PF_3}_{10\ \text{Vol.}} = \underbrace{3\,PF_5}_{6\ \text{Vol.}} + \underbrace{2\,P}_{0\ \text{Vol.}}$$

Lässt man die Einwirkung des Induktionsfunkens mehrere Stunden hindurch fortdauern, so nimmt der Phosphorniederschlag langsam zu, und das Volum vermindert sich fortgesetzt. Nach einiger Zeit tritt indes ein Gleichgewichtszustand ein, der der Reaktion ein Ziel zu setzen scheint. Die Untersuchung des Reagensglases, nachdem der Apparat auseinander genommen ist, ergiebt, dass die innere Oberfläche nicht angegriffen wurde.

Bei mehrmaliger Wiederholung dieses Versuches wurde stets dasselbe Resultat erhalten. Anders verhält sich die Sache aber, wenn nicht auch jede geringste Spur von Feuchtigkeit mit der grössten Sorgfalt ausgeschlossen wurde. Begnügt man sich zum Beispiel damit, das Phosphortrifluorid bei seiner Darstellung durch eine mit Schwefelsäure gefüllte Waschflasche und ein kleines V-Rohr zu leiten, ohne es noch vor der Einwirkung des Funkens mit geschmolzenem Aetzkali zu trocknen, so schlägt sich zwar auch Phosphor auf den Wandungen des Reagensglases nieder, und das Volum nimmt ebenfalls ab, das hinterbleibende Gas enthält aber eine ziemlich bedeutende Menge Fluorsilicium, welche mit der Dauer des Versuches langsam zunimmt. Nach einer Stunde kann der fünfte Teil des Gasvolumens aus Fluorsilicium bestehen. Die Ursache dieser Erscheinung ist, dass der Wasserstoff der kleinen im Gas enthaltenen Menge Wasser mit dem Fluor des Phosphortrifluorids

[1]) THORPE. On phosphorus pentafluoride, *Proceedings of the Royal Society of London*, t. XXV, p. 122; 1877.

Fluorwasserstoff liefert, welcher auf das Glas unter Bildung von Fluorsilicium und Wasser einwirkt.

$$4\,HF + SiO_2 = SiF_4 + 2\,H_2O.$$

Diese neue Menge Wasser wird wieder zersetzt, und die Reaktion beginnt von Neuem. Eine sehr kleine Menge Wasser ist auf diese Weise unter Mitwirkung des Induktionsfunkens im Stande, eine verhältnismässig sehr grosse Menge Phosphortrifluorid im Fluorsilicium überzuführen. Nach Beendigung des Versuches erscheint die innere Oberfläche des Reagensglases vollständig matt.

Dauert die Einwirkung des Funkens mehrere Stunden fort, so geht die Zersetzung allmählich immer langsamer von Statten. Das Fluorsilicium wird nämlich durch den Funken nicht zersetzt, und da es ein schlechter Leiter ist, wirkt es hindernd auf den Versuch ein.

Es muss ausserdem noch hervorgehoben werden, dass das aus Fluorsilicium und Phosphortrifluorid bestehende Gasgemisch aus einer Jodkaliumlösung Jod abscheidet und mit Stärke eine intensive Violettfärbung erzeugt. Diese Reaktion kann der Gegenwart einer kleinen Menge Ozon zugeschrieben werden, denn bei Ausführung dieses Experimentes mit ganz trockenem, durch Einwirkung des Induktionsfunkens zum Teil zerlegtem Phosphortrifluorid entsteht nicht die geringste Färbung. Die Reaktion von Jod mit Stärke ist indes so empfindlich, dass man sie nur unter allen Vorbehalten verwenden und überall ausschliessen sollte, wo auch nur eine Spur Ozon oder phosphorige Säure entstehen könnte.

Einwirkung von Wasser.

Bringt man 50 cc Phosphortrifluorid über Quecksilber mit 10 cc destilliertem Wasser bei einer Temperatur von circa 20° zusammen, so tritt eine Zersetzung nur sehr langsam ein. Nach sechs Stunden waren noch 15 cc Gas unzersetzt. Die resultierende, stark saure Flüssigkeit zeigte folgende Reaktionen:

1. Mit schwefliger Säure entsteht beim Erwärmen Phosphorsäure und ein Niederschlag von Schwefel. Die schweflige Säure wird also reduziert.

2. Im Marsh'schen Apparat entsteht Phosphorwasserstoff, der durch seinen Geruch und durch rasche Reduktion von Silbernitrat nachzuweisen war.

Diese Reaktionen weisen deutlich auf die Gegenwart von phosphoriger Säure oder einer mit den gleichen reduzierenden Eigenschaften ausgestatteten Fluorphosphorverbindung hin.

Ausserdem enthält die Flüssigkeit Fluorwasserstoff, wie aus ihrer Einwirkung auf Glas hervorgeht.

Phosphortrichlorid zerfällt mit Wasser bekanntlich sofort zu phosphoriger Säure und Salzsäure:

$$PCl_3 + 3 H_2O = H_3PO_3 + 3 HCl.$$

Mit einer Aetznatron- oder Aetzkalilösung liefert Phosphortrichlorid ein phosphorigsaures Salz und Chloralkali.

Die Reaktion von Phosphortrifluorid mit Wasser verläuft demnach nicht ganz analog wie die von Phosphortrichlorid. Zunächst ist sie viel träger, und ausserdem entsteht in alkalischer Lösung nicht phosphorige Säure und Fluorwasserstoff, sondern ein Zwischenprodukt, vermutlich eine fluophosphorige Säure, wie aus den thermochemischen Untersuchungen Berthelot's([1]) hervorgeht, dem ich am besten selbst das Wort geben will.

Berthelot sagt in seiner diesbezüglichen zusammenfassenden Abhandlung:

„Als ich die bei dieser Reaktion entwickelte Wärmemenge mit derjenigen verglich, die bei der Einwirkung des flüssigen Phosphorchlorids auf Kalilauge frei wird, nämlich + 132,4 Cal. begann ich Zweifel zu hegen; denn sogar mit Phosphortribromid erhält man 130,6 Cal.“

[1]) BERTHELOT. Recherches sur le fluorure phosphoreux, *Annales de Chimie et de Physique*, 6e série, t. VI, p. 358; 1885.

„Wäre die Reaktion eine analoge, so müsste man daraus schliessen, dass bei der Zersetzung des Phosphortrifluorids nur + 30,5 Cal. frei würden, also weniger als die Hälfte der bei gasförmigem Phosphorchlorid frei werdenden Wärmemenge (+ 70,5 Cal.). Hieraus würde sich für die Bildung des ersteren Körpers aus seinen Elementen eine bedeutend grössere Bildungswärme ergeben, unter der Voraussetzung, dass bei Bildung von Fluorwasserstoff ebenso viel oder mehr Wärme frei wird als bei Chlorwasserstoff, was sehr wahrscheinlich ist."

„In Wirklichkeit setzt sich Phosphortrifluorid nicht einfach in phosphorigsaures Salz und Fluorid um, sondern es entsteht eine fluophosphorige Säure, die sich ohne Zweifel den Fluorkiesel- und Fluorborsäuren anschliesst; hier zeigt sich wieder einmal die Sonderstellung des Fluors. Den Nachweis für diese Annahme erbrachte ich besonders durch alkalimetrische Bestimmungen mit Hülfe neuer Farbstoffe, deren Verhalten gegenüber der phosphorigen Säure von Joly eingehend bestimmt worden war."

Und weiter unten:

„Wie dem auch sei, die so gebildete fluophosphorige Säure ist ziemlich beständig; erhitzt man eine Lösung ihres Kaliumsalzes mit einem grossen Ueberschuss von Alkali einige Augenblicke lang zum Sieden, so tritt keine Umlagerung in Phosphit und Fluorid ein. Dies geht daraus hervor, dass nach dem Kochen derselbe Sättigungsgrad wie vorher konstatiert wurde."

An diese Entstehung von fluorphosphoriger Säure durch Zersetzung des Phosphortrifluorids mit Wasser oder alkalischen Lösungen darf man nicht vergessen, wenn es sich bei der Analyse des Phosphortrifluorids darum handelt, den Phosphor als Ammonium-Magnesiumphosphat zu bestimmen. Bei den ersten diesbezüglichen Versuchen, trat der Fall ein, dass 200 cc Gas von Kalilauge absorbiert wurden, ohne dass nach dem Ansäuern und Hinzufügen von Magnesiamixtur am nächsten Morgen auch nur eine Spur eines krystallinischen Niederschlages gefunden wurde. Hieraus geht deutlich hervor, dass bei Zersetzung von

Phosphortrifluorid durch Wasser oder Alkalien keine Phosphorsäure entsteht.

Wie weiter oben beschrieben wurde, wird Phosphortrifluorid bei gewöhnlicher Temperatur von Wasser sehr langsam absorbiert. Mit kochendem Wasser oder Wasserdampf geht die Zersetzung etwas rascher, aber niemals augenblicklich vor sich.

EINWIRKUNG DER METALLOIDE.

Wasserstoff. — Erhitzt man in einer Glocke ein Gemenge von Phosphortrifluorid und Wasserstoff, so entsteht Fluorwasserstoff und Phosphorwasserstoff.

$$PF_3 + 3H_2 = PH_3 + 3HF.$$

Der Fluorwasserstoff wirkt sofort auf das Glas des Reagensrohres ein, so dass nach dem Versuche Phosphorwasserstoff und Fluorsilicium, welches durch Wasser unter Ausscheidung von Kieselsäure zersetzt wird, zurückbleiben. Phosphorwasserstoff wurde durch seinen Geruch, seine Brennbarkeit an der Luft, sowie durch seine reduzierende Wirkung auf Lösungen von Kupfersulfat und Silbernitrat nachgewiesen.

Sauerstoff. — Bei Gegenwart von Luft brennt Phosphortrifluorid nicht; mit trockenem Sauerstoff gemischt, explodiert es bei Einwirkung des elektrischen Funkens. Dieser Versuch besitzt ziemliches Interesse, wenn man sich daran erinnert, dass Davy bekanntlich daran gedacht hatte, das Fluor durch Verbrennung von Phosphorfluorid in einer Sauerstoffatmosphäre in einem Flussspatgefässe zu isolieren. Es ist unsicher, ob der grosse englische Gelehrte diesen Versuch ausgeführt hat; veröffentlicht ist er jedenfalls nicht, wenigstens konnte ich nirgends seine Mittheilung darüber entdecken.

Lässt man den elektrischen Funken durch ein Gemenge von 4 Teilen Phosphortrifluorid und 2 Teilen Sauerstoff hindurchschlagen, so erfolgt eine heftige Detonation, und unter Abnahme des Volumens hinterbleibt ein Gas, dessen Eigenschaften von denen des Phosphortrifluorids wesentlich abweichen.

Phosphortrifluorid raucht bekanntlich nicht an der Luft, wird von Wasser sehr langsam absorbiert und liefert hierbei eine Verbindung von Fluorwasserstoff und phosphoriger Säure, niemals jedoch Phosphorsäure.

Das neue Gas dagegen raucht an der Luft und wird sofort von Wasser zerstört, wobei keine Spur von phosphoriger Säure entsteht. Die Flüssigkeit giebt mit einer heissen Lösung von schwefliger Säure keinen Niederschlag von Schwefel und wirkt auf Silbersalze nicht reduzierend ein, liefert dagegen alle Reaktionen der Phosphorsäure.

Das neue bei dem oben beschriebenen Versuch erhaltene Gas ist halbverbranntes Phosphortrifluorid, nämlich Phosphoroxyfluorid POF_3 analog dem von Wurtz entdecktem Oxychlorid $POCl_3$.

Wenn aber Oxyfluorid POF_3 entsteht, so muss eine Volumverminderung um ein Drittel des Gesamtvolumens der reagierenden Körper eintreten:

$$\underbrace{PF_3}_{2\ \text{Vol.}} + \underbrace{O}_{1\ \text{Vol.}} = \underbrace{PF_3O}_{2\ \text{Vol.}}$$

Zum Beweis hierfür brachte man in ein Bunsen'schen Eudiometer ein bestimmtes Volumen Phosphortrifluorid, welches vorher durch geschmolzenes Aetzkali getrocknet worden war, fügte hierauf eine bestimmte Menge trockenen Sauerstoff hinzu und liess dann den Funken hindurchschlagen. Nach der von einer Lichterscheinung begleiteten Detonation liess man das Gas auf Laboratoriumstemperatur abkühlen und konnte sodann konstatieren, dass das Volum um die Hälfte des verwendeten Trifluorids abgenommen hatte.

Diese eudiometrische Analyse war mit Quecksilber und einem Eudiometer ausgeführt worden, welche absolut trocken gewesen sein mussten, da das Eudiometer nicht angegriffen worden, und daher kein Fluorwasserstoff gebildet worden war.

Da durch diese Analyse die Existenz eines neuen gasförmigen Körpers, des Phosphortrifluorids POF_3, bewiesen wird, sollen die erhaltenen Zahlen genau angeführt werden:

Druck . . . 769,3 Temperatur . . 17°

Volum des Phosphortrifluorids . . .	92 Teile
Nach Hinzufügung von	148 Teile
Nach der Detonation	120 Teile

Das verwendete Eudiometer war in 600 Teile geteilt; 57 solche Teile entsprachen 10 cc.

Bei jeder Ablesung wurde der Teilstrich 600 in das Niveau der Quecksilberwanne eingestellt, und der Stand der Quecksilbersäule in dem Rohre abgelesen.

Aus den obigen Zahlen folgten unter gleichzeitiger Reduktion auf 760 mm und 0°:

Volum des Phosphortrifluorids	5,1052 cc
Nach Hinzufügung von Sauerstoff	10,2058 cc
Nach der Detonation . . . . ,	7,5440 cc

Hieraus ergiebt sich für den verschwundenen Sauerstoff

$$10{,}2058 - 7{,}5440 = 2{,}6618 \text{ cc}$$

also ungefähr die Hälfte des Volumens des Phosphortrifluorids.

Dieser Versuch wurde mit den verschiedensten Modifikationen wiederholt.

Man brachte Gemenge von 20 cc Fluorid und 10 cc Sauerstoff in ein Reagensglas und liess einen Induktionsfunken hindurchschlagen. Es erfolgte eine so heftige Detonation, dass das Reagensrohr, welches an einem Stativ befestigt war, öfters aus der Quecksilberwanne herausgeschleudert wurde, und dass meistens der grösste Teil des Gases verloren ging. Die Volumabnahme des Gasgemenges war immer gleich der Hälfte des Volumens des verwendeten Phosphortrifluorids.

Das Phosphoroxyfluorid ist ein Gas, welches an der Luft stark raucht und von Wasser sofort absorbiert wird; die Lösung zeigt mit molybdaensaurem Ammon die Reaktion der Phosphorsäure.

Bei den voranstehend beschriebenen Versuchen, wurde immer ein Gemenge von einem Volumen Trifluorid mit einem halb so grossen Volumen Sauerstoff der Einwirkung des Induktionsfunkens ausgesetzt. Erhöht man den Prozentsatz Sauerstoff, so wirkt der Ueberschuss als inaktives Gas, und es kann keine Explosion eintreten. Bringt man in ein Bunsen'sches Eudiometer unter 200 mm Quecksilberdruck ein Volum Phosphortrifluorid und ein Volum Sauerstoff, so entsteht ebenfalls Oxyfluorid aber nur unter Einwirkung einer Reihe von Funken und ohne Detonation oder Feuererscheinung.

Auch ein Gemenge von einem Volum Trifluorid mit dem halben Volum Sauerstoff liefert eine interessante Reaktion. Dieses Gemenge explodiert unter Einwirkung des Induktionsfunkens äusserst heftig, entzündet sich dagegen an einer Leuchtgasflamme nicht. Offenbar ist die Temperatur derselben nicht genug hoch, um die Verbindung zu bewerkstelligen. Nähert man nämlich die Mündung eines mit dem gleichen Gemenge gefüllten Reagensglases der Flamme eines Sauerstoffgebläses, so tritt Entzündung ein, und die Flamme pflanzt sich rasch bis auf den Boden des Reagensglases fort; es erfolgt indes keine Detonation. Diese Erscheinungen schliessen sich an diejenigen an, die von Berthelot bei der Verbrennung von Gasgemischen beobachtet und studiert worden waren.

Schwefel. — Erhitzt man Phosphortrifluorid in einer Glocke, zusammen mit Schwefeldampf, so tritt keine Volumveränderung ein. Bei 440° und sogar etwas darüber, erfolgt keine Reaktion. Das Gas zeigt nach dem Versuche dieselben Eigenschaften wie vorher; es hat sich also keine nennenswerte Menge Fluorschwefel gebildet.

Brom. — Phosphorbromfluorid. — Zur Darstellung des Additionsproduktes von Brom und Phosphortrifluorid trocknet man das Brom zunächst sorgfältig mit Schwefelsäure und bringt es hierauf in ein Rohr, dessen oberen Teil eingeschnürt ist, und welches sich in einer Kältemischung befindet.

Leitet man nun das gasförmige Phosphortrifluorid durch ein ausgezogenes Rohr hinzu, so wird es vollständig absorbiert, und wenn das Fluorid im Ueberschuss vorhanden ist, wird das Brom alsbald entfärbt.

Man erhält so eine sehr bewegliche Flüssigkeit von leicht bräunlicher Färbung, die an der Luft noch reichlichere Dämpfe entwickelt als Phosphorperchlorid.

Mit Wasser tritt sofort heftige Zersetzung ein unter Bildung von Bromwasserstoff, Fluorwasserstoff und Phosphorsäure. Es ist leicht erklärlich, dass die Dämpfe dieser Verbindung äusserst heftig auf die Atmungsorgane einwirken und in wenigen Augenblicken Entzündungserscheinungen in Hals und Bronchien hervorrufen.

Kühlt man die Flüssigkeit unter -20^0 ab, so entstehen kleine hellgelbe Krystalle, die sofort wieder schmelzen, wenn man die Kältemischung entfernt.

Das Glasrohr, in welchem die Reaktion ausgeführt wird, wird nicht angegriffen, so lange die Feuchtigkeit davon ferngehalten wird.

Die Analyse der Flüssigkeit, bei welcher das Brom als Bromsilber und der Phosphor als Magnesiumpyrophosphat bestimmt wurde, führte zu der Formel PF_3Br_2; die Verbindung kann demnach aufgefasst werden als Phosphorpentafluorid, in welchem zwei Atome Fluor durch Brom ersetzt sind, ein neues Beispiel für die Analogie zwischen Fluor und Brom.

Die Bestimmungen wurden auf folgende Weise ausgeführt:

Eine gewogene Menge Phosphorpentafluobromid wurde mit Wasser zersetzt, und die saure Lösung auf ein bestimmtes Volum aufgefüllt. In einem Teile derselben wurde hierauf das Brom bestimmt, indem die Flüssigkeit zuerst mit Salpetersäure behandelt und dann mit Silbernitrat gefällt wurde. Das Bromsilber wurde nach gründlichem Auswaschen mit salpetersäurehaltigem Wasser getrocknet und gewogen.

Der Rest der Lösung wurde in einem Glasgefässe ungefähr 14 Tage sich selbst überlassen, bis der Fluorwasserstoff oder dessen Phosphorverbindung in Kieselfluorwasserstoffsäure übergegangen war.

Die Phosphorsäure wurde hierauf als Ammoniummagnesiumphosphat gefällt, und der Niederschlag abfiltriert, gewaschen und geglüht.

Das auf diese Weise erhaltene Pyrophosphat löste man in verdünnter Salpetersäure und fällte es mit Ammoniak wieder aus, worauf der Niederschlag gewaschen, geglüht und gewogen wurde. Der Zweck dieser doppelten Fällung ist, eine kleine Menge Kieselsäure und Magnesia abzuscheiden, die stets bei der ersten Fällung mitgerissen wird.

Die Analyse ergab folgende Resultate:

	I.	II.	III.	IV.	V.	
Brom . . .	64,22	64,23	64,56	64,57	64,60	Prozent
Phosphor .	12,20	12,27	12,56	—	—	Prozent

Die Formel $F_3 P Br_2$ würde erfordern:

Brom	64,51	Prozent
Phosphor	12,50	Prozent
Fluor	22,99	Prozent
	100,00	Prozent

Lässt man das Phosphorpentafluobromid $P F_3 Br_2$ nach seiner Darstellung sich langsam auf Laboratoriumstemperatur erwärmen, so bemerkt man, dass bei der Temperatur von ungefähr 15^0 reichliche Gasblasen in der Flüssigkeit aufsteigen. Gleichzeitig bilden sich Krystalle, welche, wenn die Temperatur langsam steigt, schön gelb gefärbt sind. Wird die Temperatur rasch erhöht, so erhält man mitunter durchsichtige, rubinrote Krystalle, die an der Luft Nebel bilden und die Feuchtigkeit gierig anziehen, wobei sie zerfliessen. So oft das Brom nicht vollständig mit Phosphortrifluorid gesättigt worden war, trat die Bildung der roten Krystalle ein.

Die Analyse dieser krystallisierten Körper ergab einen sehr hohen Gehalt an Brom, so dass zunächst der Gedanke nahe lag, dass man es mit Verbindungen zu thun hätte, die aus Phosphorpentafluobromid durch Anlagerung von Brom entstanden wären. Diese Annahme erschien um so wahrscheinlicher, als der rote Körper bei leichtem Erwärmen in einem neutralen Gase, gelbe Krystalle lieferte, die sich in dem kalten Teile des Rohres ansetzten, während Bromdämpfe entwichen. Trotzdem war diese Anschauung eine irrige, wie aus einer eingehenden Untersuchung hervorging.

Ueberlässt man die bei — 20° dargestellte flüssige Verbindung PF_3Br_2 in einem zugeschmolzenen Rohre bei Laboratoriumstemperatur sich selbst, so tritt die Bildung der gelben Krystalle alsbald ein, und in einigen Stunden ist die Umsetzung beendet.

Beim Oeffnen des Rohres unter Quecksilber erhält man ein Gas, welches durchaus die Eigenschaften von Phosphorpentafluorid zeigt, einen stechenden Geruch besitzt, an der Luft heftig raucht, Glas in der Kälte nicht angreift, und von Wasser sofort zersetzt wird, wobei ein Gemenge von Fluorwasserstoffsäure und Phosphorsäure entsteht.

Die in dem Rohre zurückbleibende feste Verbindung zeigt die gleiche Zusammensetzung, ob sie nun rot oder gelb gefärbt ist: es ist Phosphorpentabromid PBr_5.

Die Analysen dieser Verbindung wurden nach der weiter oben beschriebenen Methode ausgeführt und ergaben folgende Zahlen:

Gelber Körper

	I.	II.	III.	IV.	V.	
Brom . . .	92,54	92,56	92,87	92,82	92,69	Prozent
Phosphor . .	6,90	7,31	6,98	—	—	Prozent

Roter Körper

	I.	II.	III.	
Brom	92,89	92,79	92,96	Prozent
Phosphor	7,06	7,28	—	Prozent

Der Formel $P Br_5$ würden entsprechen

Brom	92,808	Prozent
Phosphor	7,192	Prozent
	100,000	Prozent

Bei geringer Temperaturerhöhung zerfällt also die Verbindung $P F_3 Br_2$ und liefert Phosphorpentafluorid und Phosphorpentabromid. Die Zersetzung lässt sich durch folgende Gleichung ausdrücken.

$$5 P F_3 Br_2 = 3 P F_5 + 2 P Br_5$$

Die Richtigkeit dieser Gleichung war nun noch zu beweisen. Zu diesem Zwecke wurde reines trockenes Phosphortrifluorid in ein ausgezogenes Glasrohr geleitet, in welchem sich eine gewogene Menge Brom befand. Anschliessend hieran befand sich ein Kugelrohr mit einer durch Salpetersäure angesäuerten Silbernitratlösung, um die eventuell mit fortgerissenen Bromdämpfe zurückzuhalten. Diese Menge wurde dann von der ursprünglich verwendeten Gewichtsmenge Brom abgezogen. Sobald das Brom gesättigt war, wurde das Rohr zugeschmolzen und gewogen, und aus der Gewichtszunahme konnte die Zusammensetzung der Verbindung $P F_3 Br_2$ bestimmt werden.

Bei Verwendung von 3,539 g Brom wurden folgende Prozentzahlen erhalten.

Brom	64,62
Phosphortrifluorid	35,90

Diese Synthese bestätigt die vorangehende Analyse, da das Phosphorpentafluobromid theoretisch enthalten sollte:

Brom	64,31	Prozent
Phosphortrifluorid	35,49	Prozent

Das zugeschmolzene Rohr wurde, nachdem es zwei Tage bei Laboratoriumstemperatur aufbewahrt worden war, durch schwaches Erhitzen der ausgewogenen Spitze geöffnet, und nachdem die Entwicklung von Phosphorpentafluorid aufgehört hatte, wieder zugeschmolzen und gewogen. Auf diese Weise erhält man das Gewicht des Pentafluorids und Pentabromids.

Der oben angegebenen Reaktionsgleichung würden entsprechen

Phosphorpentafluorid	30,47	Prozent
Phosphorpentabromid	70,53	Prozent

Gefunden wurden:

Phosphorpentafluorid	29,26	Prozent
Phosphorpentabromid	69,51	Prozent

Diese Differenzen um ein Prozent stammen daher, dass das Rohr successive mit Luft, Trifluorid, und Pentafluorid gefüllt, gewogen worden war. Die Correctur, die man hätte anbringen können, wäre nur annähernd richtig gewesen, so dass es vorzuziehen war, die Zahlen so zu veröffentlichen, wie sie erhalten wurden:

Leeres Rohr + Stopfen	26,229 g
Rohr + Stopfen + Brom	29,885 g
Verwendetes Brom	3,356 g

Nach der Sättigung des Broms durch Phosphortrifluorid:

Zugeschmolzenes Rohr + PF_3Br_2	24,945 g
Stopfen + abgezogenes Rohrstück	6,812 g

Das Rohr wurde geöffnet, um das Pentafluorid entweichen zu lassen und hierauf wieder zugeschmolzen:

Zugeschmolzenes Rohr + PBr_5 . . . . 23,216 g

In dem nach dem Apparat eingeschalteten Kugelrohr befanden sich 0,275 g Bromsilber entsprechend 0,1168 g Brom.

Die in dem Rohre zurückbleibende feste Verbindung wurde ausser durch die Analysen auch noch nach ihren Eigenschaften bestimmt als Phosphorpentabromid identifiziert.

Baudrimont (1) hat bekanntlich zuerst darauf hingewiesen, dass das Phosphorpentabromid in zwei isomeren Formen auftritt, von denen die eine rote, die andere gelbe Krystalle bildet, und hat die Eigenschaften derselben beschrieben.

Die bei meinen Versuchen erhaltenen roten Krystalle werden durch Reibung gelb und vrrflüchtigen sich beim Erhitzen im zugeschmolzenen Rohr unter teilweiser Zersetzung ohne vorher zu schmelzen. Beim Erkalten bildet sich die Verbindung wieder zurück. Bei gelindem Erhitzen in einem neutralen Gasstrom wird Brom abgeschieden, und es hinterbleibt eine Flüssigkeit, das Tribromid PBr_3. Alle diese Reaktionen stimmen auf die Verbindung PBr_5.

Das Phosphortrifluorid verbindet sich also leicht mit Brom zu der Verbindung PF_3Br_2, die bei gewöhnlicher Temperatur zu Phosphorpentafluorid und Phosphorpentabromid zerfällt.

Die beiden Phasen der Reaktion entsprechen den Gleichungen:

$$PF_3 + Br_2 = PF_3Br_2$$

$$5\,PF_3Br_2 = 3\,PF_5 + 2\,PBr_5.$$

Chlor. — Phosphorpentafluochlorid. — Nach der mit Brom beobachteten Reaktion war zu erwarten, dass das Phosphortrifluorid sich auch mit Leichtigkeit mit Chlor verbindet, und dass durch Anlagerung von 2 Atomen Chlor die Verbindung PF_3Cl_2 entsteht. Sobald Phosphortrifluorid und Chlor zusammengebracht werden, erfolgt die Vereinigung, verbunden mit einer leichten Temperaturerhöhung. Das erhaltene Produkt ist bei gewöhnlicher Temperatur gasförmig.

---

1) Thèse de Doctorat de la Faculté des Sciences de Paris, p. 103; 1964.

Camille Poulenc [1] führte in meinem Laboratorium die Untersuchung dieses neuen gasförmigen Körpers in umfassender Weise durch.

Die Bildung des Phosphorpentafluochlorids erfolgt nach der Gleichung

$$\underbrace{PF_3}_{2\ \text{Vol.}} + \underbrace{Cl_2}_{2\ \text{Vol.}} = \underbrace{PF_3\,Cl_2}_{2\ \text{Vol.}}$$

Bei der Darstellung verfährt man folgendermassen: Von zwei Fläschchen gleichen Inhalts (Fig. 20) etwa von 50 cc, die mit

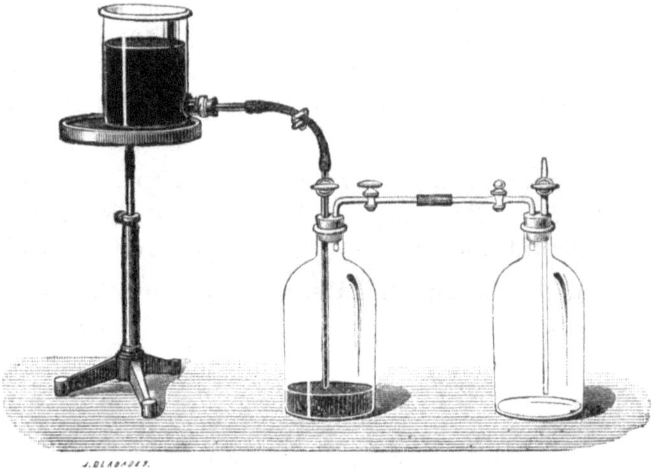

Fig. 20.

doppelt gebohrten Stopfen verschlossen sind, durch welche zwei mit Hähnen versehene Glasrohre, das eine bis auf den Boden, das andere nur bis zum Hals hindurchgehen, wird das eine mit Chlor, das andere mit Phosphortrifluorid gefüllt. Man verbindet sie derart, dass man mittelst Quecksilber, welches sich in einem besonderen Gefässe befindet, das Trifluorid ver-

[1]) CAMILLE POULENC. Sur un nouveau corps gazeux, le pentafluochlorure de phosphore, *Annales de Chimie et de Physiqne*, 6e série, t. XXIV, p. 548; 1891.

drängen und in das mit Chlor gefüllte Fläschchen drücken kann, dessen Inhalt hierbei nach und nach entfärbt wird.

Da bei der Reaktion eine Contraktion des Volumens auf die Hälfte eintritt, so ist der Prozess beendigt, sobald die Trifluoridflasche ganz mit Quecksilber gefüllt ist. Mittelst eines zwischen den beiden Fläschchen angebrachten Hahnes kann man von Zeit zu Zeit das Zuströmen des Trifluorids unterbrechen um eine allzustarke Temperatursteigerung zu verhüten.

Das Phosphortrifluordichlorid ist ein farbloses Gas, welches an der Luft dichte weisse Nebel bildet und von gekochtem Wasser, Alkalien, Barytwasser und Kalkwasser vollständig absorbiert wird. In trockenem Zustande greift es Glas nicht an. Bei gewöhnlichem Druck condensiert es sich bei -8^0 zu einer Flüssigkeit. Die Dichte beträgt 5,41 (theoretische Dichte 5,46).

Erhitzt man es in einer Glocke bis auf 200^0, so tritt eine Umlagerung ein in Phosphorpentafluorid und Phosphorpentachlorid, welch' letzteres auf den Wandungen der Glocke einen gelblichweissen Beschlag bildet.

$$\underbrace{5\,PF_3\,Cl_2}_{10\ \text{Vol.}} = \underbrace{3\,PF_5}_{6\ \text{Vol.}} + \underbrace{2\,PCl_5}_{0\ \text{Vol.}}$$

Bei Einwirkung des elektrischen Funkens entstehen dieselben Produkte.

Wasserstoff wirkt bei 250^0 ein und verursacht die Entstehung von Trifluorid und Chlorwasserstoffsäure.

Phosphor liefert in der Wärme gasförmiges Phosphortrifluorid und flüssiges Phosphortrichlorid.

Die meisten Metalle werden von dem neuen gasförmigen Körper angegriffen.

Wasser reagiert in verschiedener Weise, je nachdem es in Ueberschuss oder in kleiner Menge zugegen ist. Fügt man zu dem Phosphortrifluodichlorid sehr wenig Wasser hinzu, so tritt eine Vergrösserung des Gasvolumens ein, und es bildet sich Phosphoroxyfluorid und Chlorwasserstoff:

$$P\,F_3\,Cl_2 + H_2O = P\,F_3\,O + 2\,H\,Cl.$$

Von einem Ueberschuss an Wasser werden diese beiden Verbindungen vollständig absorbiert; die Lösung enthält dann gleichzeitig Phosphorsäure, Fluorwasserstoff und Chlorwasserstoff.

Ammoniak bildet bei Berührung mit dem Phosphortrifluodichlorid reichliche weisse Nebel, die auf den Wandungen des Gefässes einen weissen Niederschlag von Fluorphosphamid bilden:

$$PF_3Cl_2 + 4NH_3 = PF_3(NH_2)_2 + 2NH_4Cl.$$

Jod. — Phosphortrifluorid verbindet sich mit Jod zu einem festen Körper dem Phosphortrifluordijodid PF_3J_2, dessen gelbe Farbe beim Abkühlen in Rot übergeht. Die Darstellung geschieht leicht durch Erhitzen von Jod in einer Atmosphäre von Phosphortrifluorid.

Phosphor. — Erhitzt man Phosphor in einer Glocke, die mit Phosphortrifluorid gefüllt ist, so tritt keine Reaktion ein. Das Volumen und die Eigenschaften des Gases bleiben unverändert.

Arsen. — Reines Arsen wurde in einer Glocke, die ein gemessenes Volumen Phosphortrifluorid enthielt, auf Dunkelrotglut erhitzt. Es verflüchtigte sich und sublimierte auf dem kalten Teil der Glocke, ohne flüssiges Fluorarsen zu bilden. Nach dem Erkalten beobachtete man eine geringe Volumabnahme, die auf die Bildung einer kleinen Menge Fluorsilicium durch Einwirkung des Phosphorfluorids auf das Glas der Glocke zurückzuführen ist. Das Gas zeigte nach Entfernung des Fluorsiliciums alle Eigenschaften des Phosphortrifluorids.

Aus diesem Versuche folgt, dass das Phosphortrifluorid stabiler ist als das Arsentrifluorid, welches daher nach den thermochemischen Gesetzen von Berthelot im Momente seiner Entstehung weniger Wärme entwickeln muss.

Bor. — Erhitzt man Phosphortrifluorid in einer Glocke bei Gegenwart von amorphem Bor, so entsteht Phosphor und Fluorbor, sowie gleichzeitig durch Mitwirkung des Glases eine kleine Menge Fluorsilicium.

S i l i c i u m. — Krystallisiertes Silicium verliert, wenn man es in einer mit Phosphortrifluorid gefüllten Glocke auf Dunkelrotglut erhitzt, seinen Glanz, während Phosphor auf dem kalten Teile des Gefässes niedergeschlagen wird. Nach Abkühlung des Gases auf Laboratoriumstemperatur lässt sich eine Volumverminderung konstatieren.

Bei halbstündiger Dauer des Versuches wird das Phosphortrifluorid vollständig zersetzt, und in der Glocke hinterbleibt nur Fluorsilicium, welches von Wasser unter Abscheidung von Kieselsäure vollständig absorbiert wird. Aller Phosphor befindet sich als Niederschlag an den Wandungen der Glocke.

Mit Hülfe dieser Umsetzung, die auch erfolgt, wenn eine Glaswand auf Dunkelrotglut erhitzt wird, war es, wie weiter unten auseinandergesetzt werden und möglich, das Fluor und den Phosphor in der neuen Verbindung quantitativ zu bestimmen.

Amorphes Silicium ergab das gleiche Resultat.

EINWIRKUNG DER METALLE.

N a t r i u m. — Auf einer mit Quecksilber gefüllten Wanne, wie bei den vorangehenden Versuchen, liess man ein kleines Stück Natrium in eine mit Phosphortrifluorid gefüllte Glocke aufsteigen. Sobald das Metall vorsichtig erhitzt wurde, schmolz es alsbald und gleichzeitig trat eine allmähliche Abnahme des Gasvolumens ein. Plötzlich wurde das Metall glühend, und die Absorption erfolgte nun sehr rasch, bis das Reagensglas ganz mit Quecksilber gefüllt war.

K u p f e r. — Erhitzt man Kupfer in gleicher Weise in einer Atmosphäre von Phosphortrifluorid, so bedeckt es sich mit einer schwarzen Schicht von Phosphorkupfer, das Gasvolum nimmt ab, und gleichzeitig bildet sich eine beträchtliche Menge

Fluorsilicium, welche durch Berührung mit Wasser Kieselsäure und Kieselfluorwasserstoffsäure lieferte.

Aluminium. — Bei der Temperatur des weichwerdenden Glases scheint Aluminium auf Phosphortrifluorid noch nicht einzuwirken. Das Volumen des Gases ändert sich nur ganz wenig. Diese Thatsache ist ziemlich merkwürdig, da Henri Deville bekanntlich bei hoher Temperatur Fluoraluminium mit Leichtigkeit darstellen konnte. Wahrscheinlich bedeckt sich das Metall mit einer Schicht einer schwer flüchtigen Verbindung, wodurch die Reaktion begrenzt wird.

Quecksilber. — Quecksilberdampf wirkt allem Anschein nach bei 350^{0} auf Phosphortrifluorid noch nicht ein.

EINWIRKUNG VERSCHIEDENER VERBINDUNGEN.

Oxydierend wirkende Körper. — Bringt man Phosphortrifluorid mit einer Lösung von Chromsäure oder Kaliumpermanganat zusammen, so tritt sofort Zersetzung ein. In der Lösung kann Phosphorsäure durch Fällung mit Chlormagnesium und Ammoniak leicht nachgewiesen werden.

Chlorwasserstoffgas. — Erhitzt man ein Gemenge von Chlorwasserstoffgas und Phosphortrifluorid in einer Glocke über Quecksilber, so tritt ein teilweiser Zerfall ein in Phosphorwasserstoff, Fluorwasserstoff und Chlorphosphor.

Ammoniak. — Ammoniak verbindet sich mit trockenem Phosphortrifluorid bei gewöhnlicher Temperatur unter Bildung einer weissen wollähnlichen Substanz, die sofort durch Wasser zersetzt wird. Aehnliche Verbindungen waren schon mit Fluorarsen erhalten worden.

Alkohol. — Absoluter Alkohol absorbiert Phosphortrifluorid augenblicklich unter Wärmeentwicklung, und es entsteht eine stechend ätherisch riechende Flüssigkeit, die beim Kochen kein Gas entwickelt.

ANALYSE DES PHOSPHORTRIFLUORIDS.

Bestimmung des Phosphors. — Die Bestimmung des Phosphors in dieser Verbindung bietet solche Schwierigkeiten, dass zu Beginn dieser Untersuchungen eine Verzögerung von mehreren Monaten verursacht wurde.

Zuerst liess man das Gas durch Kalilauge absorbieren, säuerte die Lösung mit Salpetersäure an, und erhielt sie mehrere Stunden im Kochen. Hierauf dampfte man zur Trockene ein, nahm den Rückstand mit verdünnter Salzsäure auf und fällte mit Chlormagnesium, Citronensäure und Ammoniak. Aus dem erhaltenen Magnesiumpyrophosphat konnte der Phosphor berechnet werden.

Diese Methode lieferte niemals gute Resultate, obwohl sie auf die mannigfaltigste Art modifiziert wurde. So wurde der Versuch gemacht, den trockenen, von der Absorption des Gases durch Kalilauge herrührenden Abdampfrückstand mit geschmolzenem Salpeter aufzuschliessen und dann die Analyse wie früher zu Ende zu führen, aber ohne Erfolg, ebensowenig bei mehrstündigem Kochen der alkalischen Losung.

Einige Analysen indes, bei welchen die saure Flüssigkeit längere Zeit mit den Silikates des Glases oder Porzellans in Berührung blieb, lieferten für Phosphor Zahlen, die der Formel PF_3 entsprachen.

Als Beispiel diene folgende Analyse:

Analyse No. 1.

Gasvolum bei 0° und 760 mm: 157,01 cc

Magnesiumpyrophosphat . . 0,859 g entsprechen
Phosphor . . . . 0,230 g

100 cc Gas enthielten also 0,152 g Phosphor.

Nimmt man die theoretische Dichte der Verbindung PF_3 zu 3,045 an, so ergiebt sich, dass 100 cc Gas 0,1431 g Phosphor enthalten müssen. Die Analyse stimmte also annähernd. Die Zahl 0,152 ist ein Maximum, welches niemals überschritten wurde, dagegen wurden meistens viel niedrigere Resultate erhalten. Eine analytische Methode, die derart unzuverlässig war, konnte also unmöglich acceptiert werden.

Aus den thermochemischen Untersuchungen, die Berthelot diesbezüglich bereitwilligst ausführte, folgte übrigens, dass die Zersetzung des Phosphortrifluorids in Gegenwart einer Alkalilösung nicht so einfach verläuft, als die des Phosphortrichlorids. Berthelot ist der Ansicht, dass sich, wie weiter oben ersichtlich, zuerst eine fluophosphorige oder fluoxyphosphorige Säure bildet, die so beständig ist, dass sie bei Siedehitze nicht zerstört wird. Dies könnte zur Erklärung der Schwierigkeiten dienen, die bei diesen Analysen auftraten. Es kam ein Fall vor, dass 200 cc Phosphortrifluorid durch Kalilauge absorbiert wurden, und dass die Lösung nach einstündigem Kochen mit verdünnter Salpetersäure keine Spur eines Niederschlages von Ammoniummagnesiumphosphat ergab.

Die Analyse ist weniger schwierig, wenn man zunächst das Gas mit einem Oxydationsmittel z. B. Chromsäurelösung behandelt. Folgende Analyse soll dies bestätigen:

Analyse No. 2.

Man brachte 20, 25 cc Gas, die über Quecksilber bei 765 mm Druck und 15° in einem Reagensrohre abgemessen worden waren, mit einer wässerigen Chromsäurelösung zusammen, neutralisierte hierauf mit reinem Aetzkali und dampfte nach dem Ansäuern mit Salpetersäure zur Trockene. Der Rückstand wird geglüht, wobei Quecksilberdämpfe auftreten, die von der Zersetzung einer kleinen Menge chromsauren Quecksilbers herrühren, und hierauf mit 10 g Salpeter anderthalb Stunden lang auf Rotglühhitze erhitzt. Sodann nimmt man mit Wasser auf, filtriert und fällt die Phosphorsäure mit Magnesiamixtur.

Das Ammoniummagnesiumphosphat wird abfiltriert, mit ammoniakalischem Wasser gewachsen und geglüht. Das erhaltene Pyrophosphat bleibt trotz des gründlichsten Auswaschens stets leicht gelb gefärbt.

V_0 sei das Gasvolumen bei 0^0 und 760 mm.

$$V_0 = 19{,}294 \text{ cc.}$$

Gefunden wurden:

Magnesiumpyrophosphat . . . 0,110 g

Dies entspricht:

Phosphor . . . . 0,0306 g

oder 0,159 g Phosphor in 100 cc Gas.

Die besten, übereinstimmendsten Resultate wurden mit einer analytischen Methode erhalten, die darin besteht, das Fluor zuerst in Fluorsilicium überzuführen. Die bei der Zersetzung desselben mit Wasser oder Alkali entstehende Kieselsäure und Kieselfluorwasserstoffsäure beeinträchtigen nämlich die Fällung des Magnesiumammoniumphosphates nicht im mindesten.

Die Analyse wurde in folgender Weise ausgeführt:

Das Gas wird zunächst mit geschmolzenem Aetzkali getrocknet, und hierauf ein bestimmtes Volum davon auf der Quecksilberwanne abgemessen und in eine hohle Glocke gebracht. Dieselbe wird eine Stunde lang auf Dunkelrotglut erhitzt, wobei das Phosphortrifluorid vollständig zersetzt wird; es entsteht Phosphor und Fluorsilicium. Die Umsetzung ist, wie man sich überzeugen kann, vollständig. Weiter unten wird gezeigt werden, dass sich aus dem Volumen des gebildeten Fluorsiliciums die Menge des in dem Phosphortrifluorid enthalten gewesenen Fluors mit Leichtigkeit berechnen lässt. Nachdem die Glocke vollständig erkaltet ist, lässt man vorsichtig Luft eintreten und löst hierauf den Phosphor mit reiner Salpetersäure auf. Die Lösung wird dreissig Minuten lang in der umgekehrten Glocke in ruhigem Sieden erhalten und sodann zur Abscheidung der Kieselsäure zur Trockene gedampft. Der Rückstand wird mit verdünnter Salpetersäure aufgenommen, und nach dem Filtrieren kann die Phosphorsäure als Magnesiumammoniumphosphat daraus niedergeschlagen werden. Es ist absolut erforderlich, das Magnesiumpyrophosphat nochmals in verdünnter Salpetersäure zu lösen und wieder mit Ammoniak auszufällen, um die überschüssige Magnesia und Spuren von Kieselsäure zu entfernen. Man glüht nunmehr nochmals und wägt hierauf.

Die Gasvolumina werden auf 0° und 760 mm reduziert und aus dem Gewichte des Magnesiumpyrophosphates dasjenige des Phosphors berechnet.

Analyse No.	Ursprüngliches Volum cc	$Mg^2 P^2 O^7$ — g	P — g	P in 100 cc g
3	19,30	0,105	0,02929	0,151
4	20,02	0,098	0,02738	0,137
5	16,33	0,088	0,02455	0,150
6	23,34	0,126	0,03515	0,150
7	24,96	0,130	0,03627	0,146
8	20,63	0,110	0,03052	0,148

Entsprechend der theoretischen Dichte würde das Phosphortrifluorid in 100 cc 0,1431 g Phosphor, und entsprechend der experimentell ermittelten Dichte in 100 cc 0,1404 g Phosphor enthalten.

Das bei den ersten sechs Analysen verwendete Gas war durch Einwirkung von Phosphorkupfer auf absolut kieselsäurefreies Fluorblei dargestellt und sorgfältig ganz langsam durch eine mit Wasser gefüllte Waschflasche geleitet worden, um es vollständig von eventuell darin enthaltenem Pentafluorid zu befreien. Hierauf war es mit Schwefelsäure und mit geschmolzenem Aetzkali getrocknet worden.

Das Gas, an welchem die Analysen 7 und 8 ausgeführt wurden, war durch Einwirkung von Fluorarsen auf Phosphortrichlorid, wie zu Beginn dieses Kapitels beschrieben, erhalten worden.

Es sei hier darauf hingewiesen, dass aus der einfachen Bestimmung des Phosphors in dem Trifluorid nicht gefolgert werden kann, ob das analysierte Gas Pentafluorid enthält. Denn 100 cc Trifluorid enthalten 0,143 g Phosphor und 100 cc Pentafluorid enthalten 0,140 g; diese Differenz fällt innerhalb der Fehlergrenze der Analysenmethode. Bei den vorher analysierten Proben war indes diese Fehlerquelle nicht zu befürchten, da das Gas durch eine kleine Waschflasche mit Wasser geleitet worden war, wodurch das Pentafluorid sofort zerstört wird.

Bestimmung des Fluors. — Die Bestimmung des Fluors wurde durch eine interessante Eigenschaft des Phosphortrifluorids ermöglicht. Bringt man in eine Glocke über trockenes Quecksilber eine bestimmte Menge Phosphortrifluorid und erhitzt hierauf den runden Teil auf Dunkelrotglut, so wird, wie bereits weiter oben beschrieben, der Phosphor ausgeschieden. Das Volum verringert sich, und die Phosphordämpfe condensieren sich bald in kleinen Tröpfchen an den kalten Wandungen. Nach circa vierzig Minuten ist die Zersetzung vollständig. Das Volum hat abgenommen, der erhitzt gewesene Teil der Glaswand ist stark angegriffen, und das übrigbleibende Gas besteht vollständig aus Fluorsilicium, welches durch Wasser unter Abscheidung von Kieselsäure zersetzt wird.

$$\underbrace{4\,PF_3}_{8\text{ Vol.}} + 3\,Si = \underbrace{3\,SiF_4}_{6\text{ Vol.}} + 4\,P.$$

Die Untersuchung des in der Glocke befindlichen Rückstandes ergiebt, dass derselbe zum grössten Teil aus gewöhnlichem in Schwefelkohlenstoff löslichen Phosphor, etwas Phosphorsäure und ein wenig rotem Phosphor besteht.

Das Phosphortrifluorid wurde also durch Einwirkung der Wärme zersetzt und das Fluor bildete mit dem Silicium des Glases gasförmiges Fluorsilicium. Aus dem Volumen des Fluorsiliciums lässt sich die Menge des Fluors leicht bestimmen. Bei Trifluorid muss die Volumverminderung entsprechend der obigen Gleichung ein Viertel betragen; bei Pentafluorid müsste das Volumen um den vierten Teil zunehmen, wenn die Zersetzung mit gleicher Regelmässigkeit erfolgen würde.

$$\underbrace{4\,PF_5}_{8\text{ Vol.}} + 5\,Si = \underbrace{5\,Si\,F_4}_{10\text{ Vol.}} + 4\,P$$

Die folgenden Analysen wurden durch Erhitzen des gut getrockneten Gases in einer Glocke, die sich in einem mit Quecksilber gefüllten Glase befand, ausgeführt. Die Volume wurden vor und nach der Reaktion in demselben graduierten Rohre gemessen. Da die Analyse nur sehr kurze Zeit in Anspruch nahm, war es nicht notwendig, die Aenderung des Luftdruckes zu berücksichtigen; was die Temperatur betrifft, so liess man vor jeder Ablesung das Gas auf die Temperatur der Quecksilberwanne abkühlen, welche während der ganzen Dauer des Versuches constant blieb. Nachher überzeugte man sich von der Vollständigkeit der Ueberführung in Fluorsilicium, durch Zusammenbringen des erhaltenen Gases mit Wasser.

	Volumen des Gases	Volumen nach dem Erhitzen	Volumverminderung Gefunden	Volumverminderung theoretisch
	cc	cc	cc	
I. . . .	21.5	16,0	5,5	5,375
II. . . .	19,6	14,6	5,0	4,900
III. . . .	21,7	16,2	5,5	5,420
IV. . . .	17,5	13,3	4,2	4,375

SCHUSSFOLGERUNGEN.

Ein neuer gasförmiger Körper, das Phosphortrifluorid, kann also erhalten werden:

1. Durch Erhitzen eines absolut trockenen Gemenges von kieselsäurefreiem Fluorblei und stark phosphorhaltigem Phosphorkupfer auf Dunkelrotglühhitze.

2. Durch Einwirkung von Trifluorarsen auf Phosphortrichlorid.

3. Durch Einwirkung von Phosphortribromid auf Fluorzink oder von Phosphortrichlorid auf Fluorsilber.

Das Gas besitzt einen stechenden Geruch, ist in Chloroform, Aether und Schwefelkohlenstoff unlöslich und lässt sich unter einem Druck von 40 Atmosphären bei -10^0 verflüssigen. Seine Dichte beträgt nach der mit dem Chancel'schen Apparate ausgeführten Bestimmung 3,022, nach der Theorie für PF_3 3,045.

Unter Einwirkung des Induktionsfunkens zerfällt es in Phosphorpentafluorid und Phosphor.

Phosphortrifluorid brennt an der Luft nicht; mischt man es aber mit einem halb so grossen Volum Sauerstoff, so explodiert es bei Einwirkung des elektrischen Funkens unter Bildung eines neuen gasförmigen Körpers, des Phosphoroxyfluorids POF_3. Ein derartiges Gemenge entzündet sich an einer Knallgasflamme und verbrennt ohne Detonation. Die Leuchtgasflamme vermag die zur Entzündung notwendige Hitze nicht zu erzeugen.

Reines Phosphortrifluorid raucht an der Luft nicht und zersetzt sich mit Wasser sehr langsam unter Bildung von fluorphosphoriger Säure, welche in der Wärme auf schweflige Säure reduzierend einwirkt und im Marsh'schen Apparate Phosphorwasserstoff liefert. Mit Wasserdampf von 100^0 geht die Zerlegung des Trifluorids rascher von Statten, braucht jedoch immer noch einige Minuten.

Phosphortrifluorid wird von Natron- oder Kalilauge unter Wärmeentwicklung rasch absorbiert. Langsamer erfolgt die Absorption mit Barytwasser oder einer Lösung von Kaliumcarbonat.

Chromsäure- oder Kaliumpermanganatlösung zersetzt Phosphortrifluorid sofort. Von absolutem Alkohol wird es unter Wärmeentwicklung absorbiert, ohne dass es durch Kochen wieder ausgetrieben werden kann.

Brom sättigt sich bei -20^0 mit Phosphortrifluorid und liefert ein flüssiges Additionsprodukt von bräunlicher Farbe, welches der Formel PF_3Br_2 entspricht.

Amorphes Bor und krystallisiertes Silicium liefern bei Dunkelrotglühhitze Fluorbor, respektive Fluorsilicium.

Geschmolzenes Natrium absorbiert Phosphortrifluorid sehr rasch, was daraus zu ersehen ist, dass das Rohr sich mit Quecksilber füllt. Dunkelrotglühendes Kupfer wirkt zersetzend ein, aber etwas langsamer.

Ammoniak verbindet sich mit trockenem Phosphortrifluorid in der Kälte zu einer weissen, wollähnlichen Masse, von geringem specifischen Gewichte, die bei Berührung mit Wasser verschwindet.

Nach allen seinen Eigenschaften, nach der Bestimmung der chemischen Zusammensetzung und der Dichte ist dieser neue gasförmige Körper als Phosphortrifluorid PF_3 anzusehen.

PHOSPHORPENTAFLUORID.

Darstellung.

Phosphortrifluorid ist ein gasförmiger Körper und wurde zum ersten Male von Thorpe durch Einwirkung von Trifluorarsen auf Phosphorpentachlorid dargestellt (1). Thorpe bestimmte auch die Dichte und einige seiner Eigenschaften.

Nach der von Thorpe angewendeten Darstellungsmethode ist es nicht möglich, das Gas in absolut reinem Zustande zu erhalten. Lässt man nämlich Trifluorarsen zu dem in einem kleinen Kolben befindlichen Phosphorpentachlorid hinzutropfen, so erfolgt eine sehr lebhafte Reaktion, und das entweichende Gas führt immer Dämpfe von Fluorarsen und Arsenchlorid mit sich.

Diese doppelte Umsetzung vollzieht sich nach der Gleichung:

$$5\,AsF_3 + 3\,PCl_5 = 5\,AsCl_3 + 3\,PF_5.$$

1) T. E. THORPE. On phosphorus pentafluoride, *Proceedings of the Royal Society of London* t. XXV, p. 122; 1877 und *Liebig's Annalen der Chemie* t. CLXXXII, p. 201; 1876.

Ich bediente mich daher zur Darstellung von Phosphorpentafluorid einer anderen Reaktion.

Leitet man, wie bereits früher erwähnt, Phosphortrifluorid in Brom, welches auf — 15° gekühlt ist, bis zur Sättigung, so erhält man ein Phosphorpentafluobromid, als bräunlich gefärbte Flüssigkeit, die hierauf allmählich zu Phosphorpentabromid und Phosphorpentafluorid zerfällt.

$$5\,PF_3Br_2 = 3\,PF_5 + 2\,PBr_5.$$

Das Phosphorpentabromid, ein fester Körper, bleibt in dem Rohre, in welchem der Zerfall vor sich geht, zurück.

Diese Mitwirkung des Broms zur Ueberführung von Trifluorid in Pentafluorid ist eine ziemlich merkwürdige Reaktion. Die Entwicklung von Phosphorpentafluorid geht ganz regelmässig von Statten.

Bei dieser Darstellungsmethode könnte möglicherweise eine kleine Menge Brom durch das Pentafluorid mitgerissen werden, besonders, wenn die Sättigung durch Trifluorid keine vollständige gewesen ist. Diese Verunreinigung kann leicht entfernt werden, indem man das Gas über Quecksilber in absolut trockenen Flaschen, in welchen man etwas Quecksilber übrig lässt, auffängt. Das Brom wird von dem Metall allmählich gebunden, und man erhält auf diese Weise reines Phosphorpentafluorid.

Das Gas ist nicht brennbar, raucht an der Luft sehr stark, besitzt einen stechenden Geruch und wird durch Wasser vollständig zersetzt.

Dichte.

Thorpe giebt für die Dichte des Phosphorpentafluorids die Zahl 4,5 an; die theoretische Dichte würde 4,4043 betragen.

Auch ich führte eine Bestimmung der Dichte des Phosphorpentafluorids mit Hülfe des kleinen Glas-Apparates von Chancel aus. Die Gierigkeit, mit welcher Phosphorpentafluorid Feuchtigkeit anzieht, verursachte hierbei einige Schwierigkeit. Der Glasballon wurde im Trockenschrank bei 110° getrocknet, während gleichzeitig ein Luftstrom, der durch Ueberleiten über wasserfreies Aetzkali getrocknet worden war, durchgeleitet wurde. Hierauf liess man den Apparat in diesem Luftstrom erkalten. Das in Glasflaschen befindliche Phosphorpentafluorid wurde nun durch ganz trockenes Quecksilber mit Hülfe eines kleinen Leitungsrohres in das Kölbchen gedrängt.

Trotz all dieser Sorgfalt wurde für das Gas in ganz reinem Zustande eine etwas höhere Dichte gefunden, als der Theorie nach zu erwarten gewesen wäre.

Drei übereinstimmende Versuche mit Phosphorpentafluorid, welches von Wasser vollständig, ohne eine Spur Kieselsäure abzuscheiden absorbiert wurde, lieferten folgende Zahlen:

4,50 4,49 4,48.

Verflüssigung und Erstarrung.

Es war Thorpe nicht gelungen, das Gas durch einen Druck von 12 Atmosphären bei einer Temperatur von 7° zu verflüssigen. Der Apparat von Cailletet ermöglicht das Experiment.

Bei einer Temperatur von 16° und unter einem Drucke von 23 Atmosphären verflüssigt sich Phosphorpentafluorid. Sobald dieser Druck erreicht ist, bilden sich an den Wandungen des Gefässes reichliche Streifen, die sich auf der Oberfläche des Quecksilbers zu einer Flüssigkeit vereinigen, durch welche das Glas nicht angegriffen wird. Vermindert man den Druck plötzlich um ein Geringes, so bildet sich in dem Rohre eine schneeartige Masse von Phosphorpentafluorid, die alsbald wieder schmilzt. Phosphorpentafluorid bietet demnach ein geeignetes Beispiel, um bei gewöhnlicher Temperatur Verflüssigung und Erstarrung eines gasförmigen Körpers vorzuführen.

Eigenschaften.

Die Bedingungen, unter welchen Phosphorpentafluorid bei Einwirkung von kräftigen Induktionsfunken in Trifluorid und Fluor zerfällt, sind im ersten Teile dieses Werkes angegeben und brauchen daher hier nicht wiederholt zu werden.

Erhitzt man Phosphorpentafluorid mit überschüssigem Phosphordampf in einer Glocke auf Dunkelrotglut, so entsteht kein Trifluorid. Phosphorpentachlorid dagegen lagert sich unter diesen Umständen bekanntlich zum grössten Teil in Trichlorid um.

Phosphorpentafluorid wird durch Schwefeldampf bei 440° nicht zersetzt, ebensowenig von Joddampf bei einer um 500° liegenden Temperatur. Bringt man es zusammen mit einer Spur Feuchtigkeit in Glasgefässe, so werden die Doppelsilicate langsam angegriffen, wobei Fluorsilicium und Phosphoroxyfluorid entsteht, und gleichzeitig eine gewisse Menge Phosphor von den im Glase enthaltenen Alkalien als Phosphat oder Fluophosphat gebunden wird.

Infolge dieser Reaktion ist es sehr schwer, Phosphorpentafluorid in Glasflaschen aufzubewahren, ohne dass letztere angegriffen werden.

Tassel erhielt bei — 10° eine krystallisierte Verbindung von Phosphorpentafluorid und Stickstoffsuperoxyd, die der Formel $PF_5N_2O_4$ entspricht.

Analyse.

Die Analyse von Phosphorpentafluorid bietet bei der Ausführung in Glasgefässen Schwierigkeiten, die leicht erklärlich sind, da es sich um die ziemlich komplizierte Trennung von Phosphorsäure, Fluorwasserstoffsäure, Kieselsäure und Fluorkieselsäure handelt.

Folgende zwei Methoden lieferten brauchbare Resultate:

1. Man lässt ein bestimmtes, in einem Platinmesscylinder über Quecksilber gemessenes Volumen Gas durch eine Alkalilösung absorbieren, dekantiert durch einen Guttapercha-Trichter in einen grossen Platintiegel und fügt Salpetersäure und Molybdänlösung hiezu.

Nach vierstündigem Erwärmen auf dem Wasserbade wird der Niederschlag durch einen Guttapercha-Trichter abfiltriert, hierauf wieder aufgelöst; und die Lösung mit Magnesiamixtur gefällt. Aus dem Magnesiumpyrophosphat berechnet man die Menge Phosphor, die in dem auf 0^0 und 760 mm reduzierten Gasvolumen enthalten war.

2. Das Phosphorpentafluorid wird auf der Quecksilberwanne in einem Glasrohre abgemessen, durch reine Kalilauge absorbiert, und die Lösung hierauf in eine Platinschale dekantiert. Man fügt nun die Waschwässer und etwas reine Kieselsäure hinzu und verdampft auf dem Wasserbade zur Trockene. Die zurückbleibende Masse wird hierauf mit concentrierter Schwefelsäure eine Stunde auf dem Wasserbade behandelt und sodann bis zum Auftreten von weissen Schwefelsäuredämpfen erhitzt. Nach dem Erkalten nimmt man mit wenig Wasser auf, fügt concentriertes Ammoniak im Ueberschuss hinzu, filtriert und fällt im Filtrat den Phosphor als Ammonium-Magnesiumphosphat.

Bei dieser Methode wird das Fluor als Fluorsilicium abgeschieden.

Die erhaltenen Zahlen stimmen genau auf die Formel PF_5.

Schlussfolgerungen.

Phosphorpentafluorid besitzt nicht die beim Pentachlorid beobachtete leichte Zersetzlichkeit, wodurch letztere Verbindung zur Einführung von Chlor in organische Körper nach dem Vorschlag von Colson und Gautier (1), besonders geeignet er-

1) A. Colson und H. Gautier. Nouveau mode de chloruration des carbures, *Annales de Chimie et de Physique*, 6e série, t. XI, p. 19; 1887.

scheint. Es ist viel beständiger und zerfällt nur unter Einwirkung sehr kräftiger Induktionsfunken. Diese Reaktion kann zur Isolierung des Fluors nicht verwendet werden, da sie in Glasgefässen ausgeführt wird und sich unter diesen Umständen sofort Fluorsilicium und Fluorquecksilber bildet.

PHOSPHOROXYFLUORID.

Die Einwirkung eines kräftigen Induktionsfunkens auf ein Gemenge von 4 Volumen Phosphortrifluorid und 2 Volumen Sauerstoff verursacht, wie bereits weiter oben beschrieben wurde, eine heftige Detonation, wobei eine Volumverminderung eintritt, und ein Gas entsteht, dessen Eigenschaften von denen des Phosphortrifluorids abweichen. Dieser neue gasförmige Körper ist das Phosphoroxyfluorid POF_3.

Darstellung.

1. Zur Darstellung des Oxyfluorids, welches zu diesen Untersuchungen diente, liess man ein Gemenge von ungefähr 2 Volumteilen Phosphortrifluorid und 1 Volumteil Sauerstoff — letzterer in geringem Ueberschuss — in kleinen Partieen von ungefähr 10 cc unter Einwirkung des Induktionsfunkens explodieren. Das erhaltene Oxyfluorid wurde mehrere Tage lang über Quecksilber, zusammen mit trockenem Phosphor stehen gelassen, welcher sich mit dem übriggebliebenen Sauerstoff vereinigte. Sauerstoff, der nur eine schwache Tension besitzt, wird unter diesen Umständen vom Phosphor in der Kälte ziemlich rasch absorbiert.

Phosphoroxyfluorid kann auch erhalten werden, indem man ein Gemenge von zwei Teilen Trifluorid und einem Teil Sauerstoff über gelinde erhitzten Platinschwamm leitet, wobei die Vereinigung leicht erfolgt.

2. Die beste Methode zur Darstellung von Phosphoroxyfluorid besteht darin, in einem Metall-Apparate Phosphoroxy-

chlorid auf wasserfreies, nicht geglühtes Fluorzink einwirken zu lassen. Die Gasentwicklung beginnt schon in der Kälte und kann durch mässiges Erwärmen beschleunigt werden; es entsteht Chlorzink und Phosphoroxyfluorid.

Das zu dieser Reaktion verwendete Fluorzink wurde durch Behandlung von Zinkcarbonat mit überschüssiger reiner Fluorwasserstoffsäure dargestellt. Nach dem Verdampfen trocknet man den Rückstand bei 300°.

Die Darstellung des Phosphoroxyfluorid nach obiger Methode wird in folgender Weise ausgeführt: Das Fluorzink wird in ein Reagensrohr aus Messing gebracht, welches mit einem paraffinierten Korkstopfen verschlossen ist, der in zwei Bohrungen einen Tropftrichter und ein Gasentbindungsrohr aus Blei trägt. In dem Tropftrichter befindet sich Phosphoroxychlorid, welches man so allmählich zu dem Fluorzink zutropfen lassen kann. An das Gasentbindungsrohr aus Blei schliesst sich ein Messingrohr, welches in einer Kältemischung auf — 20° abgekühlt wird, und dazu dient, den grössten Teil der mitgeführten Phosphoroxychloriddämpfe zu condensieren. Die letzten Spuren Phosphoroxychlorid werden in einem mit Fluorzink gefüllten Glasrohr zurückgehalten, und hierauf das gasförmige Phosphoroxyfluorid über Quecksilber aufgefangen. Man bewahrt es in Glasflaschen mit eingeschliffenen Stopfen auf.

Es empfiehlt sich, damit die Reaktion leicht eintritt, einen geringen Ueberschuss von Phosphoroxychlorid hinzuzufügen und auf 40° oder 50° zu erwärmen. Die Temperatur von 50° darf indes nicht überschritten werden, da sonst die Gasentwicklung sehr stürmisch werden, und leicht eine Explosion eintreten kann.

3. Nach meinen ersten Untersuchungen über Phosphoroxyfluorid wurde von Thorpe und Hambly (1) ein Verfahren zur Darstellung dieses Gases angegeben, welches darin besteht, ein inniges Gemenge von Kryolith und Phosphorsäureanhydrid zu erhitzen.

---

[1]) THORPE und HAMBLY. On phosphoryl trifluoride, *Journal of the Chemial Society of London*, t. LV, p. 759; 1889.

4. Eine andere, ziemlich merkwürdige Darstellungsmethode besteht darin, Fluorwasserstoff auf Phosphorsäureanhydrid einwirken zu lassen.

Die Reaktion wird in einem Metallrohr in der Weise ausgeführt, dass man wasserfreie Fluorwasserstoffsäure bei einer unter $+19{,}5^0$ liegenden Temperatur mit Phosphorsäureanhydrid zusammenbringt, wobei unter Wärmeentwicklung sofort ein Gas entweicht, welches der Formel POF_3 entspricht.

Aus dieser interessanten Reaktion folgt, dass man niemals Phosphorsäureanhydrid zum Trocknen von Fluorwasserstoff verwenden darf.

Louyet, der seinerzeit versuchte, Fluorwasserstoffsäure mit Hülfe von Phosphorsäureanhydrid zu entwässern, hat jedenfalls eine bedeutende Menge Phosphoroxyfluorid erhalten. Hierin liegt auch die Erklärung dafür, dass die von diesem Forscher dargestellte Fluorwasserstoffsäure die Eigenschaft besass, Glas nicht anzugreifen.

5. Phosphoroxyfluorid kann endlich noch dargestellt werden durch Einwirkung von Fluorsilber auf Phosphoroxychlorid.

$$POCl_3 + 3\,AgF = POF_3 + 3\,AgCl.$$

Diese Reaktion wird in einem zugeschmolzenen Glasrohre unter gelindem Erwärmen ausgeführt, wobei wohl darauf zu achten ist, dass weder Wasser noch Fluorwasserstoff oder Chlorwasserstoff zugegen sein darf.

Eigenschaften.

Phosphoroxyfluorid ist ein farbloses, stechend riechendes Gas, welches von Wasser unter Zersetzung und Wärmeentwicklung absorbiert wird. An der Luft bildet es weisse Dämpfe, jedoch in geringerem Masse als Phosphorpentafluorid, welches auch viel rascher von Wasser absorbiert wird. Glas wird von Phosphoroxyfluorid, wenn dasselbe vorher sorgfältig getrocknet wurde, nicht angegriffen.

Phosphoroxyfluorid lässt sich leichter verflüssigen, als die Phosphorfluoride. Während Trifluorid unter einem Druck von 40 Atmosphären bei — 10° und Pentafluorid unter einem Druck von 23 Atmosphären bei + 16°, verflüssigt wird, genügt bei Phosphoroxyfluorid ein Druck von 15 Atmosphären ebenfalls bei + 16°, um es in flüssigen Zustand überzuführen. Trotz aller beim Trocknen des Rohres und des Quecksilbers in Cailletet'schen Apparate angewandten Sorgfalt, wurden bei der Verflüssigung des Oxyfluorids das Glas und das Quecksilber stets etwas angegriffen. Setzt man das flüssige Phosphoroxyfluorid einem Druck von 50 Atmosphären aus und vermindert hierauf diesen Druck plötzlich, so erhält man sofort eine weisse, schneeartige Masse von festem Oxyfluorid. Bei gewöhnlichem Druck condensiert sich Phosphoroxyfluorid bei — 50°, einer Temperatur, die durch rasches Verdampfen von Chlormethyl oder mit Hülfe eines Gemenges von fester Kohlensäure und Aceton leicht zu erreichen ist.

Die theoretische Dichte des Phosphoroxyfluorids POF_3 ist 3,63; auf experimentellem Wege wurde der Wert 3,69 gefunden.

Phosphoroxyfluorid wird von absolutem Alkohol, von Chromsäure oder von einer Alkalilösung sofort absorbiert. Erhitzt man das Gas in einer Glasglocke, so zerfällt es nicht so leicht wie Phosphortrifluorid; es bildet sich kein Beschlag von Phosphor, und sogar nach einstündigem Erhitzen ist es noch nicht vollständig zersetzt. Als Reaktionsprodukte erhält man schliesslich Fluorsilicium und ein Alkaliphosphat.

Es sei hier darauf hingewiesen, dass durch die Existenz des Phosphoroxyfluorids die Idee Humphry Davys, das Fluor durch Verbrennung von Fluorphosphor mit Sauerstoff in einem Flussspatgefässe darzustellen, illusorisch wird. Ueberhaupt hatte, wie mir scheint, die merkwürdige Eigenschaft des Fluors, stets die Bildung tertiärer oder quaternärer Additionsprodukte zu bewirken, bisher alle Versuche, dieses Element abzuscheiden, vereitelt.

Analyse.

Die Bestimmung des Phosphors in Phosphoroxyfluorid, welches nach der Methode mit Fluorzink dargestellt worden war, erfolgte auf folgende Weise: Ein bestimmtes auf 0° und 760 mm reduziertes Volumen des Gases wurde durch reine Kalilauge absorbieren gelassen, und die Lösung in einer Platinschale zur Trockene eingedampft. Den Rückstand schliesst man mit einem Gemenge von Kali- und Natronsalpeter auf, löst in Wasser, säuert mit Salpetersäure an und fällt mit molybdänsaurem Ammon. Der Niederschlag wird in Ammoniak gelöst, und die Phosphorsäure hierauf als Ammonium-Magnesiumphosphat gefällt. Der Niederschlag wird geglüht, in Salpetersäure gelöst und von neuem mit Ammoniak gefällt, um so die eventuell mitgerissene Magnesia zu entfernen. Aus dem Gewichte des zuletzt erhaltenen Pyrophosphats, lässt sich die in dem Gasvolumen enthalten gewesene Menge Phosphor berechnen.

Folgende Zahlen wurden erhalten:

	I.	II.	III.	Theorie
Phosphor . .	29,20	29,40	29,95	29,80 Prozent

Das auf die beschriebene Weise erhaltene Gas ist also in der That Phosphoroxyfluorid.

PHOSPHORSULFOFLUORID.

Zur Vervollständigung dieser Arbeiten über die Fluorverbindungen des Phosphors sei auch noch erwähnt, dass Thorpe und Rodger [1] im Jahre 1888 das Phosphorsulfofluorid PSF_3 durch Einwirkung von Schwefelphosphor auf Fluorblei dargestellt hatten.

[1]) THORPE und RODGER. On thiophosphoryl fluoride, *Journal of the Chemical Society of London*, t. LIII, p. 766 und t. LV, p. 306. 1888 und 1889.

Diese Verbindung zerfällt mit Wasser nach der Gleichung:

$$PSF_3 + 4H_2O = H_3PO_4 + H_2S + 3HF.$$

Camille Poulenc stellte später dasselbe Sulfofluorid durch Einwirkung von Phosphortrifluodichlorid auf Schwefel oder Schwefelantimon dar.

TRIFLUORARSEN.

Geschichtliches.

Trifluorarsen wurde von Dumas [1] im Jahre 1826 entdeckt und durch Erhitzen eines Gemenges von arseniger Säure und Fluorcalcium mit überschüssiger Schwefelsäure dargestellt.

Lange Zeit nachher beschäftigte sich Emerson Mac Ivor [2] wieder mit der Untersuchung des Trifluorarsens. Er stellte dasselbe nach der Methode von Dumas dar und bestimmte die Dichte und den Siedepunkt. Derselbe Forscher empfiehlt in einer weiteren Abhandlung [3] zur Darstellung von Trifluorarsen ein Gemenge von Arsenchlorid, Fluorcalcium und Schwefelsäure der Destillation zu unterwerfen oder Fluorammonium auf Arsentrichlorid unter Erwärmen einwirken zu lassen.

Bildung.

Trifluorarsen kann, wie früher gezeigt, durch direkte Vereinigung von Fluor und Arsen erhalten werden; leichter entsteht es aber, wenn wasserfreie Fluorwasserstoffsäure mit arseniger Säure in Berührung kommt. Wirft man zum

---

1) Dumas. Note sur quelques composés nouveaux extraite d'une lettre de M. Dumas à M. Arago, *Annales de Chimie et de Physique*, 2e série, t. XXXI, p. 433, 1826.

2) Mac Jvor. On arsenic fluoride, *Chemical News*, t. XXX, p. 169; 1874.

3) Mac Jvor. On the fluorides of arsenic and phosphorus, *Chemical News*, t. XXXII, p. 258; 1875.

Beispiel arsenige Säure in Pulverform in Fluorwasserstoffsäure, so erfolgt unter lebhaftem Aufbrausen eine energische Reaktion, bei welcher reichliche Dämpfe entweichen. Durch Destillation des Rückstandes bei 70° erhält man in der mit Eis gekühlten Vorlage flüssiges Trifluorarsen. Die Reaktion nimmt einen analogen Verlauf, wenn man ein inniges Gemenge von Fluorkaliumfluorhydrat und arseniger Säure in einem Messingapparate erhitzt.

Trifluorarsen kann auch noch erhalten werden durch Erhitzen von Arsenchlorid mit Fluorblei oder Fluorsilber. Es entsteht Chlorblei oder Chlorsilber und Fluorarsen.

Darstellung.

Die verschiedenen soeben beschriebenen Reaktionen ergeben nur schwache Ausbeuten. Ich bediente mich daher für meine Untersuchungen der Darstellungsmethode von Dumas mit einer einzigen Modifikation, die darin bestand, dass ich die doppelte Menge Schwefelsäure verwendete.

Zunächst wird die arsenige Säure im Vacuum getrocknet, und das Fluorcalcium, welches vollständig frei von kohlensaurem Kalk sein muss, im Perrotschen Ofen ausgeglüht. Hierauf bringt man in eine tubulierte Retorte aus dickwandigem Glase von vier Litern Inhalt, 2 kg reine vollständig salzsäurefreie Schwefelsäure und fügt in kleinen Portionen 1 kg eines innigen Gemenges gleicher Teile von Fluorcalcium und arseniger Säure hinzu. Mit dem Hals der Retorte ist eine Vorlage aus Blei verbunden, welche durch Eiswasser gekühlt wird. Man erhitzt nun vorsichtig mehrere Stunden hindurch. Die erhaltene Flüssigkeit wird hierauf in einem Platinapparate bei +65° rectifiziert. Alle diese Operationen müssen in einem geschlossenen, gut ziehenden Abzuge ausgeführt werden.

Handelt es sich darum, Fluorarsen mehrere Tage hindurch aufzubewahren, so darf dies nicht in Glasflaschen mit eingeschliffenen Stopfen geschehen, da sonst der Stopfen alsbald fest im Halse haftet und die Flasche durch den Druck des langsam entstehenden Fluorsilicium zerschmettert wird. Die geringste Spur Wasser genügt, um diese Explosion zu bewirken. Am besten bewahrt man es in einer durch einen Stopfen aus gleichem Metall verschlossenen Platinflasche unter einer Glocke über einer zur Hälfte mit Schwefelsäure gefüllten Schale auf.

Physikalische Eigenschaften.

Trifluorarsen ist eine farblose, äusserst bewegliche, an der Luft rauchende Flüssigkeit.

Der Siedepunkt, welcher mit Hülfe eines kleinen Platinapparates in einem Oelbade bestimmt wurde, liegt bei $+63^0$ unter einem Drucke von 750 mm. Nach Mac Ivor lag der Siedepunkt des Trifluorarsens zwischen $+63^0$ und $+66^0$.

Die Dichte wurde auf gewöhnlichem Wege bestimmt und ergaben zwei Bestimmungen dieselbe Zahl 2,73, welche mit dem von Mac Ivor angegebenen Werte genau übereinstimmt.

Das flüssige Arsentrifluorid war bisher noch nicht zum Erstarren gebracht worden, obwohl dies ein äusserst einfaches Experiment ist, welches in einen kleinen geschlossenen Platintiegel mit Hülfe von Chlormethyl ausgeführt wird. Genau rektifiziertes Fluorarsen erstarrt bei $-8,5^0$ zu einer festen Masse von verfilzten Krystallen, welche die Wärme sehr schlecht leitet.

Die Einwirkung des elektrischen Stromes auf flüssiges Trifluorarsen, und die des Induktionsfunkens auf Trifluorarsen in gasförmigem Zustande sind bereits früher beschrieben worden.

Einwirkung der Wärme.

Die Einwirkung der Wärme auf Trifluorarsen wurde auf folgende Weise untersucht: In eine mit Quecksilber gefüllte Glocke bringt man eine kleine Menge Fluorarsen und erwärmt gelinde, wodurch die Flüssigkeit in gasförmigen Zustand übergeführt wird. Hierauf erhitzt man den runden Teil circa dreissig Minuten lang auf Dunkelrotglut. Nachdem der Apparat wieder Laboratoriumstemperatur angenommen hat, findet man keinen Beschlag von Arsen, sondern ein weisslicher Staub, der alle Reaktionen der arsenigen Säure zeigt, überzieht das Innere des Reagensglases; ausserdem hinterbleibt ein gasförmiger Körper, der vollständig aus Fluorsilicium besteht. Fluorarsen liefert also bei Berührung mit dunkelrotglühendem Glas arsenige Säure und Fluorsilicium. Der Sauerstoff der Kieselsäure dient dazu, das Arsen vollständig in arsenige Säure überzuführen.

$$4\,AsF_3 + 3\,SiO_2 = 3\,SiF_4 + 2\,As_2O_3.$$

Einwirkung auf Chlorverbindungen der Metalloide.

Fluorarsen bewirkt bei Berührung mit gewissen Chlorverbindungen von Metalloiden sogar in der Kälte heftige Reaktionen. Thorpe (1) gelang es, auf diese Weise Phosphorpentafluorid darzustellen, während ich auf analoge Weise zum Phosphortrifluorid gelangte. Es erfolgt eine doppelte Umsetzung, wobei das Gas frei wird.

$$AsF_3 + PCl_3 = AsCl_3 + PF_3$$

$$5\,AsF_3 + 3\,PCl_5 = 5\,AsCl_3 + 3\,PF_5$$

Diese Reaktion erfolgt auch mit Leichtigkeit bei Chlorsilicium. Fluorarsen wurde langsam auf Chlorsilicium zu tropfen gelassen, wobei sofort eine heftige Gasentwicklung von Fluorsilicium eintrat.

$$4\,AsF_3 + 3\,SiCl_4 = 4\,AsCl_3 + 3\,SiF_4.$$

1) THORPE. On phosphorus pentafluoride, *Proceedings of the Royal Society of London*, t. XXV, p. 122; 1877.

Diese verschiedenen Experimente können in einem Glaskolben ausgeführt werden; der Stopfen desselben ist mit einem Tropftrichter, welches das Fluorarsen enthält, und einem Gasentbindungsrohre versehen. Man bringt die Chlorverbindung in den Kolben und lässt das Fluorarsen langsam hinzutropfen. Alle Teile des Apparates müssen vorher im Trockenschrank sorgfältig getrocknet werden; der Korkstopfen ist gut zu paraffinieren.

Mit Hülfe dieser Reaktion gelang es Thorpe und Rodger ausserdem das Phosphorsulfofluorid durch Einwirkung von Fluorarsen auf Phosphorsulfochlorid bei 150^0 im zugeschmolzenen Rohr zu erhalten. ([1])

Die Chlorverbindungen von Kohlenstoff und Schwefel traten in der Kälte mit Fluorarsen nicht in Reaktion.

Analyse.

Bevor man dazu gelangte, das Arsen im Fluorarsen genau bestimmen zu können, mussten verschiedene Verfahren erprobt werden, da die Gegenwart von Fluorwasserstoff in freiem oder gebundenem Zustande immer eine Complikation der Analysen mit sich bringt.

Folgende zwei Methoden lieferten endlich brauchbare Resultate:

1. In einem tarierten, mittelst eines paraffinierten Korkstopfens verschlossenen Platinrohre wurden circa 0,5 g Arsentrifluorid, dessen Siedepunkt genau bei $+63^0$ lag, abgewogen. Die Flüssigkeit brachte man hierauf in eine grosse Platinschale, fügte 400 bis 500 cc destilliertes Wasser hinzu und leitete bei $+60^0$ bis zur Sättigung Schwefelwasserstoff ein. Nachher lässt man in einem langsamen Schwefelwasserstoffstrom erkalten. An dem Gaszuleitungsrohr, durch welches der Schwefelwasserstoff eingeleitet wird, muss ein Ansatzstück aus Platin ange-

[1]) Thorpe und Rodger. On thiophosphoryl Fluoride, *Journal of the Chemical Society of London*, t. L III, p. 766 und t. LV, p. 306; 1888 und 1889.

bracht werden, da jede Berührung mit Glas, wodurch Kieselfluorwasserstoffsäure und Fluosilikate entstehen würden, zu vermeiden ist. Die vollständige Fällung braucht ziemlich lange Zeit. Nach dem Erkalten filtriert man durch ein gewogenes, in einem Hartgummitrichter befindliches Doppelfilter und wäscht zuerst mit Schwefelwasserstoffwasser, hierauf mit destilliertem Wasser aus. Der Niederschlag wird bei 100° getrocknet und sodann auf dem Filter zur Lösung der eventuell darin enthaltenen Spuren Schwefel mit möglichst wenig reinem Schwefelkohlenstoff behandelt. Das Filter trocknet man zuerst an der Luft, dann bei 110° und wägt.

Auf diese Weise wurden folgende Zahlen erhalten:

	I.	II.	III.	
Arsen	56,10	56,53	55,97	Prozent.

Die theoretische Zusammensetzung des Trifluorarsens ist:

Arsen	56,82	Prozent.
Fluor	43,18	Prozent.
	100,00	Prozent.

2. Nachdem das Arsen wie früher unter Beobachtung aller Vorsichtsmassregeln in Schwefelarsen übergeführt wurde, filtriert man durch einen Guttaperchatrichter und löst den Niederschlag nach dem Auswaschen in ein wenig verdünnter Salpetersaure. Die Lösung versetzt man mit reiner rauchender Salpetersäure und einer Messerspitze chlorsaurem Kali. Das Ganze wird zum Sieden erhitzt, und so lange Kaliumchlorat hinzugefügt, bis aller Schwefel oxydiert ist. Sobald keine Spur von Chlorgeruch mehr wahrnehmbar ist, verdünnt man mit Wasser, filtriert und fällt die Arsensäure als arsensaure Ammonmagnesia. Der Niederschlag wird bei 105° getrocknet und gewogen.

Bei einer grossen Zahl von Analysen nach diesem Verfahren wurden stets etwas niedigere Resultate erhalten, als der Formel entsprechen würde.

	I.	II.	III.	IV.	V.	VI.
Arsen . . .	56,30	56,35	56,15	55,90	55,80	56,60

Trotzdem liegen diese Zahlen den obigen ziemlich nahe und entsprechen der Formel $As\ F_3$.

TETRAFLUORKOHLENSTOFF.

In folgendem sollen die Darstellung und die Eigenschaften des Tetrafluorkohlenstoffs beschrieben werden.

Dieses Gas kann unter verschiedenen Verhältnissen gebildet werden:

1) Durch Einwirkung von Fluor auf Kohlenstoff bei niedriger Temperatur.

Zur Ausführung dieser Synthese wird zunächst eine sehr leichte Holzkohle oder Kienruss bei Dunkelrotglühhitze mit Chlor behandelt und hernach in einem Stickstoffstrom erkalten gelassen. Nun bringt man den Kohlenstoff in ein Platinrohr und leitet einen ziemlich lebhaften Strom reinen Fluors darüber. Wenn die Kohle genügend porös ist, entzündet sie sich sofort und bleibt während der ganzen Dauer des Versuches im Glühen. Das auf diese Weise erhaltene Gasgemisch enthält eine gewisse Menge Tetrafluorkohlenstoff.

2) Durch Einwirkung von Fluor auf Tetrachlorkohlenstoff.

Der Tetrachlorkohlenstoff wird in einem Platingefässe gelinde erhitzt und mit Fluor gesättigt. Hierbei entweicht ein Gemenge von Chlor und Tetrafluorkohlenstoff. Ein Teil des letzteren Gases bleibt in dem überschüssigen Tetrachlorkohlenstoff gelöst und kann durch Kochen der Flüssigkeit in einem kleinen Apparate aus Glas ausgetrieben und über Quecksilber aufgefangen werden.

3) Durch Einwirkung von Fluor auf Chloroform.

Fluor wird in der Kälte von Chloroform zum Teil absorbiert unter Bildung verschiedener Verbindungen, unter anderen auch von Tetrafluorkohlenstoff, welcher teilweise in der Flüssigkeit gelöst bleibt. Erhitzt man das Fluor, im Augenblicke wo es mit dem flüssigen Chloroform in Berührung kommt, auf 100°, so geht die Reaktion unter bedeutender Wärmeentwicklung vor sich. Am Ende des Platinrohres tritt sogar Entzündung ein; gleichzeitig wird Kohle abgeschieden und Tetrafluorkohlenstoff gebildet.

4) Durch Einleiten von Fluor in eine Atmosphäre von Methan mit Hülfe eines Platinrohres. Auch hier erfolgt die Reaktion unter Feuererscheinung und Abscheidung von Kohlenstoff; es bilden sich verschiedene Fluorkohlenstoffverbindungen, darunter Tetrafluorkohlenstoff.

5) Durch Einwirkung von Fluorsilber auf Tetrachlorkohlenstoffdampf in der Wärme. Mit Hülfe dieser Reaktion ist der Tetrafluorkohlenstoff am leichtesten darzustellen.

Man bringt das Fluorsilber in ein U-Rohr aus Messing, welches an den Seiten mit zwei Metallrohren versehen ist, die zur Zuleitung der Tetrachlorkohlenstoffdämpfe und zur Ableitung des gebildeten Gases dienen. Nachdem der Apparat mit Tetrachlorkohlenstoffdämpfen gefüllt ist, erhitzt man auf 195° bis 220°, leitet weiter langsam Tetrachlorkohlenstoffdampf hinzu und sammelt das entweichende Gas über Quecksilber. Es empfiehlt sich, den Apparat mit einem kleinen Schlangenrohr aus Metall zu verbinden, welches auf —23° abgekühlt ist, um die Tetrachlorkohlenstoffdämpfe zu condensieren und wieder in das mit Fluorsilber gefüllte Rohr zurückzuführen. Das gesammelte Gas lässt man 24 Stunden lang mit trockenen Kautschukstücken in Berührung, wodurch die letzten Spuren Tetrachlorkohlenstoffdampf absorbiert werden.

Das auf diese Weise dargestellte Gas enthält weder Fluorsilicium, noch ein Gas, welches durch wässerige Kalilauge absorbiert wird; es ist indes nicht absolut rein und enthält immer eine beträchtliche Menge einer Fluorkohlenstoffverbindung von höherer Dichte. Handelt es sich darum, absolut reinen Tetrafluorkohlenstoff zu erhalten, so schüttelt man das Gasgemenge mit etwas absolutem Alkohol, in welchem Tetrafluorkohlenstoff sehr leicht löslich ist. Das reine Gas kann hierauf entweder durch Zusatz von gekochtem Wasser, oder durch Kochen der alkoholischen Lösung wieder abgeschieden werden. In letzterem Falle entfernt man die Alkoholdämpfe durch rauchende Schwefelsäure nach dem von Berthelot angegebenen Verfahren.

Die Darstellung muss unbedingt in einem Metallapparate ausgeführt werden. Arbeitet man in Glasgefässen, so erhält man ganz andere Resultate. Das Gas zeigt zwar eine der des Tetrafluorkohlenstoffs naheliegende Dichte, besteht aber in diesem Falle aus einem Gemenge von vier verschiedenen Gasen.

Diese vier Gase sind:

1. Fluorsilicium, leicht nachzuweisen dadurch, dass es durch Wasser unter Abscheidung von Kieselsäure absorbiert wird.
2. Kohlensäure, sofort erkennbar durch Absorption in Kalilauge.
3. Tetrafluorkohlenstoff, der durch alkoholisches Kali absorbiert wird.
4. Eine Fluorkohlenstoffverbindung von höherer Dichte.

Da Kohlensäure eine geringere Dichte besitzt als Tetrafluorkohlenstoff, so ist es leicht begreiflich, dass die Dichte des obigen Gemenges zwischen Zahlen schwanken kann, die sich der Zahl für die theoretische Dichte des Tetrafluorkohlenstoffs nähern. Die Dichte dieser Gemenge wurde bestimmt nach Behandlung mit Wasser, nach Behandlung mit wässeriger und mit alkoholischer Aetzkalilösung, so dass man mit Hülfe der Kohlenstoffbestimmungen die Veränderungen verfolgen kann, die jedes dieser Gase an dem Werte für das specifische Gewicht bewirkt.

Die Kohlensäure rührt von der Einwirkung des Tetrafluorkohlenstoffs auf das erhitzte Glas her, wobei folgende Zersetzung eintritt

$$CF_4 + SiO_2 = CO_2 + SiF_4.$$

Je länger der Tetrafluorkohlenstoff mit dem Glase in Berührung steht, desto grösser wird die Menge Kohlensäure.

Eigenschaften.

Die Dichte des Tetrafluorkohlenstoffs beträgt 3,09; der Formel würde eine solche von 3,03 entsprechen. Unter gewöhnlichem Druck tritt bei — 15⁰, unter einem Druck von 4 Atmosphären in dem Apparate von Cailletet bei + 20⁰ Verflüssigung ein. Das Gas ist in Wasser nur wenig, in gewöhnlichen Aether und besonders in absolutem Alkohol sehr leicht löslich, von rauchender Schwefelsäure, Kalilauge oder Barytwasser wird es dagegen nicht absorbiert.

Beim Erhitzen in einer Hohlglocke entsteht in Berührung mit dem Glase Kohlensäure und Fluorsilicium, wie weiter oben beschrieben wurde.

Die Kohlensäure ist leicht nachzuweisen, da Barytwasser dadurch gefällt wird. Der erhaltene Niederschlag ist in Essigsäure vollständig löslich. Die Gewichtsbestimmung des Baryums stimmt mit der Zusammensetzung von kohlensaurem Baryt. Das Gas lässt sich ferner in dem Cailletet'schen Apparate bei 14⁰ und unter einem Druck von 57 Atmosphären verflüssigen. In dem gleichen Apparate verschwindet der Meniscus bei 31⁰. Alle diese Merkmale sind für Kohlensäure charakteristisch.

Erhitzt man Tetrafluorkohlenstoff zusammen mit Natrium, so verschwindet letzteres vollständig unter Abscheidung von Kohlenstoff und Bildung von Fluornatrium. Von alkoholischem Kali, wird es dank seiner grossen Löslichkeit sofort absorbiert und zerfällt allmählich in Fluorkalium und kohlensaures Kalium. Diese Umsetzung erfolgt nicht auf einmal, da man noch eine Stunde nach der Absorption des Gases durch Zusatz von Wasser eine beträchtliche Menge Tetrafluorkohlenstoff aus der Flüssigkeit abscheiden kann.

Die Bestimmung des Kohlenstoffs im Tetrafluorkohlenstoff wurde durch Verbrennung mit Kupferoxyd und Bleioxyd ausgeführt und ergab folgende Zahlen:

	I.	II.	III.	IV.	
Kohlenstoff	13,56	13,80	14,20	13,48	Prozent

Diese Zahlen stimmen gut auf Tetrafluorkohlenstoff, welcher entsprechend der Formel CF_4 13,64 Prozent Kohlenstoff enthalten soll.

FÜNFTES KAPITEL.

Verbindungen des Fluors mit den Metallen.

E i n w i r k u n g a u f K a l i u m. — Kalium verbindet sich bei gewöhnlicher Temperatur mit Fluor, wenn seine Oberfläche vollständig frei von Oxyd ist. Unter einer Feuererscheinung bildet sich Fluorkalium, welches aus Wasser leicht umkrystallisiert werden kann. Die Krystalle zeigen die Krystallform und alle Eigenschaften von Fluorkalium.

Beim Ueberleiten von überschüssigem Fluor über Kalium entstehen keine anderen Verbindungen.

E i n w i r k u n g a u f N a t r i u m. — Natrium gibt mit Fluor dieselbe Reaktion, wie Kalium. Unter lebhafter Feuererscheinung bildet sich Fluornatrium, welches aus Wasser in Würfeln krystallisiert.

E i n w i r k u n g a u f T h a l l i u m. — Thallium wird durch Fluor bei gewöhnlicher Temperatur sofort angegriffen. Die graue Schicht, die das Metall gewöhnlich bedeckt, wird sofort weiss; hierauf schmilzt das Metall, nimmt einen lebhaften Glanz an und wird endlich rotglühend. Schliesslich hinterbleibt eine braune flüssige Masse, die beim Erkalten rasch erstarrt.

E i n w i r k u n g a u f C a l c i u m. — Fluor wirkt auf reines krystallisiertes Calcium (1) bei gewöhnlicher Temperatur ein.

---

1) H. MOISSAN. Recherches sur le calcium et ses composés, *Annales de Chimie et de Physique,* 7e série, t. XVIII, p. 303; 1899.

Die Reaktion verläuft unter lebhafter Feuererscheinung so heftig, dass das resultierende Fluorcalcium fast immer geschmolzen ist. Im Innern des Reaktionsproduktes finden sich einige kleine weisse oder durchsichtige cubische Krystalle, die das Aussehen des Flussspates zeigen.

Die in solcher Weise erfolgte Bildung von krystallisiertem Fluorcalcium, sowie die Darstellung der Manganfluoride boten die Veranlassung, den Flussspat von Quincié genau zu untersuchen.

UNTERSUCHUNG DES FLUSSSPATS VON QUINCIE.

Diese Untersuchungen wurden in Gemeinschaft mit Henri Becquerel ausgeführt.

Es ist schon längst bekannt, dass beim Zerschlagen gewisser Arten Flussspat ein charakteristischer Geruch auftritt. Eine solche, den Mineralogen wohlbekannte Art führt den Namen Antozonit.

Diese merkwürdige Eigenschaft gewisser Flussspatsorten hatte schon lange die Aufmerksamkeit der chemischen Forscher auf sich gelenkt. Kenngott vermutete, dass dieser Geruch von einer kleinen Menge freien Fluors herrühren könnte. Schaffhäutl(1) glaubte nach seinen Versuchen auf die Anwesenheit von unterchloriger Säure in diesen Mineralien schliessen zu können. Schroetter(2) wies deutlich nach, dass man es mit Ozon zu thun hatte. Schoenbein(3) suchte in dieser Erscheinung einen Zusammenhang zwischen dem Geruch

---

1) SCHAFFHAEUTL. Analyse des blauen Flussspats von Welsendorf, *Annalen der Chemie und Pharmacie*, t. XLVI, p. 344; 1843.

2) SCHROETTER. Ueber das Vorkommen des Ozons im Mineralreiche, *Sitzungsberichte der Kaiserlichen Akademie der Wissenschaften*, Wien, t. XLI, p. 725; 1860.

3) SCHOENBEIN. Über den mutmasslichen Zusammenhang der Antozonhaltigkeit des Welsendorfer Flusspathes mit dem darin enthaltenen blauen Farbstoffe, *Journal für praktische Chimie*, t. XCIX, p. 7.; 1863.

und der Farbe des Minerals und glaubte einen neuen ausschlaggebenden Beweis für seine Antozon-Theorie gefunden zu haben. Er nahm an, das Ozon hätte sich mit dem Farbstoff verbunden und erklärte hieraus die verschiedenen Farbennuancen des Flussspats, während das Antozon in der Krystallmasse eingeschlossen worden wäre. Meissner[1] beschäftigte sich im Jahre 1863 von neuem mit diesem Gegenstand.

Einige Jahre später versuchte Wyrouboff[2] in einer ausführlichen Arbeit die Gegenwart eines Kohlenwasserstoffs in gewissen Arten riechender Flussspate nachzuweisen, Loew [3] schrieb schliesslich den beim Flusspat von Welsendorf auftretenden Geruch der Zersetzung eines Ceriumperfluorids zu.

Der Flussspat, auf welchen sich unsere Untersuchungen erstreckten, stammt aus Quincié bei Villefranche im Département Saône und befindet sich in der Sammlung des „Muséum d'histoire naturelle".

Dieser Flussspat besteht aus dunkelvioletten verfilzten Krystallmassen, durch welche sich einige rötliche, an manchen Stellen ins gelbliche spielende Adern hindurchziehen. Seine Dichte beträgt 3,117.

Die Analyse ergab folgende Zahlen:

Glühverlust	2,10	Prozent
Calcium	36,14	"
Eisenoxyd und Thonerde . .	3,95	"
Kieselsäure	25,00	"

Die gefundene Menge Calcium würde einem Gehalt von 70,47 Prozent Fluorcalcium entsprechen. Mangan in bestimmbarer Menge, war in der Substanz nicht enthalten.

Beim Zerschlagen dieses Flussspats entsteht sofort ein

[1]) MEISSNER. *Untersuchungen über den Sauerstoff,* Hannover, 1863.

[2]) WYROUBOFF. Sur les substances colorantes des fluorines, *Bulletin de la Société chimique de Paris,* 2e série, t. V. p. 334; 1866.

[3]) O. LOEW. Freies Fluor im Flussspat von Welsendorf, *Berichte der deutschen chemischen Gesellschaft,* t. XIV, p. 1144; 1881.

penetranter Geruch, der an den des Ozons erinnert, jedoch auch dem des Fluors ähnlich ist. Die Affinität des Fluors zum Wasserstoff ist, wie früher beschrieben wurde, so gross, dass Wasser bei gewöhnlicher Temperatur durch Fluor zersetzt wird, wobei Fluorwasserstoffsäure und ozonisierter Sauerstoff entstehen. Man bemerkt auch sofort Ozongeruch und gleichzeitig einen besonderen Geruch, der an den der unterchlorigen Säure zu erinnern scheint, wenn eine kleine Menge Fluor mit einem etwas feuchten gasförmigen Körper in Berührung kommt.

Der beim Flussspat von Quincié auftretende Geruch lässt sich vollständig demjenigen vergleichen, welcher bei der Darstellung des Fluors aus dem Elektrolysierapparate entweicht. Dieser Ozongeruch ist, wie hervorgehoben werden soll, so intensiv, dass man noch die Gegenwart eines Millionstels davon in einer gasförmigen Fluorverbindung bemerken kann. Auch die geringste Spur Fluor kann demnach rasch konstatiert werden; auf dieser physiologischen Grundlage wurden die folgenden Reaktionen ausgeführt.

Zerreibt man Flussspat von Quincié an feuchter Luft in einer Achatschale, so entweicht ein Gas, welches sofort auf Ozon-Reagenspapier einwirkt.

Befeuchtet man ein kleines Stückchen mit sehr verdünnter Jodkaliumstärkelösung, so bemerkt man unter dem Mikroskope beim Zerreiben, das Auftreten von Gasbläschen. Um jedes Gasbläschen bildet sich eine intensive Blaufärbung, die in der Einwirkung des freigemachten Jods auf die Stärke ihre Ursache hat.

Beim Zerreiben mit gut getrocknetem Chlornatrium lässt sich eine sehr deutliche Chlorentwicklung beobachten. Eine kleine Menge dieses Gases kann gesammelt werden, indem man die Oberfläche eines Uhrglases, welches zum Zudecken der Reibschale dient, mit Wasser befeuchtet, welches dann als Gas absorbiert. Diese Lösung giebt mit Silbernitrat einen weissen Niederschlag, der in Salpetersäure unlöslich, in Ammoniak dagegen löslich ist. Bei einem Stückchen Flussspat dagegen, welches allein in einem Achatmörser zerstossen wird, lässt sich unter gleichen Umständen keine Chlorentwicklung nachweisen; dies ist ein ausschlaggebender Punkt.

Ebenso werden Jod und Brom aus Jodkalium und Bromkalium ausgeschieden.

Erhitzt man diesen Flussspat bis auf Dunkelrotglut, so zerknistert er, verliert die Färbung, die gelblich wird, und liefert nach dem Erkalten, beim Zerreiben in dieser Achatschale keine Spur von Ozon mehr. Erhitzt man aber diesen Flussspat eine Stunde hindurch nur auf 250^0, eine Temperatur, die doch reichlich genügt, Ozon zu zerstören, so erhält man nachher beim Zerstossen noch eine sehr deutliche Ozonreaktion. Hieraus scheint hervorzugehen, dass sich in dem Mineral kein Ozon befindet, sondern dass letzteres erst infolge einer sekundären Reaktion entsteht.

Ein kleines Reagensrohr wird innen leicht angeätzt, wenn man kleine Stückchen dieses Flussspates darin erhitzt.

Verreibt man Flussspat von Quincié, der vorher über Phosphorsäureanhydrid getrocknet wurde, mit fein gepulvertem Silicium, so tritt ein stechender Geruch auf. Erhitzt man das pulverförmige Gemenge gelinde in einem Reagensglas, so entwickelt sich ein Gas, welches in einem Tropfen Wasser einen leichten Niederschlag von Kieselsäure liefert. Diese Reaktion scheint wie auch die vorhergehenden deutlich zu beweisen, dass freies Fluor entweder vorhanden ist oder durch Zersetzung eines Perfluorids entsteht.

Schliesslich wollen wir noch den folgenden Versuch anführen: kleine Stückchen des Flussspates wurden in destilliertes Wasser gelegt und sich selbst überlassen. Das Wasser, welches zu Beginn neutral gewesen war, lieferte nach mehreren Tagen eine deutlich saure Reaktion und hinterliess bei langsamem Verdampfen zwischen zwei Uhrgläsern Streifen, die klar bewiesen, dass das Glas angegriffen worden war.

Jedes der oben beschriebenen Experimente wurde ausser an dem Flussspat von Quincié auch zum Vergleich an einem schönen Muster von Flussspat aus den Pyrenäen ([1]) ausgeführt. Dieser Flussspat, welcher eine weisse Farbe besitzt, giebt beim Zerreiben kein Ozon, scheidet aus Chloriden kein Chlor aus, liefert mit Silicium kein Fluorsilicium und bildet mit Wasser keine Fluorwasserstoffsäure.

Aus den vorstehenden Versuchen glauben wir folgende Schlüsse ziehen zu können:

1. Der Flussspat von Quincié erzeugt ein Gas, welches beim Zerkleinern entweicht, wie man sich mit Hülfe eines Mikroskopes überzeugen kann.

2. Alle Reaktionen, die sich beim Flussspat von Quincié beobachten lassen, weisen darauf hin, dass darin entweder eine kleine Menge freies Fluor oder ein leicht zersetzliches Perfluorid enthalten ist.

Lebeau([2]) hat seither gefunden, dass auch in einer Smaragd-Art aus Limoges freies Fluor oder ein leicht zersetzliches Perfluorid enthalten ist.

Einwirkung von Fluor auf Magnesium. — Magnesium in Barren- oder Drahtform scheint in der Kälte nicht angegriffen zu werden; nur die Oberfläche wird matt. Pulverförmiges Magnesium dagegen verbrennt bei Dunkelrotglühhitze in Fluor mit lebhaftem Glanze zu weissem Fluormagnesium.

Einwirkung auf Aluminium. — Aluminium, dessen Oberfläche ganz blank ist, bedeckt sich bei Berührung mit Fluor mit einer dünnen Schicht Fluoraluminium, welche eine weitere Einwirkung verhindert. Erhitzt man das Metall aber bis zur dunkeln Rotglut, so tritt unter lebhafter Feuererscheinung eine energische Reaktion ein. Der Rückstand erscheint unter dem Mikroskope aus kleinen Aluminiumkügelchen bestehend, die mit einer Schicht von nicht krystallisiertem Fluorid bedeckt sind.

[1]) Dieses Lager wurde von Des Cloiseaux entdeckt.

[2]) Lebeau. Sur l'analyse de l'émeraude, *Comptes rendus de l'Académie des Sciences,* t. CXXI, p. 601; 1895.

Einwirkung auf Beryllium. — Lebeau [1] berichtet in seiner hervorragenden Arbeit über Beryllium, dass dieses Metall in reinem krystallisiertem Zustande bei gewöhnlicher Temperatur durch Fluor angegriffen wird. Das Beryllium wird rasch glühend und geht in Fluorberyllium über, welches schmilzt und sich zum Teil verflüchtigt.

Einwirkung auf Eisen. — Bringt man einen blank polierten Eisenstab in eine Fluor-Atmosphäre, so bedeckt er sich sofort mit einer dünnen Schicht Fluorid. Die Einwirkung schreitet indes nur sehr langsam fort.

Eisenpulver wird in der Kälte gleichfalls nur sehr langsam angegriffen. Bei Dunkelrotglut dagegen tritt eine lebhafte Feuererscheinung ein, und gleichzeitig entwickeln sich sehr schwere Dämpfe.

Eisen, welches durch Reduktion mit überschüssigem Wasserstoff erhalten wurde, verbindet sich mit Fluor, sogar in der Kälte mit äusserst energischer Reaktion; unter Feuererscheinung bildet sich sofort ein weisses, wasserfreies Eisenfluorid, welches in Wasser löslich ist.

Einwirkung auf Chrom. — Reines pulverförmiges Chrom wird in der Kälte durch Fluor nur ganz oberflächlich angegriffen. Bei gelindem Erhitzen verbindet es sich damit unter Feuererscheinung zu einem gelblich-weissen, zu kleinen Kügelchen geschmolzenen Chromfluorid.

Chromcarbid wird leichter angegriffen als das Metall.

Einwirkung auf Mangan. — Fluor greift reines metallisches Mangan und geschmolzenes Roh-Mangan [2] in der

---

1) LEBEAU. Étude du glucinium, *Thèse de la Faculté des Sciences de Paris*, No. 955; 1898.

2) Zu diesen Experimenten wurde reines Mangan und Roh-Mangan verwendet, welches nach dem von mir angegebenen Verfahren im elektrischen Ofen hergestellt worden war. — MOISSAN, *Der elektrische Ofen*, deutsche Ausgabe von Zettel, p. 202 und 303.

Kälte an. Wenn das Metall sich in Form von kleinen Stückchen befindet, bildet sich an der Oberfläche derselben eine Schicht von Fluorid, welche bald der weiteren Reaktion ein Ziel setzt. Wenn dagegen gepulvertes Mangan verwendet wird, so entwickelt sich bei der Reaktion gleich von Anfang an so viel Wärme, dass das gebildete Fluorid sich verflüchtigt, und allmählich die ganze Masse ins Glühen kommt.

Führt man dieses Experiment in der Weise aus, dass man Manganpulver an die Mündung des Rohres bringt, durch welches das Fluor entweicht, so beginnt es zunächst zu glühen und wird hierauf fortgeschleudert, wobei es unter lebhaftem Funkensprühen verbrennt.

Um einen Strom Fluor über grob gepulvertes Mangan leiten zu können, bringt man dasselbe in einem Platinschiffchen in die Mitte eines Platinrohres, welches von aussen nur ganz gelinde erhitzt zu werden braucht, um die Reaktion einzuleiten, die nachher unter Feuererscheinung weiter verläuft.

Nach dem Versuche, sobald kein Fluor mehr absorbiert wird, findet man in dem Schiffchen eine Substanz, deren Farbe zwischen Rosa und Dunkelviolett schwanken kann. Der Gehalt dieses Produktes an Mangan ist bei den einzelnen Experimenten nicht konstant, und der Körper erscheint auch unter dem Mikroskop nicht besonders homogen.

Da eine gewisse Anzahl interessanter Reaktionen hierbei beobachtet wurde, wurden diese Versuche weiter fortgesetzt, oder vielmehr es wurde die Untersuchung aller Fluorverbindungen des Mangans eingehender in Angriff genommen. Ueber einige Teile hiervon wird erst später, gelegentlich der Einwirkung des Fluors auf Manganjodid berichtet werden.

Hier sollen nur folgende Resultate angeführt werden:

Die direkte Vereinigung von Fluor und Mangan erfolgt unter so heftiger Wärmeentwicklung, dass mitunter sogar das Platin des Schiffchen und des Rohres zum Schmelzen gelangt. Gleichzeitig wird auch das Manganperfluorid, welches bei einer niedrigeren Temperatur entstehen kann, durch die heftige Wärmeentwicklung zersetzt, und sogar eine neue Verbindung, das Sesquifluorid $Mn_2 F_6$ wird zum Teil in Manganfluorid $Mn F_2$ übergeführt.

Eine Reaktion von besonderem Interesse tritt ein, wenn die verschiedenen durch Einwirkung von Fluor auf metallisches Mangan erhaltenen Fluoride mit ein wenig Wasser zusammengebracht werden. Zunächst entsteht sofort ein schwarzer Niederschlag, und gleichzeitig färbt sich die Flüssigkeit dunkelrot. Fügt man nun etwas mehr Wasser hinzu, so tritt vollständige Zersetzung ein, und man erhält schliesslich eine Flüssigkeit, die die rosenrote Färbung von Mangansalzlösungen besitzt. Diese Erscheinung beweist deutlich die Existenz einer Fluorverbindung des Mangans, welche mehr Fluor enthält, als Manganfluorid. Es ist dies das weiter oben erwähnte Sesquifluorid.

Einwirkung auf Zink. — Zinkspäne werden in der Kälte von Fluor nicht angegriffen; bei gelindem Erwärmen bildet sich weisses Fluorzink unter glänzender Feuererscheinung und hell leuchtender Flamme. Mit Zinkpulver erfolgt die Reaktion in gleicher Weise, nur bei etwas niedrigerer Temperatur.

Einwirkung auf Zinn. — Zinn scheint in der Kälte nur langsam eine Verbindung mit Fluor einzugehen; erhitzt man es aber auf 100°, so bildet sich sofort ein weisses Zinnfluorid unter Feuererscheinung, und nach einigen Augenblicken erreicht die Wärmeentwicklung einen bedeutenden Grad. Mit Hülfe dieser Reaktion dürfte es gelingen, das bisher unbekannte wasserfreie Zinntetrafluorid darzustellen.

Einwirkung auf Antimon. — Antimonspäne entzünden sich in einer Fluoratmosphäre bei gewöhnlicher Temperatur und verbrennen mit hell leuchtender Flamme zu einem festen weissen Fluorid.

Einwirkung auf Wismut. — In der Kälte tritt keine Reaktion ein. Bei Dunkelrotglut bedeckt sich das Metall mit einer dunkelbraun gefärbten Schicht; die Einwirkung ist jedoch nur eine oberflächliche.

Einwirkung auf Blei. — Blei wird in der Kälte von Fluor angegriffen und vollständig in Fluorblei übergeführt, wenn die Einwirkung des Gases lange genug andauert. Auf diese Weise wurden die Bleiblättchen, welche dazu dienten, die einzelnen Teile des Fluorentwicklungsapparates aus Platin mit einander zu verbinden in 24 Stunden in eine weisse Masse von Fluorblei verwandelt.

Bringt man ein kleines Stückchen Bleiblech in ein mit Fluor gefülltes Platingefäss, so erscheint das Blei nach einigen Stunden mit einer ziemlich dicken weissen emailartigen Schicht, welche im Aussehen an Bleiweiss erinnert, bedeckt. Diese Substanz kann leicht von dem Metall abgelöst werden, welches dann weiter angegriffen wird; die Analyse ergab folgende Zahlen:

	I.	II.	
Blei . . .	83,82	84,10	Prozent.

Wird das Blei gelinde erhitzt, so nimmt die Reaktion einen sehr lebhaften Verlauf und unter Feuererscheinung bildet sich geschmolzenes Fluorblei.

Einwirkung auf Kupfer. — Kupferspäne werden in der Kälte nur sehr oberflächlich angegriffen. Die Verbindung erfolgt erst bei Dunkelrotglut und selbst da nicht so energisch, als man annehmen sollte. Es entsteht ein flüchtiges, weisses Fluorid unter schwacher Feuererscheinung. Diese weissen Dämpfe schienen sich mit überschüssigem Fluor zu vereinigen, woraus man auf die Existenz eines Perfluorids schliessen könnte.

Einwirkung auf Quecksilber. — Fluor wirkt auf Quecksilber sofort bei gewöhnlicher Temperatur ein. Lässt man das Gas blasenweise durch eine dünne Quecksilberschicht aufsteigen, so beobachtet man deutlich, wie sich an der Oberfläche des Quecksilbers eine Schicht von gelb gefärbtem wasserfreiem Fluorquecksilber bildet. Diese Verbindung entwickelt beim Erhitzen in einem Glasröhrchen Quecksilberdämpfe und Fluorsilicium. Gelegentlich der Synthese dieses Fluorids fasste ich den Gedanken, eine von Fremy versuchte Reaktion, nämlich die Zerlegung von Fluorquecksilber durch Chlor neuerdings in Angriff zu nehmen.

Einwirkung von Chlor auf Fluorquecksilber. — Nachdem nunmehr die Eigenschaften des Fluors und besonders seine energische Reaktion mit krystallisiertem Silicium, welches bei gewöhnlicher Temperatur entzündet wird, bekannt waren, sollte leicht zu konstatieren sein, ob Fluor in Freiheit gesetzt wird oder nicht.

Die vorliegende Reaktion ist nicht leicht auszuführen, da es bisher nahezu unmöglich war, wasserfreies Fluorquecksilber darzustellen. Fremy [1] hatte bereits vor längerer Zeit nachgewiesen, dass das wasserhaltige Fluorquecksilber, welches leicht in krystallisierter Form zu gewinnen ist, beim Trocknen in Fluorwasserstoffsäure und Oxyfluorid zerfällt.

Zur Darstellung des wasserhaltigen Fluorquecksilbers bediente ich mich des Verfahrens von Fremy, welches darin besteht, rotes Quecksilberoxyd in überschüssiger, wässeriger reiner Fluorwasserstoffsäure aufzulösen und die Lösung über Kalk langsam verdunsten zu lassen. Die Entwässerung des Fluorquecksilbers gedachte ich hierauf mit Hülfe von Fluorwasserstoffsäure, die ja zu Wasser eine ausserordentlich grosse Verwandtschaft besitzt, auszuführen. Die Krystalle von Fluorquecksilber wurden mit überschüssiger wasserfreier Fluorwasserstoffsäure in einem Platinrohre langsam auf 130° erhitzt, während gleichzeitig zuerst Fluorwasserstoffgas und hierauf Stickstoff darüber geleitet wurde.

Trotz aller Mühe ist die auf diese Weise gewonnene pulverförmige Masse nicht absolut rein, sie enthielt nur 82,12 Prozent Quecksilber, während die Theorie 84,03 Prozent erfordern würde.

Dieses Fluorquecksilber wurde auf einem Rost aus Flussspat in ein Rohr aus Flussspat gebracht, welches hierauf mit

[1] Fremy. Recherches sur les fluorures, *Annales de Chimie et de Physique*, 3e série, t. XLVII, p. 38; 1856.

trockenem Chlor gefüllt wurde. Der Apparat wurde in einem Bade, welches aus einer leicht schmelzbaren Legierung bestand und den ganzen Flussspat-Apparat umgab, auf 350^0 erhitzt, während gleichzeitig ganz langsam Chlor hindurchgeleitet wurde. An dem Ende des zur Abfuhr des Gases dienenden Rohres war ein Ansatzstück aus Platin angebracht, um konstatieren zu können, ob das entweichende Gas auf krystallisiertes Silicium einwirkte. Das Silicium entzündete sich indes nicht und erwärmte sich in keinem Stadium des Versuches auch nur kaum merklich; daraus folgt, dass aus dem Fluorquecksilber Fluor in beachtenswerter Menge nicht ausgeschieden wurde.

In dem Apparate fanden sich nach der Beendigung des Versuches zunächst einige weisse Krystalle, die 73,70 Prozent Quecksilber enthielten, was der Zusammensetzung von Sublimat entspricht. Die Bildung von Sublimat ist meiner Ansicht nach auf die kleine Menge Wasser zurückzuführen, welche trotz aller, beim Trocknen verwendeten Sorgfalt noch in dem Flussspatrohr zurückgeblieben war.

Ausserdem hinterblieb auf dem Flussspatrost eine amorphe rötlichgelb gefärbte Masse, in deren oberem Teil Quecksilber, Chlor und Fluor enthalten waren, während der untere Teil Chlor nur spurenweise enthielt. Die Zusammensetzung näherte sich der des Fluorquecksilbers, indem die Analyse 81,64 und 80,68 Prozent Quecksilber ergab.

Es bildet sich also bei diesem Experimente nur eine geringe Menge Quecksilberfluorchlorid, trotzdem in dem Apparate eine grosser Ueberschuss von Chlor vorhanden gewesen war. Fluor wurde nicht in Freiheit gesetzt.

Einwirkung von Fluor auf Silber. — Silber wird in der Kälte von Fluor nur sehr langsam angegriffen. Erhitzt man auf 100^0, so beginnt sich ein hellgelb gefärbter Ueberzug von wasserfreiem Fluorsilber auf dem Metalle zu bilden. Erhält man Silberfeilspäne längere Zeit in einem Fluorstrome bei Rotglühhitze, so erfolgt die Verbindung unter Feuererscheinung, und es entsteht ein dunkelkastanienbraun gefärbtes, geschmolzenes Fluorid von glänzendem Aussehen. Dieser Körper löst sich in Wasser zu einer farblosen Flüssigkeit, die alle Reaktionen des Fluorsilbers Ag F zeigt.

Da diese Verbindung zu doppelten Umsetzungen sowohl in der anorganischen als auch in der organischen Chemie besonders geeignet ist, so sollen die zu ihrer Rein-Darstellung notwendigen Vorsichtsmassregeln hier eingehender beschrieben werden.

FLUORSILBER.

Fremy (1) hatte wasserhaltiges Fluorsilber durch Behandlung von Silberoxyd mit Fluorwasserstoffsäure dargestellt und seine wichtigsten Eigenschaften beschrieben. Auch Gore (2) widmete der Untersuchung dieses Körpers grosse Sorgfalt und beschrieb die wichtigsten Reaktionen desselben in wasserfreiem Zustande. Guntz (3) endlich bestimmte, gelegentlich seiner thermochemischen Untersuchungen über die Fluorverbindungen, die Bildungswärme des wasserfreien Fluorsilbers und dessen Hydrierungswärme.

Stellt man Fluorsilber nach der Methode von Gore durch Einwirkung von Fluorwasserstoffsäure auf Silbercarbonat unter Beobachtung der in der ersten Abhandlung dieses Forschers angeführten Vorsichtsmassregeln dar, so erhält man ein amorphes, schwarzes, äusserst hygroskopisches Produkt, welches stets etwas Silberoxyd und reduziertes Silber enthält.

Um bequem reines Fluorsilber zu gewinnen, stellt man zunächst Silbercarbonat dar durch Fällung von ganz reinem Silbernitrat in verdünnter Lösung mit Natriumcarbonat.

---

1) FREMY. Recherches sur les fluorures, *Annales de Chimie et de Physique*, 3e série, t. XLVII. p. 5; 1856.

2) GORE. On fluoride of Silver, *Chemical News*, t. XXIII, p. 13; 1871.

3) GUNTZ. Recherches thermiques sur les combinaisons du fluor avec les métaux, *Annales de Chimie et de Physique*, 6e série, t. III, p. 5; 1884.

Es empfiehlt sich Natriumbicarbonat und nicht Kaliumbicarbonat zu verwenden, weil letzteres eher zur Bildung von Doppelsalzen neigt. Hierauf wäscht man durch Dekantieren mit einem grossen Ueberschuss von destilliertem Wasser aus. Der hiernach übrig bleibende dicke Brei wird in eine Platinschale gebracht und mit vollständig kieselsäurefreier Fluorwasserstoffsäure behandelt. Die klare Lösung wird auf offener Flamme rasch bis zur beginnenden Krystallisation eingedampft und hierauf auf dem Sandbade unter beständigem Umrühren mit einem Platinspatel vollständig zur Trockne gebracht. Man erhält auf diesem Wege in kurzer Zeit eine schwarze pulverförmige oder etwas grobkörnige Masse, die das Aussehen und die Eigenschaften des von Gore beschriebenen Fluorsilbers besitzt. Die Verbindung ist sehr stark hygroskopisch und löst sich sehr leicht in Wasser, wobei sich geringe Mengen eines schwarzen, unlöslichen Körpers abscheiden. Bringt man die filtrierte Lösung auf ein Silberblech, so entsteht ein krystallisiertes, schön goldglänzendes Silberfluorür, welches von Guntz (1) zuerst beschrieben wurde.

Zur raschen Gewinnung von reinem Fluorsilber bringt man die filtrierte Lösung in eine Platinschale und lässt sie im Vacuum, vor Licht geschützt über einer grossen Menge Schwefelsäure langsam verdunsten.

Eigenschaften.

Auf diese Weise erhält man eine hellgelb gefärbte Masse, die sich schwer zerschlagen lässt, da sie so elastisch ist, wie Horn. In Wasser ist diese Verbindung ohne jeden Rückstand löslich.

Das Fluorsilber schmilzt leicht bei Rotglühhitze. Das Mittel von vier auf thermoelektrischem Wege nach Le Chatelier ausgeführten Bestimmungen ergab für den Schmelzpunkt die Temperatur von 435 ^{0}.

---

1) GUNTZ. Sur le sous fluorure d'argent. *Comptes rendus de l'Académie des Sciences*, t. CX, p. 1337; 1890.

Fluorsilber reagiert sehr energisch mit den Chlorverbindungen der Metalloide. Bei seiner Einwirkung auf Phosphorpentachlorid entsteht Chlorsilber und Phosphorpentafluorid.

$$PCl_5 + 5\,AgF = 5\,AgCl + PF_5.$$

Die Reaktion erfolgt sehr stürmisch und unter Feuererscheinung, sobald man ein Gemenge der beiden Körper gelinde erwärmt.

Bei mässigem Erhitzen von Fluorsilber mit Phosphortrichlorid entweicht Phosphortrifluorid.

$$PCl_3 + 3\,AgF = 3\,AgCl + PF_3.$$

Die Reaktion mit Phosphoroxychlorid im zugeschmolzenen Rohr verläuft ganz analog:

$$POCl_3 + 3\,AgF = 3\,AgCl + POF_3.$$

Erhitzt man Fluorsilber mit Chlorsilicium im zugeschmolzenen Rohre auf 130°, so entsteht Fluorsilicium.

$$SiCl_4 + 4\,AgF = 4\,AgCl + SiF_4.$$

Auch auf Chlorbor wirkt Fluorsilber sehr energisch ein. Sobald das Bortrichlorid mit dem Fluorsilber in Berührung kommt, tritt eine lebhafte Feuererscheinung ein, und es entweicht Fluorbor in grosser Menge.

$$BCl_3 + 3\,AgF = 3\,AgCl + BF_3.$$

Einwirkung von Fluor auf Gold. — Gold wird bei gewöhnlicher Temperatur von Fluor nicht angegriffen. Erhitzt man Golddrähte in einem Fluorstrom bis zur Dunkelrotglut, so bedecken sie sich mit einer gelbbraunen Substanz, welche die Feuchtigkeit der Luft sehr energisch anzieht. Dieses Goldfluorid ist flüchtig und zerfällt bei einer nur um ein wenig höheren Temperatur, als die, bei welcher es gebildet wurde, in Fluor und metallisches Gold.

Einwirkung auf Palladium. — In der Kälte tritt keine Reaktion ein; bei Dunkelrotglut entsteht ein krystallisiertes Fluorid von brauner Farbe, welches bei heller Rotglut zerfällt, und das Metall als Rückstand hinterlässt.

Einwirkung auf Iridium. — In der Kälte erfolgt keine Einwirkung, wohl aber bei einer, niedriger als Dunkelrotglühhitze liegenden Temperatur. Die Reaktion ist sehr stürmisch und verursacht die Entwicklung reichlicher Dämpfe von Fluoriridium.

Einwirkung auf Ruthenium. — Pulverförmiges Ruthenium wird ebenfalls unterhalb Dunkelrotglühhitze in ein flüchtiges Fluorid übergeführt, dessen Dämpfe stark gefärbt und sehr schwer sind.

Einwirkung auf Platin. — Die Einwirkung von Fluor auf Platin wurde genau untersucht, und die beiden Platinfluoride, besonders das Tetrafluorid wurden in ziemlich beträchtlicher Menge dargestellt.

Bei den bisherigen Versuchen zur Abscheidung des Fluors hatten sich mehrere Forscher vergebens bemüht, Fluorplatin in wasserfreiem Zustande darzustellen.

Nach der Analogie zwischen den Fluoriden und Chloriden erschien es nicht unmöglich, Fluorplatin durch Erhitzen in Platin und Fluor zerlegen zu können. Auf diese Weise konnte Fremy im Jahre 1856 folgende Aeusserung thun:

„Die Fluorverbindungen von Gold und Platin hätten voraussichtlich beim Glühen Fluor entwickelt, wenn es mir gelungen wäre, dieselben in wasserfreiem Zustande darzustellen; es war indes unmöglich, diese Körper durch Behandlung der Hydroxyde von Gold und Platin mit Fluorwasserstoffsäure zu gewinnen. (1)"

Was für Fluorwasserstoffsäure und die Hydroxyde von Gold und Platin und zwar aus weiter unten angegebenen Ursachen unmöglich war, wurde verhältnismässig leicht bei Verwendung von Fluor und Platin. Es wurde bereits eingangs

1) Fremy. Recherches sur les fluorures, *Annales de Chimie et de Physique*, 3e série, t. XLVII, p. 44; 1856.

dieses Bandes mitgeteilt, dass Platin in der Wärme von Fluor mit Leichtigkeit angegriffen wird und auch, dass bei 100^0 an geschmolzenem oder gewalztem Platin keine Einwirkung beobachtet wurde.

Da reines Fluor Platin bei einer Temperatur von 500^0—600^0 energisch angreift, so genügte es, Platin in einem Strome von Fluor auf Dunkelrotglut zu erhitzen, um eine Verbindung dieser beiden Elemente zu erzielen. Dieses Experiment erfordert begreiflicherweise einige Vorsicht, da ja die Handhabung von Fluor sogar bei gewöhnlicher Temperatur schon Schwierigkeiten bietet. In ein starkes Platinrohr oder in ein Rohr aus Flussspat, durch welches ein lebhafter Strom Fluor geleitet wird, bringt man einen Bund Platindraht und erhitzt das Ganze auf dunkle Rotglut. Sobald eine gewisse Menge Fluorplatin entstanden ist, entfernt man die Drähte aus dem Apparat und verwahrt sie in einem gut getrockneten Glasrohre. Wenn die Operation in einem Platinrohre ausgeführt wurde, findet sich darin eine ziemlich grosse Menge von geschmolzenem Fluorid.

Bemerkenswert ist hierbei, dass das Platin leichter angegriffen wird, wenn das Fluor Fluorwasserdämpfe enthält. Diese Thatsache scheint darauf hinzuweisen, dass wie bei den Alkalimetallen ein Fluorhydrat des Fluormetalles gebildet wird.

Die zu diesen Experimenten verwendeten Flussspatrohre werden auf der Drehbank aus ausgesuchten, möglichst homogenen Stücken von weissem Flussspat angefertigt. Ihre Länge beträgt 20 cm; die Enden sind in Platin gefasst. Um diese Rohre auf die Temperatur von dunkler Rotglut zu erhitzen, umwickelt man sie mit einem dicken Kupferdraht in sehr engen Windungen, und erhitzt sie langsam mit Hülfe eines Bunsenbrenners.

Fluorplatin wird entweder in geschmolzenen Massen von dunkelroter Farbe, oder in kleinen, gelblichbraunen Krystallen, deren Farbe an die des wasserfreien Platinchlorids erinnert, erhalten. Das Salz ist flüchtig und wirkt in der Wärme auf Glas energisch ein, unter Bildung von Fluorsilicium und Platin.

Die Verbindung ist äusserst hygroskopisch und zieht die Feuchtigkeit der Luft sehr rasch an.

Die merkwürdigste Reaktion tritt bei Berührung mit Wasser ein. Bringt man in eine Platinschale etwas Fluorplatin zusammen mit einer kleinen Menge destillierten Wassers, so entsteht sofort eine Lösung von fahlroter Farbe; fast gleichzeitig erhitzt sich die Flüssigkeit, und das Fluorplatin zerfällt unter Bildung von Platinhydroxyd und Fluorwasserstoff. Wenn die Wassermenge im Verhältnis zu dem Fluormetall ziemlich bedeutend, und die Temperatur nicht zu hoch ist, so kann die Lösung einige Augenblicke aufbewahrt werden, ohne dass Zersetzung eintritt. Sobald aber die Flüssigkeit zum Kochen erhitzt wird, tritt sofort vollständiger Zerfall in der weiter oben angegebenen Weise ein.

Diese Reaktion mit Wasser kann zur Erklärung dienen, warum es bisher unmöglich gewesen war, Platinfluorid in wasserfreiem Zustande auf nassem Wege zu erhalten.

Diese Verbindung kann nicht entstehen, wenn Wasser zugegen ist, da sie durch letzteres sofort zersetzt wird, indem sich der Wasserstoff mit dem Fluor zu Fluorwasserstoff vereinigt, und das Platin sich mit Sauerstoff verbindet und einen gelbbraunen Niederschlag liefert, welcher in Kalilauge löslich ist und in seinen Eigenschaften an das von Fremy beschriebene Dioxydhydrat erinnert.

Platintetrafluorid kann sich mit den Fluor- und Chlorverbindungen des Phosphor zu krystallisierten Körpern vereinigen.

Bei der Temperatur von Rotglühhitze gibt das Platintetrafluorid eine wichtige Reaktion; es zerfällt in Platin und Fluor, welch letzteres entweicht.

Dieses Experiment kann ausgeführt werden, indem man das, wie oben beschrieben, dargestellte Fluorid in einem einseitig geschlossenen Platinrohre auf helle Rotglut erhitzt. Bringt man sodann krystallisiertes Silicium an die Mündung des Platinrohres, in welchem die Zersetzung ausgeführt wird, so entzündet sich das Silicium bei gewöhnlicher Temperatur: diese Reaktion beweist deutlich, dass Fluor in Freiheit gesetzt wurde.

Das zurückbleibende Platin ist krystallisiert, wie schon mit freiem Auge konstatiert werden kann. Wird also Platin bei Gegenwart von Fluor ausgeschieden, so nimmt es eine krystallinische Form an. Dies ist ein neues Beispiel für die von Daubrée [1] aufgestellte Hypothese über die krystallisierende Wirkung des Fluors im Mineralreiche, eine Hypothese, die seither mannigfach, besonders durch die schönen Mineral-Synthesen von Henri Sainte-Claire Deville und Hautefeuille bestätigt wurde.

Analyse.

Zur Analyse wurde das Fluorplatin in einer grossen Menge destillierten Wassers unter Abkühlung auf 0^0 aufgelöst; hierauf wird zur Entfernung der kleinen Menge unlöslichen Platinfluorürs, die bei Berührung mit dem Metall entstanden ist, dekantiert, und sodann die Zersetzung durch Erhitzen der Lösung zum Sieden durchgeführt. Man verdampft zur Trockene, glüht und lässt hierauf die Platinschale unter einer Glocke neben geschmolzenem Chlorcalcium erkalten. Aus dem Gewicht des übrigbleibenden Platins, kann man leicht die Zusammensetzung des in Wasser löslichen Fluorplatins ermitteln.

Auf diese Weise wurden folgende Zahlen erhalten:

Analyse I.

Gewicht des Platinrohres + Fluorid	27,255 g
Gewicht des Platinrohres nach dem Auswaschen mit Wasser	26,650 g
	0,605 g

Nach dem Dekantieren hinterbleibt ein unlöslicher Rückstand, bestehend aus unlöslichem Fluorür.

Dieser Rückstand hatte ein Gewicht von 0,359 g; daher betrug das Gewicht des löslichen Tetrafluorids

$$0{,}605 - 0{,}359 = 0{,}246 \text{ g}.$$

[1]) Daubrée. Études synthétiques de Géologie expérimentale, p. 61.

Nach dem Eindampfen und Glühen:

Schale + Platinrückstand	20,852 g
Schale leer	20,675 g
Platin	0,177 g

Hieraus folgt

Platin . . . . 71,93 Prozent.

Analyse II.

Platinrohr + Fluorid	27,366 g
Platinrohr nach dem Auswaschen mit Wasser .	27,197 g
	0,169 g

Nach dem Dekantieren hinterblieben 0,027 g unlöslicher Rückstand, daher betrug das Gewicht des löslichen Fluorids

$$0{,}169 - 0{,}027 = 0{,}142 \text{ g}$$

Nach dem Eindampfen und Glühen:

Schale + Platinrückstand	21,344 g
Schale leer	21,242 g
Platin	0,102 g

Hieraus folgt

Platin . . . . 71,83 Prozent.

Diese Analysen stimmen gut überein und führen zu der Formel eines Platintetrafluorids, $Pt\,F_4$.

Der Zusammensetzung $Pt\,F_4$ entsprechen:

Platin	72,18 Prozent
Fluor	27,82 Prozent
	100,00 Prozent

Laugt man die Platindrähte, die der Einwirkung des Fluors ausgesetzt waren, mit kaltem Wasser aus, so bemerkt man auf der Oberfläche des Metalles eine geringe Menge eines Ueberzuges, der grünlichgelb, etwas blasser als Tetrafluorid gefärbt und in Wasser unlöslich ist. Dieser Körper ist wahrscheinlich das Platinfluorür, welches beim Erwärmen ebenfalls in Fluor und Platin zerfällt. Leider konnte diese Verbindung nicht in genügender Menge dargestellt werden, um die Zusammensetzung feststellen zu können.

Die Platinfluoride können also durch Einwirkung von Fluor auf Platin bei Dunkelrotglut erhalten werden. Das Tetrafluorid zersetzt Wasser bei gewöhnlicher Temperatur und kann daher auf nassem Wege nicht dargestellt werden. Unter Einwirkung von Rotglühhitze zerfällt es in krystallisiertes Platin und Fluor.

Sobald es gelungen sein wird, das Platinfluorid auf einem Umwege darzustellen, dass heisst, ausgehend von einer Fluorverbindung, die mit Fluorwasserstoff leicht zu erhalten wäre, wird man das Fluor auf chemischem Wege gewinnen können.

Die in dieser Richtung unternommenen Versuche blieben erfolglos; da indes hierbei eine Reaktion mit interessanten Resultaten beobachtet wurde, will ich kurz auf dieselbe hinweisen.

Leitet man Phosphorpentafluorid über bis auf Dunkelrotglut erhitzten Platinschwamm, so wird ein Teil des Platins angegriffen und liefert eine flüchtige Verbindung, analog den schön krystallisierten Körpern, die Schützenberger durch Ueberleiten von Chlorphosphordämpfen über Platinschwamm erhalten hatte (1). Wenn es gelingen sollte, diesen Körper in genügender Menge darzustellen, wird es leicht sein, denselben bei bestimmten Temperaturverhältnissen in Fluor und eine fluorärmere Verbindung zu zerlegen. Wie aus den eingangs dieses Werkes beschriebenen Versuchen hervorgeht, hatte ich übrigens auch durch Einwirkung von Platinschwamm auf die verschiedenen Fluorphosphorverbindungen ein Gasgemenge dargestellt, in welchem freies Fluor deutlich nachgewiesen werden konnte.

---

1) P. Schützenberger. Sur une nouvelle classe de composés platiniques, *Annales de Chimie et de Physique*, 4e série, t. XXI. p. 350; 1870.

Einwirkung des Fluors auf einige Metallverbindungen.

CHLORIDE.

Chlornatrium. — Bringt man ein geschmolzenes Stück Chlornatrium in der Kälte mit Fluor in Berührung, so wird Chlor entwickelt, und Fluornatrium bleibt zurück. Zur Ausführung dieses Versuches befestigt man ein Stückchen geschmolzenes Chlornatrium an einem Platindraht und führt dasselbe vorsichtig, ohne die Wandungen zu berühren, in ein durch Verdrängung mit Fluor gefülltes Reagensrohr aus Platin ein. Nach kurzer Zeit entfernt man das Stückchen Chlornatrium und bringt das übrigbleibende Gas in ein Reagensglas, in welchem sich etwas Silbernitratlösung befindet. Es entsteht sofort ein reichlicher Niederschlag von Chlorsilber, welcher in Salpetersäure unlöslich und in Ammoniak löslich ist. Fluorsilber dagegen ist bekanntlich in Wasser sehr leicht löslich.

Fluor verdrängt also in der Kälte das Chlor aus Alkalichloriden.

Der Versuch kann auch noch einfacher ausgeführt werden, indem man einen Strom Fluor durch ein Platinrohr leitet, in welchem sich einige Stückchen Chlornatrium befinden. Das entweichende Gas wird mit Wasser geschüttelt. Hierdurch erhält man eine Lösung, welche Goldblättchen löst und mit Silbernitratlösung einen weissen Niederschlag giebt, der in Salpetersäure unlöslich ist, von Ammoniak und Hyposulfit dagegen gelöst wird.

Chlorkalium. — Fluor verdrängt ebenso in der Kälte das Chlor aus Chlorkalium.

Chlorcalcium. — Geschmolzenes Chlorcalcium wird in der Kälte von Fluor angegriffen. Die Reaktion geht ohne Flamme oder Feuererscheinung von statten; es bildet sich Fluorcalcium und Chlor entweicht.

Chromchlorid. — In der Kälte scheint keine Reaktion einzutreten; sobald man aber die Temperatur ein wenig steigert, erfolgt die Einwirkung unter Feuererscheinung. Das Chlorid bedeckt sich mit einer gelben Substanz, die in Wasser unlöslich ist, und reichliche Dämpfe entweichen.

A n t i m o n c h l o r ü r. — Fluor wirkt in der Kälte auf wasserfreies Antimonchlorür ein und umhüllt das Chlorür mit einer fahlen Flamme, wobei Fluorantimon gebildet wird.

Q u e c k s i l b e r c h l o r ü r. — Calomel wird bei gelindem Erwärmen von Fluor nur wenig angegriffen. An der Oberfläche des Chlorürs bildet sich ein gelber, in Wasser unlöslicher Körper.

Q u e c k s i l b e r c h l o r i d. — Sublimat wird besonders in der Wärme durch Fluor zersetzt; es entsteht ein gelbes geschmolzenes Fluorid. Dieser Versuch beweist schlagend, dass es nutzlose Mühe ist, Fluorquecksilber durch Chlor zersetzen zu wollen, um zum Fluor zu gelangen, da vielmehr Fluor das Chlor aus Quecksilberchlorid verdrängt.

C h l o r s i l b e r. — Gut getrocknetes Chlorsilber wird sofort in der Kälte von Fluor angegriffen; es wird rasch gelb gefärbt und geht in Fluorsilber über, welches in Wasser löslich ist. Die Lösung zeigt alle Eigenschaften des letzteren Salzes.

BROMIDE.

B r o m k a l i u m. — Sobald Fluor mit Bromkalium in Berührung kommt, tritt eine äusserst heftige Reaktion ein. Das Brom wird sofort ausgeschieden und verbindet sich unter Feuererscheinung mit dem Fluor. Gleichzeitig entsteht Fluorkalium, welches beim Auflösen des Rückstandes in Wasser leicht nachzuweisen ist.

C h r o m b r o m i d. — In der Kälte erfolgt keine Einwirkung; bei Dunkelrotglut bildet sich unter lebhafter Feuererscheinung eine hellgelbe Verbindung, die sich zum Teil während des Versuches verflüchtigt.

Zinkbromid. — Fluor reagiert in der Kälte mit Zinkbromid nicht; bei Dunkelrotglut erfolgt unter lebhafter Feuererscheinung die Bildung von gasförmigem Bromfluorid und von Fluorzink.

JODIDE.

Jodkalium. — Sobald Jodkalium mit Fluor in Berührung kommt, färbt es sich schwarz und bedeckt sich mit Jod, welches alsbald in dem Fluor zu Fluorjod verbrennt. Die Reaktion verläuft unter starker Wärmeentwicklung, und schliesslich bleibt durchsichtiges Fluorkalium zurück.

Jodcalcium. — Jodcalcium wird durch Fluor in der Kälte zersetzt. Es entsteht Fluorcalcium, und Jod wird frei, welch letzteres sich unter Feuererscheinung mit dem überschüssigen Fluor vereinigt.

Manganjodid. — Das Manganjodid wurde dargestellt durch Behandlung von reinem, ganz weissem Mangancarbonat mit wässeriger Jodwasserstoffsäure. Die Lösung wurde in einem Wasserstoffstrom bis zur Trockene eingedampft, und der getrocknete Rückstand in einer Atmosphäre von Wasserstoff und Jodwasserstoff geschmolzen. Die Schmelze zeigt krystallinische Struktur und eine rosenrote Färbung mit einem leichten Stich ins Violette. In Wasser löst sich das Jodid zu einer sehr klaren rosenroten Flüssigkeit.

Nachdem das Jodid auf diese Weise vor Feuchtigkeit geschützt, geschmolzen und zerkleinert wurde, bringt man es in mehreren Platinschiffchen in ein Platinrohr, dessen Mündungen mit Schraubenansatzstücken verschlossen sind. Die eine Seite wird mit einem Fluorapparate, die andere mit einer Literflasche verbunden, welche mit reinem trockenem Stickstoff gefüllt ist und mit der äusseren Luft durch ein Trockenröhrchen in Verbindung steht. Diese Vorrichtung dient als Gasreservoir, um den Eintritt der Feuchtigkeit und des Sauerstoffes der Luft in den Apparat zu verhindern.

Bevor man das Platinrohr mit dem elektrolytischen Apparate, welcher das Fluor liefert, verbindet, leitet man durch den ganzen Apparat reinen Stickstoff.

Sobald das Fluor mit dem Manganjodid in Berührung kommt, tritt eine lebhafte Wärmeentwicklung ein, und entwickelt sich gasförmiges Fluorjod; es ist daher nicht notwendig zu erhitzen, um die Reaktion durchzuführen. Sobald das Platinrohr wieder Laboratoriumstemperatur angenommen hat, stellt man die Zufuhr von Fluor ein und verdrängt das überschüssige, in dem Platinrohr befindliche Fluor durch Stickstoff. Das in den Schiffchen befindliche Produkt bringt man in sorgfältig getrocknete Glasröhrchen, die sodann zugeschmolzen werden.

Man erhält so ein Manganfluorid, welches die Form der Jodidkrystalle beibehalten hat und eine rötlichviolette Farbe besitzt.

Diese Verbindung entspricht der Formel Mn_2F_6 und ist demnach das Mangansesquifluorid, ein neu entdeckter Körper, auf welchen ich bereits gelegentlich der Einwirkung von Fluor auf metallisches Mangan hingewiesen habe.

Eigenschaften des Mangansesquifluorids.

Wasserstoff wirkt auf Mangansesquifluorid bei einer niedriger als Rotglühhitze liegenden Temperatur reduzierend ein unter Bildung von Fluorwasserstoff und Manganfluorid.

Mit Phosphor reagiert es unterhalb Dunkelrotglühhitze. Die ganze Masse wird rasch glühend, und es entsteht ein gasförmiges Gemenge von Phosphortrifluorid und Phosphorpentafluorid.

Erhitzt man es gelinde mit pulverförmigem Arsen, so bildet sich flüssiges Arsentrifluorid.

Auf krystallisiertes Silicium wirkt es bei einer Temperatur von circa 400° heftig ein, wobei die ganze Masse rotglühend wird, und Fluorsilicium in grosser Menge entweicht.

Einwirkung von Fluor auf Jodblei. — Die Reaktion erfolgt in der Kälte unter Feuererscheinung und Bildung von Fluorblei.

Jodkupfer. — In der Kälte erfolgt keine Einwirkung, wohl aber bis Dunkelrotglut unter Feuererscheinung.

Quecksilberjodid. — Diese Verbindung wird durch Fluor in der Kälte angegriffen; unter lebhafter Flammenerscheinung bildet sich ein Körper von gelber Farbe, welcher die Eigenschaften eines Quecksilberfluorids oder -fluojodids besitzt.

CYANIDE.

Cyankalium. — In der Kälte erfolgt keine Einwirkung, wohl aber bei gelindem Erwärmen unter schwachen Detonationen und mit purpurroter Flamme.

Cyanzink. — Fluor greift Cyanzink schon bei gewöhnlicher Temperatur energisch an.

Cyanquecksilber. — Bei gewöhnlicher Temperatur erfolgt keine Einwirkung. Erhitzt man ein wenig, so tritt unter Bildung einer purpurroten Flamme lebhafte Zersetzung ein.

Cyansilber. — Bei Berührung mit Fluor erfolgt in der Kälte Zersetzung unter Feuererscheinung und einer Reihe von Detonationen, wobei ein gasförmiger Körper entweicht.

Kaliumferrocyanid. — Bei gewöhnlicher Temperatur bewirkt Fluor eine sehr lebhafte Feuererscheinung. Es entweicht Cyan, welches mit purpurroter Flamme verbrennt.

Kaliumferricyanid. — Dieselbe Reaktion.

Bleiferricyanid. — Dieselbe Reaktion.

Rhodanbaryum. — Das Salz wird in der Kälte von Fluor unter schöner blauer Flammenerscheinung zersetzt.

Rhodanquecksilber. — Fluor wirkt sofort unter Feuererscheinung zersetzend ein.

Die Chloride, Bromide, Jodide und Cyanide der Metalle werden also durch Fluor energisch angegriffen. Die Mehrzahl dieser Reaktionen erfolgt schon bei gewöhnlicher Temperatur, oft sogar unter Feuererscheinung.

OXYDE.

Aetzkali. — Bringt man geschmolzenes Aetzkali in eine Fluoratmosphäre, so bedeckt es sich sofort mit einer Schicht Fluoralkali, welches die Reaktion abschwächt oder ganz unterbricht. Gleichzeitig entsteht Ozon. Leitet man einen Strom Fluor einige Augenblicke lang in eine wässrige Lösung von reinem Aetzkali, so treten keine neuen Reaktionen ein, aus denen man auf die Existenz einer Fluorsauerstoffverbindung analog der unterchlorigen Säure schliessen könnte. Es scheint im Gegenteil bei dieser Reaktion eine Verbindung von Kaliumoxyd und Wasserstoffsuperoxyd neben Fluorkalium zu entstehen. Man kann übrigens aus der allgemeinen Wirkung des Fluors auf Metalloxyde ersehen, dass seine Affinität zum Sauerstoff eine sehr geringe ist. Enthält die Kalilauge etwas Chlorkalium, so entsteht sofort unterchlorige Säure.

Aetznatron. — Die Reaktion ist identisch.

Kalk. — Fluor wirkt in der Kälte auf Calciumoxyd ein. Unter blendender Lichterscheinung bildet sich Fluorcalcium, während Sauerstoff entweicht.

Baryt. — Baryumoxyd wird wie Calciumoxyd in der Kälte unter Feuererscheinung, Entwicklung von Sauerstoff und Bildung von Fluorbaryum angegriffen. Letzteres zeigt unter dem Mikroskope ein krystallinisches Aussehen.

Thonerde. — Sobald Fluor mit Thonerde in Berührung kommt, wird die ganze Masse hell leuchtend; es entsteht ein Fluorid, und Sauerstoff wird frei.

Eisenoxydul. — Die nach dem Verfahren von Debray dargestellte Modifikation von Eisenoxydul reagiert in der Kälte mit Fluor nicht. Bei gelindem Erhitzen tritt eine lebhafte Feuererscheinung ein, und die Masse bedeckt sich mit einem weissen Eisenfluorid.

Magnetisches Eisenoxyd. — Das magnetische Eisenoxyd, welches bei hoher Temperatur beständig ist, wird in der Kälte durch Fluor nicht angegriffen. Bei Dunkelrotglut erfolgt eine heftige Reaktion, bei welcher ebenfalls ein weisses Fluorid entsteht.

Eisensesquioxyd. — In der Kälte wird dieses Oxyd durch Fluor nicht zersetzt, dagegen erfolgt bei gelindem Erwärmen die Reaktion unter Feuererscheinung. Durch überschüssiges Fluor wird es vollständig in eine geschmolzene Masse übergeführt, die von einem Kranz, bestehend aus einem Staub von schöner roter Farbe, umgeben ist. Diese rote Substanz stammt von der durch die Hitze bewirkten Zersetzung eines geringen Teiles des gebildeten Fluoreisens. Untersucht man den Rückstand unter dem Mikroskop, so bemerkt man mitunter kleine durchsichtige Krystalle, die in Wasser gar nicht oder nur wenig löslich sind.

Nickeloxydul. — Die Zersetzung durch Fluor erfolgt in der Kälte und ist von einer heftigen Wärmeentwicklung begleitet. Auf der Oberfläche des Oxyduls entsteht ein weisses geschmolzenes Fluorid. Unter dem Mikroskop beobachtet man in der Masse sehr deutliche kleine, leicht grünliche Krystalle.

Nickelsesquioxyd. — Die Zersetzung erfolgt in der Kälte, wobei sich wie früher ein weisses Fluorid bildet.

Zinkoxyd. — Fluor verdrängt den Sauerstoff aus Zinkoxyd in der Kälte nicht. Die Einwirkung erfolgt erst etwas unter Dunkelrotglut, ist aber nicht sehr energisch; es entsteht geschmolzenes Fluorzink.

Bleioxydul. — In der Kälte erfolgt keine Reaktion; in der Wärme entsteht ein gelbliches Produkt, vermutlich ein Bleioxyfluorid.

Bleioxyd. In der Kälte tritt keine Reaktion ein; bei gelindem Erwärmen wird es unter Bildung von Fluorblei angegriffen.

Bleisuperoxyd. — Die Reaktion erfolgt schon in der Kälte unter Bildung eines weissen Pulvers von Bleifluorid oder Bleioxyfluorid.

Kupferoxyd. — In der Kälte erfolgt keine Einwirkung; bei gelindem Erhitzen bildet sich unter Feuererscheinung ein schwarzer geschmolzener Körper, der als Kupferoxyfluorid anzusehen ist.

Quecksilberoxyd. — In der Kälte wirkt Fluor nicht ein; bei gelindem Erwärmen tritt Zersetzung ein unter Bildung von gelbem Quecksilberfluorid.

Die Oxyde der Alkalien und alkalischen Erden werden also in der Kälte durch Fluor angegriffen. Besonders bei den letzteren ist die Erscheinung sehr schön, wohl infolge der hohen Temperatur, auf welche das überschüssige Oxyd erhitzt wird, und vielleicht auch deshalb, weil die gebildeten Verbindungen phosphoreszieren. Die Zersetzung der anderen Oxyde muss zumeist durch Erwärmen eingeleitet werden.

SULFIDE.

Kaliumpolysulfid. — Bei Berührung mit Fluor wird Kaliumpolysulfid sofort glühend; gleichzeitig entweicht Fluorschwefel und Fluorkalium bleibt zurück.

Baryumsulfid. — Baryumsulfid wird unter lebhafter Feuererscheinung durch Fluor zersetzt, wobei gasförmiger Fluorschwefel und Fluorbaryum entsteht.

Mangansulfid. — Das krystallisierte Mangansulfid, Mn S, welches von Mourlot im elektrischen Ofen durch Verflüchtigung des geschmolzenen Sulfides dargestellt wurde, wird von Fluor in der Kälte nicht angegriffen. Bei Dunkelrotglut tritt eine lebhafte Feuererscheinung und Entwicklung reichlicher weisser Dämpfe ein.

Schwefeleisen. — In der Kälte wirkt Fluor nicht ein; bei Dunkelrotglut wird unter Feuererscheinung und Gasentwicklung weisses Eisenfluorid gebildet.

Eisenbisulfid. — Pyrit wird in der Kälte durch Fluor nicht angegriffen; erhitzt man ganz gelinde, so erfolgt eine heftige Reaktion, verbunden mit Gasentwicklung.

Molybdaensesquisulfid. — Das neu entdeckte krystallisierte Molybdaensulfid Mo_2S_3 welches von Guichard dargestellt wurde, wird durch Fluor bei einer Temperatur von ungefähr 200^0 angegriffen. Die Masse gerät ins Glühen, und es bildet sich ein flüchtiges Molybdaenfluorid und gasförmiger Fluorschwefel.

Antimonsulfid. — Das in der Natur vorkommende Antimonsulfid wird durch Fluor in der Kälte zersetzt; es entsteht eine blaue Flamme und eine amorphe Masse von Fluorantimon.

NITRIDE.

Borstickstoff. — Borstickstoff wird in der Kälte durch Fluor angegriffen. Die Masse wird glühend und nimmt eine schöne blaue Färbung an. Gleichzeitig entweicht Fluorbor in reichlichem Masse.

Titannitrid. — In der Kälte erfolgt keine sehr energische Reaktion, und bei Gegenwert von Luft entweichen sehr dichte weisse Dämpfe.

PHOSPHIDE.

Phosphorcalcium. — Die krystallisierte Verbindung wird von Fluor in der Kälte unter Bildung von Phosphorpentafluorid und Fluorcalcium angegriffen.

Phosphormagnesium. — Das von Henri Gautier dargestellte Magnesiumphosphid Mg_3P_2 gerät sofort ins Glühen, wenn man es bei gewöhnlicher Temperatur mit Fluor zusammenbringt. Bei der Reaktion tritt eine blendende Lichterscheinung ein, wie bei der Verbrennung von Magnesium in Luft. Es entsteht Fluormagnesium, während ein Gemenge von Phosphorfluoriden entweicht.

Phosphoreisen. — Das krystallisierte von Maronneau dargestellte Phosphoreisen Fe_2P wird von Fluor bei Dunkelrotglut unter Bildung von Phosphorfluoriden und Eisenfluoriden angegriffen.

Phosphorwolfram. — Die von Defacqz dargestellte Verbindung W_2P_2 wird durch Fluor bei 100° angegriffen. Es erfolgt unter Feuererscheinung eine heftige Reaktion, bei welcher Wolframfluorid und Phosphorfluorid gebildet wird.

Phosphorzink. — In der Kälte tritt keine Reaktion ein. Bei Dunkelrotglut wird die Verbindung unter Entflammung energisch angegriffen. Es entsteht Fluorzink und Phosphorpentafluorid.

Phosphorkupfer. — Das verwendete Phosphorkupfer wurde durch direkte Vereinigung von Phosphor mit Kupfer dargestellt.

In der Kälte erfolgt keine Umsetzung; beim Erwärmen auf 100° wird das Phosphorkupfer, welches bei dieser Temperatur bereits Phosphordämpfe entweichen lässt, unter Entzündung vollständig zersetzt.

ARSENIDE.

Arsenide der alkalischen Erden. — Die Arsenide der alkalischen Erden werden durch Fluor bei gewöhnlicher Temperatur unter Feuererscheinung und Bildung von Fluorarsen und Metallfluorid zersetzt. (Lebeau).

Arsennatrium. — Diese Verbindung wurde von Lebeau in krystallisiertem Zustande dargestellt durch Einwirkung von Arsen auf überschüssiges Natrium und durch Entfernung des überschüssigen Natriums mit verflüssigtem Ammoniak. Dieses Arsennatrium entzündet sich bei Berührung mit Fluor, wobei Fluornatrium und Fluorarsen entsteht.

CARBIDE.

Lithiumcarbid. — Krystallisiertes, durchsichtiges Lithiumcarbid wird bei Berührung mit Fluor glühend und geht vollständig in Fluorlithium über.

Calciumcarbid. — Krystallisiertes farbloses Calciumcarbid entzündet sich in Fluor bei gewöhnlicher Temperatur, wobei Fluorcalcium und Tetrafluorkohlenstoff gebildet wird. Das nach Beendigung des Experimentes zurückbleibende Fluorcalcium ist geschmolzen und zum Teil verflüchtigt.

Strontiumcarbid und Baryumcarbid. — Mit den Carbiden von Strontium und Baryum erfolgt eine analoge Reaktion. Unter lebhafter Feuererscheinung entweicht Fluorkohlenstoff, und die geschmolzenen Fluoride bleiben zurück.

Ceriumcarbid. — Fluor wirkt in der Kälte auf dieses Carbid nicht ein, bei gelindem Erwärmen dagegen tritt eine lebhafte Feuererscheinung und Bildung eines weissen flüchtigen Fluorids ein.

Lanthancarbid. — Dieselbe Reaktion wie bei Ceriumcarbid.

Aluminiumcarbid. — Das Aluminiumcarbid $C_3 Al_4$ wird bei gelindem Erhitzen in einem Fluorstrom angegriffen. Die auftretende Feuererscheinung ist sehr lebhaft; Fluorkohlenstoff entweicht, und in dem Rohre hinterbleibt Fluoraluminium, umgeben von einem Ringe von verflüchtigtem Fluorid.

Berylliumcarbid. — Das von Lebeau dargestellte Berylliumcarbid verbrennt in Fluor zu einem wasserlöslichen Fluorid.

Uraniumcarbid. — Auf fein gepulvertes Carbid wirkt Fluor in der Kälte ein, auf Carbid in Form von Stücken dagegen nur bei erhöhter Temperatur. Es entsteht gasförmiger Fluorkohlenstoff, und ein dunkelkastanienbraun gefärbtes Uraniumfluorid.

Zirkoniumcarbid. — Dieses von Moissan und Lengfeld entdeckte Carbid wird in der Kälte nicht angegriffen, bei Dunkelrotglut dagegen rasch zersetzt.

BORIDE.

Boride der alkalischen Erden. — Fluor reagiert sehr leicht mit den Boriden der alkalischen Erden, die von H. Moissan und P. Williams im elektrischen Ofen dargestellt wurden und der Formel MB_6 entsprechen. ($M = Ca$, Sr oder Ba).

Nur bei Calciumborid erfolgt die Reaktion in der Kälte. Baryum- und Strontiumborid dagegen müssen gelinde erwärmt werden, um die Reaktion einzuleiten, die sich sodann energisch fortsetzt.

Eisenborid. — In der Kälte erfolgt keine Reaktion; bei mässigem Erwärmen entsteht unter Feuererscheinung Fluoreisen und gasförmiges Fluorbor.

SILICIDE.

Siliciumkohlenstoff. (Carborundum). — In der Kälte erfolgt keine Reaktion; bei 300° wird die Verbindung unter leuchtender Feuererscheinung vollständig in Gas verwandelt; es entsteht Fluorsilicium und Fluorkohlenstoff.

Eisensilicid. — Das von Lebeau entdeckte Eisensilicid $SiFe$ wird in der Kälte in Fluoreisen und Fluorsilicium übergeführt.

Chromsilicide. — Das von Moissan dargestellte Chromsilicid $SiCr_2$ und das von Zettel entdeckte Chromsilicid

$SiCr_3$ werden von Fluor in der Kälte zersetzt; es entsteht Chromfluorid und Fluorsilicium.

Silicide von Nickel und Kobalt. — Die von Vigouroux entdeckten Silicide von Nickel und Kobalt $SiNi_2$ und $SiCo_2$ werden ebenfalls bei gewöhnlicher Temperatur von Fluor angegriffen, wobei Fluormetall und Fluorsilicium gebildet wird.

SULFATE.

Kaliumsulfat. — Kaliumsulfat wird in der Kälte von Fluor nicht angegriffen; bei Dunkelrotglut tritt die Zersetzung ein; es entweichen reichliche weisse Dämpfe, und es hinterbleibt ein Rückstand von Fluorkalium.

Mangansulfat. — Entwässertes Mangansulfat wird in der Kälte nicht zerlegt. Bei Dunkelrotglut entsteht unter Erglühen Fluorschwefel.

Kupfersulfat. — Wasserfreies Kupfersulfat reagiert in der Kälte nicht. Erhitzt man es bis zur Rotglut, so tritt eine übrigens nicht sehr energische Reaktion ein. Hierbei entsteht ein schwarzer Körper, welcher wohl ein Kupferoxyfluorid ist.

Wasserhaltiges Kupfersulfat wird bei Dunkelrotglut angegriffen. Die Reaktion verläuft ziemlich kompliziert infolge der Einwirkung des Krystallwassers auf das Fluor.

Die Einwirkung von Fluor auf die meisten Kupferverbindungen erfolgt überhaupt ohne besonders heftige Reaktion. Infolge der geringen Wärmeentwicklung, die bei der Vereinigung von Fluor mit Kupfer auftritt, ist es möglich, dass ein eventuell vorhandenes Kupferperfluorid durch Erwärmen zersetzt wird. Diese Reaktion könnte eventuell dazu führen, das Fluor auf chemischem Wege darzustellen, in analoger Weise, wie ich dies bei Fluorplatin angedeutet habe.

Die einzige Kupferverbindung, die mit Fluor energisch reagiert, ist der Kupferwasserstoff, welcher in der Kälte mit grüner Flamme verbrennt, wobei ein schwarzes Produkt in geschmolzenem Zustande zurückbleibt.

NITRATE

K a l i u m n i t r a t. — Weder in der Kälte, noch in der Wärme erfolgt eine Reaktion.

A m m o n i u m n i t r a t. — In der Kälte findet keine Einwirkung statt.

B l e i n i t r a t. — Fluor wirkt auf Bleinitrat in der Kälte nicht ein. Auch bei Dunkelrotglut ist die Reaktion nicht sehr energisch; es findet indes eine Zersetzung statt, bei welcher Fluorblei gebildet wird.

S i l b e r n i t r a t. — In der Kälte erfolgt keine Reaktion, bei Dunkelrotglut entsteht ein gelbes Fluorid.

PHOSPHATE.

N a t r i u m p h o s p h a t. — Fluor wirkt auf Natriumphosphat bei gewöhnlicher Temperatur nicht ein. Bei Dunkelrotglut zersetzt sich das Pyrophosphat mit gelber Flamme.

C a l c i u m p h o s p h a t. — Calciumphosphat wird in der Kälte von Fluor angegriffen. Unter leuchtender Feuererscheinung entsteht geschmolzenes Fluorcalcium und ein an der Luft rauchendes Gas, welches durch Wasser absorbiert wird und Phosphoroxyfluorid zu sein scheint.

M a n g a n p h o s p h a t. — Bei gewöhnlicher Temperatur erfolgt keine Reaktion. Bei Dunkelrotglut tritt Zersetzung unter Flammenerscheinung und Bildung von Phosphorfluoriden ein. Betrachtet man nach der Reaktion die Stückchen Phosphat unter dem Mikroskop, so bemerkt man, dass jedes derselben mit einer Schicht kleiner farbloser Krystalle umgeben ist.

Z i n k p h o s p h a t. — Dieses Salz wird in der Kälte gar nicht, bei Dunkelrotglut nur schwer angegriffen. Man muss auf eine noch höhere Temperatur erhitzen, damit eine vollständige Zersetzung eintritt.

Im Allgemeinen werden die Phosphate durch Fluor rascher angegriffen als die Sulfate. Dies hängt ohne Zweifel damit zusammen, dass die Bildungswärme der Phosphorfluoride eine sehr grosse ist. Die untersuchten Phosphate wurden in der Kälte nicht angegriffen; sobald aber die Temperatur der Dunkelrotglut erreicht war, trat die Zersetzung und zwar meistens ziemlich energisch ein.

CARBONATE.

Kaliumbicarbonat. — Weder in der Kälte, noch bei Dunkelrotglut tritt eine Reaktion ein.

Natriumcarbonat. — Reines trockenes Natriumcarbonat wird in der Kälte von Fluor angegriffen. Die Masse gerät ins Glühen und hinterlässt einen Rückstand von Fluornatrium. Dieser Unterschied in der Einwirkung von Fluor auf ein Bicarbonat und ein Carbonat ist jedenfalls ziemlich merkwürdig.

Lithiumcarbonat. — Fluor wirkt in der Kälte unter Feuererscheinung und Bildung eines weissen Lithiumfluorids ein.

Calciumcarbonat. — Calciumcarbonat wird bei gewöhnlicher Temperatur unter Einwirkung von Fluor glühend und strahlt blendendes Licht aus. Es entsteht Fluorcalcium, während ein Gasgemenge entweicht, welches Sauerstoff enthält.

Strontiumcarbonat. — Die Reaktion ist die gleiche wie bei Calciumcarbonat; es tritt eine Feuererscheinung und Gasentwicklung ein.

Bleicarbonat. — Bleicarbonat erglüht bei Berührung mit Fluor. Es tritt eine Gasentwicklung wie in den vorangehenden Fällen ein, und geschmolzenes Fluorblei bleibt zurück.

BORATE.

Natriumborat. — Es tritt keinerlei Reaktion ein, weder in der Kälte, noch bei Dunkelrotglut.

Kupferborat. — Fluor wirkt auf Kupferborat bei gewöhnlicher Temperatur ein. Die ganze Masse wird glühend und hinterlässt einen Rückstand von dunkelkastanienbrauner Färbung.

Zinkborat. — In der Kälte erfolgt keine Reaktion. Bei Dunkelrotglut bildet sich unter Feuererscheinung weisses Fluorzink.

SECHTES KAPITEL.

Einwirkung von Fluor auf organische Körper. Organische Fluorverbindungen.

Die direkte Einwirkung von Fluor auf die organischen Verbindungen erfolgt zumeist mit grosser Heftigkeit. Sobald die Zersetzung des organischen Körpers eingeleitet ist, wird eine so bedeutende Wärmemenge entwickelt, dass eine vollständige Zerstörung erfolgt, und dass als Endprodukte nur Fluorwasserwasserstoffsäure und Fluorkohlenstoffverbindungen erhalten werden. Besonders rasch geht diese Zersetzung bei wasserstoffreichen Verbindungen vor sich, wofür die Einwirkung von Fluor auf die Kohlenwasserstoffe ein deutliches Beispiel erbringen wird.

KOHLENWASSERSTOFFE.

Aethylen. — Fluor wirkt auf Aethylen sehr energisch ein. Sobald die beiden Gase mit einander in Berührung kommen, vereinigen sie sich unter einer Detonation. Gleichzeitig wird eine bedeutende Wärmemenge frei. Ist ein Ueberschuss von Fluor vorhanden, so hinterbleibt ein durchsichtiges Gasgemenge, bei Gegenwart von überschüssigem Aethylen dagegen, entsteht ein reichlicher Niederschlag von amorphem Kohlenstoff von sehr geringem specifischem Gewicht.

Methan. — Leitet man Fluor in eine Atmosphäre von Methan, so wird letzteres sofort unter Flammenerscheinung zersetzt. Unter Ausscheidung von Kohlenstoff entstehen verschiedene gasförmige Körper, die nur eine sehr geringe Menge Tetrafluorkohlenstoff enthalten.

Chloroform. — Leitet man Fluor, Blase für Blase, durch kaltes Chloroform, so tritt keine sichtbare Reaktion ein. Die gesättigte Flüssigkeit entwickelt beim Kochen ein Gasgemenge, von welchem ungefähr der sechste Teil durch alkoholisches Kali absorbiert wird. Setzt man dieses Gas durch Erwärmen wieder in Freiheit, so kann es leicht als Tetrafluorkohlenstoff erkannt werden.

Schüttelt man in einem Glasrohr eine sehr kleine Menge Chloroform mit einem grossen Ueberschuss von Fluor, so erfolgt eine heftige Detonation unter Feuererscheinung, wobei das Rohr zersprengt wird.

Eine sehr lebhafte Reaktion tritt ein, wenn man Fluor in kochendes Chloroform leitet. In der Mitte der Flüssigkeit bildet sich beständig eine Flamme; gleichzeitig wird Kohlenstoff abgeschieden und entweichen verschiedene gasförmige Körper, unter welchen Fluorwasserstoffsäure und Tetrafluorkohlenstoff nachgewiesen werden konnten.

Jodoform. — Jodoform wird bei gewöhnlicher Temperatur oder bei gelindem Erwärmen durch Fluor unter Feuererscheinung zersetzt.

Benzol. — Benzoldampf wird durch Fluor entzundet. Hierbei entstehen Fluorwasserstoffsäure und Fluorkohlenstoffverbindungen, und hinterbleibt ein Rückstand von Kohle. Leitet man Fluor in flüssiges Benzol, so entzündet sich jede einzelne Gasblase, und wenn der Fluorstrom lebhaft genug ist, erfolgt die Zersetzung unter Explosionserscheinungen.

Dinitrobenzol. — Fluor reagiert in der Kälte mit Dinitrobenzol. Es tritt Entzündung und Abscheidung von Kohlenstoff ein.

Anthracen. — In der Kälte erfolgt eine sehr energische Einwirkung unter Entzündung und reichlicher Abscheidung von Kohle.

Colophen. — Sobald Fluor mit diesem flüssigen Kohlenwasserstoff in Berührung kommt, wird derselbe unter Feuererscheinung und Kohlenabscheidung zersetzt.

Paraffin. — Bei gelindem Erwärmen wird Paraffin durch Fluor unter Feuererscheinung und Abscheidung von Kohle zersetzt. Es entsteht Fluorkohlenstoff und Fluorwasserstoffsäure.

In der Kälte erfolgt keine Reaktion, wenigstens nicht augenblicklich; bei den ersten Versuchen zur Abscheidung des Fluors waren indes die paraffinierten Korkstopfen verkohlt worden. Es scheint demnach in der Kälte trotzdem eine Reaktion, wenn auch nur langsam, einzutreten.

ALKOHOLE.

Aethylalkohol. — Fluor wirkt bei gewöhnlicher Temperatur auf den Dampf von Aethylalkohol unter Flammenerscheinung zersetzend ein. Leitet man Fluor in die Mitte des flüssigen Alkohols, so erfolgt die Reaktion mit grosser Heftigkeit, jedoch ohne Abscheidung von Kohle. Der nach Beendigung des Versuches übrig bleibende Alkohol besitzt einen ausgesprochenen Aldehydgeruch.

Methylalkohol. — Die Reaktion erfolgt in analoger Weise. Die Dämpfe werden unter Feuererscheinung zersetzt; in der Flüssigkeit wird jede Gasblase leuchtend. Kohle wird nicht ausgeschieden.

Amylalkohol. — Der Dampf entzündet sich bei Berührung mit Fluor. Im Inneren der Flüssigkeit bewirkt jede einzelne Blase Fluor eine Lichterscheinung; gleichzeitig wird Kohle ausgeschieden.

Saccharose. — In der Kälte tritt keine Reaktion ein; erhitzt man bis zum Schmelzpunkt, so beginnt die Zersetzung, jedoch nur in sehr wenig energischer Form.

Mannit. — Bei gewöhnlicher Temperatur erfolgt keine Einwirkung, bei gelindem Erwärmen jedoch tritt vollständige Zerstörung ein.

AETHER.

Chlormethyl. — Flüssiges Chlormethyl wird durch Fluor bei — 23^0 mit gelber Flamme und Abscheidung von Kohle zersetzt, wobei Fluorwasserstoffsäure und Fluorkohlenstoff entsteht. Bringt man gasförmiges Chlormethyl mit überschüssigem Fluor zusammen, so erfolgt unter Feuererscheinung eine Detonation, bei welcher Chlor in Freiheit gesetzt wird.

Jodaethyl. — Jodaethyldampf verbrennt in Fluor. Mit flüssigem Jodaethyl erfolgt eine sehr heftige Reaktion. Unter Feuererscheinung wird so lange Jod ausgeschieden, als Fluor nicht im Ueberschuss vorhanden ist. Schliesslich wird alles in flüchtige Verbindungen übergeführt.

Essigsäureaethylester. — Der Dampf von Essigester entzündet sich bei Berührung mit Fluor. Auf den flüssigen Ester wirkt Fluor sehr heftig ein; die Absorption ist so energisch, dass die Flüssigkeit sofort in den Apparat eindringt.

Borsäuremethylester. — Der Dampf wird von Fluor unter Entzündung zersetzt. In der Flüssigkeit erzeugt jede einzelne Blase Fluor einen schönen grünen Schein. Kohle wird nicht abgeschieden.

ALDEHYDE.

Aethylaldehyd. — Die Dämpfe entzünden sich bei Berührung mit Fluor. Das flüssige Aldehyd wird unter Flammenerscheinung, ohne Abscheidung von Kohle zersetzt.

Chloral. — Fluor wirkt auf Chloral energisch ein. Die Dämpfe werden unter Entflammung zersetzt, und in der Flüssigkeit wird jede einzelne Gasblase leuchtend. Es entsteht ohne Abscheidung von Kohle ein Gasgemenge, welches Chlor, Fluorwasserstoff und Tetrafluorkohlenstoff enthält.

Analyse des Gasgemenges.

Ursprüngliches Volum	14,4 cc
Nach Schütteln mit Quecksilber	13,8 cc
Nach Einwirkung von alkoholischem Kali	11,4 cc

Chloralhydrat. — Diese Verbindung wird bei sehr gelindem Erwärmen von Fluor unter grüner Lichterscheinung angegriffen.

Glucose. — In der Kälte erfolgt keine Einwirkung. Bei gelindem Erwärmen wird zunächst Kohle abgeschieden. Sobald die Temperatur infolge der Reaktion steigt, wird die Verbindung rasch vollständig zersetzt, wobei Fluorkohlenstoff und Fluorwasserstoff entsteht.

SÄUREN.

Ameisensäure. — Fluor erzeugt mit Ameisensäuredämpfen eine gelbe Flamme; in der flüssigen Säure wird jede Gasblase leuchtend, ohne dass Kohle abgeschieden wird. Nach der Sättigung mit Fluor besitzt die Flüssigkeit einen von dem der Ameisensäure verschiedenen Geruch.

Essigsäure. — Die Reaktion von Fluor mit Essigsäure ist sehr energisch. Die Zersetzung der Dämpfe durch Fluor erfolgt unter Feuererscheinung. Wenn das Fluor Blase für Blase durch die flüssige Säure aufsteigt, bildet sich um jede Blase eine helle Lichterscheinung, und oft tritt sogar eine Detonation ein.

Milchsäure. — Jede Blase Fluor, die durch Milchsäure hindurchgeht, entzündet sich. Kohle wird nicht abgeschieden und man bemerkt nach Beendigung des Versuches auch keinen besonderen Geruch.

Citronensäure. — Citronensäure schmilzt zunächst bei Berührung mit Fluor und zersetzt sich hierauf nur sehr langsam.

Weinsäure. — In der Kälte tritt keine Reaktion ein.

Gallussäure. — In der Kälte erfolgt eine lebhafte Feuererscheinung und Verbrennung unter Abscheidung von Kohle.

Benzoesäure. — In der Kälte tritt Zersetzung ein unter Entzündung und Abscheidung von Kohle.

Salicylsäure. — Dieselbe Reaktion.

Prikinsäure. — Weder in der Kälte, noch bei Dunkelrotglut tritt eine Reaktion ein.

AMINE.

Dimethylamin. — Dimethylamindämpfe entzünden sich bei Berührung mit Fluor. In der Flüssigkeit leuchtet jede Gasblase auf, und wenn der Fluorstrom genügend lebhaft ist, erfolgt eine Reihe von Detonationen. Kohle wird nicht abgeschieden.

Anilin. — Fluor und Anilindämpfe reagieren unter Flammenerscheinung. Auch flüssiges Anilin wird durch Fluor energisch zersetzt. Hierbei wird in reichlichem Masse Kohle abgeschieden, die rasch zu Fluorkohlenstoff verbrennt.

Pyridin. — Die Dämpfe entzünden sich beim Zusammentreffen mit Fluor. Leitet man letzteres durch die Flüssigkeit, so entsteht eine Flamme, und Kohle wird in grosser Menge ausgeschieden.

Rosanilinchlorhydrat. — In der Kälte erfolgt keine Reaktion. Bei gelindem Erwärmen tritt eine lebhafte Flamme und Zersetzung ein.

ALKALOIDE.

Nikotin. — Fluor erzeugt mit Nikotindämpfen eine hell leuchtende Flamme. In dem flüssigen Alkaloïd wird jede Blase leuchtend und bewirkt eine energische Reaktion ohne Kohleausscheidung.

Morphin. — Dieses Alkoloid wird in der Kälte von Fluor angegriffen. Es erfolgt zunächst eine heftige Reaktion unter Bildung von Fluorwasserstoffsäure und Abscheidung von Kohlenstoff. Letzterer verschwindet hierauf bei Gegenwart von überschüssigem Fluor sehr rasch.

Chinin. — Bei Berührung mit Fluor entzündet sich Chinin und wird sehr schnell zersetzt.

Cinchonin. — Dieselbe Reaktion wie bei Chinin und Morphin.

Strychnin. — Strychnin wird in der Kälte von Fluor nicht angegriffen, ein neuer Beweis für die bereits durch mehrere Thatsachen bestätigte Beständigkeit dieses Alkaloids.

Die Alkaloide, mit Ausnahme von Strychnin werden also sehr leicht von Fluor angegriffen und, wenn das Gas im Ueberschuss zugegen ist, ohne nennenswerten Rückstand in flüchtige Verbindungen übergeführt.

Wie aus den vorausstehenden Versuchen hervorgeht, ist die Einwirkung von Fluor auf organische Körper zumeist so heftig, dass die Darstellung von Substitutions- oder Additionsprodukten nicht gut möglich erscheint. Zur Gewinnung dieser Verbindungen mussten demnach andere Methoden ausfindig gemacht werden; die diesbezüglichen Versuche sind in dem folgenden Paragraphen enthalten.

FLUORSUBSTITUTIONSPRODUKTE DER KOHLENWASSERSTOFFE.

Geschichtliches.

Obwohl auf dem Gebiete der organischen Chemie alljährlich eine sehr bedeutende Zahl wissenschaftlicher Arbeiten veröffentlicht wird, finden sich doch Untersuchungen über organische Fluorverbindungen nur in sehr beschränkter Anzahl vor. Meiner Ansicht nach hängt diese Vernachlässigung mit der Schwierigkeit der Experimente und besonders mit der Komplikation der Analysen durch die Gegenwart von Fluor zusammen.

Ich will zunächst einen kurzen Ueberblick über die Veröffentlichungen auf diesem Gebiete geben.

Schmitt und Gehren weisen im Jahre 1870 auf die Existenz einer Metafluorbenzoësäure hin (1).

---

1) SCHMITT und GEHREN. Über Fluorbenzoësäure und Fluorbenzol, *Journal für praktische Chemie*, [2], t. I, p. 394; 1870.

Einige Zeit später im Jahre 1879 stellte W. Lenz die Fluorbenzolsulfonsäure dar (1).

Paterno und Oliveri, zwei italienische Forscher, führten eine eingehende Untersuchung der drei isomeren Fluorbenzoësäuren und der Fluortoluolsäure und Fluoranissäure aus (2). Zur Darstellung dieser Körper gingen sie von der Diazobenzoësäure aus und zersetzten dieselbe durch concentrierte wässrige Fluorwasserstoffsäure. Die beiden Forscher gelangten infolge ihrer Untersuchungen zu dem Schlusse, dass entgegen der Angabe von Schmitt und Gehren die Schmelzpunkte der Fluorbenzoësäuren niedriger lägen, als die der entsprechenden chlorsubstituierten Säuren. Auch auf die Schwierigkeiten, die die quantitative Analyse dieser verschiedenen Körper bot, wird wiederholt hingewiesen.

In einer späteren, im Jahre 1883 erschienenen Arbeit (3) berichten dieselben beiden Forscher über die Darstellung von Fluorbenzol und Fluortoluol durch Erhitzen von Diazobenzolsulfonsäure und Diazotoluolsulfonsäure mit Fluorwasserstoffsäure in zugeschmolzenen Röhren.

Benzoesäure wird im tierischen Verdauungsapparat bekanntlich in Hippursäure übergeführt. Coppola wies nun im Jahre 1883 nach, dass Fluorbenzoësäure unter gleichen Bedingungen in Fluorhippursäure übergeben kann (4).

O. Wallach stellte im Jahre 1886 neue Untersuchungen über organische Fluorverbindungen an (5). Es gelang, ihm mit

---

1) W. Lenz. Über Fluorbenzolsulfonsäure und Schmelztemperaturen substituirter Benzolsulfonverbindungen, *Berichte der deutschen chemischen Gesellschaft*, t. XII. p. 580; 1879.

2) Paterno und Oliveri. Ricerche sui tre acidi fluobenzoici e sugli acidi fluotoluico e fluoanisico, *Gazetta chimiea italiana*, t. XII. p. 85; 1882.

3) Paterno und Oliveri. Fluorobenzina e fluorotoluene, *Gazetta chimica italiana*, t. XIII, p. 533; 1883.

4) Coppola. Transformazione degli acidi fluobenzoici nell' organismo animale, *Gazetta chimica italiana*, t. XIII., p. 521; 1883.

5) O. Wallach. Über einen Weg zur leichten Gewinnung organischer Fluorverbindungen, *Liebig's Annalen der Chemie*, t. CC XXXV, p, 255; 1886.

Leichtigkeit durch Einwirkung von Fluorwasserstoffsäure auf Diazobenzolpiperidin Fluorbenzol darzustellen; diese Methode liefert sehr gute Ausbeuten. Auf analogem Wege erhielt er das Fluortoluol. Ferner gelangte er dazu, Fluornitrobenzol, Fluoranilin und die Salze desselben darzustellen und zu untersuchen.

In einer zweiten Abhandlung berichten Wallach und Heusler[1] über die Wiederholung einiger auf Fluorbezol und Fluoranilin bezüglicher Besimmungen, ferner über Fluorbenzoldiazopiperidin, Difluorbenzol, Fluochlorbenzol, Fluorphenol und andere Fluorderivate.

Alle diese Untersuchungen erstreckten sich speziell auf die aromatische Reihe, während über die aliphatischen Fluorverbindungen keine einzige bemerkenswerte Arbeit veröffentlicht wurde.

Die Ausführung dieser Untersuchungen war meiner Ansicht nach in zwei Richtungen von Interesse, einerseits um zu ermitteln, ob die mächtige Affinität des Fluors diesen Verbindungen nicht besondere Eigenschaften aufprägen würde, andererseits um die Stellung des Fluors in der allgemeinen Einteilung der Metalloide genau zu bestimmen. Die allgemeinen Eigenschaften des Fluors, und seine Reaktionen mit Wasser, mit den Chloriden, Bromiden und Jodiden scheinen deutlich darauf hinzuweisen, dass es an die Spitze der Chlorgruppe gestellt werden muss. Damit aber diesbezüglich jeder Zweifel behoben werden konnte, musste man sich die Ueberzeugung verschaffen, ob auch die organischen Fluorderivate infolge ihrer allgemeinen und besonders ihrer physikalischen Eigenschaften vor die analogen Chlor- und Bromverbindungen zu stehen kommen. Ausserdem hatten die verschiedenen, weiter oben citierten Forscher nur eine einzige Methode verwendet, die sich auf die Reaktion mit Fluorwasserstoff gründete. Nach reiflichem Studium gelangte ich dazu, die Frage anders zu lösen und die zwei folgenden Reaktionen zu verwenden, mit deren Hülfe eine ganze Reihe organischer Fluorverbindungen gewonnen werden konnte.

---

1) WALLACH und HEUSLER. Über organische Fluorverbindungen, *Liebig's Annalen der Chemie*, t. CCXLIII, p. 219; 1887.

1. Einwirkung von Fluorsilber auf die entsprechenden organischen Jodderivate;

2. Einwirkung von Trifluorarsen auf die entsprechenden organischen Chlorverbindungen.

In einigen Fällen beginnt die Reaktion bei gewöhnlicher Temperatur und kann daher leicht in Metallgefässen oder sogar Glasgefässen ausgeführt werden. Sobald sich die Notwendigkeit ergiebt, bei höherer Temperatur zu operieren, wird der Apparat begreiflicherweise complizierter, wobei auch wohl zu berücksichtigen ist, dass Fluorarsen ein giftiger und sehr gefährlich zu handhabender Körper ist.

FLUORAETHYL.

Das Fluoraethyl oder der Aethylaether des Fluorwasserstoffs, bildete den Gegenstand der ersten Untersuchungen auf diesem Gebiete. Die Kenntnis dieser Verbindung beruhte mehr auf Vermutungen, als auf Versuchsresultaten, und auch die Analyse war niemals ausgeführt worden. Reinsch zum Beispiel bezeichnete Fluoraethyl als Flüssigkeit, während Fremy es als gasförmigen Körper betrachtete.

Reinsch[1] liess zur Darstellung von Fluoraethyl auf absoluten Alkohol Fluorwasserstoffdämpfe einwirken, welche aus Schwefelsäure und Fluorcalcium gewonnen wurden. Die erhaltene Flüssigkeit destillierte er in einem Platinapparate, fing das erste Viertel des Destillationsproduktes auf und fällte hieraus durch Wasser eine flüchtige, bewegliche Flüssigkeit, welche er als Fluorwasserstoffaethylaether ansah. Ich habe diesen Versuch mehrere Male wiederholt unter Verwendung von absolutem Alkohol und wasserfreier, aus Fluorkaliumfluorhydrat dargestellter Fluorwasserstoffsäure, ohne jedoch jemals durch Wasser einen flüsssigen Körper abscheiden zu können. Die beiden

---

1) Reinsch. Einige Versuche über die Wirkung der Flussspatsäure auf Alkohol und Terpentinöl, *Journal für praktische Chemie* [1], t. XIX, p. 314; 1840.

Flüssigkeiten mischten sich immer in jedem Verhältnis. Wiederholt man dieses Experiment und stellt die Fluorwasserstoffsäure nach dem Verfahren von Reinsch aus Fluorcalcium dar, wobei wohl darauf zu achten ist, dass keine Schwefelsäure bei der Destillation mit übergeht, so erzielt man keine besseren Resultate. Es ist absolut unmöglich, aus dem vierten Teil des überdestillierten Alkohols durch Wasser etwas abzuscheiden.

Fremy ([1]) erhielt Fluoraethyl durch Erhitzen von sulfovinylsaurem Kalium mit Fluorkaliumfluorhydrat in einem Platinapparate, weist jedoch nur auf die Existenz dieser Verbindung hin, ohne auf die Zusammensetzung oder die Eigenschaften näher einzugehen.

Darstellung.

Die verschiedenen Methoden zur Darstellung von Chloraethyl scheinen für das Fluoraethyl nicht anwendbar zu sein. Die Einwirkung von Fluorwasserstoffsäure auf Aethylalkohol, die späterhin von Meslans mit grosser Sorgfalt eingehend untersucht wurde, lieferte keine besonders ausschlaggebenden Resultate. Ich versuchte hierauf Phosphorpentafluorid auf wasserfreien Alkohol einzuwirken zu lassen.

Gasförmiges Phosphorpentafluorid wird mit Leichtigkeit von Alkohol absorbiert, nur verläuft die Reaktion verschieden, je nachdem man den Versuch gleich nach dem Einleiten des Gases abbricht, oder die Flüssigkeit mehrere Wochen lang ruhig sich selbst überlässt. Im ersten Falle erhält man bei sofortiger fraktionierter Destillation in einem Metallapparate flüssige Fluorverbindungen und eine regelmässige Entwicklung von Phosphorfluorid. Im zweiten Falle entsteht ein leicht flüchtiger, flüssiger, fluorhaltiger Körper und Phosphorsäuretriaethylaether. Diese flüssigen organischen Fluorverbindungen wurden in so geringen Mengen erhalten, dass es nicht möglich war, diese Untersuchung zum Abschluss zu bringen.

---

[1]) FREMY. Recherches sur les Fluorures, *Annales de Chimie et de Physique* 3e série, t. XLVII, p. 13; 1856.

Nach zahlreichen Versuchen gelang es endlich, eine einfache und leicht auszuführende Darstellungsmethode in der Reaktion von wasserfreiem Fluorsilber mit Jodaethyl zu entdecken.

Das Fluorsilber wurde dargestellt, indem man Silbercarbonat mit reiner Fluorwasserstoffsäure bis zur deutlich sauren Reaktion behandelte. Die filtrierte Flüssigkeit wird auf dem Wasserbad rasch bis zur beginnenden Krystallisation eingedampft und der Krystallbrei hierauf in einem trockenen Vacuum getrocknet. Hierbei ist, wie schon seinerzeit beim Fluorkaliumfluorhydrat bemerkt wurde, darauf zu achten, dass die Masse öfters zerrieben wird, um die entstehenden kleinen, gelben Krystalle zu zerdrücken, und so völlige Trockene zu erzielen. Das verwendete Silbercarbonat wurde durch Vermischen von Silbernitratlösung mit einer Natriumbicarbonatlösung gefällt und hierauf ausreichend mittelst Dekantation ausgewaschen.

Bringt man bei gewöhnlicher Temperatur wasserfreies Fluorsilber in überschüssiges Jodaethyl, so tritt sofort eine reichliche Gasentwicklung ein, und das Fluorsilber wird in wenigen Augenblicken vollständig in gelbes Jodsilber übergeführt. Diese Reaktion ist allgemein anwendbar und kann zur Darstellung einer ganzen Reihe von Fluorwasserstoffaethern dienen. Sie beginnt meistens bei gewöhnlicher Temperatur; manchmal muss sogar das Gefäss, in welchem die Operation durchgeführt wird, gekühlt werden, damit die Reaktion nicht allzu stürmisch verläuft. Auf diesem Wege wurden bisher Methylfluorid (1), Aethylfluorid, Propylfluorid (2), Isopropylfluorid, Isobutylfluorid und Amylfluorid mit zufriedenstellenden Resultaten dargestellt.

Zur Darstellung von Fluoraethyl bringt man das Fluorsilber in ein Messingrohr (Fig. 21) und verschliesst dieses mit einem Korkstopfen, welcher in zwei Bohrungen ein Gasentbin-

1) **Moissan** und **Meslans**. Préparation et propriétés du fluorure de propyle et du fluorure d'isopropyle, *Comptes rendus de l'Académie des Sciences*, t. CVIII, p. 1155; 1888.

2) **Meslans**. Préparation et propriétés du fluorure de propyle et du fluorure d'isopropyle, *Comptes rendus de l'Academie des Sciences*, t. CVIII, p. 352; 1889.

dungsrohr aus Blei und einen Tropftrichter trägt, der dazu dient, das Jodaethyl tropfenweise hinzufügen zu können. Das Gasentbindungsrohr aus Blei ist oberhalb des Apparates schlangenförmig gewunden und wird durch ruhig siedendes Chlormethyl beständig auf -23^0 gekühlt erhalten. Auf diese Weise

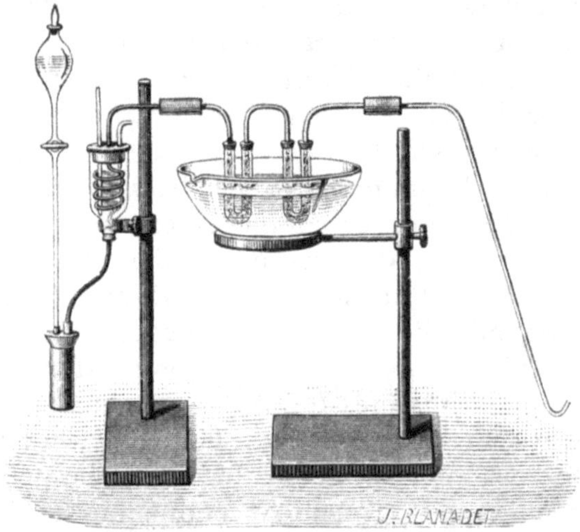

Fig. 21.

kann der grösste Teil der durch das gasförmige Fluoraethyl mitgeführten Jodaethyldämpfe condensiert und wieder in den Apparat zu dem Fluorsilber zurückgeführt werden. Zwei U-Rohre aus Glas, die mit trockenem Fluorsilber gefüllt und auf $+40^0$ erwärmt sind, dienen dazu, die letzten Spuren Aethyljodid zurückzuhalten. Schliesslich wird das Gas in sorgfältig getrockneten Flaschen über Quecksilber aufgefangen.

Lässt man überschüssiges Fluorsilber auf Jodaethyl einwirken, so entweicht unter bedeutender Wärmeentwicklung ein gasförmiger Körper, während gleichzeitig das kastanienbraune Fluorsilber eine gelbe Färbung annimmt. Hierbei entsteht ein Silberfluorjodid, welches bei 100^0 mit einer neuen Menge Jodaethyl zusammengebracht, ein Gas entwickelt und schliesslich vollständig in Jodsilber übergeht.

Eigenschaften.

Fluoraethyl ist ein farbloses Gas, welches einen angenehmen, ätherischen Geruch besitzt und unter gewöhnlichem Druck bei — 32⁰ verflüssigt werden kann. Sein Siedepunkt liegt also viel tiefer als der von Chlor-, Brom- und Jodaethyl.

In dem Cailletet'schen Apparate verflüssigt sich Fluoraethyl bei + 19⁰ unter einem Drucke von 8 Atmosphären zu einer farblosen Flüssigkeit, welche auf trockenes Glas nicht einwirkt und Schwefel, Phosphor und Fette in geringen Mengen löst. Vergrössert man den Druck und vermindert ihn hierauf plötzlich, so geht es vom flüssigen in festen Zustand über; es entsteht eine weisse schneeartige Masse, die nahezu augenblicklich wieder schmilzt.

Die Dichte dieses Gases wurde nach einer neuen von Henri Gautier und mir ausgearbeiteten Methode bestimmt (1). Bei drei Bestimmungen wurde als Mittel der Wert 1,70 gefunden. Nach der Theorie würde die Dichte 1,684 betragen.

Das Fluoraethyl ist in einer ziemlich grossen Zahl flüssiger Körper löslich. Luftfreies Wasser löst es bei gewöhnlicher Temperatur in bedeutender Menge: bei 14⁰ absorbieren 100 cc Wasser 198 cc Gas. Fügt man zu dieser Lösung ein Stückchen Aetzkali hinzu, so wird nahezu die ganze Gasmenge wieder frei. Besonders gross ist die Löslichkeit von Fluoraethyl in flüssigen Körpern von ähnlicher Zusammensetzung: 100 cc Jodaethyl lösen ungefähr 1480 cc Fluoraethyl. Bromaethyl, gewöhnlicher Aether und besonders absoluter Alkohol lösen es ebenfalls in grossen Mengen. Durch Erwärmen kann das Fluoraethyl aus allen diesen Flüssigkeiten, ohne eine Veränderung seiner Eigenschaften zu erleiden, wieder ausgetrieben werden. Auch von ausgekochter Schwefelsäure wird Fluoraethyl beim Umschütteln absorbiert.

1) Moissan und H. Gautier. Nouvelle méthode pour la détermination de la densité des gaz, *Annales de Chimie et de Physique*, 7e série, t. V, p. 568; 1895.

Erhitzt man Fluoraethyl in einer Glasglocke mehrere Stunden hindurch auf Dunkelrotglut, so entsteht ein kompliziertes Gemenge von Kohlenwasserstoffen, in welchem sich Fluorsilicium nur spurenweise vorfindet. Unter Einwirkung eines schwachen Induktionsfunkens erfolgt eine bedeute Volumvergrösserung; es entstehen hauptsächlich Aethylen und Fluorwasserstoff, sowie eine geringe Menge Acetylen, ohne dass Kohle abgeschieden wird. Durch kräftige Induktionsfunken wird Kohle ausgeschieden, während gleichzeitig Acetylen, Aethylen, Propylen etc. entsteht. Die qualtitative Analyse dieser Gasgemenge wurde nach den von Berthelot gelegentlich seiner Untersuchungen über die Synthese der Kohlenwasserstoffe angegebenen Methoden ausgeführt (1).

Drückt man das Gas mittelst Quecksilbers langsam durch ein auf Dunkelrotglut erhitztes Platinrohr, so erhält man ein Gemenge von Fluorwasserstoff und Kohlenwasserstoffen. Ein Teil dieses Gemenges wird von gekochter Schwefelsäure absorbiert; eine weitere Volumverminderung tritt noch ein, wenn man den Rückstand mit Bromwasser zusammen bringt. Beim Auseinandernehmen des Apparates bemerkt man im Inneren des Platinrohres eine kleine nur schwach anhaftende Menge Kohlenstoff, welcher leicht verschwindet, wenn man ihn nach einem Vorschlag Berthelot's (2) mit Salpetersäure und chlorsaurem Kalium behandelt. Dieser Kohlenstoff besteht vollständig aus Russ und enthält keinen Graphit.

Fluoraethyl brennt in reinem Zustande mit blauer Flamme, welche durch Gegenwart einer Spur Chloraethyl oder Chlormethyl sofort grün gefärbt wird. Bei der Verbrennung von Fluoraethyl entstehen Fluorwasserstoffdämpfe in grosser Menge, durch welche der obere Teil des Reagensrohres angeaetzt wird. Mischt man Fluoraethyl mit einer kleinen Menge Sauerstoff, so verbrennt es in einem langen Rohre mit weisser

1) BERTHELOT. Sur l'analyse des gaz carbonés, *Annales de Chimie et de Physique*, 3e série, t. LI, p. 59; 1857.

2) BERTHELOT. Recherches sur les états du carbone, *Annales de Chimie et de Physique*, 4e série, t XIX, p. 392; 1870.

Flamme und liefert einen leichten Kohlenniederschlag. Mit überschüssigem Sauerstoff entsteht beim Nähern einer Flamme eine heftige Detonation.

Erhitzt man Fluoraethyl mit sehr verdünnter Kalilauge im zugeschmolzenen Rohr auf 100°, so wird es zersetzt, wobei hauptsächlich Fluorkalium, Alkohol und besonders Aether entstehen. Ueberhaupt wurde Fluoraethyl jedesmal, wenn im Augenblicke seiner Entstehung eine gewisse Menge Wasser zugegen war, zersetzt und in Aether übergeführt. Diese Reaktion ist offenbar die Ursache, dass die direkte Esterifizierung der Fluorwasserstoffsäure durch Alkohol bei atmosphärischem Drucke stets vereitelt wird.

Chlor reagiert im Dunkeln, auch bei mehrstündiger Einwirkung mit Fluoraethyl nicht.

Leitet man dagegen Fluor in Chloraethyl, so wird stets Chlor in Freiheit gesetzt, welches leicht nachzuweisen ist, indem man das Gas in einer kleinen Menge Wasser löst. Die so erhaltene Flüssigkeit entfärbt Indigo und liefert mit Silbernitrat einen weissen, käsigen Niederschlag, welcher in Salpetersäure unlöslich, in Ammoniak dagegen löslich ist.

Fluor verdrängt also das Chlor aus den organischen Verbindungen ebenso wie aus den Metallchloriden.

Die toxische Wirkung von Fluoraethyl.

Die Einwirkung von Fluoraethyl auf den thierischen Organismus scheint von der des Chloraethyls verschieden zu sein. Letzteres wurde bekanntlich schon im Jahre 1831 von Hérat und Lens als Anaestheticum bezeichnet und im Jahre 1870 von Steffen etwa 20 mal zur Anaesthesierung von Menschen verwendet. Allerdings wurde Chloraethyl niemals in ausgedehntem Masse verwendet, da man ihm vorwarf, Convulsionen zu verursachen, und die Atmung zu stören. Von chemischem Standpunkte aus erschien es indes angezeigt, die Wirkungen des Chloraethyls und Fluoraethyls zu vergleichen.

Zu diesem Zwecke wurden zwei gleich grosse Glasglocken von je 7,5 Liter Inhalt verwendet, in welche man eine bestimmte Menge Chloraethyl oder Fluoraethyl durch Verdrängung mittelst Quecksilbers langsam einleiten konnte.

Erste Glocke: Meerschweinchen-Weibchen von 355 g Gewicht. — Das Chloraethyl wurde allmählich mit Hülfe von Quecksilber in die Glocke gedrückt. Sobald die Atmosphäre in der Glocke 8 Prozent Aethylchlorid enthielt, trat die Anaesthesie ein. Als das Tier aus der Glocke entfernt wurde, erwachte es zwar sehr rasch, zeigte jedoch nachher eine gewisse Schlaffheit der hinteren Extremitäten.

Zweite Glocke: Meerschweinchen-Weibchen von 350 g Gewicht. — Sobald man langsam Fluoraethyl einleitet, gerät das Tier in Aufregung, die Atmung wird beschleunigt, und die Haare sträuben sich. Nach 30 Minuten enthielt die Atmosphäre in der Glocke 3,3 Prozent Fluoraethyl; das Tier schien in grosser Aufregung zu sein. Bei zunehmendem Gehalt beobachtete man convulsivische Zuckungen, stossweise Atmung und Lähmung der hinteren Extremitäten. Das Tier fällt hierauf auf die Seite. Sobald der Gehalt an Fluoraethyl auf 6 bis 7 Prozent steigt, hört die Bewegung des Brustkorbes auf. Nach dem Oeffnen der Glocke konnte das Meerschweinchen, trotzdem man künstliche Atmung einzuleiten versuchte, nicht mehr ins Leben zurückgerufen werden.

Bei der Autopsie wurde konstatiert, dass die Lungen eine rosenrote, und das Blut eine schöne rote Färbung zeigte; die Herzkammern waren zusammengezogen, die Klappen pulsierten indes noch anderthalb Stunden nach dem anscheinenden Tode.

Zwei weitere mit Fluoraethyl ausgeführte Versuche ergaben dasselbe Resultat. Solange 6 oder 7 Prozent nicht erreicht sind, zeigt das Tier beim Oeffnen der Glocke nur heftige Aufregung und einige Lähmungserscheinungen. Nach diesen Experimenten scheint Fluoraethyl keine anaesthesierenden Eigenschaften zu besitzen.

Man konnte indes bei einem Kaninchen, welches man mit Hülfe eines Maulkorbes ein Gemenge von Luft und Fluoraethyl hatte einatmen lassen, die Hornhaut des Auges während eines Augenblickes mit einem Streichholzstückchen berühren, ohne dass eine Bewegung der Lider erfolgte.

Nachdem das Tier wieder zum Bewustsein gebracht worden war, erfreute es sich andauernd des besten Wohlbefindens und zeigte nur einige Tage lang eine sehr grosse Aufregung.

Wenn also das Fluoraethyl auch anaesthesierende Eigenschaften besitzt, so ist das Gebiet der Anwendung ein sehr beschränktes, da das Gas bei zunehmender Menge sehr rasch toxische Wirkungen hervorruft.

Analyse.

Die Analyse des Fluoraethyls umfasst zwei Operationen, die Bestimmung von Kohlenstoff und Wasserstoff und die Bestimmung des Fluors.

A. — Zur Bestimmung von Kohlenstoff und Wasserstoff in Fluoraethyl musste die gewöhnliche Methode der organischen Elementaranalyse, die Verbrennung mit Kupferoxyd in einem Glasrohre, modifiziert werden. Erhitzt man nämlich orgaischen Fluorverbindungen in Glasgefässen, so entsteht Fluorsilicium. Durch Vorversuche wurde ausserdem festgestellt, dass dieses Gas durch Kupferoxyd bei Dunkelrotglut nicht zersetzt wird, und ferner dass Fluorwasserstoffsäure beim Durchleiten durch ein heisses, mit Kupferoxyd gefülltes Metallrohr nicht vollständig zerlegt wird; das gebildete Wasser greift das Glas an und rötet Lakmuspapier ziemlich stark.

Zur Vermeidung dieser Uebelstände wurde die Verbrennung des Fluoraethyls in einem Metallrohre mit Hülfe eines Gemenges von Kupferoxyd und Bleioxyd ausgeführt, welch letzteres alles Fluor als Oxyfluorid zurückhält. Wasser und Kohlensäure werden wie gewöhnlich in gewogenen Glasröhren mit Chlorcalcium und Aetzkali aufgefangen.

Die Analyse selbst wird in folgender Weise durchgeführt:

Das Gemenge von Kupferoxyd und etwa 20 Prozent Bleiglätte wird in ein blankes Kupferrohr gebracht, welches in der Mitte auf Rotglut erhitzt wird, während die beiden Enden mit Hülfe von Bleirohrschlangen, durch die Wasser hindurchfliesst, gekühlt werden können. Das Rohr ist durch zwei Korkstopfen verschlossen und steht einerseits mit dem Rohr, welches zur Zufuhr des Aethylfluorids dient, andererseits mit den gewogenen Apparaten in Verbindung. Das zu analysierende Gas wird durch Quecksilber langsam aus einer tarierten Flasche verdrängt und durch das Gemenge von Kupferoxyd und Bleiglätte, welches auf Dunkelrotglut erhitzt ist, hindurchgeleitet. Nach Beendigung der Verbrennung leitet man reinen trockenen Sauerstoff 45 Minuten lang durch den ganzen Apparat, um die Verbrennungsprodukte vollständig in die Absorptionsapparate zu drängen. Zu Beginn und bei Beendigung der Operation liest man den atmosphärischen Druck und die Temperatur des Fluoraethyls ab und wägt das in der Flasche befindliche Quecksilber; aus diesen Werten kann man das Volumen des verwendeten Fluoraethyls bei 0^0 und 760 mm und sein Gewicht berechnen. Aus dem Gewicht des Fluoraethyls und den aus dem Wasser und der Kohlensäure berechneten Gewichtsmengen Wasserstoff und Kohlenstoff kann hierauf leicht die prozentuale Zusammensetzung bestimmt werden.

Zur Feststellung von bestimmten Resultaten ist es ausserordentlich wichtig, sich von der Reinheit des verwendeten Gases zu überzeugen. Zu diesem Zwecke nimmt man vor der Analyse auf der Quecksilberwanne eine Probe von einigen Kubikcentimetern, die dazu dient, die eventuell in dem Aethylfluorid enthaltene kleine Menge Luft zu bestimmen.

Diese Analysenmethode lieferte stets vergleichbare Resultate, während der Erfolg der Versuche zur Bestimmung des Kohlenstoffs und Wasserstoffs im Fluoraethyl auf eudiometrischem Wege immer zu wünschen übrig liess. Wenn man versucht, einen gasförmigen Fluorwasserstoffester mit überschüssigem Sauerstoff zu verbrennen, so entsteht Wasser und

Fluorwasserstoffsäure, welche auf das Glas sofort unter Bildung von Fluorsilicium einwirkt.

Die theoretische Zusammensetzung von Fluoraethyl ist folgende:

Kohlenstoff	50,00	Prozent
Wasserstoff	10,41	„
Fluor	39,59	„
	100,00	

Die Bestimmung von Kohlenstoff und Wasserstoff nach der oben beschriebenen Methode ergab folgende Zahlen:

	I.	II.	III.	IV.	
Kohlenstoff . . .	49,29	49,21	50,45	50,30	Prozent
Wasserstoff . . .	10,38	10,42	10,49	10,46	„

B. — Die Bestimmung von Kohlenstoff und Wasserstoff erschien mir zur Feststellung der Formel des Aethylfluorids nicht ausreichend, und ich wollte daher auch das in dieser Verbindung enthaltene Fluor quantitativ bestimmen. Dies gelang erst nach so manchen Versuchen, dank der Eigenschaft des Gases, von Schwefelsäure absorbiert zu werden. Von vollständig trockenem Aethylfluorid wird Glas nicht angegriffen, wohl aber von der Lösung dieses Gases in Schwefelsäure. Hierauf gründete sich meine Methode zur Bestimmung des Fluors. Gasförmiges Fluoraethyl muss gemäss seiner Zusammensetzung den vierten Teil seines Volumens Fluorsilicium ergeben. Zur Ausführung dieser Bestimmung bringt man ein bestimmtes Volumen Fluoraethyl (15 bis 20 cc) über Quecksilber in ein Glasrohr, zusammen mit einer sehr kleinen Menge (etwa 0,2 cc) ausgekochter Schwefelsäure. Würde man eine grössere Menge, vielleicht ein oder zwei Cubikcentimeter, verwenden, so müsste man die Löslichkeit des Fluorsiliciums in Schwefelsäure berücksichtigen, die gleichzeitig mit der Analyse durch einen Parallelversuch festgestellt werden könnte. Beim Umschütteln wird das Gas nahezu vollständig von Schwefelsäure absorbiert; das Glas wird sodann langsam angegriffen, und nach sieben bis acht Tagen befindet sich nur mehr Fluorsilicium in dem Rohre. Das Volum lässt sich auf der Quecksilberwanne messen und ergiebt, auf 0^0 und 760 mm reduziert, leicht die in dem Aethylfluorid enthalten gewesene Menge Fluor. Bei allen Experimenten war die beobachtete Volumverminderung stets gleich dem vierten Teil des verwendeten Volumens von Fluoraethyl:

	I.	II.	III.	IV.
Ursprüngliches Volum . .	14,21	14,42	18,07	12,23
Verminderung	3,46	3,55	4,51	3,01

METHYLFLUORID.

Die Untersuchungen über Methylfluorid und Isobutylfluorid wurden von Meslans und mir gemeinschaftlich ausgeführt.

Auf die Existenz dieser Verbindung wurde zuerst von Dumas und Peligot[1] gelegentlich ihrer hervorragenden Untersuchungen über Methylalkohol hingewiesen, und zwar stellten sie dieselbe durch Einwirkung von Methylschwefelsäure auf Fluorkalium dar. Bei Wiederholung dieses Versuches erhielten wir in der That ein farbloses, angenehm riechendes Gas, welches mit blauer Flamme, wie Aethylalkohol brannte. Wir bemerkten indes im weiteren Verlaufe unserer Untersuchungen, dass bei dieser Darstellungsmethode zumeist ein Gemenge von Methylaether und Fluormethyl erhalten wurde. Die Trennung dieser beiden Gase kann auf Grund ihrer sehr verschiedenen Löslichkeit in Wasser vorgenommen werden.

Hierauf verwendeten wir die weiter oben für Fluoraethyl angegebene Reaktion.

Lässt man Jodmethyl auf Fluorsilber einwirken, so tritt schon in der Kälte eine regelmässige Gasentwicklung ein. Die Operation wird am besten in einem Apparate aus Messing ausgeführt, wie er auch zur Darstellung des Aethylfluorids verwendet wurde. (Fig. 21, Seite 248). Da das Methylfluorid Jodmethyl-

[1]) Dumas und Peligot. Nouvelles combinaisons du méthylène, *Annales de Chimie et de Physique*, 2e série, t. LXI, p. 193; 1836.

dämpfe mitreisst, leitet man das Gasgemenge zuerst durch eine auf — 50° gekühlte Bleirohrschlange und hierauf durch zwei mit Fluorsilber gefüllte, auf + 90° erhitzte Glasrohre. Auf diese Weise wird alles Jodmethyl entweder condensiert oder in Jodsilber übergeführt.

Diese Reinigung ist ziemlich heikel und muss zweimal wiederholt werden, wenn man absolut reines Fluormethyl erhalten will. Eine sehr kleine Menge Jodmethyl übt nämlich, wie wohl zu beachten ist, bei der Bestimmung der Dichte und der Analyse des Fluormethyls auf die erhaltenen Zahlen einen bedeutenden Einfluss aus.

Diese Darstellungsmethode mit Fluorsilber und Jodmethyl war die einzige, die gute Resultate lieferte. Wir waren nicht im Stande, bei atmosphärischem Druck durch Einwirkung von Phosphorpentafluorid oder Fluorwasserstoffsäure auf Alkohol eine Esterifizierung zu erreichen.

Es sei hier noch darauf hingewiesen, dass Collie[1] durch Zersetzung von Tetramethylammoniumfluorid ebenfalls Methylfluorid erhalten hat.

Den Beobachtungen von Dumas und Peligot haben wir noch folgendes hinzuzufügen:

Das nach unserem Verfahren dargestellte Fluormethyl besitzt eine Dichte von 1,22, deren Bestimmung mit Hülfe des Chancel'schen Apparates ausgeführt wurde. Die theoretische Dichte beträgt 1,19.

In dem Cailletet'schen Apparate verflüssigt sich das Gas bei gewöhnlicher Temperatur unter einem Druck von 32 Atmosphären.

Fluormethyl ist in Wasser nur wenig löslich; 100 cc Wasser absorbieren bei 18° nur circa 193 cc Gas. In Methylalkohol und Jodmethyl ist es viel leichter löslich.

Fluormethyl ist sehr beständig; erhitzt man es mit Wasser oder verdünnter Kalilauge im zugeschmolzenen Rohre auf 120°, so tritt nur sehr langsam Versteifung ein.

[1] N. Collie. Note on methylfluoride, *Proceedings of the Chemical Society of London*, t. V, p. 16; 1889.

Die Bestimmung von Kohlenstoff und Wasserstoff lieferte folgende Zahlen:

	I.	II.	III.	Berechnet	
Kohlenstoff	36,09	35,23	35,92	35,29	Prozent
Wasserstoff	9,42	9,29	9,32	8,82	„

ISOBUTYLFLUORID.

Diese bisher unbekannte Verbindung wurde durch Einwirkung von Fluorsilber auf Isobutyljodid dargestellt. Die Reaktion beginnt in der Kälte, wird jedoch bald infolge der Bildung eines rot gefärbten Silberfluojodids schwächer und muss daher unter Erwärmen auf $+50^0$ zu Ende geführt werden.

Im Sommer kann Isobutylfluorid als gasförmiger Körper behandelt werden, da es sich bei $+16^0$ verflüssigt.

Bringt man es in Gasform mit einer Flamme in Berührung, so entzündet es sich und verbrennt unter reichlicher Abscheidung von Russ und Entwicklung von Fluorwasserstoffdämpfen. In ganz trockenem Zustande wirkt es auf Glas nicht ein. Bei $+21^0$ beträgt die Dichte 2,58; nach der Theorie hätte sie den Wert 2,66. In den verschiedenen Alkoholen und den übrigen Estern ist es sehr leicht löslich.

Unterhalb der Temperatur von $+16^0$ ist Isobutylfluorid eine farblose, sehr bewegliche Flüssigkeit von nicht sehr angenehmem Geruch, die auf trockenes Glas nicht einwirkt und Schwefel sowie Phosphor in kleinen Mengen, Brom und Jod dagegen mit Leichtigkeit auflöst.

Die Analyse ergab folgende Resultate:

	I.	II.	Berechnet	
Kohlenstoff . . .	63,14	63,14	63,15	Prozent
Wasserstoff . . .	11,34	11,78	11,84	„

M e s l a n s führte in der Folge diese Untersuchungen fort und stellte zunächst Propylfluorid, Isopropylfluorid und Aethylfluorid, alles gasförmige Körper, dar, deren Beschreibung in einer hervorragenden Abhandlung enthalten ist (1).

Er erhielt ferner zum ersten Male die bis dahin unbekannten gemischten Fluorhydrine des Glycerins, das Acetylfluorid und endlich das Fluoroform (2).

Letztere Verbindung ist bei gewöhnlicher Temperatur und gewöhnlichem Druck gasförmig und verflüssigt sich bei 0° unter einem Druck von 22 Atmosphären. Ihre Bildung bei Einwirkung von Fluorsilber auf Jodoform unter bestimmten Verhältnissen wurde von Meslans sehr eingehend untersucht und in einer sehr interessanten Arbeit beschrieben.

In einer zweiten Abhandlung berichtet Meslans über die Esterifizierung der Fluorwasserstoffsäure (3) und gelangt zu folgenden Schlüssen:

1. Bei einer Temperatur von 100° erfolgt die Esterifizierung der Fluorwasserstoffsäure entweder garnicht, oder nur sehr langsam;

2. Bei einer Temperatur von 140° ist die Esterifizierung bereits deutlich bemerkbar; ihre Schnelligkeit wächst rasch mit zunehmender Temperatur, und bei 220° kann der Esterifizierungscoefficient in einer Stunde 60 Prozent erreichen.

3. Bei constanter Temperatur wächst diese Esterifizierungs-Geschwindigkeit zuerst rasch, nimmt jedoch nachher in dem Masse ab, als die Menge esterifizierter Säure grösser wird. Letztere erreicht mit der Zeit einen Grenzwert, der geringer ist als der der anderen Halogensäuren bei gleicher Temperatur.

Aus diesen Untersuchungen von Meslans kann der Schluss gezogen werden, dass die Einwirkung von Fluorwasserstoff auf die Alkohole zwar der Reaktion der Halogenwasser-

---

1) Maurice Meslans. Recherches sur quelques fluorures organiques de la série grasse, *Annales de Physique et de Chimie*, 7e série, t. I, p. 346; 1894.

2) Maurice Meslans. Sur le fluoroforme, *Comptes rendus de l'Académie des Sciences*, t. CX, p. 717; 1890.

3) Maurice Meslans. Action de l'acide fluorhydrique anhydre sur les alcools, *Comptes rendus de l'Académie des Sciences*, t. CXV, p. 1080; 1892.

stoffsäuren verwandt ist, aber doch einen eigentümlichen Charakter besitzt, der in manchen Fällen der Reaktion der Schwefelsäure vergleichbar ist.

Bei den organischen Fluorverbindungen muss auch noch hingewiesen werden auf die Darstellung und Untersuchung des Benzoylfluorids durch E. Guenez[1], auf die Arbeiten über Propionsäurefluorid und Acetylfluorid von Colson[2], auf die neueste Untersuchung von Meslans und Girardet über Buttersäure- und Isovaleriansäurefluorid[3]; ferner auf die Untersuchungen Chabrié's über Methylen- und Aethylenfluorid[4] und endlich auf die wichtigen Arbeiten von F. Swarts über die Fluoressigsäuren[5].

Die Einwirkung von Fluorsilber auf die Jodide der Radikale Methyl, Aethyl, Propyl, Butyl, und Amyl liefert mit Leichtigkeit Fluorwasserstoffester, die bisher nicht untersucht worden waren. Wenn auch die Bedingungen für die Esterifizierung der Alkohole durch Fluorwasserstoffsäure von den bei Chlorwasserstoff, Bromwasserstoff und Jodwasserstoff in Frage kommenden etwas verschieden sind, so lassen sich doch die allgemeinen Eigenschaften der Fluorwasserstoffester zumeist denen der Chlorwasserstoffester an die Seite stellen. Erstere sind allerdings beständiger und lassen sich schwieriger verseifen. Der Siedepunkt von Fluoraethyl liegt viel tiefer als der von Chlor-, Brom- und Jodaethrl, wie aus folgender Tabelle ersichtlich ist:

---

1) E. Guenez. Sur la préparation et les propriétés du fluorure de benzoyle, *Comptes rendus de l'Académie des Sciences*, t. CXI, p. 681; 1890.

2) Colson. Mode de préparation des fluorures d'acides, *Comptes rendus de l'Académie des Sciences*, t. CXXII, p. 243; 1896.

3) Meslans und Girardet. Sur les fluorures d'acides, *Comptes rendus de l'Académie des Sciences*, t. CXXII, p. 239; 1896.

4) Chabrié. Sur quelques dérivés organiques halogénés, *Bulletin de la Société chimique*, 3e série, t. VII, p. 24; 1892.

5) F. Swarts. Sur l'acide fluoracétique, *Bulletin de l'Académie Royale de Belgique*, 3e série, st. XXXI, p. 675; 1896.

	Siedepunkte:
Fluoraethyl	— 32°
Chloraethyl	+ 12°
Bromaethyl	+ 38,8°
Jodaethyl	+ 72°

Auch bei den Siedepunkten der verschiedenen Halogenester der anderen Reihen findet sich diese Differenz; sie beträgt ungefähr 42° zwischen Fluorid und Chlorid.

Propylfluorid	+ 2°	(Meslans)
Propylchlorid	+ 45°	
Isopropylfluorid . . .	— 5°	(Meslans)
Isopropylchlorid . . .	+ 36°	

Schreitet man also in der homologen Reihe vom Methyl ausgehend weiter, so bemerkt man, dass die Fluorwasserstoffester bis zum Butylfluorid gasförmig sind; wenn daher in dem Molekül Chlor durch Fluor ersetzt wird, so wird der Siedepunkt bedeutend herabgedrückt.

SIEBENTES KAPITEL.

Einige Constanten des Fluors.
Neue Eigenschaften des Fluors.
Schlussfolgerungen.

BESTIMMUNG DES ATOMGEWICHTES DES FLUORS.

Das Atomgewicht des Fluors wurde im Laufe der Zeit von Berzelius([1]), Louyet([2]), Fremy([3]) und Dumas([4]) bestimmt.

Louyet führte seine Bestimmungen an amorphen Alkali- und Erdalkalifluoriden aus und gelangte zu der Zahl 18,99, die dem von Dumas im Jahre 1859 gefundenen Werte 19 sehr nahe liegt.

Fremy zog in seiner grundlegenden Arbeit über die Fluorverbindungen aus zahlreichen Analysen von Metallfluoriden den Schluss, dass das Atomgewicht des Fluors nahe bei 18,85 liegen müsse, welche Zahl bereits früher von Berzelius angegeben worden war.

---

[1]) BERZELIUS. Recherches sur l'acide fluorique et ses combinaisons les plus remarquables, *Annales de Chimie et de Physique*, 2e série, t. XXVII, p. 53, 167 und 287; 1824.

[2]) LOUYET. Recherches sur l'équivalent du fluor, *Annales de Chimie et de Physique*, 3e série, t. XXV, p. 291; 1849.

[3]) FREMY. Recherches sur les fluorures, *Annales de Chimie et de Physique*, 3e série, t. XLVII, p. 15; 1856.

[4]) DUMAS. Mémoire sur les équivalents, *Annales de Chimie et de Pyhsique*, 3e série, t. LV, p. 169; 1859.

Berzelius und Dumas benutzten zu ihren Bestimmungen hauptsächlich möglichst reines natürliches Fluorcalcium. Bei dieser Methode ist immer Grund zu der Befürchtung vorhanden, dass der in der Natur vorkommende Flussspat kleine Mengen Silicium oder Phosphor enthalten könnte, wie dies auch von Berzelius und Louyet nachgewiesen wurde.

Verschiedene Erwägungen bezüglich der Dichte neuer gasförmiger Fluorverbindungen, bildeten die Veranlassung, die Bestimmung des Atomgewichtes des Fluors nochmals auszuführen, und zwar schien es am zweckmässigsten, hierzu synthetisch dargestellten gut krystallisierten Flussspat zu verwenden.

Bei diesen neuen Versuchen wurde stets in der Weise verfahren, dass eine bestimmte Gewichtsmenge Fluorcalcium durch überschüssige Schwefelsäure, die partienweise hinzugefügt wurde, zersetzt wurde. Ebenso wurde mit reinem Fluornatrium und Fluorbaryum verfahren.

Die Zersetzung wurde in einem kleinen Destillationsapparat aus Platin ausgeführt, um jeden Materialverlust durch Verspritzen zu vermeiden; der Apparat wurde gewogen unter Beobachtung aller notwendigen Vorsichtsmassregeln.

Durch Vorversuche waren die Bedingungen genau festgestellt worden, unter welchen die Fluoride vollständig zersetzt wurden; daher wurde überschüssige Schwefelsäure verwendet und partienweise hinzugefügt.

Die ersten Bestimmungen wurden mit Fluornatrium ausgeführt. Zur Darstellung dieses Salzes in absolut reinem Zustande — es durfte vor allem kein Kalium enthalten — wurde folgender Weg eingeschlagen:

Natürliches Chlornatrium (ungefähr 2 kg) wurde auf einen Trichter mit kaltem destilliertem Wasser gewaschen und hierauf in einer genügenden Menge Wasser aufgelöst. Nun dampft man so weit ein, dass ungefähr neun Zehntel des Chlornatriums in sehr kleinen Krystallen auskrystallisieren, behandelt dieselben wieder mit kaltem Wasser und lässt wie früher auskrystallisieren. Diese Behandlung wird etwa zehn Mal wiederholt. Schliesslich hinterbleiben ungefähr 500 g Chlornatrium, welche in einer gesättigten Ammoniaklösung gelöst werden. Aus dieser Lösung wird durch reine Kohlensäure Natriumbicarbonat gefällt, welches nachher längere Zeit mit kaltem destilliertem Wasser gewaschen wird. Die Lösung dieses Salzes zersetzt man hierauf bei Siedehitze und krystallisirt das Carbonat so oft um, bis es bestimmt kein Chlorid mehr enthält. Wenn das erste Auswaschen gründlich genug durchgeführt wurde, genügt fünf- bis sechsmaliges Umkrystallisieren, um absolut reines Natriumcarbonat zu erhalten. Dieses Salz wird nun mit Fluorwasserstoffsäure behandelt, welche aus Fluorkaliumfluorhydrat dargestellt und wiederholt destilliert worden war. Die Lösung des auf diese Weise dargestellten Fluornatriums wird zur Trockene gedampft, und das Salz bei Rotglühhitze getrocknet.

Mit diesem Fluornatrium wurden fünf Bestimmungen ausgeführt, deren Resultate zwischen den Werten 19,04 und 19,08 liegen, wenn man 23,05 für das Atomgewicht des Natriums (Stas), 32,074 für das Atomgewicht des Schwefels (Stas) und 16 für dasjenige des Sauerstoffs (Dumas) annimmt.

Das ebenfalls für diese Bestimmungen verwendete Fluorcalcium wurde durch Einwirkung einer Lösung von Fluorkalium auf eine Lösung von Chlorcalcium dargestellt. Wenn diese Lösungen halbwegs concentriert sind, wird bekanntlich bei gewöhnlicher Temperatur das Fluorid in amorphem, mehr oder weniger gallertartigem Zustande gefällt und lässt sich dann immer nur sehr schwer auswaschen. Diesem Uebelstand wird vorgebeugt, wenn man eine zehnprozentige Chlorcalciumlösung langsam in eine bis auf zwei Tausendstel verdünnte, kochende Lösung von Fluorkalinm einträgt; das gefällte Fluorcalcium besitzt dann das Aussehen eines krystallinischen Sandes.

Nach halbstündigem Kochen in einer Platinschale ist die Reaktion beendet. Man wäscht hierauf mit viel Wasser aus, trocknet im Trockenschrank und glüht das gewonnene Salz. Unter dem Mikroskop erscheinen diese Krystalle sehr durchsichtig und scharf, aber sehr klein.

Bei Zersetzung dieses Salzes mit Schwefelsäure erhielt ich bei vier Bestimmungen vollständig übereinstimmende Zahlen, nach welchen das Atomgewicht des Fluors zwischen den Werten 19,02 und 19,08 liegen muss.

Fluorbaryum wurde ebenfalls in mikroskopisch kleinen Krystallen erhalten, indem man zu einer einprozentigen, kochenden Lösung von Fluorkalium eine Lösung von 18 g Chlorbaryum in 500 g Wasser langsam hinzufügt. Die Platinschale wird noch 30 Minuten bei Siedehitze erhalten und der Niederschlag hierauf sorgfältigst mit destilliertem Wasser gewaschen. Die Einwirkung von Schwefelsäure auf diese Verbindung erfolgt weniger regelmässig wie auf Fluorcalcium. Die Säure muss in mehreren Partien hinzugefügt werden, und die Temperatur darf nur sehr langsam gesteigert werden.

Bei fünf Bestimmungen, die durch Zersetzung dieses Fluorbaryums ausgeführt wurden, wurden Zahlen erhalten, die zwischen 19,05 und 19,09 liegen.

Schlussfolgerungen. — Ich glaube aus diesen drei Reihen von Bestimmungen den Schluss ziehen zu dürfen, dass das Atomgewicht des Fluors sehr nahe an 19 liegt; nach den Bestimmungen mit Fluornatrium und Fluorcalcium, welche ich für genauer halte als die Bestimmungen mit Fluorbaryum, wäre das Atomgewicht des Fluors 19,05.

EINWIRKUNG VON FLUORWASSERSTOFFSÄURE UND FLUOR AUF GLAS.

Schon seit langer Zeit wurde von verschiedenen Forschern darauf hingewiesen, welchen Einfluss eine Verunreinigung auf die Einleitung einer Reaktion haben könne. Es wurde darüber diskutiert, ob z. B. ein Körper, der sich leicht mit Sauerstoff verbindet, bei Abwesenheit jeder Spur von Wasser nicht inaktiv werden, oder ob seine Reaktionstemperatur nicht erhöht werden müsse. Die diesbezüglichen Experimente berühren interessante theoretische Fragen; da sie aber schwer durchzuführen waren, ist es leicht erklärlich, dass sich oft Widersprüche ergaben. Von Arbeiten auf diesem Gebiete seien hier diejenigen von Dubrunfaut(1) und Dumas(2), sowie die neueren Forschungen von Dixon(3), Shenstone und Beck(4), Gautier und Charpy(5), Brereton Baker(6) und Gutmann(7) erwähnt.

Andererseits hat bekanntlich auch Berthelot in seinen thermochemischen Arbeiten zu wiederholten Malen darauf hingewiesen, was für eine wichtige Rolle bei Entstehung einer Verbindung, auch nur eine geringe Spur eines Zwischenproduktes spielen kann, welches sich bildet, zerfällt, hierauf von Neuem entsteht und so weiter ohne Ende, bis endlich die beiden in Reaktion gebrachten Körper vollständig mit einander verbunden sind.

Der Gedanke, die Untersuchung des Einflusses einer spurenweisen Verunreinigung auf eine Reaktion gerade beim Fluor wieder aufzunehmen, lag ziemlich nahe, da dieses ja der Körper ist, der von allen bekannten Stoffen, die grösste Reaktionsfähigkeit besitzt.

Bereits vor langer Zeit hatte Louyet bekanntlich ange-

1) DUBRUNFAUT. Sur la combustibilité du carbone, *Comptes rendus de l'Académie des Sciences*, t. LXXIII, p. 1395, und t. LXXIV, p. 126; 1871 und 1872.

2) DUMAS. Combustion du carbone dans l'oxygène, *Comptes rendus de l'Académie des Sciences*, t. LXXIV, p. 128 und 137; 1872.

3) H. B. DIXON. Explosion of a mixture of carbonic oxid and oxygen, *Report of the British Association 1880, p. 503* und *Journal of the Chemical Society of London*, t. XLIX, p. 94; 1886.

4) A. SHENSTONE und R. BECK. Note on the preparation of platinous chloride and on the interaction of chlorine and mercury, *Proceedings of the Chemical Society of London*, t. IX, p. 38; 1893.

5) H. GAUTIER und G. CHARPY. Sur la combinaison directe des métaux avec le chlore et le brome, *Comptes rendus de l'Académie des Sciences*, t. CXIII, p. 597; 1891.

6) H. B. BAKER. The influence of moisture on chemical action, *Journal of the Chemical Society of London*, t. XLVII, p. 353; 1885. — *Philosophical Transactions of the Royal Society of London*, t. CLXXVIII, p. 571; 1888. — *Proceedings of the Chemical Society of London*, t. IX, p. 129, t. X, p. 111, und t. XIV, p. 99; 1893, 1894, 1898.

7) GUTMANN. Untersuchungen Baker's über die Nichtvereinigung von trockenem Chlorwasserstoff und Ammoniak, etc., *Liebigs Annalen der Chemie*, t. CCXCIX, p. 267; 1898.

geben, dass trockene Fluorwasserstoffsäure auf Glas nicht einwirkt. Mitunter wurde angenommen, dass Glas von Fluorwasserstoffsäure oder anderen Fluorverbindungen angegriffen worden sei, wenn es bei Berührung mit diesen Körpern sein Aussehen verändert hatte, respektive matt geworden war. Wenn aber Fluorwasserstoffsäure auf Glas unter genau bestimmten Concentrationsverhältnissen einwirkt, kann es vorkommen, dass an dem Glase keinerlei Veränderung zu bemerken ist, und dass es auch seinen Glanz beibehalten hat, während mit Hülfe der Wage sich deutlich eine Gewichtsabnahme constatieren lässt. Diese Erscheinung kann derjenigen an die Seite gestellt werden, die eintritt, wenn man verdünnte Salzsäure auf gewisse harte Kalksteinsorten einwirken lässt.

Schon im ersten Kapitel dieses Werkes wurde darauf hingewiesen, dass bei den Versuchen Louyet's ein anderer Irrtum mit unterlaufen war. Louyet verwendete nämlich zum Trocknen seiner Fluorwasserstoffsäure Phosphorsäureanhydrid, und glaubte auf diesem Wege ein vollständig wasserfreies Produkt zu erhalten. Nun wirkt aber wasserfreier Fluorwasserstoff bei gewöhnlicher Temperatur auf Phosphorsäureanhydrid ein; hierbei entsteht ein Gas, welches im Jahre 1886 von mir entdeckt wurde, das Phosphoroxyfluorid POF_3. Dieses Gas greift in trockenem Zustande Glas nicht an.

Nicht unerwähnt will ich lassen, dass auch Gore (1) der Ansicht ist, dass Glas von absolut trockenem Fluorwasserstoff nicht angegriffen werde, und zwar stützt er seine Anschauung auf folgenden Versuch: er erhitzte Fluorsilber in einer Wasserstoffatmosphäre und nahm an, dass hierbei der Wasserstoff vollständig in Fluorwasserstoff übergeführt werde, und dass die so gebildete Fluorwasserstoffsäure auf Glas nicht einwirke.

Bei der Kritik(2), die an Gore's Darstellungsmethode des

---

1) GORE. On silver fluoride, *Philosophical Transactions of the Royal Society of London*, t. CLX, p. 227; 1870.

2) PRAT. Recherches sur la constitution chimique des composés fluorés et sur l'isolement du fluor, *Comptes rendus de l'Académie des Sciences*, t. LXV, p. 345; 1867.

Fluorsilbers geübt wurde, will ich mich nicht aufhalten; sie war jedenfalls nicht am Platze. Das Verfahren ist indes, wie hervorgehoben werden soll, sehr heikel, und die absolute Reinheit der verwendeten Agentien, der Fluorwasserstoffsäure und des Silbercarbonates ist für das Gelingen von grossem Einfluss (1).

Fremy(2) hatte bereits früher klar und deutlich nachgewiesen, dass möglicherweise ein Oxyfluorid entstehen könnte, welches hierauf durch Einwirkung von Wärme unter Entwicklung von Sauerstoff und Abscheidung von metallischen Silber zersetzt werden würde (3); meiner Ansicht nach finden sich aber in den Versuchen Gore's noch andere Fehlerquellen.

Zur Ausführung dieser Synthese der Fluorwasserstoffsäure bediente sich Gore eines nahezu horizontal aufgestellten Platincylinders, welcher an einen anderen Platinapparat angekittet war. Am Ende dieses letzteren befand sich ein weiterer Platincylinder, welcher aussen mit einer Grad-Einteilung versehen war und sich in einem Glasgefässe mit Quecksilber befand.

Der Apparat wurde mit einem genau bestimmten Volumen Wasserstoff, und das Platinrohr mit trockenem Fluorsilber gefüllt, welches zur Erzeugung von Fluorwasserstoff hierauf dreissig bis fünfundvierzig Minuten, manchmal sogar eine Stunde lang erhitzt wurde.

Ein warmer Luftstrom diente dazu, den ganzen Apparat bei einer nahe an 100° liegenden Temperatur zu erhalten. Die Volumveränderung wurde durch die Aenderung des Quecksilberniveaus in dem ringförmigen Raume zwischen dem Platinrohre und dem Glasrohre gemessen.

---

1) Auf die bei der Darstellung dieses Salzes notwendigen Vorsichtsmassregeln wurde schon weiter oben hingewiesen (p. 211).

2) FREMY. Recherches sur les fluorures. *Annales de Chimie et de Physique*, 3e série, t. XLVII, p. 15; 1856.

3) Seit den Untersuchungen Gores hat Guntz das wasserfreie Fluorsilber in Gestalt eines amorphen goldgelben Pulvers dargestellt, welches in Wasser ohne merklichen Rückstand löslich ist. Recherches thermiques sur les combinaisons du fluor avec les métaux, *Annales de Chimie et de Physique*, 6e série, t. III, p. 43; 1884.

Dieses Experiment ist ziemlich compliciert, und die Bestimmung der Volumveränderung entbehrt der Genauigkeit; ausserdem ist nicht zu vergessen, dass rotglühendes Platin Gase hindurch diffundieren lässt.

Gore hat übrigens gar nicht nachgewiesen, dass das bei seinem Versuche erhaltene Gas, auch wirklich Fluorwasserstoff war. Er sagt allerdings (1):

„Die durch Erhitzen von Fluorsilber mit Wasserstoff in einem geschlossenen Gefässe, wie eben beschrieben, erhaltenen Säuredämpfe wurden über Quecksilber in Glasgefässe gebracht. Dieselben waren farblos und durchsichtig und wirkten auf Glas nicht ein, welches auch nach mehreren Wochen seinen Glanz beibehielt, vorausgesetzt, dass Feuchtigkeit vollständig ausgeschlossen war. Sobald die geringste Spur Wasserdampf zugegen war, wurde das Glas sofort matt. Brachte man ein Stückchen Eis in das Gas, so wurde das Glas sofort angegriffen und ganz undurchsichtig. Lässt man den wasserfreien Säuredampf aus dem Gefässe, in welchem er sich befindet entweichen, so wird die Feuchtigkeit der Luft rings um die Ausströmungsöffnung condensiert."

Alle diese Eigenschaften kommen aber einigen Fluorverbindungen von Metalloiden ebenso gut zu wie der Fluorwasserstoffsäure. Die Analyse des erhaltenen Gases war nicht ausgeführt worden.

Bringt man ein Stückchen Eis in eine Atmosphäre von

1) The acid vapour obtained by heating fluoride of silver in the closed vessel of hydrogen over mercury as already described, was transferred to glass vessels over mercury, it was colourless and quite transparent; it did not corrode the glass vessels or render them dim in the slightest degree during several weeks, provided moisture was entirely absent, but if there was the slightest trace of damp present, the surface of the glass soon lost its brightness. A fragment of ice introduced into the gas instantly caused the surface of the glass near to it to become corroded and opaque white. The vapour of hydrofluoric acid escaping at any minute orifice from a vessel of the dry acid, condenses moisture rapidly upon the contigous part of the vessel — Gore. On hydrofluoric acid, *Philosophical Transactions of the Royal Society of London*, t. CLIX, 184; 1869.

Fluorsilicium, so entstehen sofort Dämpfe von Fluorwasserstoffsäure, die das Glas angreifen.

Bei einer grossen Zahl von noch wenig bekannten gasförmigen Oxyfluoriden von Metalloiden, wie zum Beispiel bei den Schwefeloxyfluoriden würde die gleiche Erscheinung eintreten.

Es sei auch darauf hingewiesen, dass Gore's Resultate keine sehr gute Uebereinstimmung zwischen dem schliesslichen Volumen der Fluorwasserstoffsäure und dem ursprünglichen Wasserstoffvolumen aufweisen. Nach folgender Gleichung müssten nämlich für einen Volumteil Wasserstoff zwei Volumteile gasförmiger Fluorwasserstoff erhalten werden:

$$2\,AgF + \underbrace{H_2}_{2\,Vol.} = \underbrace{2\,HF}_{4\,Vol.} + 2\,Ag$$

Bei Gegenwart von Wasserdampf verläuft allerdings die Reaktion complizierter. Ein Teil dieses Wasserdampfes konnte wohl in gasförmigem Zustand verbleiben, da die Messung des Rückstandes bei 100^0 vorgenommen wurde; ein Teil musste aber auch auf das Fluorsilber unter Bildung von Silberoxyfluorid und Fluorwasserstoff einwirken. Kurz, die Reaktion war viel zu compliciert, als dass man daraus die quantitative volumetrische Zusammensetzung der Fluorwasserstoffsäure hätte ableiten können.

Diese Bildung von Wasserdampf erwähnt übrigens auch Gore selbst in seiner Abhandlung ([1]):

„Während der Zersetzung des Silbersalzes durch Wasserstoff, tritt jedesmal nach der Ausdehnung durch die Wärme

[1]) In each instance, during the decomposition of the silver salt bei the hydrogen, a very large reduction of volume occurred; for instance 163,87 cc were reduced to 106,5 cc and, on removing the lamp and allowing the whole apparatus te cool to 50° or 60° Fahr., a still further contraction occurred. These reductions of volume were in the earlier trials somewhat due to small quantities of air present, the oxygen of which formed water. In all cases however contraction of volume was evidently, nearly wholly due to the partial condensation of the hydrofluoric acid in the liquid state. — GORE. On hydrofluoric acid. *Philosophical Transactions of the Royal Society of London,* t. CLIX, p. 182; 1869.

eine bedeutende Volumverringerung ein; 163,87 cc zum Beispiel schmelzen zu 106,5 cc zusammen, und nachdem die Flamme entfernt, und der Apparat auf 12° abgekühlt war, wurde die Contraktion noch viel grösser. Die Ursache dieser Erscheinung liegt jedenfalls in der Anwesenheit einer kleinen Menge Luft, deren Sauerstoff Wasser lieferte, und in der Verflüssigung der Fluorwasserstoffsäure."

Wenn ich nunmehr meiner Ansicht Ausdruck geben darf, so glaube ich, dass Gore seine Versuche in guten Glauben ausgeführt hat; die Auslegung derselben fordert allerdings die Kritik heraus, wodurch jedoch der Wert der originellen und gewissenhaften Forschungen Gore's nicht geschmälert erscheint.

Einwirkung von Fluorwasserstoffsäure auf Glas.

Zur Untersuchung der Einwirkung von Fluorwasserstoffsäure auf Glas, liess ich zunächst ausgekochtes Schwefelsäuremonohydrat in einem umgekehrten Glasrohre über vollsändig trockenem Quecksilber auf absolut wasserfreie Fluoride einwirken. Unter diesen Bedingungen entsteht sofort Fluorwasserstoffsäure, die in gasförmigen Zustande bleibt, vorausgesetzt, dass die Temperatur nicht unter + 20° sinkt, und auf das Glas augenblicklich einwirkt. Ersetzt man das Schwefelsäuremonohydrat durch Nordhäuser Schwefelsäure, welche mehr Schwefelsäureanhydrid enthält, so entweicht ein Gas, welches alsbald von der überschüssigen flüssigen Säure absorbiert wird und grösstenteils aus der von Thorpe und Walter Kirman beschriebenen Fluosulfonsäure besteht.

Auch bei diesem Experimente wird das Glas angegriffen.

Um jedem Einwand bezüglich der Verwendung von Schwefelsäure, in welcher die Fluorwasserstoffsäure löslich ist, begegnen zu können, liess ich wasserfreie Fluorwasserstoffsäure auf absolut trockenes Glas einwirken.

Der Versuch wurde in folgender Weise ausgeführt:

In einem Platinschiffchen wurde Fluorkaliumfluorhydrat in einem trockenen Gasstrom geschmolzen, und dasselbe noch heiss und vor Luftzutritt geschützt, in ein vollständig trockenes Platinrohr gebracht, welch' letzteres durch Schraubenansatzstücke aus gleichem Metall verschliessbar war. Durch dieses Platinrohr wurde reine Kohlensäure hindurchgeleitet, die zuvor durch Bimsstein mit Phosphorsäureanhydrid und blanke Natriumspäne getrocknet worden war. Kork und Kautschuk waren natürlich bei der Zusammenstellung des Apparates sorgfältigst ausgeschlossen worden. Die Verbindungen wurden mittelst Röhren bewerkstelligt, die unter sanfter Reibung auf einander passten und mit Paraffin, welches von Fluorwasserstoffsäure nicht angegriffen wird, überzogen waren.

Das Ende des Platinansatzstückes, welches sich hinter dem Schiffchen mit dem Fluorhydrat befand, führte in ein U-förmig gebogenes Glasrohr, welches vorher mit der grössten Sorgfallt getrocknet worden war. Der andere Schenkel des U-Rohres war mit einem Gasableitungsrohre versehen, dessen Ende in Quecksilber tauchte, auf welchem sich eine Schicht Schwefelsäure befand. Nachdem alle diese Vorbereitungen getroffen waren, leitete man bei gewöhnlicher Temperatur zwei Stunden lang absolut trockene Kohlensäure hindurch, unterbrach sodann den Gasstrom und erhitzte das Schiffchen mit dem Fluorkaliumfluorhydrat gelinde. Sofort entwickelte sich gasförmiger Fluorwasserstoff in reichlicher Menge, durch welchen, das Glas, sobald es damit in Berührung kam, erst getrübt und dann rasch angeätzt wurde. Nachdem das Experiment fünfzehn Minuten gedauert hatte, hatte das Gewicht des Rohres um 0,332 g abgenommen.

Dieser Versuch wurde dreimal wiederholt und ergab immer dasselbe Resultat.

Bemerkenswert ist auch, dass das Glas nur auf eine Länge von einigen (zwei bis drei) Centimetern von der Eintrittsstelle der Fluorwasserstoffsäure ab angegriffen wird. In dem anderen Teile des Glasrohres befindet sich das frisch gebildete Fluorsilicium, welches auf Glas nicht mehr einwirkt.

Die Untersuchung der Einwirkung von Fluorwasserstoffsäure auf Glas, wurde nochmals, jedoch auf in etwas anderer Weise wiederholt.

Eine Eprouvette aus dünnem Glase von 100 cc Fassungsraum, in welcher sich eine kleine mit den Polen eines Akkumulators verbundene Platinspirale befand, wurde umgekehrt auf Quecksilber gebracht. Ein kleines Stäbchen geschmolzenes Fluorkaliumfluorhydrat wurde sofort, nach dem es geschmolzen worden war, noch heiss in ein Platinblech gehüllt und in die Mitte der Platinspirale gesteckt. Die Eprouvette und die gebogenen Glasrohre, die zum Schutze der Leitungsdrähte dienten, waren vorher bei 150° getrocknet worden. Auch das Quecksilber, auf welchem sich das Reagensglas befand, war sorgfältig von Feuchtigkeit befreit worden und wurde in einer Porzellanschale auf einen Gasofen gebracht. Man erhitzte hierauf die Schale und das darin befindliche Quecksilber fünf Stunden lang auf 200° und leitete gleichzeitig Stickstoff hindurch, welcher mittelst Phosphorsäureanhydrid und blanken Natriumspänen getrocknet worden war.

Nach diesem Trocknungsprozess liess man den Apparat auf Laboratoriumstemperatur abkühlen und unterbrach den Stickstoffstrom.

Auf diese Weise hatte man also eine kleine Menge trockenes Fluorkaliumfluorhydrat (1) in einer Stickstoffatmosphäre, in einem durch Quecksilber abgeschlossenen Glasrohre.

Hierauf schickte man den elektrischen Strom einen kurzen Augenblick lang durch die Platinspirale, die sofort rotglühend wurde. Es entwickelte sich eine kleine Menge gasförmige Fluorwasserstoffsäure, und obwohl der Versuch nur einige Sekunden gedauert, und die Wandung des Reagensglases nicht Zeit gehabt hatte, warm zu werden, war die innere Oberfläche des Glases sofort matt geworden.

Bei einer Wiederholung des Versuches wurde dasselbe Resultat erhalten; obwohl nur eine sehr geringe Menge Fluor-

---

1) Es sei nochmals darauf hingewiesen, dass Fluorkalinm-Fluorhydrat viel weniger hygroskopisch ist, als Fluorkalium.

wasserstoff in Freiheit gesetzt wurde, war das Glas wieder angegriffen worden.

Auch in einer anderen Form wurde dieses Experiment noch wiederholt.

Ich habe bereits früher nachgewiesen, dass die drei gasförmigen Fluorphosphorverbindungen in ganz wasserfreiem Zustande auf Glas nicht einwirken, und anch festgestellt, dass durch Einwirkung von Induktionsfunken auf ein Gemenge von Wasserstoff und Trifluorid oder Pentafluorid, Dämpfe von Phosphor und Fluorwasserstoff gebildet werden.

Bei Wiederholung dieser Versuche unter Anwendung der im ersten Kapitel dieses Bandes (Fig. 1, Seite 18) beschriebenen Anordnung von Berthelot konnte noch einmal festgestellt werden, dass die auf diese Weise entwickelte Fluorwasserstoffsäure bei gewöhnlicher Temperatur auf Glas einwirkte. Das Gemenge von Wasserstoff und Trifluorid war bei diesem letzten Versuche so gut getrocknet gewesen, dass die innere Oberfläche der Eprouvette nach 24 Stunden nicht die geringste Veränderung erfahren hatte.

Aus allen diesen Experimenten folgt, dass gasförmige Fluorwasserstoffsäure in wasserfreiem Zustande bei gewöhnlicher Temperatur auf Glas einwirkt.

Einwirkung von Fluor auf Glas.

Vor allem sei hier daran erinnert, dass das von Dewar und dem Verfasser bei -187^0 gewonnene flüssige Fluor bei dieser niedrigen Temperatur auf Glas nicht einwirkte, während das gasförmige Fluor bei allen bis dahin beschriebenen Versuchen Glas angegriffen hatte. Dieses Fluor war durch Elektrolyse einer Lösung von Fluorkalium in wasserfreier Fluorwasserstoffsäure erhalten worden. Infolge einer sekundären Einwirkung des am negativen Pole abgeschiedenen Alkalimetalles entwickelte sich an diesem Pole Wasserstoff, während am positiven Pole das Fluor aufgefangen werden konnte, welches von den mitgerissenen Fluorwasserstoffdämpfen durch eine kleine auf — 23° abgekühlte Kupferschlange und ganz trockenes Fluornatrium befreit wurde.

Das auf diese Weise dargestellte Fluor bildete an der Luft keine Dämpfe, wirkte aber, wie schon weiter oben bemerkt, stets auf Glas ein.

Nachdem durch verschiedene Modifikationen des früher beschriebenen Versuches nachgewiesen worden war, dass die Anwesenheit einer sehr kleinen Menge Fluorwasserstoff in einem inaktiven Gase genügte, um Glas matt zu machen, wurde alle Sorgfalt darauf verwendet, die letzten Spuren Fluorwasserstoffsäure aus dem Fluor zu entfernen. Hierzu diente eine auf physikalischer Grundlage beruhende Methode.

Fluorwasserstoffsäure kocht bei + 19,5° (Moissan) und erstarrt nach Wroblewski bei — 92°. Unter Berücksichtigung der grossen Differenz zwischen den Siedepunkten des Fluors, — 187° —, (Moissan und Dewar) und der Fluorwasserstoffsäure, — + 19,5° —, schien es nicht schwierig zu sein, das Fluor von den letzten Spuren Säure zu befreien. Man brauchte nur das Gasgemenge auf eine Temperatur abzukühlen, die niedriger ist als der Erstarrungspunkt der Fluorwasserstoffsäure und derjenigen der Verflüssigung des Fluors sehr nahe liegt (1).

Das in einem Kupfer-Apparat dargestellte Fluor wurde, nachdem es den weiter oben beschriebenen Reinigungsprozess durchgemacht hatte, in ein kleines Glasrohr geleitet, welches in flüssige Luft eingetaucht war. Das Ende dieses U-Rohres wurde durch eine Reihe Kugeln gebildet, die von einander durch Einschnürungen getrennt waren.

Nachdem das Kugelrohr mit einer Atmosphäre von absolut trockener Luft in Verbindung gesetzt worden ist, stellt man eine regelmässige Fluorentwicklung her, so dass bald die ganze Luft aus dem Apparat verdrängt ist. Die mit Fluor gefüllten Glaskugeln werden an den Einschnürungen mit Hülfe einer Ge-

1) Diese Methode kann auch zur Entfernung von Spuren Wasser aus dem Gase dienen und wird gegenwärtig bei der Untersuchung einiger Reaktionen verwendet.

bläseflamme zugeschmolzen. Das Fluor, welches auf das trockene Glas in dem heissen eingeschnürten Teil einwirkt, kann nicht die geringste Spur Fluorwasserstoff bilden, da ja kein Wasserstoff zugegen ist.

Nach Beendigung des Versuches lässt sich leicht konstatieren, dass das Glas nicht angegriffen wurde. Nach zwei Wochen hatte das Glas derartiger Kugeln denselben Glanz wie vorher.

Bricht man die Spitze einer dieser Glaskugeln über Quecksilber auf der Quecksilberwanne ab, so steigt das Quecksilber in dem Glasrohre um ein Geringes; an der Oberfläche des Metalles bildet sich eine kleine Schicht Fluorquecksilber, die dann die weitere Einwirkung aufhält. Auf diese Weise konnte reines Fluor mehrere Tage lang in Glasapparaten auf der Quecksilberwanne aufbewahrt werden, vorausgesetzt, dass das Häutchen von Fluormetall nicht durchbrochen wurde. Schüttelt man das Rohr, so wird diese dünne Schicht Fluorquecksilber zerrissen, und die Absorption macht dann rasch weitere Fortschritte. Die Glaskugel füllt sich vollständig mit Quecksilber, und wenn dieses gut getrocknet ist, bleibt das Glas unversehrt.

Ich trachtete hierauf zu ermitteln, ob ein Gelingen dieser Versuche nicht auch möglich wäre, wenn das Fluor, so wie es aus dem Apparat entweicht, bis zu einer weniger tiefen Temperatur, als die der flüssigen Luft abgekühlt würde. Die mitgerissenen Fluorwasserstoffsäuredämpfe wurden mit Hülfe einer Mischung von flüssiger Kohlensäure und Aceton condensiert. Diese Kältemischung gestattet mit Leichtigkeit eine Temperatur von -85^0 zu erreichen; bei neueren Versuchen gelangte ich sogar bis auf -95^0.

Hierauf wurde aus trockenem Glase eine Reihe solcher Kugeln angefertigt. Ich konnte feststellen, dass Fluor, welches allem Anscheine nach vollständig frei von Fluorwasserstoffdämpfen war, bei gewöhnlicher Temperatur weder auf Krystallglas, noch auf weisses, grünes oder böhmisches Glas einwirkte. Man konnte Kugeln aus diesen verschiedenen Glassorten mit Fluor gefüllt, sogar zwei Stunden lang in siedendes Wasser bringen, ohne dass sie angegriffen wurden. Selbstverständlich, gelingen diese Versuche nur mit absolut reinen, trockenen Gläsern.

Haftet auch nur die geringste Spur organische Substanz an dem Glase, so wirkt das Fluor sofort bei gewöhnlicher Temperatur darauf ein; es entsteht Fluorwasserstoff, welcher das Glas schneller oder langsamer angreift.

Dieser letzte Versuch ist meiner Ansicht nach von grosser Wichtigkeit, da daraus hervorgeht, was für eine Wirkung eine sehr kleine, in einem grossen Ueberschuss von gasförmigem Fluor verschwindende Menge Fluorwasserstoffsäure auf Glas ausübt. Befindet sich in einer der mit Fluor gefüllten Glaskugeln eine unmerkliche an der Wandung haftende Verunreinigung organischer Natur, so bemerkt man zunächst keine Reaktion. Nach einigen Tagen jedoch beginnt die Oberfläche des Glases zu opalisieren, hierauf bildet sich ein leichter Schleier rings um den Punkt, an welchem sich die organische Substanz befand, und schliesslich dauert es nicht lange, und das ganze Innere der Kugel hat seinen Glanz verloren.

Nach einer gewissen Zeit, etwa zwei bis drei Wochen lässt sich indes doch ein Unterschied zwischen den Glaskugeln bemerken, die mit Fluor gefüllt sind, welches auf -95^0 abgekühlt worden war und denen, deren Inhalt mit flüssiger Luft gekühlt worden war. Wenn die Temperatur des mit flüssiger Luft behandelten Fluors ungefähr -180^0 gewesen war, so bleibt das Glas der damit gefüllten Kugeln vollständig durchsichtig; war dagegen das Fluor nur auf -95^0 abgekühlt worden, so beginnt das Glas zunächst zu opalisieren und wird sodann sehr langsam angegriffen.

Drei bis vier Monate später ist die innere Oberfläche der Kugel schon etwas matt geworden; mit der Zeit nimmt dies noch zu. Diese Versuche sind ausschlaggebend und zeigen ausserdem, welchen Einfluss eine Spur einer Verunreinigung auf den Verlauf einer Reaktion haben kann.

Man kann hier wohl das Wort „Spur" anwenden, ein Ausdruck, mit welchem in der Chemie zuweilen Missbrauch getrieben wird, denn die Menge, der in einem Volumen von 10 cc Fluor enthaltenen Fluorwasserstoffsäuredämpfe, die der Differenz der Dampfspannung der festen Fluorwasserstoffsäure bei -95^0 und -180^0 entspricht, ist sicher gewichtsanalytisch nicht mehr nachweisbar. Wie gering diese Menge auch sein mag, so genügt sie doch, um eine Zersetzung des Glases herbeizuführen, dessen Oberfläche vollständig von jeder organischen Substanz befreit ist.

Zum Beweis dafür, dass es die Fluorwasserstoffsäure ist, die die Zersetzung des Glases bewirkt, wurde noch folgender Versuch ausgeführt:

In ein Glasrohr wurde über trockenem Quecksilber Fluor gebracht; nach drei Tagen war das Glas noch gerade so durchsichtig, als vorher. Hierauf fügte man ein kleines Stückchen geschmolzenes Fluorkalium hinzu, welches ein sehr hygroskopischer Körper ist, und während es eine halbe Minute lang mit der atmosphärischen Luft in Berührung gewesen war, eine sehr geringe Menge Feuchtigkeit angezogen hatte. Sobald dieses Fluorkalium mit dem Fluor in Berührung kommt, bemerkt man in wenigen Augenblicken, wie der untere Teil des Glasrohres zu opalisieren beginnt, welche Erscheinung sich bald auf das ganze Rohr fortpflanzt.

Weiter oben wurde schon darauf hingewiesen, dass die Oberfläche des verwendeten Glases vollständig von organischen Substanzen befreit worden war. Hier sei noch hinzugefügt, dass zur Entfernung jeder Spur von organischer Substanz aus den Glaskugeln, zunächst Fluor in einem kleinen Schlangenrohr aus Glas verflüssigt wurde. Hierauf liess man das Schlangenrohr wieder eine etwas höhere Temperatur annehmen und reinigte so das ganze Kugelrohr mit gasförmigem Fluor, welches absolut keine organische Substanz übrig lässt, da es dieselbe bei gewöhnlicher Temperatur zerstört. Die gebildete Fluorwasserstoffsäure wird von dem überschüssigen Fluor mit fortgeführt.

Die Kugeln werden hierauf mit einer kleinen Spitzflamme zugeschmolzen und das Glas bleibt vollständig durchsichtig.

Was wird nun in dieser Glashülle aus dem Fluor?

Oeffnet man eine solche Kugel nach vier bis fünf Tagen

auf der Quecksilberwanne, so kann man constatieren, dass das darin enthaltene Gas noch Fluor ist, denn es wird bis auf eine ganz geringe Spur, von Quecksilber beim Umschütteln absorbiert.

Ganz andere Resultate erhält man aber, wenn man den Inhalt einer dieser Kugeln nach längerer Zeit, etwa nach zwei Monaten untersucht.

Man bemerkt dann, dass nicht mehr das ganze, in der Kugel enthaltene Gas von Quecksilber absorbiert wird. Folgender Versuch sei als Beispiel angeführt:

Eine Kugel aus gewöhnlichem Natronglas war am 10. November 1899 mit Fluor, welches sorgfältigst von Fluorwasserstoff befreit worden war, gefüllt worden. Am 23. Januar 1900 wurde sie geöffnet, nachdem sie also 68 Tage lang bei Laboratoriumstemperatur sich selbst überlassen gewesen war. Ende Januar 1900 zeigte die innere Oberfläche eine sehr geringe Opalescenz, welche nur beobachtet werden konnte, wenn man das Glas unter einem bestimmten Einfallswinkel betrachtete. Man wägt dic mit Fluor gefüllte Kugel, bricht hierauf mit Hülfe eines Feilstriches die Spitze unter trockenem Quecksilber ab, worauf man sofort bemerkt, dass das Volumen abgenommen hat. Durch Umschütteln lässt man das Fluor absorbieren und sammelt das übrig bleibende Gas. Hierauf füllt man die Kugel mit Quecksilber und wägt, um den Inhalt zu bestimmen.

Das durch Quecksilber nicht absorbierte Gas wird gemessen und analysiert. Das Fluorsilicium wird durch Wasser zersetzt, hierauf behandelt man behufs Absorption des Sauerstoffs mit pyrogallussaurem Kalium; schliesslich hinterbleibt ein nicht absorbierbarer Rückstand.

Die verschiedenen Volumina ergaben, auf 0^0 und 760 mm reduziert, folgende Werte:

Uebrig gebliebenes Fluor	4,76 cc
Fluorsilicium	0,16 cc
Sauerstoff	3,32 cc
Nicht absorbierbares Gas	0,33 cc
	8,57 cc

Aus diesem Versuche folgt also, dass Fluor Glas bei gewöhnlicher Temperatur langsam angreift, und hiebei durch ein geringeres Volumen Sauerstoff ersetzt wird. Diese Einwirkung erfolgt, ohne dass das Glas seinen Glanz zu verlieren scheint. Sobald aber das Rohr mit feuchter Luft in Berührung kommt, wird es undurchsichtig. Wahrscheinlich bildet sich bei dieser merkwürdigen Reaktion ein Oxyfluosilicat analog den so interessanten von Marignac beschriebenen Verbindungen.

Bemerkenswert ist die äusserst geringe, gebildete Menge Fluorsilicium. Meiner Ansicht nach ist die Bildung desselben eine Folge der beim Zuschmelzen der Kugel-Enden notwendigerweise eintretenden Temperaturerhöhung.

Befindet sich an der Innenfläche der mit Fluor gefüllten Glaskugel eine Spur irgend einer organischen Substanz, so entsteht eine sehr geringe Menge Fluorwasserstoffsäure und erfolgt dann langsam, wie oben beschrieben, eine Einwirkung, die daran zu erkennen ist, dass das Glas allmählich matt wird.

Nach fünfzig Tagen bestand der Inhalt einer solchen Kugel aus:

Uebrig gebliebenes Fluor	2,29 cc
Sauerstoff	3,87 cc
Fluorsilicium	1,31 cc
Nicht absorbierbares Gas	0,11 cc

Aus diesen Analysen folgt, dass Fluor, welches vollständig frei von Fluorwasserstoff ist, Glas nur sehr langsam angreift, wobei der Sauerstoff der Doppelsilikate allmählich durch Fluor verdrängt wird.

Auf Grund dieser Versuche war es möglich, mit reinem Fluor auf der Quecksilberwanne in Glas-Apparaten zu experimentieren, und konnte daher auch die Verbrennung von Schwefel, Jod, Brom, Silicium und Kohlenstoff in anderer Weise, als bisher, ausgeführt werden. Die bei diesen Reaktionen entstehenden gasförmigen Körper werden so der Untersuchung leichter zugänglich, da man sich sofort von den eintretenden Volumveränderungen überzeugen kann.

Diese unerwartete Eigenschaft des Fluors bildete, wie hier noch hinzugefügt werden soll, den Anlass zu neuen Forschungen über die Fluorverbindungen der Metalloide, mit welchen ich gegenwärtig beschäftigt bin, und über welche seinerzeit in den *Annales de Chimie et de Physique* berichtet werden wird.

ÜBER DIE VOLUMZUSAMMENSETZUNG DER FLUORWASSERSTOFFSÄURE.

Die ersten diesbezüglichen Versuche wurden in der Weise ausgeführt, dass man ein bestimmtes Volumen Fluor direkt auf ein bekanntes Volumen Wasserstoff einwirken liess.

Wie früher beschrieben, vereinigen sich diese beiden gasförmigen Elemente sogar im Dunkeln, ohne dass irgend eine Energie von Aussen zugeführt werden müsste. Andererseits haben Berthelot und der Verfasser festgestellt, dass bei der Synthese der Fluorwasserstoffsäure aus den Elementen eine Wärmemenge von 38,6 Calorien frei wird. Diese Zahl zeigt deutlich, mit welcher Energie die Vereinigung erfolgt, und dient auch zur Erklärung der Thatsache, dass die ersten Versuche zu keiner genauen Methode führen konnten: die Reaktion war zu heftig.

Man war daher genötigt, einen indirekten Weg einzuschlagen und zwar liess man ein bestimmtes Volumen Fluor auf Wasser einwirken und ermittelte das Volumen des gebildeten Sauerstoffs:

$$H_2O + F_2 = 2HF + O.$$

Der bei dieser Reaktion entstehende Sauerstoff besteht wie bereits früher mitgeteilt wurde, zum grössten Teil aus Ozon.

Das Experiment wurde in folgender Weise ausgeführt:

Das Fluor wurde in dem weiter oben beschriebenen Kupferapparate dargestellt.

Sobald die Gasentwicklung zwei Stunden im Gange gewesen war, und die elektrolytische Zersetzung möglichst regelmässig von Statten ging, wurde das an jedem Pole entweichende Gas in graduierten Röhren über Wasser aufgefangen. Das entstandene Ozon wurde hierauf durch Erhitzen des Glasrohres wieder in Sauerstoff übergeführt, worauf man sich leicht überzeugen konnte, dass die Volumina der beiden Gase ungefähr im Verhältnis von 1 : 2 standen.

Bei einigen Versuchen wurden zum Beispiel folgende Zahlen erhalten:

Am positiven Pole	Am negativen Pole
21,45 cc	43,50 cc
24,25 cc	49,20 cc
26,10 cc	52,80 cc

Aus der Uebereinstimmung zwischen dem Volumen des am negativen Pole entweichenden Wasserstoffs und dem des am positiven Pole infolge der sekundären Reaktion zwischen Fluor und Wasser gebildeten Sauerstoffes folgt schon, dass die Volumzusammensetzung der Fluorwasserstoffsäure, die in dem kupfernen Elektrolysierapparate enthalten ist, gleichen Volumen Wasserstoff und Fluor entspricht.

Zum eingehenderen Studium dieser Frage wurden nun weitere Versuche angestellt. Der Elektrolysierapparat wurde hiebei derart eingerichtet, dass der am negativen Pole entwickelte Wasserstoff aufgefangen werden konnte, während das am positiven Pole ausgeschiedene Fluor bei gewöhnlicher Temperatur durch eine kleine Waschflasche aus Glas geleitet wurde, die innen mit Paraffin überzogen und mit Wasser gefüllt war. An diese Waschflasche schloss sich ein horizontales Glasrohr an, von welchem ein Teil mittelst einer Gasflamme auf 500° erhitzt wurde, um das gebildete Ozon zu zerstören. Schliesslich wurde das Gas in einem graduierten Rohre über Wasser aufgefangen. Die kleine Waschflasche und das horizontale Rohr waren vorher mit reinem Stickstoff gefüllt worden.

Nachdem der Apparat in dieser Weise zusammengestellt war, liess man den Strom durch den kupfernen Elektrolysierapparat hindurchgehen und konnte am negativen Pole Wasserstoff, am positiven Pole ein Gemenge von Stickstoff und Sauerstoff, welch letzterer bei der Zersetzung des Wassers durch das Fluor entstanden war, auffangen. Im geeigneten Momente wurde der elektrische Strom unterbrochen, und das ganze Fluor mit Hülfe eines neuen Stromes Stickstoff in die Waschflasche gedrängt.

Das am positiven Pole erhaltene Gas wurde gemessen und hierauf mit pyrogallussaurem Kalium behandelt. Aus der Differenz zwischen dem ursprünglichen und dem hiernach übrigbleibenden Volumen folgt genau das Volumen des entstehenden Sauerstoffs.

Bei zwei verschiedenen Experimenten wurden folgende Zahlen erhalten:

Volum des Wasserstoffs (Negativer Pol)	Volum des Sauerstoffs (Positiver Pol)
cc	cc
49,0	24,5
45,5	23,7

Nach diesen Zahlen ist im ersten Falle das Volumen des Sauerstoffs genau, im zweiten Falle sehr annähernd halb so gross als das des Wasserstoffs. Hieraus folgt, dass die Fluorwasserstoffsäure aus gleichen Volumen Fluor und Wasserstoff besteht.

Der Gedanke, behufs einer Controle dieser Resultate, die bei der Zersetzung des Wassers durch das Fluor gebildete Fluorwasserstoffsäure durch Titration zu bestimmen, war ziemlich naheliegend. Da die gefundenen Zahlen jedoch immer zu niedrig waren, und man auf diese Controle trotzdem nicht verzichten wollte, musste das Experiment in anderer Form ausgeführt werden.

Fluor, welches von Fluorwasserstoffdämpfen, die darin enthalten sein könnten, durch Abkühlen auf — 180° vollständig befreit ist, wirkt, wie weiter oben gezeigt wurde, auf trockenes Glas nicht ein; ausserdem bildet dieses Fluor auf der Oberfläche von Quecksilber eine Schicht von Fluorquecksilber, welche, solange sie intakt bleibt, der chemischen Wirksamkeit des Gases eine Grenze setzt.

Man kann also unter diesen Bedingungen ein bestimmtes Volumen Fluor in einem Glasrohre über Quecksilber aufbewahren. Bringt man hierauf dieses Rohr vorsichtig in eine mit Wasser gefüllte Krystallisierschale, so fällt das Quecksilber zu Boden; es entsteht sofort Fluorwasserstoffsäure, die vom Wasser gelöst wird, und in dem Glasrohre hinterbleibt ozonisierter Sauerstoff, dessen Volum abgelesen wird. Bei einem gleichzeitig, unter genau gleichen Verhältnissen ausgeführten Parallelversuche titriert man das Ozon und bestimmt die in Wasser gelöste Fluorwasserstoffsäure mit möglichster Genauigkeit.

Die gefundene Menge Fluorwasserstoff stimmt auf die gemessene Menge Sauerstoff, welcher bei den meisten Versuchen 10 Prozent Ozon enthielt.

Bei diesen Experimenten wurden folgende Zahlen erhalten:

Fluor	Sauerstoff		Fluorwasserstoff	
Gemessenes Volum	Gefundenes Volum	Berechnetes Volum	Gefundenes Volum	Berechnetes Volum
cc	cc	cc	cc	cc
12,5	6,40	6,25	24,49	25,00
14,7	7,24	7,35	30,02	29,40
20,8	10,70	10,40	39,60	41,60

Aus allen diesen Versuchen kann demnach der Schluss gezogen werden, dass die Fluorwasserstoffsäure aus gleichen Volumen Fluor und Wasserstoff besteht.

Es sei nun daran erinnert, dass Mallet [1] Professor an der Universität von Virginia, die Dichte von gasförmigem Fluorwasserstoff bei 30 ^{0} bestimmt und, auf Wasserstoff bezogen, den Wert 19,66 gefunden hat.

[1]) MALLET. On the molecular weight of hydrofluoric acid, *American Chemical Journal*, t. III, p. 189; 1881.

Einige Jahre später wiederholten Thorpe und Hambly [1] diese Bestimmung bei 32° und fanden den Wert 19,87. Diese Zahlen würden der Formel $H_2 F_2$ entsprechen. Der Wert für die Dichte nimmt aber mit steigender Temperatur ab und beträgt nach Thorpe und Hambly bei 88,1° nur mehr 10,29.

Die Dichte von gasförmigem Fluorwasserstoff wechselt also in der Nähe des Siedepunktes sehr rasch mit der Temperatur, was bekanntlich auch bei Essigsäure, Stickstoffsuperoxyd und anderen Verbindungen der Fall ist.

Von 88,1° ab verhält sich also Fluorwasserstoff wie Chlor wasserstoff, was die volumetrische Zusammensetzung betrifft. Es ist in der That leicht ersichtlich, dass auf Grund dieses Wertes unter Berücksichtigung der Dichte des Fluors sowie des genau ermittelten Volumverhältnisses von Wasserstoff und Fluor das Volum von Fluorwasserstoff gleich ist der Summe der darin enthaltenen Volumina Wasserstoff und Fluor.

Bezeichnet man mit x das Volumen der gasförmigen Fluorwasserstoffsäure, und mit V die darin enthaltenen gleich grossen Volumina Wasserstoff und Fluor, so ist

$$V \times 0{,}0695 + V \times 1{,}266 = x \times 10{,}29 \times 0{,}0695$$

Hieraus folgt

$$x = V \times \frac{1{,}3355}{0{,}7152}$$

oder sehr nahe

$$x = 2\ V$$

Es verbindet sich also ein Volumteil Fluor mit einem gleich grossen Volumteil Wasserstoff zu einem doppelt so grossen Volumen gasförmigen Fluorwasserstoffs.

---

1) THORPE und HAMBLY. The vapour density of hydrogene fluoride, *Journal of the Chemical Society of London*, t. LIII, p. 765 und t. LV, p. 163; 1888 und 1889.

STELLUNG DES FLUORS IN DER EINTEILUNG DER ELEMENTE.

Nach der Gesamtheit seiner Eigenschaften stellt sich das Fluor offenbar an die Spitze der natürlichen Gruppe: Fluor, Chlor, Brom und Jod. Seine Dichte ist normal und entspricht dem Molekulargewichte 38. Wie alle Elemente dieser Gruppe, ist es gefärbt, und zwar erinnert seine Farbe sehr an die des Chlors, wenn sie auch etwas schwächer ist.

Ein bestimmtes Volumen Fluor verbindet sich mit einem gleich grossen Volumen Wasserstoff zu einem doppelt so grosen Volumen Fluorwasserstoffsäure, die, was 6ie Energie und die wichtigsten Eigenschaften betrifft, der Chlorwasserstoffsäure sehr nahe steht.

Mit den Metalloiden und den Metallen liefert das Fluor Verbindungen, die meistens denen, welche Chlor unter gleichen Bedingungen bildet, an die Seite gestellt werden können.

Vom chemischem Gesichtspunkte aus ist die Verwandtschaft besonders augenscheinlich. Fluorsilicium $Si F_4$ und Chlorsilicium $Si Cl_4$ haben eine analoge Zusammensetzung. Dies ist auch bei den Phosphorverbindungen von Fluor und Chlor der Fall, wie aus meinen Untersuchungen hervorgeht. Die Körper PF_3, PF_5, $PO F_3$ entsprechen den Verbindungen $P Cl_3$, $P Cl_5$, $P O Cl_3$. Chlor führt Phosphortrichlorid in Pentachlorid über und Fluor Trifluorid in Pentafluorid.

Die Metallfluoride sind sehr oft mit den entsprechenden Chloriden isomorph; dies ist zum Beispiel bei den Fluoriden und Chloriden der Alkalien und alkalischen Erden der Fall.

Bezüglich der Einwirkung von Fluor und Chlor auf Metalloide und Metalle wurde indes eine eigentümliche Erscheinung beobachtet, auf welche bei dieser Gelegenheit hingewiesen werden soll.

Die Verbindungen, welche entstehen, wenn Fluor auf Metalloide einwirkt, sind leichter flüchtig als die entsprechenden Chlorverbindungen. Die Metallverbindungen hingegen besitzen einen höheren Schmelzpunkt als die entsprechenden Chloride,

Mit einem Worte, das Metallchlorid ist leichter in flüssigem Zustand zu erhalten, als das Fluorid.

Aluminiumchlorid zum Beispiel schmilzt zwischen 186° und 190°. (Friedel und Crafts). Bei 350° geht diese Verbindung in Gasform über, so dass ihre Dampfdichte bestimmt werden konnte. (H. Deville und Troost). Fluoraluminium dagegen ist bei dieser Temperatur nicht flüchtig und entwickelt sogar bei Rotglut keine Dämpfe.

Eisenchlorid ist bei Dunkelrotglut leicht flüchtig; Eisenfluorid ist bei der gleichen Temperatur absolut beständig.

Chlornatrium lässt schon bei Dunkelrotglut Dämpfe entweichen, während Fluornatrium sich bei einer gleich hohen Temperatur nicht verflüchtigt.

Dieser Unterschied folgt deutlich aus der Gesamtheit meiner Forschungen über die Fluorverbindungen, die in den vier folgenden Tabellen übersichtlich zusammengestellt sind. Diese Tabellen enthalten die Siedepunkte der Fluoride und Chloride der Metalloide und die Schmelzpunkte der Metallchloride und Metallfluoride.

Chloride der Metalloide.

	Aggregatzustand	*Siedepunkt*
Phosphortrichlorid	flüssig	+ 78°
Phosphorpentachlorid	fest	zersetzt sich von 160° ab
Phosphoroxychlorid	flüssig	+ 107,5°
Chlorsilicium	flüssig	+ 59°
Chlorbor	flüssig	+ 18,5°
Chlorschwefel	flüssig	+ 139°
Tetrachlorkohlenstoff	flüssig	+ 76,5°

Fluoride der Metalloide.

	Aggregatzustand
Phosphortrifluorid	gasförmig
Phosphorpentafluorid	gasförmig

Phosphoroxyfluorid	gasförmig
Fluorsilicium	gasförmig
Fluorbor	gasförmig
Fluorschwefel	gasförmig
Tetrafluorkohlenstoff	gasförmig

Metallchloride.

	Schmelzpunkt
Chlorkalium	738°
Chlornatrium	772°
Chlorlithium	598°
Chlorrubidium	710°
Chlorcalcium	719°
Chlorstrontium	825°
Berylliumchlorid	440°
Manganchlorid [1]	646°

Metallfluoride.

	Schmelzpunkt
Fluorkalium	789°
Fluornatrium	902°
Fluorlithium	801°
Fluorrubidium	753°
Fluorcalcium	902°
Fluorstrontium	902°
Fluorberyllium	800°
Manganfluorid	856°

Man kann hieraus den Schluss ziehen, dass das Fluor mit den Metalloiden Verbindungen eingeht, die leichter in gasförmigen Zustand übergehen als die entsprechenden Chlorverbindungen, während die bei Vereinigung mit Metallen gebildeten Körper einen höheren Schmelzpunkt besitzen als die betreffenden Chloride von der gleichen Formel.

---

[1] Dieser Schmelzpunkt sowie der des Manganfluorids wurde an reinen Proben auf thermoelektrischem Wege nach Le Chatelier bestimmt.

Die Verbindung von Fluor mit Wasserstoff, die Fluorwasserstoffsäure nähert sich den Metallverbindungen. Ihr Siedepunkt liegt viel höher als der der entsprechenden Chlorverbindung. Fluorwasserstoffsäure siedet bei + 19,5°; Chlorwasserstoffsäure ist bei gewöhnlicher Temperatur gasförmig und siedet unter atmosphärischem Druck bei — 80°.

Neben diesen Analogien bestehen indes auch Unterschiede, welche hier hervorgehoben werden sollen.

Fluorcalcium scheint dem Calciumoxyd näher zu stehen als dem Chlorcalcium. Fluorsilber ist in Wasser sehr leicht löslich, während Chlorsilber unlöslich ist. Fluoraluminium ist sehr schwer schmelzbar, in Wasser unlöslich und sehr beständig. Aluminiumchlorid dagegen schmilzt sehr leicht und ist äusserst hygroskopisch, so dass es durch Wasser zersetzt wird.

Die Neutralisationswärmen für Fluorwasserstoffsäure und Metalloxyde, die von Guntz bestimmt wurden, liegen endlich denen für die Sulfate viel näher, als denen für die Chloride. Das Fluor scheint demnach sich jedenfalls dem Chlor sehr zu nähern aber auch einige entfernte Analogien mit den Elementen der Sauerstoffgruppe beizubehalten.

Diese Auffassung wird durch die Reaktion von Fluor mit Kohlenstoff noch bestärkt. Vollständig trockene Holzkohle verbrennt nämlich in Fluor wie in Sauerstoff unter Entwicklung eines gasförmigen Körpers, einer Fluorkohlenstoffverbindung.

Vergleicht man nun die entsprechenden Reihen der organischen Fluoride und Chloride, wie zum Beispiel die ersten Aether der Fettreihe, so bemerkt man sofort die nahe Verwandtschaft dieser Körper. Die Fluoride sind indes sehr beständig und lassen sich schwieriger verseifen, als die entsprechenden Chloride.

Die Siedepunkte der Fluorverbindungen liegen immer viel niedriger als die der anderen Halogenverbindungen derselben Gruppe, wofür folgende Zahlen als Beleg dienen können:

	Siedepunkte
Fluoraethyl	— 32°
Chloraethyl	+ 12°

	Siedepuukte
Bromaethyl	+ 38,8°
Jodaethyl	+ 72°

Diese Differenz setzt sich übrigens auch bei den Siedepunkten der übrigen Verbindungen derselben Reihe fort. Dieselbe beträgt etwa 42° zwischen dem Fluorid und dem entsprechenden Chlorid. Steigt man in der Reihe vom Methyl ausgehend auf, so bemerkt man endlich, dass die Fluorverbindungen bis zum Butylfluorid gasförmige Körper sind; der Siedepunkt wird demnach bedeutend herabgedrückt, wenn man in einem Moleküle Chlor durch Fluor ersetzt.

Die Fluorwasserstoffaether lassen sich demnach den Verbindungen des Fluors mit den Metalloiden an die Seite stellen, und aus ihren Siedepunkten folgt ein neuer Beweisgrund für die Stellung des Fluors an der Spitze der Chlorgruppe.

Die Einwirkung von freiem Fluor auf wasserstoffhaltige organische Verbindungen kann, wie hinzugefügt werden soll, nicht mit der des Chlors verglichen werden. Die Reaktionen, die das Fluor bewirkt, sind so heftig, dass keine Zwischenprodukte entstehen, und dass man zumeist sofort die Endprodukte erhält, nämlich Fluorwasserstoffsäure und Fluorkohlenstoffverbindungen.

Aus allen meinen Versuchen geht aber mit grosser Klarheit die ausserordentliche chemische Reaktionsfähigkeit dieses neu abgeschiedenen Elementes hervor. Unter allen bekannten Elementen giebt es kein einziges, welches so energische Reaktionen bewirkt.

Fluor verbindet sich in der That direkt mit Wasserstoff und Kohlenstoff ohne Zuhülfenahme einer fremden Energie, war weder bei Sauerstoff noch bei Chlor der Fall. Seine Verbindungswärme mit Wasserstoff ist grösser als die aller anderen Halogene.

F + H = HF	gasförmig	. . . .	+ 38,6 Cal.
Cl + H = HCl	gasförmig	. . . .	+ 22,0 Cal.
Br + H = HBr	gasförmig	. . . .	+ 12,3 Cal.
J + H = HJ	gasförmig	. . . .	+ 0,4 Cal

Um noch einen neuen Beweis für diese ausserordentliche Energie anzuführen, genügt es, darauf hinzuweisen, dass Fluor Wasser bei gewöhnlicher Temperatur zersetzt, wobei so concentriertes Ozon gebildet wird, dass dasselbe die schöne blaue Farbe zeigt, welche von Hautefeuille und Chappuis beobachtet worden war. Aus den voranstehenden Versuchen geht übrigens auch hervor, mit welcher Heftigkeit die Reaktion mit Silicium und allen anderen Metalloiden eintritt.

SCHLUSSFOLGERUNGEN.

Meine ausgedehnten Untersuchungen über Fluor und seine Verbindungen lassen sich auf folgende Weise kurz zusammenfassen:

Darstellung.

Fluor kann auf elektrolytischem Wege aus Fluorwasserstoffsäure, welche durch Zusatz von Fluorkalium leitend gemacht wurde, abgeschieden werden; Wasserstoff entweicht am negativen Pole, das Fluor am positiven Pole. Die Darstellung geschieht in einem kupfernen U-Rohre, welches mittelst einer Mischung von Aceton und fester Kohlensäure auf — 50^0 abgekühlt wird. Die Platinelektroden sind von dem Apparate durch Flussspatpfropfen isoliert.

Zur Gewinnung von reinem Fluor, leitet man das erhaltene Gas zuerst durch ein kleines auf — 50^0 abgekühltes Schlangenrohr und hierauf durch ein horizontales Rohr, welches Stücke von Fluornatrium enthält, wodurch die letzten Spuren von Fluorwasserstoffdämpfen zurückgehalten werden.

Leitet man das Fluor, welches auf diese Weise dargestellt wurde, durch einen Kühler, der mit flüssiger Luft von -180^0 umgeben ist, so werden die letzten, eventuell noch darin vorhandenen Spuren Fluorwasserstoff in fester Form ausgeschieden, und das Gas greift nachher bei Laboratoriumstemperatur trockenes Glas nicht mehr an. Man kann sogar damit auf der Quecksilberwanne operieren, denn es bildet sich an der Oberfläche des Metalles sofort eine Schicht von Fluorquecksilber, welche, so lange sie nicht durchbrochen wird, jede Einwirkung aufhält.

Physiologische Wirkungen.

Fluor besitzt einen Geruch, welcher zugleich an den von unterchloriger Säure und von Stickstoffsuperoxyd erinnert, jedoch durch den Geruch des Ozons verdeckt wird, welches jedesmal entsteht, wenn Fluor mit Wasserdampf zusammentrifft. Wenn man eine gewisse Menge des Gases in Händen gehabt hat, erkennt man es leicht an seinem Geruch, wenn es auch nur in geringer Menge in der Luft vorhanden ist, vorausgesetzt, dass nicht zu viel Feuchtigkeit zugegen ist. Es ist sehr gefährlich, Luft, die ein wenig Fluor enthält, einzuatmen, da dieses Gas leicht eine heftige Entzündung der Bronchien und eine Anaesthesie der Nasenschleimhaut bewirkt, die acht bis vierzehn Tage anhalten kann.

Physikalische Eigenschaften.

In einer Schicht von 1 m Dicke zeigt das Fluor eine grünlichgelbe Farbe, welche heller und mehr gelblich ist, als die des Fluors.

Es lässt sich bei einer Temperatur verflüssigen, die etwas tiefer liegt, als der Siedepunkt der atmosphärischen Luft. Der Siedepunkt des flüssigen Fluors liegt nahe bei — 187°. Es ist in jedem Verhältnis in flüssigem Sauerstoff und in flüssiger Luft löslich. Bei — 210° erstarrt es noch nicht.

Die Dichte dieser Flüssigkeit beträgt 1,14, ihre Capillaritätsconstante ist kleiner als die des flüssigen Sauerstoffs; sie besitzt kein Absorptionsspektrum und keine magnetischen Eienschaften.

Bei — 210° wirkt flüssiges Fluor auf trockenen, flüssigen Sauerstoff und auf Eis und erstarrtes Quecksilber nicht ein, reagiert aber noch unter Lichterscheinung mit gasförmigem Wasserstoff und mit erstarrtem Terpentinöl.

Die Dichte des gasförmigen Fluors beträgt nach meinen Versuchen 1,265; die theoretische Dichte würde dem Wert 1,316 entsprechen.

Sein Spektrum zeigt 13 glänzende Linien in Rot zwischen den Linien $\lambda = 744$ und $\lambda = 623$.

Diese Linien entsprechen folgenden Wellenlängen:

$\lambda = 744$	sehr schwach
740	„
734	„
714	schwach
704	„
691	„
687,5	„
685,5	„
683,5	„
677	stark
640,5	„
634	„
623	„

In einer Schicht von 1 m Dicke zeigt gasförmiges Fluor keine Absorptionsstreifen.

Chemische Eigenschaften.

Sobald Fluor mit Wasserstoff in Berührung kommt, erfolgt, sogar im Dunkeln, Vereinigung der beiden Gase.

Mit Brom und Jod verbindet sich Fluor unter Feuererscheinung.

Schwefel, Selen und Tellur werden bei gewöhnlicher Temperatur von Fluor entzündet. Mit Schwefel entsteht ein Gemenge von gasförmigen Fluoriden, mit Selen und Tellur feste Körper.

Mit Sauerstoff und Stickstoff scheinen keine Verbindungen zu entstehen.

Phosphor wird unter Feuererscheinung und Bildung von Phosphorpentafluorid angegriffen.

Die Darstellung und die Eigenschaften der verschiedenen gasförmigen Verbindungen von Fluor mit Phosphor, des Trifluorids PF_3, des Pentafluorids PF_5 und des Oxyfluorids POF_3 wurden so eingehend als möglich untersucht.

Arsen und Antimon verbinden sich mit Fluor schon bei

gewöhnlicher Temperatur unter Feuererscheinung zu den entsprechenden Fluoriden.

Bringt man krystallisiertes Silicium, Lampenruss oder Bor in eine Atmosphäre von Fluor, so werden diese Körper sofort glühend und gehen unter sehr bedeutender Wärmeentwicklung in Fluorverbindungen über.

Auf diese Weise wurde ein Gemenge von Fluorkohlenstoffverbindungen erhalten, von welchen der Tetrafluorkohlenstoff näher untersucht wurde.

Die Einwirkung von Fluor auf die Metalle ist weniger energisch als diejenige auf die Metalloide, da feste Fluoride gebildet werden, welche der Reaktion eine Grenze setzen.

Die Alkalimetalle und alkalischen Erdmetalle entzünden sich in Fluor.

Reines, krystallisiertes Calcium liefert mit Fluor mikroskopische Krystalle desselben Flussspats, welcher zur Darstellung der Fluorwasserstoffsäure und daher auch durch die Elektrolyse des Fluorkaliums zur Gewinnung des gasförmigen Fluors gedient hatte.

Blei wird durch Fluor langsam aber vollständig in Fluorblei übergeführt. Durch Wasserstoff reduziertes Eisen wird bei Berührung mit Fluor sofort glühend.

Magnesium, Aluminium, Nickel und Silber verbrennen in Fluor bei gelindem Erhitzen mit hellem Lichte.

Mangan bildet mit Fluor ein krystallisiertes Sesquifluorid von der Formel $Mn_2 F_6$. Die neue Verbindung ist violett gefärbt und ist von besonderem Interesse, weil sie beim Erhitzen auf Dunkelrotglut in das Fluorid $Mn F_2$ und Fluor zerfällt.

Gold und Platin werden erst bei Dunkelrotglut angegriffen und liefern Fluoride, welche bei höherer Temperatur wieder in Fluor und Metall zerfallen. Das auf diese Weise gebildete Fluorplatin entspricht der Formel $Pt F_4$.

Wasser wird durch Fluor bei gewöhnlicher Temperatur zersetzt; es entsteht Fluorwasserstoff und ozonisierter Sauerstoff. Erfolgt diese Reaktion zwischen einer sehr geringen Menge Wasser und einem grossen Ueberschuss von Fluor, so ist das gebildete Ozon so concentriert, dass es eine schöne blaue Farbe zeigt. Bei 0^0 kann man mit einem geringen Ueberschuss von Wasser ozonisierten Sauerstoff erhalten, welcher 15 bis 19 Prozent Ozon enthält und vollständig frei von Stickstoff-Sauerstoffverbindungen ist.

Schwefelwasserstoff, schweflige Säure, Chlorwasserstoff, Bromwasserstoff und Jodwasserstoff in Gasform werden unter Feuererscheinung durch Fluor zersetzt.

Phosphortrifluorid wird durch Fluor sofort in Pentafluorid übergeführt.

Kohlenoxyd und Kohlensäure werden nicht angegriffen, Schwefelkohlenstoff und Cyan dagegen unter Feuererscheinung zersetzt.

Die Chloride der Metalloide und Metalle werden bei gewöhnlicher Temperatur durch Fluor zersetzt, ebenso die meisten Bromide, Jodide und Cyanide.

Auf eine grosse Zahl von Metalloxyden wirkt Fluor entweder in der Kälte, wie bei den Oxyden der alkalischen Erden, oder bei Dunkelrotglut wie bei den Oxyden von Eisen, Nickel, Zink und Blei ein.

Das Gleiche gilt für die Sulfide.

Die Phosphor- und Arsenverbindungen werden zumeist bei gewöhnlicher Temperatur angegriffen.

Fluor wirkt unter Feuererscheinung auf Lithiumcarbid und die Carbide der alkalischen Erden ein. Die Carbide von Aluminium, Uran und Zirkon werden schon bei gelindem Erwärmen zersetzt.

Die Sulfate, Nitrate und Phosphate mit Ausnahme derjenigen der alkalischen Erden, werden erst bei Dunkelrotglut, die meisten Carbonate dagegen schon in der Kälte angegriffen.

Organische Verbindungen, die reich an Wasserstoff sind, werden von Fluor mit solcher Heftigkeit angegriffen, dass eine Feuererscheinung eintritt. Infolge dieser starken Temperaturerhöhung ist die Zersetzung vollständig, und es werden zumeist nur Fluorwasserstoffsäure und Fluorkohlenstoffverbindungen erhalten.

Die Kohlenwasserstoffe und deren Derivate, sowie die meisten Alkohole und Aether entzünden sich in Fluor.

Die organischen Säuren, besonders diejenigen mit complizierten Molekülen werden schon schwieriger zersetzt.

Die Amide und die meisten Alkaloide werden durch Fluor rasch verbrannt und in flüchtige Produkte übergeführt.

Zur Untersuchung der organischen Fluorverbindungen sind diese Reaktionen zu stürmisch, und es musste daher hierzu ein anderer Weg eingeschlagen werden.

Mit Hülfe der Doppelreaktionen, welche Fluorsilber und Fluorzink liefern, konnten Fluoraethyl, Fluormethyl und Isopropylfluorid dargestellt und untersucht werden.

Meslans stellte in Fortsetzung meiner Versuche das Fluoroform, Acetylfluorid, die gemischten Glycerinfluorhydrine, sowie Propylfluorid, Isopropylfluorid und Allylfluorid dar.

Schliesslich wurde bei einer Wiederholung der Bestimmung des Atomgewichtes des Fluors die Zahl 19,05 gefunden.

Nach der Gesamtheit seiner physikalischen und chemischen Eigenschaften steht also das Fluor deutlich an der Spitze der natürlichen Gruppe: Fluor, Chlor, Brom und Jod.

Dies sind also die Eigenschaften dieses neuen Elementes, des Radikals der Fluoride, wie es von Ampère und Sir Humphry Davy richtig vermutet worden war, und welches die Chemie nun endlich zu ihren Elementen zählen kann.

Die so stürmischen Reaktionen des Fluors mit einfachen Körpern oder Verbindungen, die Heftigkeit, mit welcher es Chlor, Brom oder Jod verdrängt, die energische Vereinigung mit Wasserstoff, Silicium und Kohlenstoff beweisen in überreichlichem Masse, dass von allen bisher bekannt gewordenen Elementen, das Fluor dasjenige ist, welches die grösste chemische Affinität besitzt.

Literatur.

Während meiner Untersuchungen hatte ich Gelegenheit, eine grosse Zahl von Abhandlungen über die Fluorverbindungen zu lesen. Nachdem ich alle diese Veröffentlichungen geordnet hatte, schien es mir von Vorteil zu sein, zum Schlusse dieses Werkes eine Uebersicht über die Literatur des Fluors und seiner Verbindungen zu geben, die ich so vollständig als möglich zu gestalten trachtete.

Ich will nicht behaupten, dass keine Abhandlung vergessen wurde, ich habe aber mein Möglichstes gethan und alles daran gesetzt, eine an und für sich ziemlich undankbare Aufgabe zu einem guten Ende zu führen. Diese Uebersicht ist in doppelter Weise durchgeführt.

Zunächst wurden die einzelnen Arbeiten nach dem alphabetischen Namensverzeichnis der Autoren eingeteilt.

Hierauf wurde die ganze Literatur nach den Daten der Veröffentlichung und in jedem Jahre in alphabetischer Reihenfolge geordnet in der Annahme, dass, trotz der unvermeidlichen Wiederholung, dieser geschichtliche Ueberblick neue Forschungen erleichtern und vereinfachen würde.

Die Literaturangaben wurden alle von den Original-Abhandlungen genommen, und ausserdem wurde auf verschiedene Uebersetzungen hingewiesen. Auszüge oder Referate, welche Anlass zu zahlreichen Irrtümern geben, wurden stets vermieden.

Diese Literaturübersicht beginnt mit 1558, in welchem Jahre in einer Arbeit von G. Agricola zum ersten Male von Fluorspat in bestimmter Weise die Rede ist, und reicht bis Ende des Jahres 1899.

Abkürzungen.

Acad. Roy. Sc. — *Histoire de l'Académie Royale des Sciences.* — Paris.
Amer. Chem. Journ. — *American Chemical Journal.* — Baltimore.
Amer. Journ. Sc. — *The American Journal of Science and Arts*, conducted by professor SILLIMAN. — Newhaven.
Ann. Chim. Ph. — *Annales de Chimie et de Physique.* — Paris.
Ann. Min. — *Annales des Mines.* — Paris.
Arch. Sc. Ph. Nat. — *Archives des Sciences physiques et naturelles.* — Genève.
Bull. Soc. Chim. — *Bulletin de la Société Chimique.* — Paris.
Bull. Ac. Sc. Brux. — *Bulletin de l'Académie des Sciences, des Lettres et des Beaux-Arts des Bruxelles.* — Bruxelles.
C. R. — *Comptes rendus hebdomadaires des séances de l'Académie des Sciences.* — Paris.
Chem. News. — *The Chemical News and Journal of Physical Science.* — London.
Chem. Soc. — *Journal of the Chemical Society of London.* — London.
Chem. Soc. M. — *Memoirs and Proceedings of the Chemical Society of London.* — London.
Chem. Soc. P. — *Proceedings of the Chemical Society of London.* — London.
Chem. Zeit. — *Chemiker-Zeitung.* — Cöthen.
Crells Entdeck. — *Die neuesten Entdeckungen in der Chemie*, von Dr. LORENZ CRELLS. — Leipzig.
Crells ch. Arch. — *Neues chemisches Archiv*, von Dr. LORENZ CRELLS. — Leipzig.
Crells. ch. An. — *Chemische Annalen*, von Dr. LORENZ CRELLS. — Leipzig.
D. chem. G. — *Berichte der Deutschen chemischen Gesellschaft.* — Berlin.
Ding. Polyt. J. — *Polytechnisches Journal*, von JOHANN GOTTFRIED DINGLER und M. DINGLER. — Stuttgart.
Gazz. Chim. Ital. — *Gazzetta Chimica Italiana.* — Palermo.
Journ. Ph, — *Journal de Pharmacie et de Chimie.* — Paris.
Journ. Phys. — *Journal de Physique*, de l'abbé ROZIER. — Paris.
Journ. prakt. Chem. — *Journal für praktische Chemie.* — Leipzig.
Lieb. Ann. — *Annalen der Chemie und Pharmacie*, herausgegeben von F. WÖHLER, J. LIEBIG und H. KOPP. — Leipzig und Heidelberg.
Lieb. Ann. Supp. — *Annalen der Chemie und Pharmacie.* — Supplementband.
Mém. Belg. — *Mémoires de l'Académie Royale des Science, des Lettres et des Beaux-Arts de Belgique.* — Bruxelles.
Monat. Chem. — *Monatshefte für Chemie.* — Wien.
Phil. Mag. — *Philosophical Magazine and Journal of Science.* — London.

Phil. Trans. — *Philosophical Transactions of the Royal Society of London.* — London.
Pogg. Ann. — *Annalen der Physik und Chemie*, herausgegeben von J. C. POGGENDORFF. — Berlin.
Rép. Chim. — *Répertoire de Chimie pure.* — Paris.
Rev. Sc. — *Revue des Cours scientifiques.* — Paris.
Rev. Ph. Ch. — *Revue de Physique et de Chimie.* — Paris.
Roy. Soc. Proc. — *Proceedings of the Royal Society of London.* — London.
Berl. Gesells. — *Schriften der Berlinischen Gesellschaft.* — Berlin.
Svens. vetens. Acad. — *Svenska vetenska academiens handlingar.* — Stockholm.
Wied. Ann. — *Annalen der Physik und Chemie*, Neue Folge, herausgegeben von G. WIEDEMANN. — Leipzig.
Wien. Sitz. Ber. — *Sitzungsberichte der Mathematisch-naturwissenschaftlichen Klasse der Kaiserlichen Akademie der Wissenschaften.* — Wien.
Zeit. an. Chem. — *Zeitschrift für analytische Chemie*, von C. R. FRESENIUS. — Wiesbaden.
Zeit. Chem. — *Zeitschrift für Chemie.* — Leipzig.
Zeit. anorg. Chem — *Zeitschrift für anorganische Chemie.* — Hamburg und Leipzig.

Alphabetisches Verzeichnis.

Abildgaard. — Nogle forsorg med fluss-spath og flussspath-syre. *Skrifter som udi det kiobenhavnske selskab.*, t. XII, p. 285; 1777.
Achard. — Ueber Flussspatsäure. *Crells ch. An.*, t. I, p. 145; 1785.
Agricola. — Bermannus sine de re metallica, veröffentlicht in G. AGRICOLA, *De ortu et causis subterraneorum*, etc., p. 458; 8⁰, Basel, 1558.
Ahrens. — Ueber einige Derivate des Meta-Xylols. (Fluor nitro-xylol.) *Lieb. Ann.*, t. CCLXXI, p. 17; 1892.
Aimé. — Note sur le fluor. *Ann. Chim. Ph.*, t. LV, p. 443; *Ann. Min.*, (3), t. VII, p. 373; *Journ. prak. Chem.*, t. II, p. 469; 1834 und 1835.
Ampère. — Lettres d'Ampère à Davy sur le fluor (veröffentlicht nach seinem Tode). *Ann. Chim. Ph.*, (6), t. IV, p. 5; 1885.
Arnot. — On the estimation of phosphates and detection of fluorine in coprolites. *Chem. News*, t. XI, p. 49; 1865.
Atterberg. — Sur les combinaisons bromées du molybdène. *Bull. Soc. Chim.*, t. XVIII, p. 22; 1872.
— — Sur les combinaisons du glucinium (fluosilicate). *Bull. Soc. Chim.*, t. XXI, p. 160; 1874.
Aubrée, Millet und **Leborgne.** — Bericht über zwei bei elektrischem Licht erhaltene Photographien mit Fluorbrom als Beschleunigungsmittel. *C. R.*, t. XXXIII, p. 501; 1851.
Avery. — Decomposition of refractory silicates by fluorides in the wet way. *Chem. News*, t. XIX, p. 270; 1869.
Backeland. — The use of fluorides in the manufacture of alcohol. *Chem. News*, t. LXVI, p. 203 und 219; 1892.
H. Baker. — On some fluorine compounds of vanadium. *Chem. Soc.*, t. XXXIII, p. 388; *Bull. Soc. Chim.*, t. XXXII, p. 401; *D. chem. G.*, t. XI, p. 1722; 1878 und 1879.
— — Studium gewisser Fälle von Isomorphismus (Isomorphismus von Doppel- und Oxyfluoriden). *Lieb. Ann*, t. CCII, p. 229; 1880.
Balbians. — Sopra alcuni fluorati del rame ed un ossifluorure cuprammonico. *Gazz. Chim. Ital.*, t. XIV, p. 74; *Bull. Soc. Chim.*, t. XLIV, p. 264; 1884 und 1885.
Barton. — Virginia and Illinois fluor-spar. *Amer. Journ. Sc.*, t. III., p. 243, und t. IV, p. 217; 1821 und 1822.
Basarow. — Ueber die Fluorborsäure und ihre Salze. *D. chem. G.*, t. VII, p. 1121; 1874.
— — Sur l'acide fluoxyborique. *C. R.*, t. LXXVIII, p. 1698; 1874.
— — Sur les fluoxyborates. *C. R.*, t. LXXIX, p. 483; 1874.

Baudrimont. — Annonce de l'isolement du fluor. *C. R.*, t. II, p. 421; *Phil. Mag.*, (3), t. IX, p. 149; *Journ. prak. Chem.*, t. VII, p. 447; 1836.
H. Becquerel. — Mémoire sur l'analyse de la lumière émise par les composés d'uranium phosphorescents (fluorure). *Ann. Chim., Ph.*, (4), t. XXVII, p. 553; 1872.
H. Becquerel und **H. Moissan.** — Étude de la fluorine de Quincié. *C. R.*, t. CXI, p. 669; *Bull. Soc. Chim.*, (3), t. V, p. 154; 1890 und 1891.
H. Behrens. — Micro-chemical analysis of minerals. Test for fluorine. *Chem. News*, t. LIV, p. 301; 1886.
Belohoubek. — Beitrag zur spektralanalytischen Nachweisung der Alkalien. *Journ. prak. Chem*, t XCIX, p. 236; 1866.
Benedikt. — Flusssäure. *Chem. Zeit.*, t. XV, p. 881; 1891.
Bergmann. — Ueber eine längst schon bekannte und noch bessere Art, durch Flussspatsäure auf Glas zu ätzen. *Crells ch. An.*, t. II, p. 195; 1772.
— — De la forme des cristaux et principalement de ceux qui viennent du spath. *Journ. Phys.*, t. XL, p. 258; 1792.
Berthelot. — Sur la formation et la décomposition des composés binaires par l'électrolyse (fluorures de bore et de silicium). *Ann. Chim. Ph.*, (5), t. X, p. 71; 1877.
— — Sur les limites de l'électrolyse. *Ann. Chim. Ph.*, (5), t. XXVII, p. 98; 1882.
— — Recherches sur le fluorure phosphoreux. *Ann. Chim. Ph.*, (6), t. VI, p. 358; *Bull. Soc. Chim.*, t. XLIII, p. 260; 1885.
— — Sur la chaleur de formation de fluorures. *C. R.*, t. XCVIII, p. 61; 1884.
— — Recherches thermochimiques sur le fluorure phosphoreux. *C. R.*, t. C, p. 81; 1885.
Berthelot und **Guntz.** — Sur les déplacements réciproques entre l'acide fluorhydrique et les autres acides. *C. R.*, t. XCVIII, p. 395; 1884.
— — Sur les équilibres entre les acides chlorhydrique et fluorhydrique. *C. R.*, t. XCVIII, p. 463; 1884.
Berthelot und **Moissan.** — Chaleur de combinaison du fluor avec l'hydrogène. *C. R.*, t. CIX, p. 206; *Bull. Soc. Chim.*, (3), t. II, p. 647; *Ann. Chim. Ph.*, (6), t. XXIII, p. 570; 1889 und 1891.
Berzelius. — Supplément pour l'éclaircissement de plusieurs objets dans la dissertation de M. Berzelius; analyse de quelques minéraux trouvés dans les environs de Fahlun. *Ann. Chim. Ph.*, (2), t. III, p. 34; 1816.
— — Nouveaux minéraux trouvés en Suède. *Ann. Chim. Ph.*, (2), t. IV, p. 243; 1817.
— — Suite de expériences pour déterminer la composition de plusieurs combinaisons inorganiques qui servent de base aux calculs relatifs à la théorie des proportions chimiques. *Ann. Chim. Ph.*, (2), t. XI, p. 120; 1819.
— — Extrait d'une lettre de M. Berzelius à M. Dulong. *Ann. Chim. Ph.*, (2), t. XXVI, p. 39; 1824.
— — Untersuchungen über die Flussspatsäure und deren merkwürdigste Verbindungen. *Pogg. Ann.*, t. I, p. 169; t. II, p. 113; t. IV, p. 1; *Ann. Chim. Ph.*, (2), t. XXVII, p. 53, 167 und 287 und t. XXIX, p. 295 und 337; 1824 und 1825.
— — Note sur l'urane, le silicium, le zirconium, etc. (fluosilicates). *Journ. Ph.*, (2), t. X, p. 461; 1824.
— — Ueber das Gewicht der Atome der einfachen Körper (Fluor). *Pogg. Ann.*, t. VIII, p. 18 und t. X, p. 339; 1826 und 1827.

Berzelius. — Sur le fluorure de chrome. *Ann. Min.*, (2), t. I, p. 137; 1827.
— — Untersuchung über die Eigenschaften des Tellurs. (Fluotellur.) *Pogg. Ann.*, t. XXXII, p. 623; 1834.
— — Einige Versuche, die Verschiedenheit in der chemischen Natur der Fluorsäure und der Borfluorwasserstoffsäure zu bestimmen. *Pogg. Ann.*, t. LVIII, p. 503; *Lieb. Ann.*, t. XLVI, p. 48; 1843.
Besson. — Sur les combinaisons de l'hydrogène phosphoré gazeux avec les fluorures de bore et de silicium. *C. R.*, t. CX, p. 80; 1890.
Bineau. — Recherches sur les combinaisons de l'eau avec les acides (acide fluorhydrique). *Ann. Chim. Ph.*, (3), t. VII, p. 272; 1843.
Bischof. — The clear etching of glass with hydrofluoric acid and the carrying out of the product on the manufacturing scale. *Chem. Soc.*, t. XXVIII, p. 1299; *Ding. Polyt. J.*, t. CCXV, p. 129; 1875.
Bolton. — Zur Kenntnis der Fluorverbindungen des Urans. *Journ. prak. Chem.*, t. XCIX, p. 269; *Zeit. Chem.*, t. II, p. 353; *Bull. Soc. Chim.*, t. VI, p. 450; 1866.
Bonsdorf. — Lettre à Gay-Lussac sur les fluorures. *Ann. Min.*, (2), t. III, 135; 1828.
Borodin. — Beiträge zur Geschichte der Fluorüre. *Zeit. Chem.*, t. V, p. 577; *Rép. Chim.*, p. 334; *Chem. News*, t. VI, p. 267; 1862.
— — Faits pour servir à l'histoire de fluorures et préparation du fluorure de benzoyle. *C. R.*, t. LV, p. 553; *Lieb. Ann.*, t. CXXVI, p. 58; 1862 und 1863.
Boulanger. — Lettre relative aux recherches de M. Monnet sur le spath fusible. *Journ. Phys.*, t. I, p. 379; 1778.
Bouquet. — Présence du fluor dans l'eau de Vichy. *Ann. Chim. Ph.*, (3), t. XLII, p. 300; 1854.
Boyd. — Fluor-spar on the Genesee-River. *Amer. Journ. Sc.*, t. III, p. 235; 1821.
Brauner. — Zur Frage über das Vorkommen und die Bildungweise des freien Fluors. *Monat. Chem.*, t. III, p. 1; *D. Chem. G.*, t. XIV, p. 1494; 1881.
— — Fluoplumbate und freies Fluor. *Zeit. anorg. Chem.*, t. VII, p. 393; *Chem. Soc. P.*, t. X, p. 58; *Chem. Soc.*, t. LXV, p. 1; 1894.
Breithaupt. — Flusssäure im Periklin, Petalit, Tetartin, Orthoklas, Oligoklas, Porzellanit, Labrador und Anorthit. *Pogg. Ann.*, t. IX, p. 179; 1827.
Brewster. — On a new phenomenon of color in certain specimens of fluorspar. *Amer. Journ. Sc.*, t. XXXV, p. 295; 1839.
— — Ueber die Zerlegung und Zerstreuung des Lichts innerhalb starrer und flüssiger Körper (Flussspat). *Pogg. Ann.*, t. LXXIII, p. 533; 1848.
Briegleb. — Ueber die Einwirkung des phosphorsauren Natrons auf Flussspat in der Glühhitze. *Lieb. Ann.*, t. XCVII, p. 95; *Journ. prak. Chem.*, t. LXVIII, p. 307; 1856.
— — Verbesserter Apparat zur Darstellung von chemisch reiner Fluorwasserstoffsäure. *Lieb. Ann.*, t. CXI, p. 380; 1859.
Brühl. — Experimentelle Prüfung der älteren und der neueren Dispersions-Formeln. (Flussspat.) *Lieb. Ann.*, t. CCXXXVI, p. 282; 1886.
Buchner. — Ueber das Fluorthallium. *Journ. prak. Chem.*, t. XCVI, p. 404; 1865.
Bucholz. — Ueber Flussspatsäure. *Crells Entdeck.*, t. III, p. 50; 1781.
Bunsen. — Ueber das Alkarsin und einige daraus entstehende Verbindungen. (Fluorarsin.) *Lieb. Ann.*, t. XXXI, p. 178; 1839.
— — Untersuchungen über die Kakodylreihe. (Kakodylfluoride.) *Lieb. Ann.*, t. XXXVII, p. 38, und t. XLVI, p. 45; 1843.

Carles. — Le fluor des eaux de Néris-les-Bains. *Journ. Ph.*, (6), t. VIII, p. 566; 1898.
Carnot. — Sur une nouvelle méthode de dosage de la lithine au moyen des fluorures. *Bull. Soc. Chim.*, (3), t. I, p. 280; 1889.
— — Sur le dosage du fluor. *C. R.*, t. CXIV, p. 750; *Chem. News*, t. LXV, p. 198; 1892.
— — Recherche du fluor dans les différentes variétés de phosphates naturels. *C. R.*, t. CXIV, p. 1003 und 1189, und t. CXV, p. 243; *Journ. Ph.*, (5), t. XXVI, p. 124; 1892.
— — Sur les variations observées dans la composition des apatites. *C. R.*, t. CXXII, p. 1375; 1896.
H. Caron. — De l'emploi du fluorure de calcium pour l'épuration des minerais de fer phosphoreux. *C. R.*, t. LXVI, p. 744; 1868.
Siehe auch **Sainte-Claire-Deville** und **Caron.**
Carvallo. — Spectres calorifiques (applications à la fluorine). *Ann. Chim. Ph.*, (7), t. IV, p. 56; 1895.
J. Casares. — Ueber das Vorkommen einer beträchtlichen Menge Fluor in einigen Mineralwassern. *Zeit. an. Chem.*, t. XXXIV, p. 546; 1895.
A. Cavazzi. — Azione del fluoruro di silico sulla china sciolta in liquidi diversi. *Gazz. Chim. Ital.*, t. XVII, p. 560; 1887.
Chabrié. — Sur la synthèse de fluorures de carbone. *C. R.*, t. CX, p. 279 und 1202; 1890.
— — Sur quelques dérivés organiques halogénés. *Bull. Soc. Chim.*, (3), t. VII, p. 24; 1892.
H. Chance. — On the manufacture of glass (employment of neutral fluorides of the alkalies for etching upon glass). *Chem. Soc.*, t. XXI, p. 256; 1868.
Chapman. — A new and simple method for estimating fluorine, especially applicable to commercial phosphates. *Chem. News*, t. LIV, p. 287; 1886.
Chevreul. — Mitteilung über den in fossilen Knochen gefundenen Prozentsatz Fluorcalcium. *C. R.*, t. LXIII, p. 402; 1886.
Christensen. — Das Atomgewicht des Fluors und die Anwendung der Mangani-doppelfluoride zur Bestimmung desselben. *Journ. prak. Chem.*, t. XXXV, p. 41, 57, 161 und 541; 1887.
Chydenius. — Ueber die Thorerde und deren Verbindungen (Fluorthorium). *Journ. prak. Chem.*, t. LXXXIX, p. 467; 1863.
Cillis. — Ueber Prats angebliche Zerlegung des Fluors. *Zeit. Chem.*, t. XI, p. 660; 1868.
Clarke. — Neues Verfahren bei Mineralanalysen (Fluornatrium). *Journ. prak. Chem.*, t. CV, p. 246; 1868.
— — Note upon some fluorides. *Amer. Journ. Sc.*, (3), t. XIII, p. 291; 1877.
Cleve. — Sur les combinaisons du lanthane. (Fluorcarbonate.) *Bull. Soc. Chim.*, t. XXI, p. 201; 1874.
— — Recherches sur le didyme. *Bull. Soc. Chim.*, t. XXI, p. 246; 1874.
Cleve und **Hoegland.** — Sur les combinaisons de l'yttrium et de l'erbium. *Bull. Soc. Chim.*, t. XVIII, p. 193; 1872.
N. Collie. — Note on methylfluoride. *Chem. Soc. P.*, t. V, p. 16; 1889.
Siehe auch **Lawson** und **Collie.**
Colson. — Mode de préparation des fluorures d'acides. *C. R.*, t. CXXII, p. 243; *Bull. Soc. Chim.*, (3), t. XVII, p. 55; 1896 und 1897.
Conney und **Jackson.** — The action of fluoride of silicon on organic bases. *Am. Chem. Journ.*, t. X, p. 165; 1888.
Cooley. — Fluate of lime in Deerfield. *Am. Journ. Sc.*, t. V, p. 407; 1822.

Coppola. — Transformazione degli acidi fluobenzoici nell' organismo animale. *Gazz. Chim. Ital.*, t. XIII, p. 521; *Bull. Soc. Chim.*, t. XIII, p. 489; 1884.
Cossa. — Sul fluoro di magnesio. *Gazz. Chim. Ital.*, t. VII, p. 212; *D. chem. G.*, t. X, p. 294; *Bull. Soc. Chim.*, t. XXVIII, p. 166; 1887.
J. Curie. — Recherches sur le pouvoir inducteur spécifique et la conductibilité des corps cristallisés (fluorine). *Ann. Chim. Ch.*, (6), t. XVII, p. 429, et t. XVIII, p. 234; 1889.
Dana. — On the occurrence of Fluor-Spar, Apatite und Chondrodite in Limestone. *Am. Journ. Sc.* (2), t. II, p. 88; 1846.
Ch. Daubeny. — On the occurrence of Fluorine in recent as well as in fossil bones. *Chem. Soc. M.*, (2), t. II, p. 97; *Phil. Mag.*, t. XXV, p. 122; 1844.
Daubrée. — Sur le gisement, la composition et l'origine des amas de minerai d'étain. *C. R.*, t. XIII, p. 854; 1841.
— — Recherches sur la production artificielle de quelques espèces minérales cristallisées, particulièrement des oxydes d'étain et de titane et du quartz. *C. R.*, t. XXIX, p. 227; *Ann. Min.*, (5), t. XVI, p. 129; 1849.
H. Davy. — On the decomposition and composition of the fixed alkalies (fluoric acid non-conductor in gaseous state). *Phil. Trans.*, t. XCVIII, p. 43; 1808.
— — Some experiments and observations on the substances produced in different chemical processes on Fluor-Spar. *Phil. Trans.*, t. CIII, p. 263; *Ann. Chim. Ph.*, (1), t. LXXXVIII, p. 271; 1813.
— — An account of some new experiments on the Fluoric compounds with some observations on other objects of chemical inquiry. *Phil. Trans.*, t. CIV, p. 62; 1814.
— — Lettres à Ampère sur le fluor. *Ann. Chim. Ph.*, (2), t. II, p. 21; 1816.
J. Davy. — An account of some experiments on different combinations of floric acid. *Phil. Trans.*, t. CIII, p. 352; *Ann. Chim. Ph.*, (1), t. LXXXVI, p. 178; 1812 und 1813.
Debray. — Rapport fait au nom de la section de chimie sur les recherches de M. Moissan relatives à l'isolement du fluor. *C. R.*, t. CIII, p. 850; *Journ. Ph.*, (5), t. XIV, p. 499; 1886.
Delafontaine. — Sur la composition des molybdates alcalins (fluoxymolybdates). *Arch. Sc. Ph. Nat.*, t. XXIII, p. 5; *Bull. Soc. Chim.*, t. IV, p. 29; *Journ. prak. Chem.*, t. XCV, p. 145; 1865.
— — Recherches sur plusieurs molybdates nouveaux ou peu connus et sur les fluoxymolybdates. *Arch. Sc. Ph. Nat.*, t. XXX, p. 232; *Zeit. Chem.*, t. XI, p. 106; 1867 und 1868.
Delaméthérie. — Note sur la présence du fluor dans les os fossiles. *Journ. Phys.*, t. LXII, p. 225; 1806.
H. Fredericus Delius. — *Curae posteriores nonnullae circa acidum spati*, t. IV, p. 16; 1783.
Demarçay. — Sur quelques procédés de spectroscopie pratique. (Emploi de l'acide fluorhydrique comme dissolvant.) *C. R.*, t. XCIX, p. 1069; 1884.
Dexter. — Apparat zur Darstellung der Flusssäure. *Zeit. Chem.*, t. IX, p. 512; 1866.
J. Dewar. — (*Siehe* **Moissan** und **Dewar.**)
Diacon. — Recherche sur l'influence des éléments électro-négatifs sur le spectre des métaux (spectre des fluorures). *Ann. Chim. Ph.*, (4), t. VI, p. 19; 1885.
Ditte. — Sur les spectres de métalloïdes des familles du soufre, du chlore et de l'azote. *C. R.*, t. LXXIII, p. 623 und 738; *Bull. Soc. Chim.*, t. XVI, p. 229; 1871.

Ditte. — Dosage de l'acide borique. Sa séparation d'avec la silice et le fluor. *C. R.*, t. LXXX, p. 561; 1875.
— — Recherches relatives à la décomposition des sels métalliques et à certaines réactions inverses qui s'accomplissent en présence de l'eau (fluorure de potassium et sulfate de plomb). *Ann. Chim. Ph.*, (5), t. XIV, p. 228; 1878.
— — Sur les composés fluorés de l'uranium. *C. R.*, t. XCI, p. 115 und 166; *Chem. Soc.*, t. XXXVIII, p. 853; 1880.
— — Sur les apatites fluorées. *C. R.*, t. XCIX, p. 792 et 967; 1884.
— — Recherches sur l'uranium; action de l'acide fluorhydrique sur l'oxyde d'uranium. *Ann. Chim. Ph.*, (6), t. I, p. 338; 1884.
— — Recherches sur le apatites et les wagnérites. *Ann. Chim. Ph.*, (6), t. VIII, p. 502; 1886.
— — Recherches sur le vanadium (action des fluorures sur l'acide vanadique). *Ann. Chim. Ph.*, (6), t. XIII, p. 190; 1888.
Duboin. — Fluorure double d'aluminium et de potassium. *Journ. Ph.*, (5), t. XXVI, p. 320; 1892.
Dulk. — Atomgewicht oder Atomgravitation. *D. chem. G.*, t. XXXI, p. 1867; 1898.
Dumas. — Note sur quelques composés nouveaux. (Fluorures.) *Ann. Chim. Ph.*, (2), t. XXXI, p. 433; *Journ. Ph.*, (2), t. II, p. 297; *Ann. Min.*, (2), t. I, p. 112; 1826 und 1827.
— — Mémoire sur les équivalents. (Fluor.) *Ann. Chim. Ph.*, (3), t. LV, p. 129; 1859.
Dumas und **Péligot.** — Nouvelles combinaisons du méthylène. *Ann. Chim. Ph.*, (2), t. LXI, p. 193; *Lieb. Ann.*, t. XV, p. 59; 1835 und 1836.
Effront. — Action des fluorures solubles sur la diastase. *Bull. Soc. Chim.*, (3), t. V, p. 149; 1891.
— — Influence des fluorures sur l'activité et l'accroissement de la levure. *Bull. Soc. Chim.*, (3), t. V, p. 476 und 731, und t. VI, p. 786; 1891.
— — Action de l'acide fluorhydrique et des fluorures dans la fermentation des matières amylacées. *Journ. Ph.*, (5), t. XXIV, p. 224; *Bull. Soc. Chim.*, (3), t. V, p. 734; 1891.
Ekbom und **Mauzelius.** — Ueber die Monofluornaphthaline. *D. chem. G.*, t. XXII, p. 1846; 1889.
F. M., Giesser in Sainte-Marie-aux-Mines. — Examen critique des expériences de quelques chimistes sur les spaths séléniteux et vitreux. *Mémoires littéraires, critiques, etc., pour servir à l'histoire ancienne et moderne de la médecine* Année 1776, p. 5. Pyre und Bastien, Paris.
Faraday. — On the Liquefaction and Solidification of Gases. *Phil. Trans.*, t. CXXXV, p. 155; *Pogg. Ann.*, t. LXIV, p. 467; *Lieb. Ann.*, t. LVI, p. 155; 1845.
Ferrari. — Nouveau gaz désinfectant (gaz fluoborique). *Journ. Ph.*, (2), t. XIX, p. 48; 1833.
Finkener. — Sur le fluorure de mercure. *Journ. Ph.*, (3), t. XXXVIII, p. 158; *Pogg. Ann.*, t. CX, p. 142; 1860.
— — Ueber Quecksilberoxyfluorid und Quecksilberfluorid. *Pogg. Ann.*, t. CX, p. 628; *Zeit. Chem.*, t. IV, 21; 1861.
— — Ueber Kieselquecksilberfluorid, Kieselquecksilberoxyfluorid und Kieselquecksilberfluorür. *Pogg. Ann.*, t. CXI, p. 246; 1860.
Flückiger. — Ueber die Fluorsalze des Antimons. *Pogg. Ann.*, t. LXXXVII, p. 245; *Lieb. Ann.*, t. LXXXIV, p. 248; *Journ. prak. Chem.*, t. LVIII, p. 72; 1852 und 1853.
Forchhammer. — Ueber die Einwirkung des Kochsalzes bei der Bildung der Mineralien. *Pogg. Ann.*, t. XCI, p. 568; 1854.

Forster. — Notiz zur Kenntnis der Phosphorescenz durch Temperaturerhöhung. (Fluorcalcium.) *Pogg. Ann.*, t. CXLIII, p. 658; 1871.
Fremy. — Recherches sur les fluorures. *C. R.*, t. XXXVIII, p. 393; *Journ. Ph.*, (3), t. XXV, p. 241; *Lieb. Ann.*, t. XCII, p. 246; *Journ. prak. Chem.*, t. LXII, p. 65; *Ann. Chim. Ph.*, (3), t. XLVII, p. 5; 1854 und 1856.
— — Décomposition des fluorures au moyen de la pile. *C. R.*, t. XL., p. 966; *Journ. Ph.*, (3), t. XXVII, p. 401; *Journ. prak. Chem.*, t. LXVI, p. 118; 1855.
— — Production artificielle du rubis. *C. R.*, t. CIV, p. 737; 1887.
Fremy und **Verneuil.** — Action des fluorures sur l'alumine. *C. R.*, t. CIV, p. 738, 1887.
— — Production artificielle des cristaux de rubis rhomboédriques. *C. R.*, t. CIV, p. 565; 1888.
— — Nouvelles recherches sur la synthèse des rubis. *C. R.*, t. CXI, p. 667; 1890.
Fresenius. — Ueber die Löslichkeitsverhältnisse von einigen bei der quantitativen Analyse als Bestimmungsformen etc. dienenden Niederschlägen. *Lieb. Ann.*, t. LIX, p. 117; 1846.
— — Notizen über Auffindung des Fluors bei Gegenwart von Kieselsäure. *Journ. prak. Chem.*, t. LVII, p. 375; 1852.
— — Chemische Analyse anorganischer Körper. (Fluorthorium). *Zeit. an. Chem.*, t. II, p. 366; 1863.
— — Ueber ein neues Verfahren zur Bestimmung des Fluors, namentlich auch in Silikaten. *Zeit. an. Chem.*, t. V, p. 190; *Zeit. Chem.*, t. IX, p. 623; 1866.
— — Atom- und Aequivalentgewichte der Elemente. (Fluor.) *Zeit. an. Chem.*, t. XXII, p. 129; 1888.
Friedel. — Action du sulfate d'aluminium sur le fluorure de calcium. *Bull. Soc. Chim.*, t. XXI, p. 241; 1874.
Gabriel. — Zur Frage nach dem Fluorgehalt der Knochen und Zähne. *Zeit. an. Chem.*, t. XXXI, p. 522; 1892.
Gahn, Berzelius, Wallman, Eggertz. — Examen de quelques minéraux trouvés dans les environs de Fahlun et de leurs gisements. *Ann. Chim. Ph.*, (2), t. V, p. 5; 1817.
Gasselin. — Action du fluorure de bore sur quelques composés organiques. *Ann. Chim. Ph.*, (7), t. III, p. 5; 1894.
Gay-Lussac und **Thenard.** — Mémoire sur l'acide fluorique. *Ann. Chim. Ph.*, (1), t. LXIX, p. 204; Recherches physico-chimiques, t. II, p. 1; 1809 und 1811.
Geijer. — Versuche über Flussspat. *Crells ch. An.*, t. II, p. 169; 1787.
Gibbs. — Ueber die Anwendung des Fluorwasserstoff-Fluorkalium in der Analyse. *Zeit. an. Chem.*, t. III, p. 399; *Zeit. Chem.*, t. VIII, p. 16; *Chem. News*, t. X, p. 37 et 49; 1864 und 1865.
J. Gibson. — The preparation of glucina from beryl (fluorides of aluminium, iron and beryllium, behaviour when heated). *Chem. Soc. P.*, t. IX, p. 13; 1893.
Girardet. — *Siehe* **Meslans** und **Girardet.**
J. H. Gladstone und **G. Gladstone.** — Refraction and dispersion of fluorobenzene and allied compounds. *Phil. Mag.*, (5), t. XXXI, p. 1; 1861.
Glatzel. — Ueber die bei der Lösung des Titanmetalls in Säuren entstehende Oxydationsstufe und einige neue Verbindungen des Titans. (Fluortitan). *D. chem. G.*, t. IX, p. 1835; *Bull. Soc. Chim.*, t. XXVIII, p. 252; 1876 und 1877.

Gonnard. — Sur un phénomène de cristallogénie à propos de la fluorine de la roche Cornet, près de Pontgibaud (Puy-de-Dôme). *C. R.*, t. XCIX, p. 1136; 1884.

— — Sur une association de fluorine et de Babelquartz de Villevieille. *C. R.*, t. CVI, p. 558; 1888.

Gore. — On hydrofluoric acid. *Phil. Trans.*, t. CLIX, p. 173; *Chem. News* t. XIX, p. 74; *Chem. Soc.*, t. XXII, p. 368; *Journ. prak. Chem.*, t. CVI, p. 437, et t. CVIII, p. 220; 1869.

— — On fluoride of Silver. *Phil. Trans.*, t. CLX, p. 227, und t. CLXI, p. 321; *Roy. Soc. Proc.*, t. XVIII, p. 157, t. XIX, p. 235, und XX, p. 70; *Phil. Magg.*, t. XLI, p. 309; *Chem. News*, t. XXIII, p. 13; *Zeit. Chem.*, t. XIII, p. 145; 1869, 1870 und 1871.

— — Electrolysis of fluoride, chlorate and perchlorate of Silver. *Chem. News*, t. L, p. 150; 1884.

— — Effect of heat on the fluochromates of ammonium and potassium. *Chem. News*, t. LII, p. 15; 1885.

Griess. — Neue Untersuchungen über Diazoverbindungen. Kurze Notizen vermischten Inhalts. *D. chem. G.*, t. XVIII, p. 960; 1885.

Guenez. — Sur la préparation et les propriétes du fluorure de benzoyle. *C. R.*, t. CXI, p. 681; 1890.

Guntz. — Chaleur de formation des fluorures de potassium. *C. R.*, t. XCVII, p. 256; *Bull. Soc. Chim.*, t. XXXIX, p. 265; 1883.

— — Étude thermique de la dissolution de l'acide fluorhydrique dans l'eau *C. R.*, t. XCVI, p. 1659; *Bull. Soc. Chim.*, t. XL, p. 54; 1883.

— — Sur les fluorures de sodium. *C. R.*, t. XCVII, p. 1558; *Bull. Soc. Chim.*, t. XLI, p. 168; 1883 und 1884.

— — Sur le fluorure d'antimoine. *C. R.*, t. XCVIII, p. 300; 1884.

— — Recherches sur le fluorhydrate de fluorure de potassium et sur ses états d'équilibre dans les dissolutions. *C. R.*, t. XCVIII, p. 428; 1884.

— — Chaleur de formation des fluorures d'argent, de magnésium et de plomb. *C. R*, t. XCVIII, p. 819; 1884.

— — Recherches thermiques sur les combinaisons du fluor avec les métaux. *Ann Chim Ph.*, (6), t. III, p. 5; 1884.

— — Chaleur de neutralisation par l'acide fluorhydrique des bases alcalines et alcalino-terreuses. *C. R.*, t. XCVII, p. 1483; *Bull. Soc. Chim.*, t. XLI, p. 110; 1884.

— — Sur les fluorures de métalloïdes. *C R.*, t. CIII, p. 58; 1886.

— — Sur le sous-fluorure d'argent. *C. R.*, t. CX, p. 1337; 1890.

— — Observations sur un mémoire de M. Richards. *Bull. Soc. Chim.*, (3), t. VI, p. 145; 1891.

Siehe auch **Berthelot** und **Guntz.**

P. Guyot. — Dosage volumétrique des fluorures solubles. *C. R.*, t. LXXI, p. 274; 1870.

— — Dosage de l'acide fluorhydrique libre. *C. R.*, t. LXXIII, p. 273; 1871.

T. Haga und **Y. Osaka.** — The acidimetry of hydrogen fluoride. *Chem. Soc.*, t. LXVII, p. 251; *Chem. Soc. Ph.*, t. XI, p. 22; 1895.

Hagemann und **Jörgensen.** — De l'emploi des fluorures dans la fabrication du verre. *Bull. Soc. Chim.*, t. XXII, p. 570; *Ding. Polyt. J.*, t. CCXIII, p. 221; 1874.

Hagenbach. — Versuche über Fluorescenz (Flussspath). *Pogg. Ann.*, t. CCXIII, p. 391; 1872.

Hammerl. — Action de l'eau sur le fluorure de silicium et sur le fluorure de bore. *C. R.*, t. XC, p. 312; 1880.

Hankel. — Ueber die photo- und thermoelectrischen Eigenschaften des Flussspath. *Wied. Ann.*, t. XI, p. 269; 1880.

Hart. — Zum Gebrauch der Flusssäure. *Zeit. an. Chem.*, t. XXIX, p. 444; 1890.

P. Hautefeuille. — De la reproduction du rutile, de la brookite et de leurs variétés; protofluorure de titane. *C. R.*, t. LVII, p. 148; *Rép. Chim.*, p. 558; *Lieb. Ann.*, t. CXXIX, p. 220; 1863 und 1864.

— — Étude sur la reproduction de minéraux titanifères (action de l'acide chlorhydrique sur un mélange de titanates et de fluotitanates). *Ann. Chim. Ph.*, (4), t. IV, p. 134; 1865.

Siehe auch **Troost** und **Hautefeuille.**

Haüy. — Mémoire sur le double réfraction du spath d'Islande. *Acad. Roy. Sc.*, p. 34; 1788.

— — Exposition abrégée de la théorie de la structure des cristaux. *Ann. Chim. Ph.*, (1), t. III, p. 1; 1789.

Hayden. — Fluor-Spar in Tennessee. *Am. Jour. Sc.*, t. IV, p. 51; 1822.

Heintz. — Ueber die chemische Zusammensetzung der Knochen. *Pogg. Ann.*, t. LXXVII, p. 267; 1849.

Helmolt. — Ueber einige Doppelfluoride. *Zeit. anorg. Chem.*, t. III, p. 115; 1892.

Hempel. — Apparat zur Darstellung von Fluorwasserstoff und Kieselfluorwasserstoffsäure. *D. chem. G.*, t. XVIII, p. 1438; 1885.

Hempel und **Schefler.** — Ueber eine Methode zur Bestimmung des Fluors neben Kohlensäure und den Fluorgehalt von einigen Zähnen. *Zeit. anorg. Chem.*, t. XX, p. 1; 1899.

Hermann. — Untersuchungen über die Zusammensetzung der Tantalerze (Fluochlor). *Journ. prak. Chim.*, t. L, p. 187; 1850.

— — Untersuchungen über Ilmenium, Niobium und Tantal (Fluopyrochlor). *Journ. prak. Chem.*, t. LXV, p. 77; 1855.

— — Untersuchungen über Niobium (Fluopyrochlor). *Journ. prak. Chem.*, t. LXVIII, p. 96; 1856.

— — Untersuchungen über Tantal (Fluortantal, Fluorkalium). *Journ. prak. Chem.*, t. LXX, p. 158; 1857.

— — Untersuchungen über Didym, Lanthan, Cerit und Lanthanocerit (Fluorlanthan). *Journ. prak. Chem.*, t. LXXXII, p. 400; 1861.

Higgins. — Influence de la présence du spath fluor sur les qualités des mortiers. *Ann. Chim. Ph.*, (1), t. IV, p. 268; 1790.

Hintz und **Weber.** — Zur Analyse von technischem Fluornatrium. *Zeit. an. Chem.*, t. XXX, p. 30; 1891.

Hithcock. — Fluor-Spar and Oxide of Titanium. *Am. Journ. Sc.*, t. V, p. 405; 1822.

Hoffmann. — Aufschliessung der Silikate mit Fluorammonium, in denen auf Alkalien Rücksicht genommen werden soll. *Zeit. an. Chem.*, t. VI, p. 366; 1867.

Hofmann. — Zersetzung von Gasen durch elektrisches Glühen (Fluorsilicium). *Journ. prak. Chem.*, t. LXXX, p, 322; 1860.

Högbom. — Sur les fluosels du tellure. *Bull Soc. Chim.*, t. XXXV, p. 60; 1881.

Horsford. — Ueber den Fluorgehalt des menschlichen Gehirns. *Lieb. Ann.*, t. CXLIX, p. 202; 1869.

Horstmar. — Ueber das Fluor in der Asche von Lycopodium clavatum. *Pogg. Ann.*, t. CXI, p. 339; 1860.

— — Ueber die Notwendigkeit des Lithions und des Fluorkaliums zur Fruchtbildung der Gerste. *Journ. prak. Chem.*, t. LXXXIV, p. 140; 1861.

C. Jackson und **M. Comey.** – Ueber die Einwirkung des Fluorsiliciums auf organische Basen. *D. chem. G.*, t. XIX, p. 3194; 1886.
Jannasch und **Röttgein.** — Ueber die quantitative Bestimmung des Fluors durch Austreiben desselben als Fluorwasserstoffgas. *Zeit. anorg. Chem.*, t. IX, p. 267; 1895.
Jean. — Note sur la fabrication du phosphate de soude et du fluorure de sodium. *C. R.*, t. LXVI, p. 801 und 918; 1868.
Jenzsch. – Fluor in Kalkspat und Aragonit. *Pogg. Ann.*, t. XCVI, p. 145; 1855.
Jessup. — Fetid fluor-spar. *Am. Journ. Sc.*, t. II, p. 176; 1820.
S. Jolin. – Sur les combinaisons du cérium (fluorure). *Bull. Soc. Chim.*, t. XXI, p. 534; 1874.
Joly. — Sur les oxyfluorures de niobium et de tantale. *C. R.*, t. LXXXI, p. 1266; 1875.
Joy. — Ueber die Beryllerde (Zersetzung durch Fluorammonium). *Journ. prak. Chem.*, t. XCII, p. 230; 1864.
Juptner. — Die Fluormineralien. *Chem. Zeit.*, t. VIII, p. 755; 1884.
Kammerer. — Ueber Brom- und Jodsäure, sowie über Fluor. *Zeit. Chem.*, t V, p. 435; *Journ. prak. Chem.*, t. LXXXV, p. 452; *Rép. Chim.*, p. 3; 1862 und 1863.
— — Ueber die Auffindung des Bors als Fluorbor. *Zeit. an. Chem.*, t. XII, p. 376; 1873.
Kenngott. — Mineralogische Notizen. *Wien Sitz.-Ber.*, t. XI, p. 16; 1853.
— — Ueber die Zusammensetzung des Apophyllit. *Journ. prak. Chem.*, t. LXXXIX, p. 449, 1863.
— — Ueber die alkalische Reaktion einiger Minerale (Fluorit). *Journ. prak. Chem.*, t. CIII, p. 304; 1868.
Kentmann. — Nomenclaturæ rerum fossilium quæ in Misniâ, etc., veröffentlicht zu Beginn der Abhandlung: *De omni rerum fossilium genere*, Conradi Gesneri, Zürich, p 39; 1565.
Kern. — On the nature and reactions of some silver compounds (silver silicofluoride). *Chem. News*, t. XXXIII, p. 35; 1876.
Kessler. — Hydrate hydrofluosilicique cristallisé. *C. R.*, t. XC, p. 1285; 1880.
— — Sur un procédé de durcissement des pierres calcaires tendres au moyen des fluosilicates à base d'oxydes insolubles. *C. R.*, t. XCVI, p. 1317; 1883.
Kinmann. — Anmerkungen vom leuchtenden Spat von Carspenberg. *Crells ch. Arch.*, t. V, p. 58; 1786.
H. Klang. — Die Elastizitätsconstanten des Flussspates. *Wied. Ann.*, t. XII, p. 321; 1881.
Klaproth. — Chemische Untersuchung des Kryoliths. *Berlin. Gesellschaft Naturforschender Freunde*, t. III, p. 307; *Journ. Phys.*, t. II, p. 403; 1800 und 1801.
Klatzo. — Recherches sur la glucine. *Arch. Sc. Ph. Nat.*, t. XXXIV, p. 354; *Bull. Soc. Chim.*, t. XII, p. 131; *Zeit. Chem.*, t. V, p. 129; *Journ. prak. Chem.*, t. CVI, p. 227; 1869.
Klein. – Sur l'isomorphisme de masse (fluosels). *Bull. Soc. Chim.*, t. XXXIX, p. 11; 1883.
Klippert. — Ueber die Einwirkung von Fluorsilicium auf Natriumäthylat. *D. chem. G.*, t. VIII, p. 713; 1875.
Knop. — Ueber einige neue Verbindungen des Fluorkiesels. *Journ. prak. Chem.*, LXXIV, p. 41; 1858.
Knop und **Wolf.** — Nouveaux réactifs applicables à l'analyse des métaux alcalins. Le fluosilicate de cuivre. Le fluosilicate d'aniline. *Journ. Ph.*, (3), t. XLII, p. 169; *Chem. News*, t. VI, p. 301; 1862.

J. Knox. — Researches on fluorine. *Phil. Mag.*, (3), t. XVI, p. 192; *Journ. prak. Chem.*, t. XX, p. 172; 1840.
J. Knox und **Th. Knox.** — On Fluorine. *Phil. Magg.*, (3), t. IX, p. 107; *Journ. prak. Chem.*, t. IX, 119; 1836.
— — On fluorine. *Phil. Mag.*, (3). t. XII, p 105; 1838.
Kobell. — Ueber die quantitative Bestimmung des Fluors in Eisen-Mangan-Phosphaten und Analyse des Triplit von Schlaggenwald in Böhmen. *Journ. prak. Chem.*, t. XCII, p. 485; t. III, p. 70; 1864 und 1865.
H. Kopp. — Ueber die Ausdehnung einiger fester Körper durch die Wärme (Flussspat). *Pogg. Ann.*, t. LXXXVI, p. 157; *Lieb. Ann.*, t. LXXXI, p. 46; 1852.
— — Investigations of the specific heat of solid bodies. *Chem. Soc.*, t. XIX, p. 197 und 225; 1866.
Kopp und **Bruère.** — Sur un fluorure double d'antimoine et de sodium. *Bulletin de la Société industrielle de Rouen*, p. 69; 1889.
Krüfs und **Moraht.** — Untersuchungen über das Beryllium (Berylliumkaliumfluorid). *Lieb. Ann.*, t. CCLX, p. 190; 1890.
Krüss und **Nilson.** — Ueber das Produkt der Reduktion von Niobfluorkalium mit Natrium. *D. chem. G.*, t. XX, p 1696; 1887.
— — Ueber Kalium-Germanfluorid. *D. chem. G.*, t. XX, p. 1696; 1887.
Kuhlmann. — Ueber das Verhalten des Flussspats gegen wasserfreie Schwefelsäure und Chlorwasserstoffsäure. *Pogg. Ann.*, t. X, p. 618; 1827.
— — Ueber verschiedene Stickstoffverbindungen. *Lieb. Ann.*, t. XXXIX, p. 320; 1841.
— — Sur le fluorure de thallium. *C. R.*, t. 58, p. 1037; *Bull. Soc. Chim.*, t. III, p. 57; *Chem. News*, t. X, p. 37; 1864 und 1865.
Landolph. — Action du fluorure de bore sur certaines classes de composés. *C. R*, t. LXXXV, p. 39, t. LXTXVI, p. 539, 601, 671 und 1463. und t. XXXXIX, p. 173; *Journ. Ph.*, (4), t. XXIX, p. 28; *D. chem. G.*, t. XII p. 1578, 1583 und 1586; 1877, 1878 und 1879.
Landolt, Ostwald und **Seubert.** — Bericht der Commission für die Festsetzung der Atomgewichte. *D. chem. G.*, t. XXXI, p. 2762; 1898.
H. Lasne. — Sur l'analyse des phosphates. *Bull. Soc. Chim.*, (3), t. II, p. 313; *Zeit. an. Chem.*, t. XXVIII, p. 348; 1889.
— — Identité de composition de quelques phosphates sédimentaires avec l'apatite. *C. R.*, t. CX, p. 1376; 1890.
Lassaigne. — Uebergiebt ein versiegeltes Schreiben mit der Ueberschrift: Observations sur quelques composés du fluor. *C. R*, t. IV, p. 913; 1837.
Laurent. — Sur la chlorocyanilide. *C. R.*, t. XXII, p. 695; *Journ. prak. Chem.*, t. XLIV, p. 160; 1846 und 1848.
Laurent und **Delbos.** — Sur la fluosilicanilide. *C. R.*, t. XXII, p. 697; 1846.
T. Lawson und **N. Collie.** — The action of heat on the salts of tetramethylammonium (fluoride). *Chem. Soc*, t. LIII, p. 626; 1888.
Lebeau. — Sur l'analyse de l'émeraude. *C. R.*, t. CXXI, p. 601; 1895.
— — Sur la préparation et les propriétés du fluorure de glucinium anhydre et de l'oxyfluorure de glucinium. *C. R.*, t. CXXVI, p. 1418; 1898.
Leeson. — Abstract of a Letter from M. B. Leeson on the preparation of fluoride of iodine. *Chem. Soc.*, t. II, p. 162; 1844.
Lenz. — Ueber Jodbenzolsulfonsäure. *D. chem. G.*, t. X, p. 1137; 1877.
— — Ueber Fluorbenzolsulfonsäure und Schmelztemperaturen substituirter Benzolsulfonverbindungen. *D. chem. G.*, t XIII, p. 580; *Bull. Soc. Chim.*, t. XXXIII, p. 307; 1879 und 1880.

Ch. Lepierre. — Fluor dans quelques eaux minérales. Eaux fluorées. *C. R.*, t. CXXVIII, p. 1289; 1899.

J. van Loon und **N. Meyer.** — Das Fluor und die Esterregel. *D. chem. G.*, t. XXIX, p. 839; 1896.

Louyet. — Uebergiebt ein versiegeltes Schreiben, in welchem das Resultat seiner Untersuchungen über Fluor und seine Verbindungen enthalten ist. *Bull. Acad. Sc. Brux.*, (1), t. VII, p. 6; 1840.

— — Démonstration expérimentale de l'oxygène des acides silicique et borique (action du fluorure d'argent). *C. R.*, t. XXII, p. 962; 1846.

— — Nouvelles recherches sur l'isolement du fluor, la composition des fluorures et le poids atomique du fluor. *C. R.*, t. XXIII, p. 960; *Journ. Ph.*, (3), t. XI, p. 300; *Lieb. Ann.*, t. LXIV, p. 239; 1846 und 1847.

— — Teilt mit, dass er im Laufe seiner Untersuchungen ein mit salpetriger Säure verunreinigtes Gas als rein angesehen hatte. *C. R*, t. XXIII, p. 1118; 1846.

— — De la véritable nature de l'acide fluorhydrique. *C. R.*, t. XXIV, p. 434; 1847.

— — Recherches sur l'équivalent du fluor. *C. R.*, t. XXVIII, p. 20; *Ann. Chim. Ph.*, (3); t. XXV, p. 291; *Journ. prak. Chem.*, t. XLVII, p. 104; *Lieb. Ann.*, t. LXX, p. 234; 1849.

Löw. — Freies Fluor im Flussspat von Wölsendorf. *D. chem. G.*, t. XIV, p. 1144; 1881.

— — Zur Frage über das Vorkommen und die Bildungsweise des freien Fluors. *D. chem. G.*, t. XIV, p. 2441; 1881.

Luboldt. — Darstellung der Fluorwasserstoffsäure aus Kryolith. *Journ. prak. Chem.*, t. LXXVI, p. 330; 1859.

S. de Luca. — Recherches sur le fluorure de calcium de la Toscane et sur l'équivalent du fluor *C. R.*, t. LI, p. 299; *Journ. Ph*, t. XXXIX, p. 193; 1860 und 1861.

Mac-Ivor. — On arsenic fluoride. *Chem. News*, t. XXX, p. 169, et t. XXXII, p. 258; *Journ. Ph*, (4), t. XXIV, p. 272; 1875 und 1876.

Mackintosh. — The action of hydrofluoric acid on silica and silicates. *Chem. News*, t. LIV, p. 102, 1886.

Macquer. — Action d'un feu violent de charbon sur le spath. *Acad. Roy. Sc.*, p. 298; 1767.

Mallet. — Note on the fluid contained in a cavity in fluor-spar. *Chem. Soc.*, t. XXXII, p. 144; 1877.

— — On the molecular weight of hydrofluoric acid. *Chem. News*, t. XLIV, p. 164; *Am. Chem. Journ.*, t. III, p. 189; 1881.

Marchand. — Sur la présence du fluor dans les eaux. *Journ. Ph.*, (3), t. XXXVIII, p. 130; 1860.

Margraff. — Sur une volatilisation remarquable d'une partie de l'espèce de pierre nommée fluss-spath. *Mémoires de Berlin*, p. 3, 1768.

— — Sommaire des expériences sur deux espèces de spath fusibles. *Journ. Phys.*, t. II, p. 247 und 376; 1773.

Marignac. — Sur l'isomorphisme des fluosilicates et des fluostannates et sur le poids atomique du silicium. *C. R.*, t. XLVI, p. 854; *Journ. prak. Chem.*, t. LXXIV, p. 161; 1858.

— — Recherches sur les fluozirconates et sur la formule de la zircone. *C. R.*, t. L, p. 252; *Journ. prak. Chem.*, p. 39; 1860 und 1861.

— — Ueber das Fluorzirkon und seine Verbindungen. *Journ. prak. Chem.*, t. LXXXIII, p. 201; 1861.

— — Recherches sur les tungstates, les fluotungstates et les silicotungstates. *C. R.*, t. LV, p. 888; *Rép. Chim.*, p. 83; 1862 und 1863.

Marignac. — Ueber die Analyse der borsauren Salze und der Fluorborverbindungen. *Zeit. an. Chem.*, t. I, p. 405; *Chem. News*, t. VIII, p. 75; 1862.
— — Recherches sur les acides silicotungstiques et note sur la constitution de l'acide tungstique. *Ann. Chim. Ph.*, (4), t. III, p. 5; *Arch. Sc. Ph. Nat.*, t. XX, p. 5; *Journ. prak. Chem.*, t. XCIV, p. 356; *C. R.*, t. LVIII, p. 809; *Lieb. Ann.*, t. CXXV, p. 362; 1863, 1864 und 1865.
— — Recherches sur les combinaisons du niobium (fluoxyniobates). *Arch. Sc. Ph. Nat.*, t. XXIII, p. 167; *Ann. Chim. Ph.*, (4), t. VIII, p. 24; *Journ. prak. Chem.*, t. XCVII, p. 449; *Lieb. Ann. Supp.*, t. IV, p. 273; 1865 und 1866.
— — Recherches sur les combinaisons du tantale. *Arch. Sc. Ph. Nat.*, t. XXVI, p. 89; *C. R.*, t. LXIII, p. 85; *Ann. Chim. Ph.*, (4), t. IX, p. 249; *Bull. Soc. Chim.*, t. VI, p. 118; 1866.
— — Sur quelques fluosels de l'antimoine et de l'arsenic. *Arch. Sc. Ph. Nat.*, t. XXVIII, p. 5; *Ann. Chim. Ph.*, (4), t. X, p. 371; *Bull. Soc. Chim.*, t. VIII, p. 323; *Lieb. Ann.*, t. CXLV, p. 237; *Journ. prak. Chem*, t. C, p. 398; *Zeit. Chem.*, t. X, p. 111; 1867.
— — Notices chimiques cristallographiques sur quelques sels de glucine et des métaux de la cérite (fluorure). *Arch. Sc. Ph. Nat.* t. XLVI, p. 193; *Ann. Chim. Ph.*, (4), t. XXX, p. 45; *Bull. Soc. Chim.*, t. XX p. 81; 1873.
Maumené. — Expérience pour déterminer l'action des fluorures sur l'économie animale *C. R.*, t. XXXIX p. 538; 1854.
— — Recherches expérimentales sur les causes du goitre *C. R.* t. LXII, p. 381; 1866.
Mauro. — Ancora dei fluossimolibdati ammonici. *Gazz. Chim. Ital.*, t. XX. p. 109; 1890.
Mauzelius. — Ueber die 1-3 Fluornaphtalinsulfonsäure. *D. chem. G.* t. XXII, p. 1844; 1889.
Ch. Mène. — Note sur la présence du fluor dans les eaux et le moyen d'en constater sûrement la présence *C. R.* t. L, p. 731; *Journ. Ph.*, (3), XXXVII, p. 431; 1860.
Merz. — Beiträge zur Kenntnis der Titansäure (Fluortitankalium). *Journ. prak. Chem.*, t. XCIX, p. 158; 1866.
Meslans. — Préparation et propriétés du fluorure de propyle et du fluorure d'isopropyle. *C. R.*, t. CVIII, p. 352; 1889.
— — Sur le fluoroforme. *C. R.*, t. CX, p. 717. *Bull. Soc. Chim.*, (3), t. III, p. 243; 1890.
— — Sur le fluorure d'allyle. *C. R.*, t. CXI, p. 882; 1890.
— — Sur les deux fluorhydrines de la glycérine. *C. R.*, t. CXIV. p. 763; 1892.
— — Sur la préparation et les propriétés du fluorure d'acétyle. *C. R.*, t. CXIV, p. 1020 und 1069; 1892.
— — Action de l'acide fluorhydrique anhydre sur les alcools. *C. R.*, t. CXV, 1080; 1892.
— — Recherches sur quelques fluorures organiques de la série grasse. *Ann. Chim. Ph.*, (7), t. I, p. 346, *Chem. News*, t. LXVII, p. 188, und t. LXX, p. 225; 1894.
— — Fluorure de soufre. *Bull. Soc. Chim.*, (3). t. XV, p. 391 ; 1896.
— — Sur les vitesses d'éthérification de l'acide fluorhydrique. *Ann. Chim. Ph.*, (7), t. VII, p. 94; 1896.
Meslans und **Giradet.** — Sur les flourures d'acide. *C. R.*, t. CXXII, p. 230; *Bull. Soc. Chim.* (3), t. XV, p. 343; 1896.
Siehe auch **Moissan** und **Meslans.**

Metzner. — Étude des combinaisons de l'anhydride fluorhydrique avec l'eau. *C. R.*, t. CXIX. p. 682; 1894.
St. Meunier. Observations sur le rôle du fluor dans les synthèses minéralogiques. *C. R.*, t. CXI, p. 509; 1890.
— — Reproduction du spinelle ou rubis balais. *C. R.*, t. CIV, p. 1111; 1887.
Meyer. — Beitrag zur Kenntnis der Flussspatsäure. *Schrift. Gesellsch. Berl.* 1781.
Michaelis. — Die Thionylamine der aromatischen Reihe (Thionylfluorxylidin). *Lieb. Ann.*, t. CCLXXIV, p. 236; 1893.
Middleton. — Fluorine in Bones. *Phil. Mag.*, t. XXV, p. 119; *Chem. Soc.*, t. II, p. 134; 1844.
Minet. — Électrolyse par fusion ignée du fluorure d'aluminium. *C. R.*, t. CX, p. 1190 und t. CXI, p. 603; 1890.
Mohr. — Ueber das Aufschliessen der Silikate durch Fluorverbindungen. *Zeit. an. Chem.*, t. VII, p. 291; 1868.
Moissan. — Sur le trifluorure de phosphore. *C. R.*, t. XCIX, p. 655 et 970; *Journ. Ph.* (5), t. X, p. 187; *Journ. prak. Chem.* (n. f.), t. XXX, p. 142; 1884.
— — Sur le trifluorure d'arsenic. *C. R.*, t. XCIX, p. 874; *Journ. prak. Chem.* (n. f.), t. XXX, p. 317; 1884.
— — Sur une nouvelle préparation du trifluorure de phosphore et sur l'analyse de ce gaz. *C. R.*, t. C. p. 272; 1885.
— — Sur la préparation et les propriétés physiques du pentafluorure de phosphore. *C. R.*, t. CI., p. 1490; *Journ. Ph.*, t. XIII. p. 301; 1885.
— — Sur le produit d'addition PF^3Br^2, obtenu par l'action du brome sur le trifluorure de phosphore. *C. R.*, t. C., p. 1348; 1885.
— — Action du platine au rouge sur les fluorures de phosphore. *C. R.*, t. CII, p. 763; 1886.
— — Sur un nouveau corps gazeux, l'oxyfluorure de phosphore. *C. R.*, t. CII, p. 1245; *Journ Ph.*, (5), t XIV, p. 143; 1886.
— — Sur quelques propriétés nouvelles et sur l'analyse du gaz pentafluorure de phosphore. *C. R.*, t. CIII, p. 1257; 1886.
— — Recherches sur l'isolement du fluor. *C. R.*, t. CII, p. 1543, et t. CIII, p. 202 et 256; *Ann. Chim. Ph.*, (6), t. XII, p. 472; *Chem. News*, t. LIV, p. 51 et 80; 1886 und 1887.
— — Préparation et propriétés d'un bifluorhydrate et d'un trifluorhydrate de fluorure de potassium. *C. R.*, t. CVI, p. 547; 1888.
— — Préparation et propriétés du fluorure d'éthyle. *C. R.*, t. CVII, p. 260; 1888.
— — Sur quelques propriétés nouvelles et sur l'analyse du fluorure d'éthyle. *C. R.*, t. CVII, p. 992; 1888.
— — Action du chlore sur le fluorure de mercure. *Journ. Ph.*, (5), t. XX, p. 433; 1889.
— — Préparation et propriétés du fluorure de platine anhydre. *C. R.*, t. CIX, p. 807; 1889.
— — Nouvelles recherches sur la préparation et sur la densité du fluor. *C. R.*, t. CIX, p. 861; 1889.
— — Sur la couleur et sur le spectre du fluor. *C. R.*, t. CIX, p. 937; 1889.
— — Action du fluor sur les différentes variétés de carbone. *C. R.*, t. CX, p. 276; 1890.
— — Sur la préparation et les propriétés du tétrafluorure de carbone. *C. R.*, t. CX, p. 951; 1890.
— — Recherches sur l'équivalent du fluor. *C. R.*, t. CXI, p. 570; *Bull. Soc. Chim.*, (3), t. V. p. 152; *Zeit. Chem.*, t. XXX, p. 399; 1890 und 1891.

Moissan. — Recherches sur les propriétés anesthésiques des fluorures d'éthyle et de méthyle. *Bulletin de l'Académie de médicine de Paris*, (3), t. XXIII, p. 296; 1890.
— — Recherches sur les propriétés et la préparation du fluorure d'éthyle. *Ann. Chim. Ph.*, (6), t. XIX, p. 266; 1890.
— — Recherches sur le fluorure d'arsenic. *Ann. Chim. Ph.*, (6), t. XIX, p. 280; 1890.
— — Préparation des fluorures de baryum et de calcium cristallisés. *Bull. Soc. Chim.*, (3), t. V, p. 152; 1891.
— — Action de l'acide fluorhydrique sur l'anhydride phosphorique. *Bull. Soc. Chim.*, (3), t. V, p. 458; 1891.
— — Action du pentafluorure de phosphore sur la mousse de platine au rouge. *Bull. Soc. Chim.*, (3), t. V, p. 454; 1891.
— — Sur la préparation et les propriétés du fluorure d'argent. *Bull. Soc. Chim.*, (3), t. V, p. 456; *Journ. Ph.*, (5), t. XXIII, p. 329; 1891.
— — Sur la place du fluor dans la classification des corps simples. *Bull. Soc. Chim.*, (3), t. V, p. 880; *Journ. Ph.*, (5), t. XXIII, p. 489; 1891.
— — Nouvelles recherches sur le fluor. *Ann. Chim. Ph.*, (6), XXIV, p. 224; 1891.
— — Déterminations de quelques constantes physiques du fluor. *Ann. Chim. Ph.*, (6), t. XXV, p. 125; 1892.
— — Action du fluor sur l'argon. *Bull. Soc. Chim.*, (3), t. XIII, p. 973; *Chem. News*, t. LXXI, p. 297; 1895.
— — Préparation du fluor par électrolyse dans un appareil en cuivre. *C. R.*, t. CXXVIII, p. 1543; 1899.
— — Production d'ozone par la décomposition de l'eau au moyen du fluor. *C. R.*, t. CXXIX, p. 570; 1899.
— — Action de l'acide fluorhydrique et du fluor sur le verre. *C. R.*, t. CXXIX, p. 799; 1899.
Moissan und **Dewar.** — Sur la liquéfaction du fluor. *C. R.*, t. CXXIV, p. 1202, und t. CXXV, p. 505; *Journ. Ph.*, (6), t. VI, p. 401; *Rev. Ch. Ph.*, t. II, p. 14; *Chem. News*, t. LXXV, p. 277 und t. LXXVI, p. 197; *Chem. Soc. P.*, t. XIII, p. 175; 1897.
Moissan und **Meslans.** — Préparation et propriétés du fluorure de méthyle et du fluorure d'isobutyle. *C. R.*, t. CVII, p. 1155; 1888.
Siehe auch **Becquerel** und **Moissan.**
Siehe auch **Berthelot** und **Moissan.**
Moissenet. — Sur une nouvelle espèce minérale rencontrée dans le gîte d'étain de Montebras (fluophosphate d'alumine, de soude et de lithine). *C. R.*, t. LXXIII, p. 327; 1871.
Monnet. — Sur la nature du spath pesant. *Journ. Phys.*, t. VI, p. 214; 1775.
— — Mémoire sur la nature de la terre du spath fusible. *Mémoires de Turin*, t. III, p. 317; 1775.
— — Recherches sur le spath. *Journ. Phys.*, t. X, p. 106; 1777.
— — Réponse à une lettre de M. Boulanger. *Journ. Phys.*, t. XII, p. 408; 1778.
— — Sur la nature du spath vitreux nommé improprement spath fusible. *Journ. Phys.*, t. XXX, p. 253; 1787.
— — Dissertations et expériences relatives aux principes de la chimie pneumatique pour servir de supplément au traité de la dissolution des métaux (identité de l'acide sulfurique et de l'acide fluorique). *Ann. Chim. Ph.*, (1), t. X, p. 42; 1789.
Morveau. — Lettre de M. de Morveau à M. Bergmann sur la dissolution du spath pesant. *Journ. Phys.*, t. XVII, p. 299; 1781.

Mougez. — Mémoire sur la distinction des spaths phosphoriques et pesants. *Journ. Phys.*, t. XIV, p. 350; 1779.
Müller. — Ueber die Palladiamine (Fluor-Palladiamin). *Lieb. Ann.*, t. LXXXVI, p. 364; 1853.
— — Chemische Mitteilungen (Flusssäureapparat zur Silicataufschliessung). *Journ. prak. Chem.*, t. XCV, p. 51; 1865.
Müller-Erzbach. — Die nach dem Grundsatz der kleinsten Raumerfüllung abgeleitete chemische Verwandtschaft des Fluors zu den Metallen. *D. chem. G.*, t. XIV, p. 2212; 1881.
Mylius. — Chlorine, Bromine, Jodine and Fluorine. *Chem. News*, t. XXXIII, p. 244; 1876.
Nesbit. — On the phosphoric acid and fluorine contained in different geological strata. *Chem. Soc.*, t. I, p. 233; 1848.
Nicklès. — Présence du fluor dans le sang. *C. R.*, t. XLIII, p. 885; 1856.
— — Recherche du fluor. Action des acides sur le verre. *C. R.*, t. XLIV, p. 679; 1857.
— — Présence du fluor dans les eaux minérales de Plombières, de Vichy et de Contrexéville. *C. R.*, t. XLIV, p. 783; *Journ. Ph.*, (3), t. XXXII, p. 50 et 269; 1857.
— — Sur l'acide sulfurique fluorifère et sur sa purification. *C. R.*, t. XLV, p. 250; 1857.
— — Recherches sur la diffusion du fluor. *C. R.*, t. XLV, p. 331, und t. XLVIII, p. 637; *Journ. Ph.*, (3), t. XXXIV, p. 113 et 185; *Ann. Chim. Ph.*, (3), t. LIII, p. 433; 1858.
— — Sur la recherche du fluor. *Journ. Ph.*, (3), t. XXXI, p. 334 und t. XXXVIII, p. 382; 1857 und 1860.
— — Sur de nouvelles combinaisons manganiques. *C. R.*, t. LXV, p. 107 et t. LXVII, p. 448; *Bull. Soc. Chim.*, t. VIII, p. 408; *Journ. prak. Chim.*, t. CV, p. 10; 1867 und 1868.
— — Les nouveaux fluosels et leurs usages. *Rev. Sc.*, t. V, p. 380; 1868.
— — Sur quelques réactions particulières aux fluorures alcalins. *Journ. Ph.*, (4), t. IX, p. 273; 1869.
— — Fluorure double a base de fer et de sodium. *Journ. Ph.*, (4), t. X, p. 14; 1869.
Nordenskiöld. — Crystallography and chemical investigation of some minerals containing fluorine from Ivitule, Greenland. *Chem. Soc.*, t. XXX, p. 384; 1876.
Oeberg. — Chaleur specifique de la cryolithe. *Svens. vetens. acad.*, t. XLII, p. 45; 1885.
F. Oettel. — Ueber eine neue Methode zur Bestimmung des Fluors auf volumetrischem Wege. *Zeit. an. Chem.*, t. XXV, p. 505; 1886.
Olszewski. — Bestimmung der Erstarrungstemperatur einiger Gase und Flüssigkeiten (Fluorsilicium). *Monat. Chem.*, t. V, p. 127; 1884.
— — Erstarrung des Fluorwasserstoffs, Verflüssigung und Erstarrung des Antimonwasserstoffs. *Monat. Chem.*, t. VII, p. 731; *Bull. Soc. Chim.*, t. XLVI, p. 643; 1886.
H. Ost. — Die Bestimmung des Fluors in Pflanzenaschen. *D. chem. G.*, t. XXVI, p. 151; 1893.
Pallas. — Sur le spath fluor de Catherinenbourg. *Nova acta Academiae scientiarum Petropolitanae*, t. I, p. 157; 1787.
Parmentier. — Sur les eaux minérales fluorées. *C. R.*, t. CXXVIII, p. 1100 et 1409; 1899.
Paschen. — Ueber die Dispersion des Fluorits. *Wied. Ann.*, t. LIII, p. 301; 1894.

Patein — Action du fluorure de bore sur les nitriles *C. R.*, t. CXIII p. 85; 1891.
Paterno. — Sopra taluni composti organici fluorurati *Gazz. Chim. Ital.*. t. XI. p. 90; 1881.
Paterno und **Alvisi**. — Interno adalcune reazioni di fluoruri metallici. *Gazz. Chim. Ital.*, t. XXVIII, p. 18; 1898.
Paterno und **Oliveri**. — Ricerche sui tre acidi fluobenzoici isomeri e sugli acidi fluotoluico e fluoanisico. *Gazz. Chim. Ital.* t. XII, p. 85; *Bull. Soc. Chim.*, t. XXXIX, p. 83; 1882 und 1883.
— — Fluorobenzina e fluorotoluene. *Gazz. Chim. Ital.*, t. XIII., p. 533; 1883.
Paterno und **Peratoner**. — Sulla formula dell'acido fluoridrico. *Gazz. Chim. Ital.*, t. XXI, p. 149; 1891.
Pearsall. — Ueber die Wirkung der Elektrizität auf die bei Erwärmung phosphoreszierenden Mineralien. *Pogg. Ann.*, t. XX, p. 2..2; 1830.
Penfield. — On a new volumetric method of determining fluorine. *Amer. Chem. Journ.*, t. I, p. 27; *Cehm. News*, t. XXXIX, p. 179; 1879.
Petersen. — Fluorverbindungen des Vanadiums und seiner nächsten Analoga. *D. chem. G.*, t. XXI, p. 3257; *Journ. prak. Chem.*, (n. f.), t. XL, p. 193 et 271; *Bull. Soc. Chim.*, (3), t. I, p. 364; 1889.
Pfaff. — Untersuchungen über die Ausdehnung der Krystalle durch die Wärme (Flussspat). *Pogg. Ann.*, t. CIV, p. 182; 1858.
Pfaundler. — Beiträge zur Kenntnis einiger Fluorverbindungen. *Wied. Ann.*, t. XLVI, p. 258; *Journ. prak. Chem.*, t. LXXXIX, p. 135; *Zeit Chem.*, t. V, p. 698 und 725; 1862 und 1863.
Phipson. — Note on fluorine. *Chem. News*, t. IV, 215; 1861.
— — Sur un bois fossile contenant du fluor, *C. R.*, t. CXV, p. 473; *Chem. News*, t. LXVI, p. 181; 1892.
Piccini. — Einwirkung von Wasserstoffsuperoxyd auf einige Fluoride und Oxyfluorid. *Zeit. anorg. Chem.*, t. I, p, 51, t. II, p, 21 und X, p. 438; 1892 und 1895.
Pictet. — Sur un spath fluor rose octaèdre de Chamouni *Journ. Phys.*, t. XL, p. 155; 1729.
Pisani — Analyse de l'amblygonite de Montebras (Creuse). *C. R.*, t. LXXIII, p. 1479; 1871.
— — Analyse de l'amblygonite d'Hébron (Maine). *C. R.*, t. LXXV, p. 79; 1872.
Pitheki. — Ueberreicht eine Mitteilung über die bei Wiederholung der Versuche Fremys über die Fluoride erhaltenen Resultate. *C. R.*, t. XLII, p. 1175; 1856.
Popp. — Untersuchung über die Yttererde (Yttriumfluorür). *Lieb. Ann.*, t. CXXXI, p. 190; 1864.
Poulenc. — Sur un nouveau corps gazeux, le pentafluochlorure de phosphore. *C. R.*, t. CXIII, p. 75, *Ann. Chim. Ph.*, (6), t. XXIV, p. 548; 1891.
— — Action du fluore de potassium sur les chlorures anhydres. Préparation des fluorures anhydres de nickel et de potassium de cobalt et de potassium. *C. R.*, t. CXIV, p. 746; *Journ. Ph.*, (5), t. XXVI, p. 200; 1892.
— — Sur les fluorures de nickel et de cobalt anhydres et cristallisés. *C. R.*, t. CXIV, p. 1426; *Journ. Ph.*, (5), t. XXVI, p. 251; 1892
— — Sur les fluorures de fer anhydres et cristallisés. *C. R.*, t. CXV, p. 941; 1892.
— — Sur les fluorures alcalino-terreux. *C. R.*, t. CXVI, p. 987 und 1086; 1893.

Poulenc. — Étude des fluorures de chrome. *C. R.*, t. CXVI, p. 253; 1893.
— — Sur les fluorures de zinc et de cadmium. *C. R.*, t. CXVI, p. 581; 1893.
— — Sur les fluorures de cuivre. *C. R.*, t. CXVI, p. 1446; *Journ. Ph.* (5), t. XXVIII, p. 215; 1893.
— — Contribution à l'édute des fluorures anhydres et cristallisés. *Ann. Chim. Ph.*, (7), t. II, p. 5; 1894.
Prat. — Recherches sur la constitution chimique des composés fluorés et sur l'isolement du fluor. *C. R.*, t. LXV, p. 345 und 511; *Journ. Ph.*, (4), t. VI, p. 253; *Chem. News*, t. XVII, p. 20; *Zeit. Chim.*, t. X, p. 698; 1867 und 1868.
Preis. – Ueber das Kieselfluorcaesium. *Journ. prak. Chem.* t. CIII. p. 410; 1868.
Proust. — Lettre sur l'acide fluorique des os fossiles. *Journ. Phys.*, t. LXII, p. 24; 1806.
Punmaurin. — Von der Wirkung der Flussspatsäure auf die Kieselerde. *Crells ch. Ann.*, t. III, p. 467; 1788.
Quet und Colin. — Recherches sur le fluor. *C. R.*, t. XXIII, p. 1067; 1864.
Radominski. – Sur un phosphate de cérium renfermant du fluor. *C. R.*, t. LXXVIII, p. 764; *Bull. Soc. Chim.*, t. XXI, p. 3 und 293; 1874.
Rammelsberg. — Ueber die Verbindungen des Tantals und Niobs (Tantalfluorid und Doppelfluorüre). *Journ. prak. Chem.*, t. CVII, p. 340 und t. CVIII, p. 80; 1869.
— — Ueber die chemische Zusammensetzung der Turmaline. *Journ. prak. Chem.*, t. CVIII, p. 174; 1869.
— — Ueber den Amblygonit von Montebras. *D. chem. G.*, t. V, p. 78; 1872.
Rees. — On the supposed existence of fluoric acid in animal matter. *Phil. Mag.*, (3), t XV, p. 558; *Journ. prak. Chem.*, t. XIX, p. 446; 1839 und 1840.
Regnault. — Recherches sur la chaleur spécifique des corps simples et composés. *C. R.*, t. XII, p. 56; *Ann. Chim. Ph.*, (3), t. I, p. 126; *Lieb. Ann.*, t XL, p. 165; 1841.
Reich. — Einwirkung von Fluorsilicium auf ein Gemisch von Thonerde und Kieselsäure. *Monat. Chem.*, t. XVII, p. 152; 1896.
Reinsch. — Einige Versuche über die Wirkung der Flussspatsäure auf Alkohol und Terpentinöl. *Journ. prak. Chem.*, t. XIX, p. 314; 1840.
Renault. — Action de la lumière sur quelques sels haloïdes de cuivre (fluorures). *C. R.*, t. LIX, p. 558; *Bull. Soc. Chim.*, t. III, p. 157; 1865.
Richters. — Sur l'emploi du fluorure de calcium à la place de la chaux dans la fabrication du verre. *Bull. Soc. Chim.*, t. XII, p. 78; *Ding. Polyt. J.*, t. CXCI, p. 301; 1869.
Robson. — Sur l'emploi du fluosilicate de soude comme antiseptique. *Journ. Ph.*, (5), t. XIX, p. 66; 1889.
Rogers. — Fluoride of calcium in cannel coal. *Am. Journ. Sc.*, (2), t. II, p. 124; 1846.
Roscoe. — On the composition of the aqueous acids of constant boiling point. *Chem. Soc.*, t. XIII, p. 162; 1860.
H. Rose. — Des combinaisons du chrome avec le fluor et le chlore. *Ann. Chim. Ph.*, (2), t. LXI, p. 94; *Phil. Mag.*, (3), t. IX, p. 151; *Lieb. Ann.*, t. VIII, p. 168; 1833 und 1836.
— — Ueber die Einwirkung des Wassers auf die alkalischen Schwefelmetalle und auf die Haloïdsalze. *Pogg. Ann.*, t. LV, p. 537; *Lieb. Ann.*, t. XLIV, p. 246; 1842.
— — Ueber die Anwendung des Salmiaks in der analytischen Chemie. *Journ. prak. Chem.*, t. XLV, p. 119; 1848.

H. Rose. — Ueber die quantitative Bestimmung des Fluors. *Pogg. Ann.*, t. LXXIX, p. 112; *Lieb. Ann.*, t. LXXII, p. 343; *Journ. prak. Chem.*, t. XLIX, p. 309; *Journ. Ph.*, (3), t. XVIII, p. 227; 1849 und 1850.

— — Ueber die Verbindungen des Tantal mit Fluor. *Journ. prak. Chem.*, t. LXIX, p. 468; 1856

— — Ueber die Verbindungen des Unterniobs mit Chlor und Fluor. *Journ. prak. Chem.*, t. LXXVIII, p. 183; 1859

— — Nouveau procédé pour l'attaque des silicates. *Rep. Chim.*, p. 16; *Pogg. Ann.*, t. CVIII, p. 20; 1860.

G. Rose. — Ueber die chemische Zusammensetzung des Apatit. *Pogg. Ann.*, t. IX, p. 212; 1827.

— — Ueber einige neue Formen des regulären Krystallisationssystems. *Pogg. Ann.*, t. XII, p. 383; 1828.

Rubens und Snow. — Ueber die Brechung der Strahlen von grosser Wellenlänge in Steinsalz, Sylvin und Fluorit. *Wied. Ann.*, t. XLVI, p. 529; 1892.

Rulandus Martinus. — *Lexicon Alchemiæ* (Artikel Fluor), p. 216; Frankfurt, 1661.

Sage. — Analyse d'un spath pesant vert. *Acad. Roy. Sc.*, p. 238; 1785.

— — Analyse du spath pesant, aéré, transparent et strié d'Alstonswoor. *Acad. Roy. Sc.*, p. 143; *Journ. Phys.*, t. XXXII, p. 256; 1788.

— — Observations sur le spath calcaire rhomboïdal trouvé dans les carrières de grès de Fontainebleau. *Acad. Roy. Sc.*, p. 399; *Journ. Phys.*, t. XXXVII, p. 156; 1790.

H. Sainte-Claire Deville. — Préparation et propriétés du fluorure d'aluminium. *C. R.*, t. XLII, p. 49; *Journ. prak. Chem.*, t. LXVII, p. 364; 1856.

— — Mémoire sur des faits nouveaux concernant l'iodure d'argent et les fluorures métalliques. *C. R.*, t. XLIII, p. 970; *Journ. prak. Chem.*, t. LXXI, p. 293; 1856 und 1857.

— — Analyse de quelques minerais argileux. *Ann. Chim. Ph.*, (3), t. LXI, p. 241; *Chem. News*, t. IV, p. 255; 1861.

H. Sainte-Claire Deville und **Caron.** — Nouveau mode de production à l'état cristallisé d'un certain nombre d'espèces chimiques et minéralogiques. *Ann. Chim. Ph.*, (4), t. V, p. 104; 1865.

— — Mémoire sur l'apatite et la wagnérite. *C. R.*, t. XLVII, p. 985; 1858.

H. Sainte-Claire Deville und **Fouqué.** — Mémoire sur les pertes qu'éprouvent les minéraux par la chaleur. Détermination de leur nature et de leur quantité, principalement en ce qui concerne le fluor. *C. R.*, t. XXXVIII, p. 317; *Journ. prak. Chem.*, t. LXII, p. 78; 1854.

G. Salet. — Sur les spectres des métalloïdes. *Ann. Chim. Ph.*, (4), t. XXVIII, p. 34; 1873.

Sapper. — Ueber die Einwirkung der Halogenwasserstoffe auf zusammengesetzte Aether. *Lieb. Ann.*, t. CCXI, p. 178; 1882.

Sarasin. — Indice de réfraction du spath fluor. *C. R.*, t. XCVII, p. 850; *Arch. Sc. Ph. Nat.*, t. X, p. 303; 1883.

Savaresi. — Lettre à M. Fourcroy, action du carbone sur le fluate de chaux. *Ann. Chim. Ph.*, (1), t. VIII, p. 9; 1791.

Schafhäutl. — Chemisch-mineralogische Untersuchungen. *Lieb. Ann.*, t. XLVI, p. 344; 1843.

— — Ueber den blauen Stinkfluss von Wölsendorf in der Oberpfalz. *Journ. prak. Chem.*, t. LXXVI, p. 129; 1859.

Scheele. — Undersökning om fluss-spath och dess syra. *Svens. vetens. Acad.*, p. 120; 1771.

— — Suite d'expériences par lesquelles M. Scheele a découvert les principes des spaths fluors et leurs propriétés. *Journ. Phys.*, t. II, p. 473; 1773.

Scheele. — Anmerkungen über den Flussspat. *Crells ch. Arch.*, t. VIII, p. 117; *Journ. Phys.*, t. XXII, p. 264; 1782 und 1783.
— — Examen du spath fluor et de son acide. *Mémoires de Chymie*, t. I, p. 1; 1785.
— — Neue Beweise von der Eigentümlichkeit der Flussspatsäure. *Crells ch. Ann.*, t. I, p. 3; 1786.
Scheerer. — Beiträge zur Kenntnis norwegischer Mineralien (Flussspat). *Pogg. Ann.*, t. LXV, p. 286; 1845.
Scheerer und **Drechsel.** — Künstliche Darstellung von Flussspat und Schwerspat. *Journ. prak. Chem.* (n. f.), t. VII, p. 63; *Gazz. Chim. Ital.*, t. III, p. 318; 1873.
Scheurer-Kestner. — Note sur l'industrie de la soude (Présence du fluor dans les lessives de soude brutes). *Bull. Soc. Chim.*, t. XXXIX, p. 413; 1883.
Schiff. — Untersuchungen über die Borsäureäther. *Lieb. Ann. Sup.*, t. V, p. 172; 1867.
Schmitt und **Gehren.** — Ueber Fluorbenzoësäure und Fluorbenzol *Journ. prak. Chem.* (n. f.), t. I, p. 394; *Ann. Chim. Ph.*, (4), t. XXIII, p. 113; *Bull. Soc. Chim.*, t. XIV, p. 307; *Chem. Soc.*, t. XXIV, p. 368; 1870 und 1871.
Schönbein. — Ueber den riechenden Flussspat von Wölsendorf in Bayern. *Journ. prak. Chem.*, t. LXXIV, p. 325; 1858.
— — Fortsetzung der Beiträge zur näheren Kenntnis des Sauerstoffes. *Journ. prak. Chem.*, t. LXXX, p. 280; 1860.
— — Ueber das Vorkommen des freien positiv-aktiven Sauerstoffes in dem Wölsendorfer Flussspat. *Journ. prak. Chem.*, t. LXXXIII, p. 95; 1861.
— — Ueber den mutmasslichen Zusammenhang der Antozonhaltigkeit des Wölsendorfer Flussspates mit dem darin enthaltenen blauen Farbstoffe. *Journ. prak. Chem.*, t. LXXXIX, p. 7; *Rép. Chim.*, p. 547; 1863.
Schrötter. — Ueber das Vorkommen des Ozons in Mineralreiche (Flussspat). *Pogg. Ann*, t. CXI, p. 562; *Wien. Sitz. Ber.*, t. XLI, p. 725; 1860.
Schulze. — Sur l'oxydation des sels haloïdes. *Bull. Soc. Chim.*, t. XXXV. p. 173; *Journ. prak. Chem.* (n. f,), t. XXI, p. 407; 1881.
Schulz-Sellack. — Verbindungen der Haloïdsalze und Salpetersäure. *D. chem. G.*, t. IV, p. 113; 1871.
Seguin. — Sur le spectre de l'étincelle électrique dans les gaz composés. en particulier dans le fluorure de silicium. *C. R.*, t. LIV, p. 933; *Chem. News*, t. VI, p. 282; 1862.
de Sénarmont. — Remarque au sujet du mémoire de H. Sainte-Claire Deville. *C. R.*, t. XLII, p. 52; 1856.
Siegwart. — On the application of certain fluoric-compounds for the preparation of frosted-glass for photographic purposes. *Chem. Soc.*, t. XXIV. p 166; 1871.
Smith. — Source of fluorine in Fossil Bones. *Amer. Journ. Sc.*, t. XLVIII, p. 99; 1845.
— — Minerales from Lehigh county. *Amer. Chem. Soc.*, t. V, p. 272; 1884.
Smithells. — On some fluorine compounds of uranium. *Chem. Soc.*, t. XLIII. p. 125; 1883.
Sping und **Henry.** — Rapport sur les mémoires de M. Swarts. *Mém. Belg.*, (3), t. XXXIV, p. 321; 1897.
Städeler. — Gefässe zur Aufbewahrung der Flusssäure *Lieb. Ann.*, t. LXXXVII, p. 137; 1853.
Stahl. — Hydrofluoric acid. *Chem. News*, t. LXXIV, p. 45; 1896.
Stein. — Ueber Fluorantimondoppelsalze. *Chem. Zeit.*, t. XIII, p. 131 und 357; 1889.

Stolba. — Faits pour servir à l'histoire de l'acide hydrofluosilicique et de sels de potasse et de soude. *Bull. Soc. Chim.*, t. I, p. 177; *Journ. Ph.* (3), t. XLV, p. 276; *Journ. prak. Chem.*, t. XC, p. 193; 1864.
— — Ueber das Kieselfluorlithium. *Journ. prak. Chem.*, t. XCI. p. 456; *Journ Ph*, t. XLVI, p. 75; 1864.
— — Ueber die Bedeutung der Kieselflusssäure für die chemische Analyse. *Journ. prak. Chem.* t. XCIV, p. 24; 1865.
— — Zur massanalytischen Bestimmung der Kieselerde. *Journ. prak. Chem.*, t. XCVI, p. 175; 1865.
— — Einige Beiträge zur Kenntnis des Kieselfluorbaryum. *Journ. prak. Chem.*, t. XCVI, p. 22; *Bull. Soc. Chim.*, t. VI, p. 198; 1865 und 1866.
— — Bestimmung des Wassergehaltes krystallisierter Kieselfluorverbindungen. *Journ. prak. Chem.*, t. CI, p 157; 1867.
— — Ueber das Kieselfluorrubidium. *Journ. prak. Chim.*, t. CII, p. 1; 1867.
— — Ueber das krystallisierte Kieselfluorkupfer. *Journ. prak. Chem.*, t. CII, p. 7; 1867.
— — Ueber das Kieselfluorkalium. *Journ prak. Chem.*, t. CIII, p 396; 1868.
— — Sur le fluoborate de potassium. *Bull. Soc. Chim.*, t. XVIII, p. 309; 1872.
— — Sur l'emploi du fluosilicate de sodium dans l'analyse. *Bull. Soc. Chim.*, t. XVIII, p. 452; *Zeit. an. Chem*, t. XI, p. 199; 1872.
G. Streit und **B. Franz.** — Ueber Gewinnung einer Titansäure, sowie über ihre Trennung von Zirkon und Eisen. *Journ. prak. Chem.*, t. CVII, p. 66; 1869.
Streng. — Ueber das fluorchromsaure Kali, eine neue Fluorverbindung. *Lieb. Ann.*, t. CXXIX, p. 225; *Journ. Ph.*, (3), t. XLV, p. 359; 1864.
Strohmeyer. — Ueber die quantitative Bestiimmung der Borsäure. *Lieb. Ann.*, t. C, p. 92; 1856.
Swarts. — Sur un nouveau dérivé fluoré du carbone. *Mém. Belg.*, (3), t. XXIV, p. 309; 1892.
— — Sur le fluochloroforme. *Mém. Belg.*, (3), t. XXIV, p. 474; 1892.
— — Sur le fluorchlorbrométhane *Mém. Belg.*, (3), t. XXVI, p. 162; 1863.
— — Sur le fluochlorure d'antimoine. *Mém. Belg.*, (3), t. XXIX, p. 874; 1895.
— — Sur l'acide fluoracétique. *Mém. Belg.*, (3), t. XXXI, p. 675; 1896.
— — Sur quelques dérivés fluobromés en C^2. *Mém. Belg.*, (3), t. XXXIII, p. 439, und t. XXXIV, p. 307; 1897.
— — Sur l'indice de réfraction atomique du fluor. *Mém. Belg.*, (3), t. XXXIV, p. 294; 1897.
— — Sur l'acide dibromfluoracétique, (3), t. XXXV, p. 849; 1898.
Tammann. — Ueber den Nachweis und die Bestimmung des Fluors. *Zeit. an. Chem.*, t. XXIV, p. 328; 1885.
— — Sur la présence du fluor dans l'organisme. *Journ. Ph.*, (5), t. XXII, p. 109; 1888.
Tassel. — Sur la combinaison du pentafluorure de phosphore avec l'acide hypoazotique. *C. R.*, t. CX, p. 1264; 1890.
Tessié du Mothay und **Maréchal.** — Production chimique de gravures mates sur cristal et sur verre. *C. R.*, t. LXII, p. 301; 1866.
Thenard und **Gay-Lussac.** — Mémoire sur l'acide fluorique. *Ann. Chim. Ph.*, (1), t. LXIX, p. 204, et Recherches physico-chimiques, t. II, p. 1; 1809 und 1811.
Thomsen. — Thermochemische Untersuchungen (Fluorwasserstoffsäure). *Pogg. Ann.*, t. CXXXVIII, p. 201, und t. CXXXIX, p. 217; 1869 und 1870.
— — Ueber die Constitution der Kieselsäure und der Flusssäure in wässriger Lösung. *D. chem. G.*, t. III, p. 593; 1870.
Thomson. — On the antiseptic properties of some of the fluorure compounds. *Chem. News*, t. LVI, p. 132; *Journ. Ph.*, (5), t. XIX, p. 65; 1887 und 1889.

Thorpe. — On Phosphorus pentafluoride. *Roy. Soc. Proc.*, t. XXV, p. 122; *Lieb. Ann.*, t. CLXXXII, p. 201; 1876.
— — On the relation between the molecular weights of substances and their specific gravities when in the liquid state. *Chem. Soc.*, t. XXXVII, p. 385; 1880.
Thorpe und Hambly. — The vapour density of hydrofluoric acid. *Chem. Soc.*, t. LIII, p. 765, und t. LV, p. 163; *Chem. Soc. P.*, t. V, p. 27; *Bull. Soc. Chim.*, (3), t. I, p. 713 und 780; 1888 und 1889.
— — Phosphoryl trifluoride. *Chem. Soc.*, t. LV, p. 759; *Chem. Soc. P.*, t. V, p. 213; 1889.
Thorpe und Kirman. — Fluosulphonic acid. *Chem. Soc.*, t. LXI, p. 921; *Chem. Soc. P.*, t. VIII, p. 160; *Zeit. anorg. Chem.*, t. III, p. 63; 1892.
Thorpe und Rodger. — Thiophosphoryl fluoride. *Chem. Soc.*, t. LIII, p. 766, und t. LV, p. 306; *Chem. Soc. P.*, t. V, p. 77; 1888 und 1889.
Tissier. — Note sur la transformation du fluorure double d'aluminium et de sodium en aluminate de soude. *C. R.*, t. XLIII, p. 102; 1856.
— — Recherche sur la composition des aluminates déduite de celle des fluorures. *C. R.*, t. XLVIII, p. 627; *Rép. Chim.*, t. I, p. 289; *Journ. prak. Chem.*, t. LXXXV, p. 429; 1858, 1859 und 1862.
— — Action de la magnésie sur les fluorures alcalins. *C. R.*, t. LVI, p. 848; *Chem. News*, t. VII, p. 245; 1863.
Töhl. — Ueber einige Halogenderivate methylierter Benzole. *D. chem. G.*, t. XXV, p. 1525; 1892.
Töhl und Müller. — Ueber das Verhalten einiger Halogenderivate des Pseudocumols gegen Schwefelsäure. *D. chem. G.*, t. XXV, p. 1108; 1893.
Tommasi. — Sur la chaleur de formation de quelques composés solubles et sur la loi des constantes thermiques. *C. R.*, t. XCVIII, p. 44; *Bull. Soc. Chim.*, t. XLI, p. 537; 1884.
H. Topsoe und Christiansen. — Recherches optiques sur quelques séries de substances isomorphes (fluosilicates d'ammoniaque, cuivre, nickel etc.). *Ann. Chim. Ph.*, (5), t. I, p. 22; 1874.
Troost und Hautefeuille. — Sur quelques réactions des chlorures de bore et de silicium (analogie avec ses fluorures). *C. R.*, t. LXXV, p. 1819; *Lieb. Ann.*, t. CLXII, p. 292; 1872.
— — Recherches sur le silicium, ses sous-fluorures, ses sous-chlorures et ses oxychlorures. *Ann. Chim. Ph.*, (5), t. VII, p. 452; 1876.
Truchot. — Étude thermique des fluosilicates alcalins. *C. R.*, t. XCVIII, p. 1330; 1884.
— — Étude thermochimique, du fluosilicate d'ammoniaque. *C. R.*, t. C, p. 794; 1885.
Unverdorben. — Sur le fluorure d'arsenic. *Ann. Min.*, (2), t. I, p. 112; 1827.
— — Sur le fluorure de chrome. *Ann. Min.*, (2), t. I, p. 135; 1827.
L. Varenne. — Sur une combinaison de l'acide chromique avec le fluorure de potassium. *C. R.*, t. LXXXIX, p. 358; 1879.
— — Action de l'acide fluorhydrique sur le bichromate d'ammoniaque. *C. R.*, t. XCI, p. 989; 1880.
Verneuil. — Siehe **Fremy** und **Verneuil.**
Wagner. — Ueber die Verbindungen der Schwertmetallfluoride mit den Fluoriden des Ammoniums, Kaliums und Natriums. *D. chem. G.*, t. XIX, p. 896; 1886.
Wallach. — Ueber einen Weg zur leichten Gewinnung organischer Fluorverbindungen. *Lieb. Ann.*, t. CCXXXV, p. 255; 1886.
Wallach und Heusler. — Ueber organische Fluorverbindungen. *Lieb. Ann.*, t. CCXLIII, p. 219; 1887.

Wallerant. — Sur le polymorphisme de la fluorine. *C. R*, t. CXXVI, p, 494; 1898.
Webb. — Notice on fluor spar. *Am. Journ. Sc.*, t. VII, p. 54; 1824.
Weber. — Sur quelques nouvelles combinaisons du titane. *Bull. Soc. Chim.*, t. I. 184; *Journ. prak. Chem.*, t. XC, p. 212; 1864.
Weinland und **Koppen.** — Einige Doppelfluoride des Eisens und Aluminiums und zweiwertiger Metalle. *Zeit. anorg. Chem.*, t. XXII, p. 266; 1894.
Weinland und **Lauenstein.** — Ueber Fluorjodate. *D. chem. G.*, t. XXX, p. 866; *Zeit. anorg. chim.*, t. XX, p. 30; 1897 und 1899.
— — Ueber die Einwirkung der Fluorwasserstoffsäure auf Wismutsäure bezw. Kaliumwismutat. *Zeit. anorg. Chim.*, t. XX, p. 46; 1899.
Weinland und **Alfa.** — Ueber ein Fluorsulfat und ein Fluorphosphat des Kaliums bezw. Rubidiums. *D. chem. G.*, t. XXXI, p. 123; 1898.
— — Ueber fluorierte Phosphate, Sulfate, Seleniate, Tellurate und Dithionate. *Zeit. anorg. Chem.*, t. XXI, p. 43; 1899.
Werner. — Beiträge zur Konstitution anorganischer Verbindungen (Doppelfluoride). *Zeit. anorg. Chem.*, t. IX, p. 405; 1895.
Vivier. — Analyse de l'apatite de Lograzan. *C. R.*, t. XCIX, p. 109; 1884.
Werther. — Ueber Silicatanalysen. *Journ. prak. Chem.*, t. XCI, p. 322; 1864.
Wiegleb. — Ueber Flussspatsäure. *Crells Entdeck.*, t. I, p. 3; 1781.
Wilber — Zur Reinigung des Fluorammoniums. *Zeit. an. Chem.*, t. XXIII, p. 5 .7; *Am. Chem. Journ.*, t. V, p. 38 ·; 1884.
Wilmm. — Recherches sur le thallium (fluorure). *Ann. Chim. Ph.*, (4), t. V, p. 58; 1865.
Wilson. — On the solubility of fluoride of calcium in water and its relations to the occurrence of Fluorine in Minerals and in Recent and Fossil Plants and Animals. *Am. Journ. Sc.*, (2), t, II. p. 114; *Lieb. Ann.*, t. IX, p. 233; *Journ. prak. Chem.*, t. XLVI, p. 114; *Journ. Ph.*, t. XII, p. 444; 1846, 1847 und 1849.
— — On the presence of Fluorine in the Waters of the Firth of Forth, etc. *Am. Journ, Sc.*, (2), t. IX, p. 118; 1850.
— — On a new process for the detection of fluorine when accompanied by silica. *Chem. Soc.*, t. V, p. 151; *Ann. Chim. Ph.*, (3), t. XXXII, p. 354; 1852.
— — Ueber die Gegenwart von Fluor in den Stengeln der Gramineen, etc. *Journ. prak. Chem.*, t. LVII, p. 246; 1852.
— — On M. Nicklès claim to be the discoverer of fluorine in blood. *Phil. Mag.*, (4), t. XIII, p. 162; 1857.
Wingard. — Vesuvische Humite von nyakopparbergund Ladugrufvan. *Zeit. an. Chem.*, t. XXIV, p. 344; 1885.
Wöhler. — Sur une fluorure de manganèse gazeux. *Ann. Chim. Ph.*, (2), t. XXXVII, p. 101; *Ann. Min.*, (2), t. III, p. 163; 1828.
— — Analyse des Pyrochlors. *Pogg. Ann.*, t. XLVIII, p. 83; 1839.
Wolff. — Chemisch-mineralogische Notizen (Flussspat). *Journ. prak. Chem.*, t. XXXIV, p. 237; 1845.
Wollaston. — Method of examining refractive and dispersive powers. *Phil. Trans.*, t. XCII, p. 371; *Ann. Chim. Ph.*, (1), t. XLVI, p. 50; 1802 et 1803.
Wyrouboff. — Sur les substances colorantes des fluorines. *Bull. Soc. Chim.*, t. V, p. 334; 1866.
Young. — Note on the formation of an Alcoholic fluoride. *Chem. Soc.*, t. XXXIX. p. 489; 1881.
Zellner. — Ueber die Gehaltsbestimmung der Fluorwasserstoffsäure. *Monat. Chem.*, t. XVIII, p. 749; 1897,

Chronologisches Verzeichnis.

1558.

Agricola. — Bermannus sine de re metallica, veröffentlicht in: *De ortu et causis subterraneorum*, etc., p. 458. Basel, 1558.

1565.

Kentmann. — *Nomenclaturae rerum fossilium* (Fluores candidi et pellucidi) p. 39. Conradi Gesneri. Zürich, 1565.

1661.

Rulandus Martinus. — *Lexicon Alchemiae* (Artikel Fluor), p. 216. Frankfurt, 1661.

1767.

Macquer. — Action d'un feu violent de charbon sur le spath. *Acad. Roy. Sc.*, p. 298.

1768.

Margraff. — Sur une volatilisation remarquable d'une partie de l'espèce de pierre nommée flussspath. *Mémoires de Berlin*, p. 3.

1771.

Scheele. — Undersökning om fluss-spath och dess syra. *Svens vetens. Acad.*, p. 120.

1773.

Margraff. — Sommaire des expériences sur deux espèces de spath fusibles. *Journ. Phys.*, t. II, p. 247.

Scheele. — Suite d'expériences par lesquelles M. Scheele a découvert les principes des spaths fluors et leurs propriétés. *Journ. Phys.*, t. II, p. 473.

1775.

Monnet. — Mémoire sur la nature de la terre du spath fusible. *Mémoires de Turin*, t. III, p. 317; *Journ. Phys.*, t. VI, p. 214.

1776.

F. M. — Giesser in Sainte-Marie-aux-Mines. Examen critique des expériences de quelques chymistes sur les spaths séléniteux et vitreux. *Mémoires critiques, littéraires, etc., pour servir à l'histoire de la médecine*, p. 5, Paris.

1777.

Abildgaard. — Nogle fortog med fluss-spath og flussspath-Syre. *Skr. det. Kiobenhavnske Selskab.*, t. XII, p. 285.

Monnet. — Recherches sur le spath. *Journ. Phys.*, t. X, p. 106.

1778.

Boulanger. — Lettre relative aux recherches de M. Monnet sur les spaths. *Journ. Phys.*, t. XII, p. 379.
Monnet. — Réponse à M. Boulanger. *Journ. Phys.*, t. XII, p. 408.

1779.

Mougez. — Mémoire sur la distinction des spaths phosphoriques et pesants. *Journ. Phys.*, t. XIV, p. 350.

1781.

Bucholz. — Ueber Flussspathsäure. *Crells Entdeck.*, t. III, p. 50.
Meyer. — Beitrag zur Kenntnis der Flussspatsäure. *Schrift. Gesells.* Berlin.
Morveau. — Lettre à M. Bergmann sur la dissolution du spath pesant. *Journ. Phys.*, t. XVII, p. 299.
Wiegleb. — Ueber Flussspathsäure. *Crells Entdeck.*, t. I, p. 3.

1782.

Scheele. — Anmerkungen über den Flusspat. *Crells ch. Ann.*, t. VIII, p. 117.

1783.

Fredericus Delius. — *Curae posteriores nonnullae circa acidum spathi*, t. IV, p. 16.
Scheele. — Remarques sur le spath fluor. *Journ. Phys.*, t. XXII, p. 264.

1784.

Klaproth. — Flussspathsäure ist keine selbständige Säure. *Crells ch Ann.*, t. V, p. 397.

1785.

Achard. — Ueber Flussspathsäure. *Crells ch. Ann.*, t. VI, p. 145.
Sage. — Analyse d'un spath pesant vert. *Acad. Roy. Sc.*, p. 238.
Scheele. — Examen du spath-fluor et de son acide. *Mémoires de Chymie*, t. I, p. 1.

1786.

Geijer. — Ron och Anmärk ningar om flusspats och blygans anledninger vid Cimbrishamm i Skäne. *Vetensk. Acad. Nya Handlingar*, p. 34.
Kinmann. — Anmerkungen vom leuchtenden Spath von Carspenberg. *Crells ch. Arch.*, t. V, p. 58.
Scheele. — Neue Beweise von der Eigentümlichkeit der Flussspathsäure. *Crells ch. Ann.*, t. I, p. 3.

1787.

Geijer. — Versuche über Flussspath. *Crells ch. Ann.*, t. II, p. 169.
Monnet. — Sur la nature du spath vitreux nommé improprement spath fusible. *Journ. Phys.*, t. XXX, p. 253.
Pallas. — Sur le spath fluor de Catherinenbourg. *Nova acta Academiae scientiarum petropolitanae*, t. I, p. 157.

1788.

Monnet. — Dissertations et expériences relatives aux principes de la chimie pneumatique, pour servir de supplément au traité de la dissolution des métaux (identité de l'acide sulfurique et de l'acide fluorique). *Ann. Chim. Ph.*, (1), t. X, p. 42.
Punmaurin. — Von der Wirkung der Flussspatsäure auf die Kieselerde. *Crells ch. Ann.*, t. III, p. 407.

Sage. — Analyse du spath pesant, aéré, transparent et strié d'Alstonswoor. *Acad. Roy. Sc.*, g. 142; *Journ. Phys.*, t. XXXII, p. 256.

1789.

Haüy. — Exposition abrégée de la théorie de la structure des cristaux. *Ann. Chim. Ph.*, (1), t. III, p. 1.

1790.

Higgins. — Influence de la présence du spath fluor sur les qualités des mortiers. *Ann. Ch m. Ph.*, (1), t. IV, p. 268.

G. Sage. — Observations sur le spath calcaire rhomboïdal trouvé dans les carrières de grès de Fontainebleau. *Acad. Roy. Sc.*, p. 399; *Journ. Phys.*. t. XXXVII, p. 156.

1791.

Savaresi. — Lettre à Fourcroy. Action du carbone sur le fluate de chaux. *Ann. Chim. Ph.*, (1), t. VIII, p. 9.

1792.

Bergmann. — De la forme des cristaux et principalement de ceux qui viennent du spath. *Journ. Phys.*, t. XL, p. 258.

Pictet. — Sur un spath fluor rose octaèdre de Chamouni. *Journ. Phys.*. t. XL, p. 155.

1800.

Klaproth. — Sur l'analyse de la cryolithe. *Journ. Phys.*, t. LI, p. 403.

— — Chemische Untersuchung des Kryoliths. *Berlin. Gesellschaft Naturforschender Freunde*, t. III, p. 307.

1802.

Wollaston. — Method of examining refractive and dispersive power. *Phil. Trans.*, t. XCII, p. 371.

1803.

Wollaston. — Nouvelle méthode d'examen du pouvoir des corps pour la réfraction et la dispersion de la lumière. *Ann. Chim. Ph.*, (1), t. XLVI, p. 50.

1806.

Delamethérie. — Note sur la présence de l'acide fluorique dans les os fossiles. *Journ. Phys.*, t. LXII, p. 225.

Proust. — Lettre sur l'acide fluorique des os fossiles. *Journ. Phys.*, t. LXII, p. 224.

1808.

Davy. — On the decomposition and composition of the fixed alkalies (fluoric acid non conductor in gaseous state). *Phil. Trans.*, t. XCVIII, p. 43.

1809.

Thenard und **Gay-Lussac.** — Mémoire sur l'acide fluorique. *Ann. Chim. Ph.*, (1), t. LXIX, p. 204.

1812.

J. Davy. — An account of some experiments on different combinations of Fluoric acid. *Phil. Trans.*, t. CIII, p. 352.

1813.

Davy. — Some experiments and observations on the substances produced in different chemical processes on Flur-spar. *Phil. Trans.*, t. CIII, p. 263.

— — De quelques expériences sur différentes combinaisons de l'acide fluorique. *Ann. Chim. Ph.*, (1), t. LXXXVI, p. 178.

1814.

Davy. — An account of some new experiments on the Fluoric compounds with some observations on other subjects of chemical inquiry. *Phil. Trans.*, t. CIV, p. 62.

1816.

Davy. — Lettres à Ampère sur le fluor. *Ann. Chim. Phys.*, (2), t. II, p. 21.

Berzelius. — Supplément pour l'éclaircissement de plusieurs objets dans la dissertation de M Berzelius. Analyse de quelques minéraux trouvés dans les environs de Fahlun. *Ann. Chim. Ph.*, (2), t. III, p. 34.

1817.

Berzelius. — Nouveaux minéraux trouvés en Suède. *Ann. Chim. Ph.*, (2), t. IV, p. 243.

Ghan, Berzelius, Wallmann, Eggertz. — Examen de quelques minéraux trouvés dans les environs de Fahlun et de leurs gisements. *Ann. Chim. Ph.*, (2), t. V, p. 5.

1819.

Berzelius. — Suite des expériences pour déterminer la composition de plusieurs combinaisons inorganiques qui servent de base aux calculs relatifs à la théorie des proportions chimiques. *Ann. Chim. Ph.*, (2), t. XI, p. 120.

1820.

Jessup. — Fetid Fluor-spar. *Am. Journ. Sc.*, t. II, p. 176.

1821.

Barton. — Virginia and Illinois Fluor-spar. *Am. Journ. Sc.*, t. III, p. 243.

Boyd. — Fluor-spar on the Genesee River. *Am. Journ. Sc.*, t. III, p. 235.

1822.

Barton. — On the Virginia Fluor-spar. *Am. Journ. Sc.*, t. IV, p. 277.

Cooley. — Fluate of lime in Deerfield. *Am. Journ. Sc.*, t. V, p. 407.

Hayden. — Fluor-spar in Tennessee. *Am. Journ. Sc.*, t. IV, p. 51.

Hitchcock. — Fluor-spar and oxide of Titanium. *Am. Journ. Sc.*, t. V, p. 405.

1824.

Berzelius. — Untersuchungen über die Flussspathsäure und deren merkwürdigste Verbindungen. *Pogg. Ann.*, t. I, p. 169 und t. II, p. 513; *Ann. Chim. Ph.*, (2), t. XXVII, p. 53, 167 und 287.

— — Note sur l'urane, le silicium, le zirconium, etc. (fluosilicates). *Journ Ph.*, (2), t. X, p. 461.

— — Extrait d'une lettre à Doulong. *Ann. Chim. Ph.*, (2), t. XXVI, p. 39.

Webb. — Notice on Fluor-spar. *Am. Journ. Sc.*, t. VII, p. 54.

1825.

Berzelius. — Untersuchungen über die Flussspathsäure und deren merkwürdigste Verbindungen. *Pogg. Ann.*, t. IV, p. 1; *Ann. Chim. Ph.*, (2), t. XXIX, p. 295 und 337.

1826.

Berzelius. — Ueber das Gewicht der Atome der einfachen Körper (Fluor). *Pogg. Ann.*, t. VIII, p. 18.

Dumas. — Lettre à Arago. Note sur quelques composés nouveaux (fluorures). *Ann. Chim. Ph.*, (2), t. XXXI, p. 433; *Journ. Ph.*, (2), t. XII, p. 297.

1827.

Berzelius. — Tafel der Atomgewichte der einfachen Körper und deren Oxyde. *Pogg. Ann.*, t. X, p. 339.

— — Sur le fluorure de chrome. *Ann. Chim. Ph.*, (2), t. I, p. 137.

Breithaupt. — Flusssäure im Periklin, Petalit, Tetartin, Orthoklas, etc. *Pogg. Ann.*, t. IX, p. 179.

Dumas. — Ueber einige Punkte in der Atomtheorie. *Pogg. Ann.*, t. IX, p. 418.

— — Note sur quelques fluorures. *Ann. Min.*, (2), t. I, p. 112.

Kuhlmann. — Ueber das Verhalten des Flussspats gegen wasserfreie Schwefelsäure und Chlorwasserstoffsäure. *Pogg. Ann.*, t. X. p. 618.

G. Rose. — Ueber die chemische Zusammensetzung der Apatite (Fluor isomorph mit Chlor). *Pogg. Ann.*, t. IX, p. 212.

1828.

Unverdorben. — Sur le fluorure d'arsenic. *Ann. Min.*, (2), t. I, p. 112.

— — Sur le fluorure de chrome. *Ann. Min.*, (2), t. I, p. 135.

Bonsdorf. — Lettre à Gay-Lussac sur les fluorures. *Ann. Min.*, (2), t. III, p. 135.

G. Rose. — Ueber einige neue Formen des regulären Krystallisationssystems (Flussspath). *Pogg. Ann.*, t. XII, p. 483.

Wöhler. — Sur un fluorure de manganèse gazeux. *Ann. Chim. Ph.*, (2) t. XXXVII, p. 105; *Ann. Min.*, (2), t. III, p. 163.

1830.

Pearsall. — Ueber die Wirkung der Elektricität auf die bei Erwärmung phosphorescirenden Mineralien. *Pogg. Ann.*, t. XX, p. 252.

1833.

Ferrari. — Nouveau gaz désinfectant (gaz fluoborique). *Journ. Ph*, (2), t. XIX, p. 48.

H. Rose. — Chromfluorid. *Lieb. Ann*, VII, p. 168.

1834.

Aimé. — Notiz über Fluor. *Journ. prak. Chem.*, t. II, p. 469.

1835.

Berzelius. — Untersuchung über die Eigenschaften des Tellurs (Fluortellur). *Pogg. Ann.*, t. XXXII, p. 623.

Aimé. — Note sur le fluor. *Ann. Chim. Ph.*, (2), t. LV, p. 443; *Ann. Min.*, (3), t. VII, p. 373.

Dumas und **Péligot.** — Fluorwasserstoffsaures Methylen. *Lieb. Ann.*, t. XV, p. 59.

1836.

Baudrimont. — Annonce de l'isolement du fluor. *C. R.*, t. II, p. 421; *Phil. Mag.*, (3), t IX, p. 149; *Journ. prak. Chem.*, t. VII, p. 447.

Dumas und **Péligot.** — Nouvelles combinaisons du méthylène. *Ann. Chim. Ph.*, (2), t. LXI, p. 193.

J. Knox und **Th. Knox.** — On Fluorine. *Phil. Mag.*, (3), t. IX, p. 107; *Journ. prak. Chem.*, t. IX, p. 119.

H. Rose. — Des combinaisons du chrome avec le fluor et le chlore. *Ann. Chim. Ph.*, (2), t. LXI, p. 94; *Phil. Mag.*, (3), t. IX, p. 151.

1837.

Lassaigne. — Uebergiebt ein versiegeltes Schreiben mit der Aufschrift: Beobachtungen an einigen Fluorverbindungen. *C. R.*, t. IV, p. 913.

1838.

J. Knox und **Th. Knox.** — On fluorine. *Phil. Mag.*, (3), t. XII, p. 105.

1839.

Brewster. — On a new phenomenon of color in certains specimens of Fluor-spar. *Am. Journ. Sc.*, t. XXXV, p. 295.

Bunsen. — Ueber das Alkarsin und einige daraus entstehende Verbindungen (Fluorarsin). *Lieb. Ann.*, t. XXXI, p. 178.

Rees. — On the supposed existence of fluoric acid in animal matter. *Phil. Mag.*, (3), t. XV, p. 558.

Wöhler. — Analyse des Pyrochlors. *Pogg. Ann.*, t. XLVIII, p. 83.

1840.

J. Knox. — Researches on fluorine. *Phil. mag.*, (3), t. XX, p. 175; *Journ. prak. Chem.*, t. XX, p. 172.

Louyet. — Uebergiebt ein versiegeltes Schreiben, enthaltend die Resultate seiner Untersuchungen über Fluor und dessen Verbindungen. *Bl. Acad. Sc. Brux.*, (1), t. VII, p. 5.

Rees. — Ueber das Vorkommen des Fluors in tierischen Körpern. *Journ. prak. Chem.*, t. XIX, p. 446.

Reinsch. — Einige Versuche über die Wirkung der Flussspathsäure auf Alkohol und Terpentinöl. *Journ. prak. Chem.*, t. XIX, p. 314.

1841.

Bunsen. — Untersuchungen über die Kakodylreihe (Kakodylfluoride). *Lieb. Ann.*, t. XXXVII, p. 38.

Daubrée. — Sur les gisements, la composition et l'origine des amas de minerai d'étain. *C. R.*, t. XII, p. 854.

Kuhlmann. — Ueber verschiedene Stickstoffverbindungen. *Lieb. Ann.*, t. XXXIX, p. 320.

Regnault. — Spezifische Wärme zusammengesetzter Körper. *Lieb. Ann.*, t. XL, p. 165.

1842.

H. Rose. — Ueber die Einwirkung des Wassers auf die alkalischen Schwefelmetalle und auf die Haloïdsalze. *Pogg. Ann.*, t. LV, p. 537; *Lieb. Ann.*, t. XLIV, p. 246.

1843.

Berzelius. — Einige Versuche, die Verschiedenheit in der chemischen Natur der Fluorborsäure und der Borfluorwasserstoffsäure zu bestimmen. *Pogg. Ann.*, t. LVIII, p. 503; *Lieb. Ann.*, t. XVI, p. 48.

Bineau. — Recherches sur les combinaisons de l'eau avec les acides (acide fluorhydrique) *Ann. Chim. Ph.*, (3), t. VII, p. 272.

Bunsen. — Untersuchungen über die Kakodylreihe (Kakodylsuperfluoride). *Lieb Ann.*, t. XLVI, p. 45.

Schafhäutl. — Chemisch-mineralogische Untersuchungen. *Lieb. Ann.*, t. XLVI, p. 344.

1844.

Daubeny. — On the occurrence of fluorine in recent as well as in fossil bones. *Phil. Mag.*, t. XXV, p. 122; *Chem. Soc. M.*, t. II, p. 97.

H. B. Leeson. — Abstract of a letter on the preparation of fluoride of iodine. *Chem. Soc.*, t. II, p. 162.

Middleton. — On fluorine in recent and fossil bones, and the source whence it is derived. *Phil. Mag.*, t. XXV, p. 119; *Chem. Soc.*, t. II, p. 134.

1845.

Faraday. — On the liquefaction and solidification of gases. *Phil. Trans.*, t. CXXXV, p. 155; *Pogg. Ann.*, t. LXIV, p. 467; *Lieb. Ann.*, t. LVI, p. 155.

Scheerer. — Beiträge zur Kenntnis norwegischer Mineralien (Flussspat). *Pogg. Ann.*, t. LXV, p. 286.

Smith. — Source of fluorine in fossil bones. *Am. Journ. Sc.*, t. XLVIII, p. 99.

Wolff. — Chemisch-mineralogische Notizen (Flussspat). *Journ. prak. Chem.*, t. XXXIV, p. 237.

1846.

Dana. — On the occurrence of fluor-spar, apatite and chondrodite in Limestone. *Am. Journ. Sc.*, (2), t. II, p. 88.

Fresenius. — Ueber die Löslichkeitsverhältnisse von einigen bei der quantitativen Analyse als Bestimmungsformen etc. dienenden Niederschläge. *Lieb. Ann.*, t. LIX, p. 117.

A. Laurent und **J. Delbos.** — Sur la fluosilicanilide. *C. R.*, t. XXII, p. 697.

Louyet. — Démonstration expérimentale de l'oxygène des acides silicique et borique (action du fluorure d'argent). *C. R.*, t. XXII, p. 962.

— — Nouvelles recherches sur l'isolement du fluor, la composition des fluorures et le poids atomique du fluor. *C. R.*, t. XXIII, p. 960.

— — Écrit qu'il a au cours de ses recherches regardé comme pur un gaz mélangé de gaz nitreux. *C. R.*, t. XXIII, p. 1118.

Quet und **Colin.** — Recherches sur le fluor. *C. R.*, t. XXIII, p. 1067.

Rogers. — Fluoride of calcium in cannel coal. *Am. Journ. Sc.*, (2), t. II, p. 124.

Wilson. — On the solubility of fluoride of calcium in water, and its relation to the occurrence of fluorine in minerals and in recent and fossil plants and animals. *Am. Journ. Sc.*, (2), t. II, p. 114; *Am. Journ. Sc.*, t. XX, p. 233.

1847.

Louyet. — De la véritable nature de l'acide fluorhydrique. *C. R.*, t. XXIV, p. 434.

— — Recherches sur le fluor. *Journ. Ph.*, (3), t. XI, p. 300; *Lieb. Ann.*, t. LXIV, p. 239.

Wilson. — Sur la solubilité du fluorure de calcium. *Journ. Ph.*, (3), t. XII, p. 444.

1848.

Brewster. — Ueber die Zerlegung und Zerstreuung des Lichts innerhalb starrer und flüssiger Körper (Dispersion des Flussspaths). *Pogg. Ann.*, t. LXXIII, p. 533.

Laurent. — Ueber das Chlorcyanilid und einige andere Aniline (Fluosilicanilid). *Journ. prak. Chem.*, t. XLIV, p. 160.

Nesbit. — On the phosphoric acid and fluorine contained in different geological strata. *Chem. Soc.*, t. I, p. 233.

H. Rose. — Ueber die Anwendung des Salmiaks in der analytischen Chemie (Fluormetalle). *Journ. prak. Chem.*, t. XLV, p. 119.

1849.

Daubrée. — Recherches sur la production artificielle de quelques espèces minérales cristallines. *C. R.*, t. XXIV, p. 227; *Ann. Min.*, (5), t. XVI, p. 129.

Louyet. — Recherches sur l'équivalent du fluor. *C. R.*, t. XXVIII, p. 20; *Ann. Chim. Ph.*, (3), t. XXV, p. 291; *Journ. prak. Chem.*, t. XLVII, p. 104; *Lieb. Ann.*, t. LXX, p. 234.

H. Rose. — Ueber die quantitative Bestimmung des Fluors. *Lieb. Ann.*, t. LXXII, p. 343.

Heintz. — Ueber die chemische Zusammensetzung der Knochen. *Pogg. Ann.*, t. LXXVII, p. 267.

Wilson. — Ueber die Löslichkeit des Fluorcalciums in Wasser bei 15°. *Journ. prak. Chem.*, t. XLVI, p. 114.

1850.

Hermann. — Untersuchungen über die Zusammensetzung der Tantalerze (Fluochlor). *Journ. prak. Chem.*, t. L, p. 187.

H. Rose. — Ueber die quantitative Bestimmung des Fluors. *Pogg. Ann.*, t. LXXIX, p. 112; *Journ. prak. Chem.*, t. XLIX, p. 389; *Journ. Ph.*, (3), t. XVIII, p. 227

Wilson. — On the presence of Fluorine in the Waters of the Firth of Forth, etc. *Am. Journ. Sc.*, (2), t. IX, p. 118.

1851.

De Senarmont. — Künstliche Nachbildung krystallisirter Mineralien. *Lieb. Ann.*, t. LXXX, p. 217.

Aubrée. Millet und **Leborgne.** — Ueberreichen zwei bei elektrischem Licht rasch erhaltene Photographien mit Fluorbrom als Beschleunigungsmittel. *C. R.*, t. XXXIII, p. 501.

1852.

Flückiger. — Ueber die Fluorsalze des Antimons. *Lieb. Ann.*, t. LXXXIV, p. 248.

Fresenius. — Notizen über Auffindung des Fluors bei Gegenwart von Kieselsäure. *Journ. prak. Chem.*, t. LVII, p. 315.

H. Kopp. — Ueber die Ausdehnung einiger fester Körper durch die Wärme (Flussspat). *Lieb. Ann.*, t. LXXXI, p. 46; *Pogg. Ann.*, t. LXXXVI p. 157.

Wilson. — Ueber die Gegenwart von Fluor in den Stengeln der Gramineen, etc. *Journ. prak. Chem.*, t. LVII, p. 246.

— — On a new process for the detection of fluorine when accompanied by silica. *Chem. Soc.*, t. V, p. 151; *Ann. Chim. Ph.*, (3), t. XXXVI, p. 364.

1853.

Kenngott. — Mineralogische Notizen. *Wien. Sitz. Ber.*, t. II, p. 16.

Müller. — Ueber die Palladiamine (Fluor-palladiamine). *Lieb. Ann.*, t. LXXXVI, p. 364.

Städeler. — Gefässe zur Aufbewahruug der Flusssäure. *Lieb. Ann.*, t. LXXXVI, p. 137.

1854.

Bouquet. — Étude chimique des eaux minérales et thermales de Vichy, Cusset, Vaisse, Hauterive, etc. (Présence du fluor dans l'eau de Vichy). *Ann. Chim. Ph.*, (3), t. XLII, p. 300.

Forchhammer. Ueber die Einwirkung des Kochsalzes bei der Bildung der Mineralien. *Pogg. Ann.*, t. XCI, p. 568.

Fremy. — Recherches sur les fluorures. *C. R.*, t. XXXVIII, p. 393. *Journ. Ph.*, (3), t. XXV, p. 241; *Journ. prak. Chem.*, t. LXII, p. 65. *Lieb. Ann.*, t. XCII, p. 246.

Maumené. — Expérience pour déterminer l'action des fluorures sur l'économie animale. *C. R.*, t. XXXIX, p. 538 und 600.
Sainte-Claire, Deville und **Fouqué.** — Mémoire sur les pertes qu'éprouvent les minéraux par la chaleur. Détermination de leur nature et de leur quantité principalement en ce qui concerne le fluor. *C. R.*, t. XXXVIII, p. 317; *Journ. prak. Chem.*, t. LXII, p. 78.

1855.

Depart. — Reexamination of American Minerals (fluor-spar). *Am. Journ. Sc.*, (2), t. XX, p. 251.
Fremy. — Décomposition des fluorures au moyen de la pile. *C. R.*, t. XL, p. 966; *Journ. Ph.*, t. XXVII, p. 401; *Journ. prak. Chem.*, t. LXVI, p. 118.
Hermann. — Untersuchungen über Ilmenium, Niobium und Tantal (Fluopyrochlor). *Journ. prak. Chem.*, t. LXV, p. 77.
Jenzsch. — Fluor in Kalkspat und Aragonit. *Pogg. Ann.*, t. XCVI, p. 145.

1856.

Briegleb. — Ueber die Einwirkung des phosphorsauren Natrons auf Flussspat in der Glühhitze. *Lieb. Ann.*, t. XCVIII, p. 95; *Journ. prak. Chem.*, t. LXVIII, p. 307.
Fremy. — Recherches sur les fluorures. *Ann. Chim. Ph.*, (3), t. XLVII, p. 5.
Hermann. — Untersuchungen über Niobium (Fluopyrochlor). *Journ. prak. Chem.*, t. LXVIII, p. 96.
Nicklès. — Présence du fluor dans le sang. *C. R.*, t. XLIII, p.885.
Pitheki. — Ueberreicht eine Mitteilung über seine bei Wiederholung der Versuche Fremys über die Fluorverbindungen erhaltenen Resultate. *C. R.*, t. XLII, p. 1175.
H. Rose. — Ueber die Verbindungen des Tantals mit Fluor. *Journ. prak. Chem.*, t LXIX, p. 468.
De Senarmont. — Remarques au sujet du mémoire de H. Sainte-Claire Deville. *C. R.*, t. XLII, p. 52.
H. Sainte-Claire Deville. — Préparation et propriétés du fluorure d'aluminium. *C. R.*, t. XLII, p. 49; *Journ. prak. Chem.*, t. LXVII, p. 364.
— — De quelques affinités spéciales. Mémoire sur des faits nouveaux concernant l'iodure d'argent et les fluorures métalliques. *C. R.*, t. XLIII, p. 970.
Stromeyer. — Ueber die quantitative Bestimmung der Borsäure. *Lieb. Ann*, t. C, p. 92.
Tissier. — Note sur la transformation du fluorure double d'aluminium et de sodium en aluminate de soude. *C. R.*, t. XLIII, p. 102.

1857.

Hermann. — Untersuchungen über Tantal (Fluortantal-Fluorkalium). *Journ. prak. Chem.*, t LXX, p. 158.
Nicklès. — Recherche du fluor. Action des acides sur le verre. *C. R.*, t. XLIV, p. 679; *Journ. Ph.*, (3), t. XXXI, p. 334.
— — Présence du fluor dans les eaux minérales de Plombières, de Vichy et de Contrexéville. *C. R.*, t. XLIV, p. 783; *Journ. Ph.*, (3), t. XXXII, p. 50 et 269.
— — Sur l'acide sulfurique fluorifère et sur sa purification. *C. R.*, t. XLV, p. 250.
— — Recherches sur la diffusion du fluor. *C. R.*, t. XLV, p. 331.
Sainte-Claire Deville. — Ueber das Jodsilber und die Fluormetalle. *Journ. prak. Chem.*, t. XXXI, p. 293.

Wilson. — On M. Nicklès claim to be the discoverer of Fluorine in the blood. *Phil. Mag.*, (4), t. XIII, p. 162.

1858.

Knop. — Ueber einige neue Verbindungen des Fluorkiesels. *Journ. prak. Chem.*, t. LXXIV, p. 41.
Marignac. — Sur l'isomorphisme des fluosilicates et des fluostannates et sur le poids atomique du silicium. *C. R.*, t. XLVI, p. 854; *Journ. prak. Chem.*, t. LXXIV, p. 161.
Nicklès. — Recherches sur la diffusion du fluor. *Ann. Chim. Ph.*, (3), t. LIII, p. 433; *Journ. Ph.*, (3), t. XXXIV, p. 113 und 185.
Pfaff. — Untersuchungen über die Ausdehnung der Krystalle durch die Wärme (Flussspat). *Pogg. Ann.*, t. CIV, p. 182.
Sainte-Claire Deville und **Caron**. — Mémoire sur l'apatite et la wagnérite. *C. R.*, t. XLVII, p. 985.
Schönbein. — Ueber den riechenden Flussspat von Wölsendorf in Bayern. *Journ. prak. Chem.*, t. LXXIV, p. 325.
Tissier. — Recherches sur la composition des aluminates déduite de celle des fluorures. *Rép. Chim.*, t. I, p. 289.

1859.

Briegleb. — Verbesserter Apparat zur Darstellung von chemisch-reiner Fluorwasserstoffsäure. *Lieb. Ann.*, t. CXI, p. 380.
Dumas. — Mémoire sur les équivalents (fluor). *Ann. Chim. Ph.*, (3), t. LV, p. 129.
Luboldt. — Darstellung der Fluorwasserstoffsäure aus Kryolith. *Journ. prak. Chem.*, t. LXXVI, p. 330.
Nicklès. — Ueberreicht eine Broschüre betitelt: Recherches sur la diffusion du fluor. *C. R.*, t. XLVIII, p. 637.
M. Rose. — Ueber die Verbindungen des Unterniobs mit Chlor und Fluor. *Journ. prak. Chem.*, t. LXXVIII, p. 183.
Schafhäutl. — Ueber den blauen Stinkfluss von Wölsendorf in der Oberpfalz. *Journ. prak. Chem.*, t. LXXVI, p. 129.
Tissier. — Recherche sur la composition des aluminates déduite de celle des fluorures. *C. R.*, t. XLVIII, p. 627.

1860.

Finkener. — Sur le fluorure de mercure. *Journ. Ph.*, (3), t. XXXVIII, p. 158.
Hofmann. — Zersetzung von Gasen durch elektrisches Glühen (Fluorsilicium). *Journ. prak. Chem.*, t. LXXX, p. 322.
Horstmar. — Ueber das Fluor in der Asche von Lycopodium clavatum. *Pogg. Ann.*, t. CXI, p. 339.
De Luca. — Recherches sur le fluorure de calcium de la Toscane et sur l'équivalent du fluor. *C. R.*, t. L, p. 299.
Marchand. — Sur la présence du fluor dans les eaux. *Journ. Ph.*, (3), t. XXXVIII, p. 130.
Marignac. — Recherches sur les fluozirconates et sur la formule de la zircone. *C. R.*, t. L, p. 952; *Journ. prak. Chem.*, t. LXXX, p. 426.
Méne. – Note sur la présence du fluor dans les eaux et le moyen d'en constater sûrement la présence. *C. R.*, t. L, p. 731; *Journ. Ph.*, (3), t. XXXVII, p. 431.
Nicklès. — Sur la recherche du fluor. *Journ. Ph.*, (3), t. XXXVIII, p. 182.

Roscoe. — On the composition of the aqueous acids of constant boiling point. *Chem. Soc.*, t. XIII, p. 162.
H. Rose. — Nouveau procédé pour l'attaque des silicates. *Rép. Chim.*, p. 16.
Schönbein. — Fortsetzung der Beiträge zur nähern Kenntnis des Sauerstoffes. *Journ. prak. Chem.*, t. LXXX, p. 280.
Schrötter. — Ueber das Vorkommen des Ozons im Mineralreiche (Flussspat). *Pogg. Ann.*, t. CXI, p. 562.

1861.

Finkener. — Ueber Quecksilberoxyfluorid und Quecksilberfluorid. *Zeit. Chem.*, t. IV, p. 21.
Hermann. — Untersuchungen über Didym-, Lanthan-Cerit und Lanthano-Cerit (Fluorlanthan). *Journ. prak. Chem.*, t. XXXII, p. 400.
Horstmar. — Ueber die Notwendigkeit des Lithions und des Fluorkaliums zur Fruchtbildung der Gerste. *Journ. prak. Chem.*, t. LXXXIV, p. 140.
De Luca. — Recherches sur le fluorure du calcium de la Toscane et sur l'équivalent du fluor. *Journ. Ph.*, t. XXXIX, p. 193.
Marignac. — Ueber das Fluorzirkon und seine Verbindungen. *Journ. prak. Chem.*, t. LXXXIII. p. 201.
— — Recherches chimiques et cristallographiques sur les fluozirconates (formule de la zircone). *Rép. Chim.*, p. 39.
Phipson. — Note on fluorine. *Chem. News*, t. IV, p. 215.
Sainte-Claire Deville. — Sur l'analyse de quelques minerais argileux. *Ann. Chim. Ph.*, (3), t. LXI, p. 241; *Chem. News*, t. IV, p. 255.
Schönbein. — Ueber das Vorkommen des freien positiv-aktiven Sauerstoffes in dem Wölsendorfer Flussspat. *Journ. prak. Chem.*, t. LXXXIII, p. 95.

1862.

Borodine. — Faits pour servir à l'histoire des fluorures et préparation du fluorure de benzoyle *C. R.*, t. LV, p. 553; *Rép. Chim.*, p. 334; *Zeit. Chem.*, t. V, p. 577; *Chem. News*, t. VI, p. 267.
Kammerer. — Ueber Brom- und Jodsäure, sowie über Fluor. *Zeit. Chem.*, t. V, p. 435; *Journ. prak. Chem.*, t. LXXXV, p. 452.
Knop und Wolf. — Nouveaux réactifs applicables à l'analyse des métaux alcalins. *Journ. Ph.*, (3), t. XLII, p. 169; *Chem. News*, t. VI, p. 301.
Marignac. — Recherches sur les tungstates, les fluotungstates et les silicotungstates. *C. R.*, t. LV, p. 888.
Pfaundler. — Beiträge zur Kenntnis einiger Fluorverbindungen. *Zeit. Chem.*, t. V, p. 698 et 725.
Seguin. — Sur le spectre de l'étincelle électrique dans les gaz composés, en particulier dans le fluorure de silicium. *C. R.*, t. LIV, p. 933; *Chem. News*, t. VI, p. 282.
Tissier. — Ueber Aluminate und Fluorüre. *Journ. prak. Chem.*, t. LXXXV, p. 429.

1863.

Borodine. — Zur Geschichte der Fluorverbindungen und über das Fluorbenzoyl. *Lieb. Ann.*, t. CXXVI, p. 58.
Chydenius. — Ueber die Thorerde und deren Verbindungen (Fluorthorium). *Journ. prak. Chem.*, t. LXXXIX, p. 467.
Fresenius. Chemische Analyse anorganischer Körper (Fluorthorium). *Zeit. an. Chem.*, t. II, p. 366.

P. Hautefeuille. — De la reproduction du rutile, de la brookite et de leurs variétés; protofluorure de titane. *C. R.*, t. LVII, p. 148; *Rép. Chim.*, p. 558.
Kammerer. — Note sur les acides bromique et iodique et sur le fluor. *Rép. Chim.*, p. 3.
Kenngott. — Ueber die Zusammensetzung des Apophyllit. *Journ. prak. Chem.*, t. LXXXIX, p. 449.
Marignac. — Recherches sur les tungstates, les fluotungstates et les silicotungstates. *Journ. prak. Chem.*, p. 83.
— — Recherches sur les acides silicotungstiques et sur la constitution de l'acide tungstique. *Arch. Sc. Ph. Nat.*, t. XX, p. 5; *Lieb. Ann.*, t. CXXV, p. 362.
Pfaundler. — Beiträge zur Kenntnis einiger Fluorverbindungen. *Journ. prak. Chem.*, t. LXXXIX, p. 135.
Schönbein. — Ueber den mutmasslichen Zusammenhang der Antozonhaltigkeit des Wölsendorfer Flussspates, etc. *Journ. prak. Chem.*, t. LXXXIX, p. 7; *Rép. Chim.*, p. 547.
Tissier. Action de la magnésie sur les fluores alcalins. *C. R.*, t. LVI p. 848; *Chem. News*, t. VII, p. 245.

1864.

Gibbs. — Ueber die Anwendung des Fluorwasserstoff-Fluorkaliums in der Analyse. *Zeit. an. Chem.*, t. III, p. 399; *Chem. News*, t. X, p. 37 et 49.
Hautefeuille. — Ueber die Nachbildung des Rutils und Brookits. *Lieb. Ann.*, t. CXXIX, p. 220.
Joy. — Ueber die Beryllerde (Zersetzung durch Fluorammonium). *Journ. prak. Chem.*, t. XCII, p. 230.
Kobell. — Ueber die quantitative Bestimmung des Fluors in Eisen-Mangan-Phosphaten, etc. *Journ. prak. Chem.*, t. XCII, p. 385.
Kuhlmann. — Sur le fluorure de thallium. *C. R.*, t. LVIII, p. 1037; *Chem. News*, t. X, p. 37.
Popp. — Untersuchung über die Yttererde (Yttriumfluoride). *Lieb. Ann.*, t. CXXXI, p. 190.
Stolba. — Sur les fluosilicates. Action de l'acide fluorhydrique sur le cristal de roche. *Journ. prak. Chem.*, t. XC, p. 193; *Journ. Ph.*, (3), p. 276; *Bull. Soc. Chim.*, t. I, p. 177.
— — Ueber das Kieselfluorlithium. *Journ. prak. Chem.*, t. XCI, p. 456; *Journ. Ph.*, (3), t. XLVI, p. 75.
Streng. — Ueber das fluorchromsaure Kali, eine neue Fluorverbindung. *Lieb. Ann.*, t. CXXIX, p. 225; *Journ. Ph.*, (3), t. XLV, p. 359.
Weber. — Sur quelques nouvelles combinaisons du titane. *Journ. prak. Chem.*, t. XC, p. 212; *Bull. Soc. Chim.*, t. I, p. 184.
Werther. — Ueber Silicatanalysen. *Journ. prak. Chem.*, t. XCI, p. 322.

1865.

Arnot. — On the estimation of phosphates and the detection of fluorine in coprolites. *Chem. News*, t. XI, p. 49.
Buchner. — Ueber das Fluorthallium. *Journ. prak. Chem.*, t. XCVI, p. 404.
Delafontaine. — Sur la composition des molybdates alcalins (fluoxymolybdates). *Arch. Sc. Ph. Nat.*, t. XXIII, p. 5; *Bull. Soc. Chim.* t. IV, p. 261; *Journ. Ph.*, t. XCV, p. 145.
Diacon. — Recherches sur l'influence des éléments électronégatifs sur le spectre des métaux (spectre des fluorures). *Ann. Chim. Ph.*, (4), t. VI, p. 19.

Gibbs. — Ueber die Anwendung des Fluorwasserstoff-Fluorkalium in der Analyse. *Zeit. Chem.*, t. VIII, p. 16.
P. Hautefeuille. Étude sur la reproduction des minéraux titanifères. Action de l'acide chlorhydrique sur un mélange de titanates et de fluotitanates. *Ann. Chim. Ph.*, (4), t IV. p. 134.
Kobell. — Sur le dosage de du fluor dans les phosphates de fer et de manganèse. *Bull. Soc. Chim.*, t. III, p. 70.
Kuhlmann. — Sur le fluorure de thallium. *Bull. Soc. Chim.*, t. III, p. 57.
Marignac. — Ueber Wolframsäure, Fluorwolframsäure und Kieselwolframsäure. *Journ. prak. Chem.*, t. XCV, p. 356.
Müller. — Chemische Mitteilungen (Flusssäureapparat, etc.). *Journ. prak. Chem.*, t. XCV, p. 51.
Renault. — Action de la lumière sur quelques sels haloïdes de cuivre (fluorures). *C. R*, t. LIX, p. 558; *Bull. Soc. Chim*, t. III, p. 157.
Sainte-Claire Deville und **Caron.** — Nouveau mode de production à l'état cristallisé d'un certain nombre d'espèces chimiques et minéralogiques. *Ann Chim Ph.*, (4), t. V, 104.
Stolba. — Einige Beiträge zur Kenntnis des Kieselfluorbaryum. *Journ. prak. Chem.*, t. XCVI, p. 22.
— — Zur massanalytischen Bestimmung der Kieselerde. *Journ. prak. Chem.*, t. XCVI, p. 175.
Willm. — Recherches sur le thallium (fluorure). *Ann. Chem. Ph.*, (4), t. V, p. 48.

1866.

Belohoubek. — Beitrag zur spektralanalytischen Nachweisung der Alkalien. *Journ. prak. Chem*, t. XCIX, p. 236.
Bolton. — Zur Kenntnis der Fluorverbindungen. *Journ. prak. Chem.*, t. XCIX, p. 289; *Bull. Soc. Chim.*, t. VI, p. 450.
Chevreul. — Mitteilung über den in fossillen Knochen gefundenen Prozentsatz Fluorcalcium. *C. R.*, t. LXIII, p. 402.
Dexter. — Apparat zur Darstellung der Flusssäure. *Zeit. Chem.*, t. IX, p. 512.
Fresenius. — Ueber ein neues Verfahren zur Bestimmung des Fluors, namentlich auch in Silicaten. *Zeit Chem.*, t. IX, p. 623; *Zeit. an. Chem.*, t. V, p 190.
Kopp. — Investigations of the specific heat of solid bodies. *Chem. Soc.*' t. XIX, p. 197 et 225.
Marignac. — Recherches sur les combinaisons du niobium (fluoxyniobates. *Ann. Chim. Ph.*, (4), t. VIII, p. 23; *Journ. prakt. Chem.*, t. XCVII, p. 449; *Lieb. Ann. Sup.*, t. VI, p. 273.
— — Recherche sur les combinaisons du tantale (fluotantalates) *Arch. Sc. Ph. Nat.*, t. XXVI, p. 89; *Ann. Chim. Ph.*, (4), t. IX, p. 249; *Bull. Soc. Chim.*, t. VI. p. 118.
Maumené. — Recherches expérimentales sur les causes du goître. *C. R.*, t. LXII, p. 381.
Merz. — Beiträge zur Kenntnis der Titansäure (Fluortitankalium) *Journ. prak. Chem.*, t. XCI, p. 158.
Stolba. — Sur le fluosilicate de baryum. *Bull. Soc. Chim.*, t. VI, p. 198.
Tessié du Mothay und **Maréchal.** — Production chimique de gravures mates sur cristal et sur verre. *C. R.*, t. LXII, p. 301.
Wyrouboff. — Sur les substances colorantes des fluorines. *Bull. Soc. Chim.*, t. V, p. 334.

1867.

Hoffmann. — Aufschliessung der Silicate mit Fluorammonium, etc. *Zeit. an. Chem.*, t. VI, p. 366.

Marignac. — Sur quelques fluosels de l'antimoine et de l'arsenic. *Arch. Sc. Ph. Nat.*, t. XXVIII, p. 5; *Ann. Chim. Ph.*, (4), t. X, p. 371; *Bull. Soc. Chim.*, t. VIII, p. 323; *Journ. prak. Chem.*, t. C, p. 398; *Zeit. Chem.*, t. X, p. 111.

Nicklès. — Sur de nouvelles combinaisons manganiques (fluorure). *C. R.*, t. LXV, p. 107; *Bull. Soc. Chim.*, t. VIII, p. 408.

Prat. — Recherches sur la constitution chimique des composés fluorés et sur l'isolement du fluor. *C. R.*, t. LXV, p. 345 et 511; *Journ. Ph.*, (4), t. VI, p. 253; *Zeit. Chem.*, t. X, p. 698.

Schiff. — Untersuchungen über die Borsäureäther. *Lieb. Ann. Sup.*, t. V, p. 172.

Stolba. — Bestimmung des Wassergehaltes krystallisierter Kieselfluorverbindungen. *Journ. prak. Chem.*, t. CI, p. 157.

— — Ueber das Kieselfluorrubidium. *Journ. prak. Chem.*, t. CII, p. 1.

— — Ueber das krystallisierte Kieselfluorkupfer. *Journ. prak. Chem.*, t. CII, p. 7.

1868.

H. Caron. — De l'emploi du fluorure de calcium pour l'épuration des minerais de fer phosphoreux. *C. R.*, t. LXVI, p. 744.

H. Chance. — On the manufacture of glass (employment of neutral fluorides of the alkalies for etching upon glass). *Chem. Soc.*, t. XXI, p. 256.

Clarke. — Neues Verfahren bei Mineralanalysen (Fluornatrium). *Journ. prak. Chem.*, t. CV, p. 246.

Cillis. — Ueber Prats angebliche Zerlegung des Fluors. *Zeit. Chem.*, t. XI, p. 660.

Delafontaine. — Ueber die Fluoroxymolybdän-Verbindungen. *Zeit. Chem.*, t. XI, p. 106.

Jean. — Note sur la fabrication du phosphate de soude et du fluorure de sodium. *C. R.*, t. LXVI, p. 801 und 918.

Kenngott. — Ueber die alkalische Reaktion einiger Minerale (Fluorit). *Journ. prak. Chem.*, t. CIII, p. 304.

Marignac. — Ueber einige Fluordoppelsalze des Antimons und des Arsens. *Lieb. Ann.*, t. CXLV, p. 237.

Mohr. — Ueber das Aufschliessen der Silicate durch Fluorverbindungen. *Zeit. an. Chem.*, t. VII, p. 291.

Nicklès. — Fluorure manganosomanganique. *C. R.*, t. LXVII, p. 448; *Journ. prak. Chem.*, t. CV, p. 10.

— — Les nouveaux fluosels et leurs usages. *Rev. Sc.*, t. V, p. 390.

Prat. — On the chemical Constitution of fluorine compounds and on the isolation of fluorine. *Chem. News*, t. XVII, p. 20.

Preis. — Ueber das Kieselfluorcäsium. *Journ. prak. Chem.*, t. CIII, p. 410.

Stolba. — Studien über das Kieselfluorkalium. *Journ. prak. Chem.*, t. CIII, p. 396.

1869.

Avery. — Decomposition of refractory silicates by fluorides in the wet way. *Chem. News*, t. XIX, p. 270.

Gore. — On hydrofluoric acid. *Phil. Trans.*, t. CLIX, p. 173; *Proc. Roy. Soc.*, t. XVII, p. 256; *Chem. Soc.*, t. XXII, p. 368; *Chem. News*, t. XIX, p. 74; *Journ. prak. Chem.*, t. CVI, p. 437 et t. CVII, p. 220.

— — On silver fluoride. *Roy. Soc. Proc.*, t. XVIII, p. 157.

Horsford. — Ueber den Fluorgehalt des menschlichen Gehirns. *Lieb. Ann.* t. CXLIX, p. 202.

Klatzo. — Recherches sur la glucine. *Arch. Sc. Ph. Nat.*, t. XXXIV, p. 354; *Bull. Soc. Chim.*, t. XII, p. 131; *Journ. prak. Chem.*, t. CVI, p. 227.

Nicklès. — Sur quelques réactions particulières aux fluorures alcalins. *Journ. Ph.*, (4), t. IX, p. 273.

— — Fluorure double à base de fer et sodium. *Journ. Ph.*, (4), t. XI, p. 14.

Rammelsberg. — Ueber die Verbindungen des Tantals und Niobs (Tantalfluorid und Doppelfluorür). *Journ. prak. Chem.*, t. CVII, p. 340, und t. CVIII, p. 80.

— — Ueber die chemische Zusammensetzung der Turmaline. *Journ. prak. Chem.*, t. CVIII, p. 174.

Richters. — Sur l'emploi du fluorure de calcium à la place de la chaux dans la fabrication du verre. *Bull. Soc. Chim.*, t. XII, p. 78; *Ding. polyt. J.*, t. CXCI, p. 301.

Streit und **Frantz.** — Ueber Gewinnung reiner Titansäure, sowie über ihre Trennung von Zirkon und Eisen. *Journ. prak. Chem.*, t. CVIII, p. 66.

Thomsen. — Thermochemische Untersuchungen (Fluorwasserstoffsäure). *Pogg. Ann.*, t. CXXXVIII, p. 201.

1870.

Gore. — On fluorides of silver. *Phil. Trans.*, t. CLX, p. 227; *Phil. Mag.*, (4), t. XXXIX, p. 374; *Roy. Soc. Proc.*, t. XIX, p. 235; *Zeit. Chem.*, t. XIII, p. 145.

P. Guyot. — Dosage volumétrique des fluorures solubles. *C. R.*, t. LXXI, p. 274.

Schmitt und **Gehren.** — Ueber Fluorbenzoësäure und Fluorbenzol. *Journ. prak. Chem.*, (N. F.), t. I, p. 394; *Bull. Soc. Chim.*, t. XIV, p. 307.

Thomsen. — Thermochemische Untersuchungen (Fluorkieselsäure). *Pogg. Ann.*, t. CXXXIX, p. 217.

— — Ueber die Konstitution der Kieselsäure und der Flusssäure in wässriger Lösung. *D. chem. G.*, t. III, p. 593.

1871.

Ditte. — Sur les spectres de métalloïdes des familles du soufre, du chlore et de l'azote. *C. R.*, t. LXXIII, p. 623 und 738; *Bull. Soc. Chim.*, t. XVI, p. 229.

Forster. — Notiz zur Kenntnis der Phosphorescenz durch Temperaturerhöhung (Fluorcalcium). *Pogg. Ann.*, t. CXLIII, p. 658.

Gore. — On Silver fluoride. *Ph. Trans.*, t. CLXI, p. 321; *Phil. Mag.*, (4), t. XLI, p. 309; *Roy. Soc. Proc.*, t. XX, p. 70; *Chem. News*, t. XXIII. p. 13.

P. Guyot. — Dosage de l'acide phosphorique. *C. R.*, t. LXXIII, p. 273.

Moissenet. — Sur une nouvelle espèce minérale rencontrée dans le gîte d'étain de Montebras (fluophosphate d'alumine, soude et lithine). *C. R.*, t. LXXIII, p. 327.

Pisani. — Analyse de l'amblygonite de Montebras (Creuse). *C. R.*, t. LXXIII, p. 1479.

Schmitt und **Gehren.** — Sur l'acide fluobenzoïque et la fluobenzine. *Ann. Chim. Ph.*, (4), t. XXIII, p. 113; *Chem. Soc.*, t. XXIV, p. 368.

Schulz-Sellack. — Verbindungen der Haloïdsalze und Salpetersäuresalze. *D. chem. G.*, t. IV, p. 113.

1872.

Atterberg. — Sur les combinaisons bromées du molybdène. *Bull. Soc. Chim.*, t. XVIII, p. 22.

Becquerel. — Mémoire sur l'analyse de la lumière émise par les composés d'uranium phosphorescents (fluorure). *Ann. Chim. Ph.*, (4), t. XXVII, p. 553.

Cleve und **Hœgland.** — Sur les combinaisons de l'yttrium et de l'erbium. *Bull. Soc. Chim.*, t. XVIII, p. 193.

Hagenbach. — Versuche über Fluorescenz (Flussspat). *Pogg. Ann.*, t. CXLVI, p. 391.

Pisani. — Analyse de l'amblygonite d'Hébron (Maine). *C. R.*, t. LXXV, p. 79.

Rammelsberg. — Ueber den Amblygonit von Montebras. *D. chem. G.*, t. V, p. 78.

Stolba. — Sur le fluoborate de potassium. *Bull. Soc. Chim.*, t. XVIII, p. 309.

— — Sur l'emploi du fluosilicate de sodium dans l'analyse. *Bull. Soc. Chem.*, t. XVIII, p. 452; *Zeit. an. Chem.*, t. XI, p. 199.

Troost und **Hautefeuille.** — Sur quelques réactions des chlorures de bore et de silicium (analogie avec les fluorures). *C. R.*, t. LXXV, p. 1819; *Lieb. Ann.*, t. CLXII, p. 292.

1873.

Marignac. — Notice chimique et cristallographique sur quelques sels de glucine et des métaux de la cérite (fluorure). *Arch. Sc. Ph. Nat.*, t. XLVI, p. 193; *Ann. Chim. Ph.*, (4), t. XXX, p. 45; *Bull. Soc. Chim.*, t. XX, p. 81.

G. Salet. — Sur les spectres des métalloïdes. *Ann. Chim. Ph.*, (4), t. XXVIII, p. 34.

Scheerer und **Drechsel.** — Künstliche Darstellung von Flussspat. *Journ. prak. Chem.*, (N. F.), t. VII, p. 63; *Gazz. Chim. Ital.*, t. III, p. 318.

1874.

Atterberg. — Sur les combinaisons du glucinium (fluosilicate). *Bull. Soc. Chim.*, t. XXI, p. 160.

Basarow. — Sur l'acide fluoxyborique et ses sels. *C. R.*, t. LXXVIII, p. 1698, et t. LXXIX, p. 483; *D. chem. G.*, t. VII, p. 1121.

Cleve. — Recherches sur le didyme, le thorium et le lanthane (fluorures, fluocarbonates). *Bull. Soc. Chim.*, t. XXI, p. 118, 201 und 246.

Friedel. — Action du sulfate d'aluminium sur le fluorure de calcium. *Bull. Soc. Chim.*, t. XXI, p. 241.

Hagemann und **Jörgensen.** — De l'emploi des fluorures dans la fabrication du verre. *Bull. Soc. Chim.*, t. XXII, p. 570; *Ding. polyt. J.*, t. CCXIII, p. 221.

Jolin. — Sur les combinaisons du cérium (fluorure), *Bull. Soc. Chim.*, t. XXI, p. 344.

Mac-Ivor. — On arsenic fluoride. *Chem. News*, t. XXX, p. 169.

Marignac. — Recherches sur la diffusion simultanée de quelques sels. *Ann. Chim. Ph.*, (5), t. II, p. 567.

Radominski. — Sur un phosphate de cérium renfermant du fluor. *C. R.*, t. 78, p. 764; *Bull. Soc. Chim.*, t. XXI, p. 3 und 293.

Topsoe und **Christiansen.** — Recherches optiques sur quelques séries de substances isomorphes (fluosilicates d'ammoniaque, cuivre, nickel, etc.). *Ann. Chim. Ph.*, (5), t. I, p. 22.

1875.

Bischof. — The clear etching of glass with hydrofluoric acid, etc. *Chem. Soc.*, t. XXVIII, p. 1299; *Ding. Polyt. J.*, t. CCXV, p. 129.

Ditte. — Dosage de l'acide borique. Sa séparation d'avec la silice et le fluor. *C. R.*, t. LXXX, p. 561.
Joly. — Sur les oxyfluorures de niobium et de tantale. *C. R.*, t. LXXXI, p. 1266.
Klippert. — Ueber die Einwirkung von Fluorsilicium auf Natriumäthylat. *D. chem. G.*, t. VIII. p. 713.
Mac-Ivor. — On the fluorides of arsenic and phosphorus. *Chem. News*, t. XXXII, p. 258.

1876.

Glatzel. — Ueber die bei der Lösung des Titanmetalls in Säuren entstehende Oxydationsstufe und einige neue Verbindungen des Titans (Fluortitan). *D. chem. G.*, t. IX, p. 1835.
Kern. — On the nature and reactions of some silver compounds (silver silicofluoride). *Chem. News*, t. XXXIII, p. 35.
Mylius. — Chlorine, Bromine, Iodine und Fluorine. *Chem. News*, t. XXXIII, p. 244.
Nordenskiold. — Crystallographic and chemical investifiation of some minerals containing fluorine from Ivitule, Greenland. *Chem. Soc.*, t. XXX, p. 384.
Thorpe. — On Phosphorus pentafluoride. *Roy. Soc. Proc.*, t. XXV, p. 122; *Lieb. Ann.*, t. CLXXII, p. 201.
Troost und **Hautefeuille.** — Recherches sur le silicium, ses sous-fluorures, ses sous-chlorures et ses oxychlorures. *Ann. Chim. Ph.*, (5), t. VII, p. 452.

1877.

Berthelot. — Sur la formation et la décomposition des composés binaires par l'électrolyse (fluorures de bore et de silicium). *Ann. Chim. Ph.*, (5), t. X, p. 71.
Clarke. — Note upon some Fluorides. *Amer. Journ. Sc.*, (3), t. XIII, p. 291.
Cossa. — Sul fluoro di magnesio. *Gazz. Chim. Ital.*, t. VII, p. 212; *D. chem. G.*, t. X, p. 294; *Bull. Soc. Chim.*, t. XXVIII, p. 166.
Glatzel. — Sur de nouvelles combinaisons du titane (fluorure). *Bull. Soc. Chim.*, t. XXVIII, p. 252.
Landolph. — Sur l'emploi du fluorure de bore comme agent déshydratant. *C. R.*, t. LXXXV, p. 39.
Leng. — Ueber Jodbenzolsulfonsäure. *D. chem. G.*, t. X, p. 1137.
Mallet. — Note on the fluid contained in a cavity in fluor-spar. *Chem. Soc.*, t. XXXII, p. 144.

1878.

Baker. — On some fluorine compounds. *Chem. Soc.*, t. XXXIII, p. 388.
Ditte. — Recherches relatives à la décomposition des sels métalliques et à certaines réactions inverses qui s'accomplissent en présence de l'eau (fluorure de potassium et sulfate de plomb). *Ann. Chim. Ph.*, (5), t. XIV, p. 228.
Landolph. — De l'action du fluorure de bore sur les matières organiques. Fluorhydrate de fluorure de bore. *C. R.*, t. LXXXVI, p. 539, 601, 671 et 1463.

1879.

Baker. — Sur quelques combinaisons fluorées du vanadium. *Bull. Soc. Chim.*, t. XXXII, p. 401; *D. chem. G.*, t. XI, p. 1722.

Landolph. — Action du fluorure de bore sur certaines classes de composés. *Journ. Ph.*, (4), t. XXIX, p. 28; *D. chem. G.*, t. XII, p. 1583 et 1586.
— — De l'action du fluorure de bore sur l acétone. *C. R.*, t. LXXXIX, p. 173; *D. chem. G.*, t. XII, p. 1578.
Lenz. — Ueber Fluorbenzolsulfonsäure und Schmelztemperaturen substituierter Benzolsulfonverbindungen. *D. chem. G.*, t. XII, p. 580.
Penfield. — On a new volumetric method of determining fluorine. *Amer. Chem. Journ.*, t. I, p. 27; *Chem. News*, t. XXXIX, p. 179.

1880.

Baker. — Studium gewisser Fälle von Isomorphismus (Isomorphismus von Doppel- und Oxyfluoriden). *Lieb. Ann.*, t. CCII, p. 329.
Brauner. — Zur Frage über das Vorkommen und die Bildungsweise des freien Fluors. *D. chem. G.*, t. XIV, p. 1944.
Ditte. — Sur le composés de l'uranium. *C. R.*, t. XCI, p. 115 et 166; *Chem. Soc.*, t. XXXVIII, p. 853.
Hammerl. — Action de l'eau sur le fluorure de silicium et sur le fluorure de bore. *C. R.*, t. XC, p. 312.
Hankel. — Ueber die photo- und thermoelektrischen Eigenschaften des Flussspates. *Wied. Ann.*, t. XI, p. 269.
Kessler. — Hydrate hydrofluosilicique cristallisé. *C. R.*, t. XC. p. 1285.
Lenz. — Sur l'acide fluorobenzine sulfoné et les températures de fusion d'acides benzine sulfonés substitués. *Bull. Soc. Chim.*, t. XXXIII, p. 307.
Thorpe. — On the relation between the molecular weights of substances and their specific gravities when in the liquid stat. *Chem. Soc.*, XXXVII, p. 385.
Varenne. — Action de l'acide fluorhydrique sur le bichromate d'ammoniaque. *C. R.*, t. XCI, p. 989.

1881.

Högbom. — Sur les fluosels du tellure. *Bull. Soc. Chim.*, t. XXXV, p. 60.
Klang. — Die Elastizitätskonstanten des Flussspates. *Wied. Ann.*, t. XII, p. 321.
Löw. — Freies Fluor im Flussspat von Wölsendorf. *D. chem. G.*, t. XIV, p. 1144.
— — Zur Frage über das Vorkommen und die Bildungsweise des freien Fluors. *D. chem. G.*, t. XIV, p. 2441.
Mallet. — On the molecular weight of hydrofluoric acid. *Amer.. Chem. Journ.*, t. III, p. 189; *Chem. News*, t. XLIV, p. 164.
Müller-Erzbach. — Die nach dem Grundsatz der kleinsten Raumerfüllung abgeleitete chemische Verwandtschaft des Fluors zu den Metallen. *D. chem. G.*, t. XIV, p. 2212.
Paterno. — Sopra taluni composti organici fluorurati. *Gazz. Chim. Ital.*, t. XI, p. 90.
Schulze. — Sur l'oxydation des sels haloïdes. *Bull. Soc. Chim.*, t. XXXV, p. 173; *Journ. prak. Chem.*, (N. F.), t. XXI, p. 407.
Young. — Note on the formation of an Alcoholic fluoride. *Chem. Soc.*, t. XXXIX, p. 489.

1882.

Berthelot. — Sur les limites de l'électrolyse (fluorure de potassium). *Ann. Chim. Ph.*, (5), t. XXVII, p. 98.

Paterno und **Oliveri.** — Ricerche sui tre acidi fluobenzoici isomeri e sugli acidi fluotoluico e fluoanisico. *Gazz. Chim. Ital.*, t. XII, p. 85; *Chem. Soc.*, t. XLII, p. 613.

Sapper. — Ueber die Einwirkung der Halogenwasserstoffe auf zusammengesetzte Aether. *Lieb. Ann.*, t. CCXI, p. 178.

1883.

Guntz. — Chaleur de formation des fluorures de potassium. *C. R.*, t. XCVII, p. 256; *Bull. Soc. Chim.*, t. XXXIX, p. 265.

— — Étude thermique de la dissolution de l'acide fluorhydrique dans l'eau. *C. R.*, t. XCVI, p. 1659; *Bull. Soc. Chim.*, t. XL, p. 54.

— — Chaleur de neutralisation par l'acide fluorhydrique des bases alcalines et alcalino-terreuses. *C. R.*, t. XCVII, p. 1483.

— — Sur les fluorures de sodium. *C. R.*, t. XCVII, p. 1558.

Kessler. — Sur un procédé de durcissement des pierres calcaires tendres au moyen des fluosilicates à base d'oxydes insolubles. *C. R.*, t. XCVI, p. 1317.

Klein. — Sur l'isomorphisme de masse (fluosels). *Bull. Soc. Chim.*, t. XXXIX, p. 11.

Paterno und **Oliveri.** — Fluorobenzina e fluorotoluene. *Gazz. Chim. Ital.*, t. XII, p. 533; *Bull. Soc. Chim.*, t. XXXIX, p. 83.

Sarasin. — Indice de réfraction du spath fluor. *C. R.*, t. XCVII, p. 850.

Scheurer-Kestner. — Note sur l'industrie de la soude (présence du fluor dans les lessives de soude brutes). *Bull. Soc. Chim.*, t. XXXIX, p. 413.

Smithells. — On some fluorine compounds of uranium. *Chem. Soc.*, t. XLIII, p. 125.

1884.

Balbiano. — Sopra alcuni fluorati del rame ed un ossifluorure cuprammonico. *Gazz. Chim. Ital.*, t. XIV, p. 74.

Berthelot. — Sur la chaleur de formation des fluorures. *C. R.*, t. XCVIII, p. 61.

Berthelot und **Guntz.** — Sur les déplacements réciproques entre l'acide fluorhydrique et les autres acides. *C. R.*, t. XCVIII, p. 395.

— — Équilibre entre les acides chlorhydrique et fluorhydrique. *C. R.*, t. XCVIII, p. 463.

Coppola. — Transformazione degli acidi fluobenzoici nell'organismo animale. *Gazz. Chim. Ital.*, t. VIII, p. 521; *Bull. Soc. Chim.*, t. XLII, p. 489.

Ditte. — Recherches sur l'uranium. Action de l'acide fluorhydrique sur l'oxyde d'uranium. *Ann. Chim. Ph.*, (6), t. I, p. 338.

— — Sur les apatites fluorées. *C. R.*, t. XCIX, p. 792 und 967.

Gonnard. — Sur un phénomène de cristallogénie à propos de la fluorine de la roche Cornet, près de Pontgibaud (Puy-de-Dôme). *C. R.*, t. XCIX, p. 1136.

Gore. — Electrolysis of fluoride, chlorate and perchlorate of silver. *Chem. News*, t. I, p. 150.

Guntz. — Sur le fluorure d'antimoine. *C. R.*, t. XCVIII, p. 300.

— — Recherches sur le fluorhydrate de fluorure de potassium et sur ses états d'équilibre dans les dissolutions. *C. R.*, t. XCVIII, p. 428.

— — Chaleur de formation des fluorures d'argent, de magnésium et de plomb. *C. R.*, t. XCVIII, p. 819.

— — Recherches thermiques sur les combinaisons du fluor avec lex métaux. *Ann. Chim. Ph.*, (6), t. III, p. 5; *Bull. Soc. Chim.*, t. XLI, p. 110 und 168.

Juptner. — Die Fluormineralien. *Chem. Zeit.*, t. VIII, p. 755.

Moissan. — Sur le trifluorure de phosphore. *C. R.*, t. XCIX, p. 655; *Journ. Ph.*, t. X, p. 187; *Journ. prak. Chem.*, (N. F.), t. XXX, p. 142.
— — Sur le trifluorure d'arsenic. *C. R.*, t. XCIX, p. 874; *Journ. prak. Chem.*, (N. F.), t. XXX, p. 317.
— — Action de l'étincelle d'induction sur le trifluorure de phosphore. *C. R.*, t. XCIX, p. 970.
Olszewski. — Bestimmung der Erstarrungstemperatur einiger Gase und Flüssigkeiten (Fluorsilicium). *Monat. Chem.*, t. V, p. 127.
Smith. — Minerals from Lehigh county (fluorite). *Amer. Chem. Journ.*, t. V, p. 272.
Tommasi. — Sur la chaleur de formation de quelquels composés solubles et sur la loi des constantes thermiques. *C. R.*, t. XCVIII, p. 44; *Bull. Soc. Chim.*, t. XLI, p. 537.
Truchot. — Étude thermique des fluosilicates alcalins. *C. R.*, t. XCVIII, p. 1330.
Vilber. — Zur Reinigung des Fluorammoniums. *Zeit. an. Chem.*, t. XXIII, p. 537; *Amer. chem. Journ.*, t. V, p. 389.
Vivier. — Analyse de l'apatite de Lograzan. *C. R.*, t. XCIX, p. 709.

1885.

Ampère. — Lettres d'Ampère à Davy sur le fluor (nach seinem Tode veröffentlicht). *Ann. Chim. Ph.*. (6), t. IV, p. 5.
Balbiano. — Sur quelques camposés fluorés du cuivre et sur l'oxyfluorure de cuprammonium. *Bull. Soc. Chim.*, t. XLIV, p. 264.
Berthelot. — Recherches sur le fluorure phosphoreux. *C. R.*, t. C., p. 81; *Ann. Chim. Ph.*, (6), t. VI, p. 358; *Bull. Soc. Chim.*, t. XLIII, p. 260.
Gore. — Effect of heat on the fluo-chromates of ammonium and potassium. *Chem. News*, t. LII, p. 15.
Griess. — Neue Untersuchungen über Diazoverbindungen. Kurze Notizen vermischten Inhalts. *D. chem. G.*, t. XVIII, p. 960.
Hempel. — Apparat zur Darstellung von Fluorwasserstoff- und Kieselfluorwasserstoffsäure. *D. chem. G.*, t. XVIII, p. 1438.
Moissan. — Sur une nouvelle préparation du trifluorure de phosphore et sur l'analyse de ce gaz. *C. R.*, t. C, p. 272.
— — Sur le produit d'addition PF_3Br_2 obtenu par l'action du brome sur le trifluorure de phosphore. *C. R.*, t. C, p. 1348.
— — Sur la préparation et les propriétés physiques du pentafluorure de phosphore. *C. R.*, t. CI, p. 1490.
Tammann. — Ueber den Nachweis und die Bestimmung des Fluors. *Zeit. an. Chem.*, t. XXIV, p. 328.
Truchot. — Étude thermochimique du fluosilicate d'ammoniaque. *C. R.*, t. C. p. 794.
Wingard. — Vesuvische Humite, Chondrodit von Nyakopparberg, etc. (Direkte Fluorbestimmung). *Zeit. an. Chem.*, t. XXIV, p. 344.

1886.

H. Behrens. Microchemical analysis of minerals. Test for fluorine. *Chem. News*, t. LIV, p. 301.
Brühl. — Experimentelle Prüfung der älteren und der neueren Dispersionsformeln (Flusspat). *Lieb. Ann.*, t. CCXXXVI, p. 282.
Chapman. — A new and simple method for estimating fluorine, especially applicable to commercial phosphates. *Chem. News*, t. LIV, p. 287.
Christensen. — Beiträge zur Chemie des Mangans und des Fluors. *Journ. prak. Chem.*, (N. F.), t. XXXV, p. 41.

Debray. — Rapport fait au nom de la section de chimie sur les recherches de M. Moissan relatives à l'isolement du fluor. *C. R.*, t. CIII, p. 850; *Journ. Ph.*, (5), t. XIV, p. 499.
Ditte. — Recherches sur les apatites et les wagnérites. *Ann. Chim. Ph.*, (6), t. VIII, p. 502.
Guntz. — Sur les fluorures des métalloïdes. *C. R.*, t. CIII, p. 58.
Jackson und **Comey.** — Ueber die Einwirkung des Fluorsiliciums auf organische Basen. *D. chem. G.*, t. XIX, p. 3194.
Mackintosh. — The action of hydrofluoric acid on silica and silicates. *Chem. News*, t. LIV, p. 102.
Moissan. — Action du platine au rouge sur les fluorures de phosphore. *C. R.*, t. CII, p. 763.
— — Sur un nouveau corps gazeux, l'oxyfluorure de phosphore. *C. R.*, t. CII, p. 1245; *Journ. Ph.*, (5), t. XIV, p. 143.
— — Sur la décomposition de l'acide fluorhydrique par un courant électrique. *C. R.*, t. CII, p. 1543, und t. CIII, p. 202 und 256.
— — Sur quelques propriétés nouvelles et sur l'analyse du gaz pentafluorure de phosphore. *C. R.*, t. CIII, p. 1257.
Oettel. — Ueber eine neue Methode zur Bestimmung des Fluors auf volumetrischem Wege. *Zeit. an. Chem.*, t. XXV, p. 505.
Olszewski. — Erstarrung des Fluorwasserstoffes und des Phosphorwasserstoffes, etc. *Mona'. Chem.*, t. VII, p. 371; *Bull. Soc. Chim.*, t. XLVI, p. 643.
Wagner. — Ueber die Verbindungen der Schwermetallfluoride mit den Fluoriden des Ammoniums, Kaliums und Natriums. *D. chem. G.*, t. XIX, p. 896.
Wallach. — Ueber einen Weg zur leichten Gewinnung organischer Fluorverbindungen. *Lieb. Ann.*, t. CCXXXV, p. 255.

1887.

Cavazzi. — Azione del fluoruro di silico sulla china sciolta in liquidi diversi. *Gazz. Chim. Ital.*, t. XVII, p. 560.
Christensen. — Beiträge zur Chemie des Mangans und des Fluors. *Journ. prak. Chem.*, (N. F.), t. XXXV, p. 57, 161 und 541.
Fremy. — Production artificielle du rubis *C. R.*, t. CIV, p. 737.
Fremy und **Verneuil.** — Action des fluorures sur l'alumine. *C. R.*, t. CIV, p. 738.
Krüss und **Nilson.** — Ueber das Produkt der Reduktion von Niobfluorkalium mit Natrium. *D. chem. G.*, t. XX, p. 1696.
— — Ueber Kalium Germanfluorid. *D. chem. G.*, t. XX, p. 1696.
St. Meunier. — Reproduction artificielle du spinelle ou rubis balais. *C. R.*, t. CIV, p. 1111.
Moissan. — Recherches sur l'isolement du fluor. *Ann. Chim. Ph*, (6), t. XII, p. 472.
W. Thomson. — On the antiseptic properties of some of the fluorine compounds. *Chem. News*, t. LVI, p. 132.
Wallach und **Heusler.** — Ueber organische Fluorverbindungen. *Lieb. Ann.*, t. CCXLIII, p. 219.

1888.

Comey und **Jackson.** — The action of fluoride of silicon on organic bases. *Amer. chem. Journ.*, t. X, p. 165.
Ditte. — Recherches sur le vanadium (action des fluorures sur l'acide vanadique). *Ann. Chim. Ph.*, (6), t. XIII, p. 190.

Fremy und **Verneuil.** — Production artificielle des cristaux de rubis rhomboédriques. *C. R.*, t. CVI, p. 565; 1888.
Fresenius. — Atom- und Aequivalentgewichte der Elemente (Fluor). *Zeit. an. Chem.*, t. XXVII, p. 129.
Gonnard. — Sur une association de fluorine et de Babelquartz de Villevieille. *C. R.*, t. CVI, p. 558.
Lawson und **Collie.** — The action of heat on the salts of tetramethylammonium (fluoride of tetramethylammonium). *Chem. Soc.*, t. LIII, p. 626.
Moissan. — Préparation et propriétés d'un bi- et d'un trifluorhydrate de fluorure de potassium. *C. R.*, t. CVI, p. 547.
— — Préparation et propriétés du fluorure d'éthyle. *C. R.*, t. CVII, p. 260 und 992.
Moissan und **Meslans.** — Préparation et propriétés du fluorure de méthyle et du fluorure d'isobutyle. *C. R.*, t. CVII, p. 1155.
Tammann. — Sur la présence du fluor dans l'organisme. *Journ. Ph.*, (5), t. XVIII, p. 109.
Thorpe und **Hambly.** — The vapour density of hydrofluoric acid (preliminary notice). *Chem. Soc.*, t. LIII, p. 765.
Thorpe und **Rodger.** — Thiophosphorylfluoride. *Chem. Soc.*, t. LIII, p. 766.

1889.

Berthelot und **Moissan.** — Chaleur de combinaison du fluor avec l'hydrogène. *C. R.*, t. CIX, p. 206; *Bull. Soc. Chim.*, (3), t. II, p. 647.
Carnot. — Sur une nouvelle méthode de dosage de la lithine au moyen des fluorures. *Bull. Soc. Chim.*, (3), t. I, p. 280.
Collie. — Note on methyl fluoride. *Chem. Soc.*, t. V, p. 16.
J. Curie. — Recherches sur le pouvoir inducteur spécifique et la conductibilité des corps cristallisés (fluorine). *Ann. Chim. Ph.*, (6), t. XVII, p. 429, und t. XVIII, p. 234.
Ekbom und **Manzelius.** — Ueber die Monofluornaphthaline. *D. chem. G.*, t. XXII, p. 1846.
Kopp und **Bruère.** — Sur un fluorure double d'antimoine et de sodium. *Bulletin de la Société Industrielle de Rouen*, p. 69.
Mauzelius. — Ueber die 1-5 Fluornaphthalinsulfonsäure. *D. chem. G.*, t. XXII (6), p. 1844.
Meslans. — Préparation et propriétés du fluorure de prophyle et du fluorure d'isopropyle. *C. R.*, t. CVIII, p. 352.
Moissan. — Préparation et propriétés du fluorure de platine anhydre. *C. R.*, t. CIX, p. 807.
— — Nouvelles recherches sur la préparation et sur la densité du fluor. *C. R.*, t. CIX, p. 861.
— — Sur la couleur et sur le spectre du fluor. *C. R.*, t. CIX, p. 937.
— — Action du chlore sur le fluorure de mercure. *Journ. Ph.*, (5), t. XX, p. 433.
Petersen. — Fluorverbindungen des Vanadiums und seiner nächsten Analoga. *Journ. prak. Chem.*, (N. F.) t. XL, p. 44; *D. chem. G.*, t. XXI, p. 3257; *Bull. Soc. Chim.*, (3), t. I, p. 364.
Robson. — Sur l'emploi du fluosilicate de soude comme antiseptique. *Journ. Ph.*, (5), t. XIX, p. 66.
Stein. — Ueber Fluorantimondoppelsalze. *Chem. Zeit.*, t. XIII, p. 131 und 357.

Thorpe und **Hambly** — The vapour density of hydrogen fluoride. *Chem. Soc.*, t. LV, p. 163; *Chem. Soc. P.*, t. V, p. 27; *Bull. Soc. Chim.*, (3), t. I, p. 713 und 780.

— — Phosphoryltrifluoride. *Chem. Soc.*, t. LV, p. 759; *Chem. Soc. P.*, t. V, p. 132.

Thorpe und **Rodger.** — Thiophosphorylfluoride. *Chem. Soc.*, t. LV, p. 306; *Chem. Soc. P.*, t. V, p. 77.

1890.

H. Becquerel und **Moissan.** — Étude de la fluorine de Quincié. *C. R.*, t. CXI, p. 669; *Bull. Soc. Chim.*, (3), t. V, p. 154.

Besson — Sur les combinaisons de l'hydrogène phosphoré gazeux avec les fluorures de bore et de silicium. *C. R.*, t. CX, p. 80.

Chabrié. — Sur la synthèse des fluorures de carbone. *C. R.*, t. CX, p. 279 und 1202.

Frémy und **Verneuil.** — Nouvelles recherches sur la synthèse des rubis. *C. R.*, t. CXI, p. 667.

Guenez. — Sur la préparation et les propriétés du fluorure de benzoyle. *C. R.*, t. CXI, p. 681.

Guntz. — Sur le sous-fluorure d'argent. *C. R.*, t. CX, p. 1337.

Hart. — Zum Gebrauch der Flusssäure. *Zeit. an. Chem.*, t. XXIX, p. 444.

Krüfs und **Moraht.** — Untersuchung über das Beryllium (Beryllium-Kaliumfluoride). *Lieb. Ann.*, t. CCLX, p. 190.

H. Lasne. — Identité de composition de quelques phosphates sédimentaires avec l'apatite. *C. R.*, t. CX, p. 1376.

Mauro. – Aucora dei fluossimolibdati ammonici. *Gazz. Chim. Ital.*, t. XX, p. 109.

Meslans. — Sur la préparation et sur quelques propriétés du fluoroforme. *C. R.*, t. XC, p. 717; *Bull. Soc. Chim.*, (3), t. III, p. 243.

— — Sur le fluorure d'allyle. *C. R.*, t. CXI, p. 882.

St. Meunier. — Observations sur le rôle du fluor dans les synthèses minéralogiques. *C. R.*, t. CXI, p. 509.

A. Minet. — Électrolyse par fusion ignée du fluorure d'aluminium. *C. R.*, t. CX, p. 1190, und t. CXI, p. 603.

Moissan. — Action du fluor sur les différentes variétés du carbone. *C. R.*, t. CX, p. 276.

— — Sur la préparation et les propriétés du tétrafluorure de carbone. *C. R.*, t. CX, p. 951.

— — Reeherches sur l'équivalent du fluor. *C. R.*, t. CXI, p. 570.

— — Recherches sur les propriétés et la préparation du fluorure d'éthyle. *Ann. Chim. Ph.*, (6), t. XIX, p. 266.

— — Recherches sur le fluorure d'arseuic. *Ann. Chim. Ph.*, (6), t. XIX, p. 280.

— — Recherches sur les propriétés anesthésiques des fluorures d'éthyle et de méthyle. *Bulletin de l'Académie de médecine*, (3), t. XXIII. p. 296.

Tassel. — Sur la combinaison du pentafluorure de phosphore avec l'acide *C. R.*, t. CX, p. 1264.

1891.

Benedikt. — Flusssäure. *Chem. Zeit.*, t. XV, p. 881.

Berthelot und **Moissan.** — Chaleur de combinaison du fluor avec l'hydrogène. *Ann. Chim. Ph.*, (6), t. XXIV, p. 750.

Effront. — Action des fluorures solubles sur la diastase et sur la fermentation des matières amylacées. *Bull. Soc. Chim.*, (3), t. V, p. 149, 476, 731 und 734; *Journ. Ph.*, (5), t. XXIV, p. 224.
Guntz. — Observations sur un mémoire de M. Richards. *Bull. Soc. Chim.*, (3), t. VI, p. 145.
Hintz und **Weber.** — Zur Analyse von technischem Fluornatrium. *Zeit. an. Chem.*, t. XXX, p. 30.
Moissan. — Nouvelles recherches sur le fluor. *Ann. Chim. Ph.*, (6), t. XXIV, p. 224.
— — Sur la place du fluor dans la classification des corps simples. *Bull. Soc. Chim.*, (3), t. V, p. 880; *Journ. Ph.*, (5), t. XXIII, p. 489.
— — Préparation des fluorures de baryum et de calcium cristallisés. *Bull. Soc. Chim.*, (3), t. V, p. 152.
— — Action du pentafluorure de phosphore sur la mousse de platine au rouge. *Bull. Soc. Chim.*, (3), t. V, p. 454.
— — Sur la préparation et les propriétés du fluorure d'argent. *Bull. Soc. Chim.*, (3), t. V, p. 456; *Journ. Ph.*, (5), t. XXIII, p. 329.
— — Action de l'acide fluorhydrique sur l'anhydride phosphorique. Préparation de l'oxyfluorure de phosphore. *Bull. Soc. Chim.*, (3), t. V, p. 458.
Patein. — Action du fluorure de bore sur les nitriles. *C. R.*, t. CXIII, p. 85.
Paterno und **Peratoner.** — Sulla formula dell'acidi fluoridrico. *Gazz. Chim. Ital.*, t. XXI, p. 149.
Poulenc. — Sur un nouveau corps gazeux, le pentafluochlorure de phosphore. *C. R.*, t. CXIII, p. 75; *Ann. Chim. Ph.*, (6), t. XXIV, p. 548.

1892.

Ahrens. — Ueber einige Derivate des Metaxylols (Fluor-nitro-xylol). *Lieb. Ann.*, t. CCLXXI, p. 17.
Baekeland. — The use of fluorides in the manufacture of alcohol. *Chem. News*, t. LXVI, p. 203 und 219.
Carnot. — Recherche du fluor dans différentes variétés de phosphates naturels. Os modernes, os fossiles. *C. R.*, t. CXIV, p. 1003 und 1189 und t. CXV, p. 243; *Journ. Ph.*, (5), t. XXVI, p. 124.
— — Sur le dosage du fluor. *C. R.*, t. CXIV, p. 750; *Chem. News*, t. LXV, p. 198.
Chabrié. — Sur quelques dérivés organiques halogénés. *Bull. Soc. Chim.*, (3), t. VII, p. 24.
Duboin. — Fluorure double d'aluminium et de potassium. *Journ. Ph.*, (5), t. XXVI, p. 320.
Gabriel. — Zur Frage nach dem Fluorgehalt der Knochen und Zähne. *Zeit. an. Chem*, t. XXXI, p. 522.
Helmolt. — Ueber einige Doppelfluoride. *Zeit. anorg. Chem.*, t. III, p. 115.
Meslans. — Sur les deux fluorhydrines de la glycérine. *C. R.*, t. CXIV, p. 763.
— — Sur la préparation, les propriétés chimiques et l'analyse du fluorure d'acétyle. *C. R.*, t. CXIV, p. 1020 und 1069.
— — Action de l'acide fluorhydrique anhydre sur les alcools. *C. R.*, t. CXV, p. 1080.
— — Determination of fluorine in combustible gases. *Chem. News*, t. LXVII, p. 188.
Michaelis. — Die Thionylamine der aromatischen Reihe (Thionylfluorxylidin) *Lieb. Ann.*, t. CCLXXIV, p. 236.

Moissan. — Détermination de quelques constantes physiques du fluor. *Ann. Chim. Ph.*, (6), t. XXV, p. 125.
H. Ost. — Die Bestimmung des Fluors in Pflanzenaschen. *D. chem. G.*, t. XXVI, p. 151.
Phipson. — Sur un bois fossile contenant du fluor. *C. R.*, t. CXV, p. 473; *Chem. News*, t. LXVI, p. 181.
Piccini. — Einwirkung von Wasserstoffsuperoxyd auf einige Fluoride und Oxyfluoride. *Zeit. an. Chem.*, t. I, p. 51, und t. II, p. 21.
Poulenc. — Action du fluorure de potassium sur les chlorures anhydres. Préparation des fluorures anhydres de nickel et de potassium, de cobalt et de potassium. *C. R.*, t. CXIV, p. 746.
— — Sur les fluorures de nickel et de cobalt anhydres et cristallisés. *C. R.*, t. CXIV, p. 1426.
— — Sur les fluorures de fer anhydres et cristallisés. *C. R.*, t. CXV, p. 941.
Rubens und **Snow.** — Ueber die Brechung der Strahlen von grosser Wellenlänge in Steinsalz, Sylvin und Fluorit. *Wied. Ann.*, (8), t. XLVI, p. 529.
Swarts. — Sur un nouveau dérivé fluoré du carbone. *Mém. Ac. Sc. Belg.*, (3), t. XXIV, p. 309.
— — Sur le fluochloroforme. *Mém. Ac. Sc. Belg.*, (3), t. XXIV, p. 474.
Thorpe und **Kirman.** — Fluosulphonic acid. *Chem. Soc.*, t. LXI, p. 921; *Chem. Soc. P.*, t. VIII, p. 160; *Zeit. an. Chem.*, t. III, p. 63.
Töhl. — Ueber einige Halogenderivate methylierter Benzole. *D. chem. G.*, t. XXV, p. 1525.

1893.

Gibson. — The preparation of glucina from beryl (fluorides of aluminium, iron and glucinium, behaviour when heated of). *Chem. Soc. P.*, t. IX, p. 3.
Poulenc. — Étude des fluorures de chrome. *C. R.*, t. CXVI, p. 253.
— — Sur les fluorures de zinc et de cadmium. *C. R.*, t. CXVI, p. 581.
— — Sur les fluorures alcalino-terreux. *C. R.*, t. CXVI, p. 987 und 1086.
— — Sur les fluorures de cuivre. *C. R.*, t. CXVI, p. 1446.
Swarts. — Sur le fluochlorbrométhane. *Mém. Ac. Sc. Belg.*, (3), t. XXVI, p. 102.
Töhl und **Müller.** — Ueber das Verhalten einiger Halogenderivate des Pseudocumols gegen Schwefelsäure. *D. chem. G.*, t. XXV, p. 1108.

1894.

Brauner. — Fluorplumbates and free fluorine. *Chem. Soc.*, t. LXV, p. 393; *Chem. Soc. P.*, t. X, p. 58; *Zeit. an. Chem.*, t. VII, p. 1.
Gasselin. — Action du fluorure de bore sur quelques composés organiques. *Ann. Chim. P.*, (7), t. III, p. 5.
Meslans. — Recherches sur quelques fluorures organiques de la série grasse. *Ann. Chim. Ph.*, (7), t. I, p. 346.
— — Determination of fluorine in gaseous organic fluorides. *Chem. News*, t. LXX, p. 225.
Metzner. — Étude des combinaisons de l'anhydrique fluorhidrique avec l'eau. *C. R.*, t. CXIX, p. 682.
Poulenc. — Contribution à l'étude des fluorures anhydres et cristallisés. *Ann. Chim. Ph.*, (7), t. II, p. 5.
Swarts. — Sur le fluochlorure d'antimoine. *Mém. Ac. Sc. Belg.*, (3), t. XXIX, p. 874.

1895.

Carvallo. — Spectres calorifiques (application à la fluorine). *Ann. Chim. Ph.*, (7), t. IV, p. 56.

J. Casares. — Ueber das Vorkommen einer beträchtlichen Menge Fluor in einigen Mineralwässern. *Zeit. an. Chem.*, t. XXXIV, p. 546.

J. Dewar. — The liquefaction of air and research at low temperatures. *Chem. Soc. P.*, t. XI, p. 231.

Haga und **Osaka.** — The acidimetry of hydrogen fluoride *Chem. Soc. P.*, t. XI, p. 22.

Jannasch und **Röttgen.** — Ueber die quantitative Bestimmung des Fluors durch Austreiben desselben als Fluorwasserstoffgas. *Zeit. an. Chem.*, t. 9, p. 267.

Lebeau. — Sur l'analyse de l'émeraude. (présence du fluor). *C. R.*, t. CXXI, p. 601.

Moissan. — Action du fluor sur l'argon. *Bull. Soc. Chim.*, (3), t. XIII, p. 973; *Chem. News*, t. LXXI, p. 297.

Piccini. — Einwirkung von Wasserstoffsuperoxyd auf einige Fluoride und Oxyfluoride. *Zeit. an Chem.*, t. X, p. 438.

Werner. — Beitrag zur Konstitution anorganischer Verbindungen (Doppelfluoride. *Zeit. an. Chem.*, t. IX, p. 405.

1896.

Carnot. — Sur les variations observées dans la composition des apatites. *C. R.*, t. CXXII, p. 1375.

Colson. — Mode de préparation des fluorures d'acide. *C. R.*, t. CXXII, p. 243.

J. Van Loon und **Victor Meyer.** — Das Fluor und die Esterregel. *D. chem. G.*, t. XXIX, p. 839.

Meslans. — Sur la vitesse d'éthérification de l'acide fluorhydrique. *Ann. Chim. Ph.*, (7), t. VII, p. 94.

— — Fluorure de soufre. *Bull. Soc. Chim.*, (3), t. XV, p. 391.

Meslans und **Girardet.** — Sur les fluorures d'acides. *C. R.*, t. CXXII, p. 239; *Bull. Soc. Chim.*, (3), t. XV, p. 343.

Reich. — Einwirkung von Fluorsilicium auf ein Gemisch von Thonerde und Kieselsäure. *Monat. Chem.*, t. XVII, p. 152.

Stahl. — Hydrofluoric acid. *Chem. News*, t. LXXIV, p. 45.

Swarts. — Sur l'acide fluoracétique. *Mém. Ac. Sc. Belg.*, (3), t. XXXI, p. 675.

1897.

Colson. — Amides et fluorures d'acides synthétiques. *Bull. Soc. Chim.*, (3), t. XVII, p. 55.

Moissan und **Dewar.** — Sur la liquéfaction du fluor. *C. R.*, t. CXXIV, p. 1202; *Chem. News*, t. LXXV, p. 277.

— — Nouvelles expériences sur la liquéfaction du fluor. *C. R.*, t. CXXV, p. 505; *Journ. Ph.*, (6), t. VI, p. 401; *Rev. Phy. Ch.*, t. II, p. 14; *Chem. News*, t. LXXVI, p. 197.

— — On the properties of liquid fluorine. *Chem. Soc. P.*, t. XIII, p. 175.

Spring und **Henry.** — Rapport sur le mémoire de Swarts: indice de réfraction du fluor. *Mém. Ac. Sc. Belg.*, (3), t. XXXIV, p. 221.

Swarts. — Sur quelques dérivés fluobromés en C^2. *Mém. Ac. Sc. Belg.*, (3), t. XXXIII, p. 439, und t. XXXIV, p. 307.

— — Sur l'indice de réfraction atomique du fluor. *Mém. Ac. Sc. Belg.*, (3) t. XXXIV, p. 297.

Weinland und **Lauenstein.** — Ueber Fluoroxyjodate. *D. Chem. G.*, t. XXX, p. 866.
Zellner. — Ueber die Gehaltsbestimmung der Fluorwasserstoffsäure. *Monat. Chem.*, t. XVIII, d. 749.

1898.

Carles. — Le fluor des eaux de Néris-les-Bains. *Journ. Ph.*, (6), t. VIII, p. 566.
Dulk. — Atomgewicht oder Atomgravitation. *D. chem. G.*, t. XXXI, p. 1866.
Landolt, Ostwald und **Seubert.** — Bericht der Commission für die Festsetzung der Atomgewichte. *D. Chem. G.*, t. XXXI, p. 2762.
Lebeau. — Sur la préparation et les propriétes du fluorure de glucinium et de l'oxyfluorure de glucinium. *C. R.*, t. CXXVI, p. 1418.
Paterno und **Alvisi.** — Intorno ad alcune reazioni di fluoruri metallici. *Gazz. Chim. It.*, t. XXVIII, p. 18.
Swarts. — Sur l'acide dibromfluoracétique. *Mém. Ac. Sc. Belg.*, (3), t. XXXV, p. 849.
Wallerant. — Sur le polymorphisme de la fluorine. *C. R.*, t. CXXVI, p. 494.
Weinland und **Alfa.** — Ueber ein Fluorsulfat des Kaliums bezw. Rubidiums. *D. chem. G.*, t. XXXI, p. 123.

1899.

Hempel und **Scheffler.** — Ueber eine Methode zur Bestimmung des Fluors neben Kohlensäure und den Fluorgehalt von einigen Zähnen. *Zeit. an. Chem.*, t. XX, p. 1.
Lepierre. — Fluor dans quelques eaux minérales. Eaux fluorées. *C. R.*, t. CXXVIII, p. 1289.
Moissan. — Préparation du fluor par électrolyse dans un appareil en cuivre. *C. R.*, t. CXXVIII, p. 1543.
— — Production d'ozone par la décomposition de l'eau au moyen du fluor. *C. R.*, t. CXXIX, p. 570.
— — Action de l'acide fluorhydrique et du fluor sur le verre. *C. R.*, t. CXXIX, p. 799.
Parmentier. — Sur les eaux minérales fluorées. *C. R.*, t. CXXVIII, p. 1100 und 1409.
Weinland und **Alfa.** — Ueber fluorierte Phosphate, Sulfate, etc. *Zeit. an. Chem.*, t. XXI, p. 43.
Weinland und **Lauenstein.** — Ueber Fluorjodate. *Zeit. an. Chem.*, t. XX, p. 30.
— — Ueber die Einwirkung der Fluorwasserstoffsäure auf Wismutsäure bezw. Kaliumwismutat. *Zeit. an. Chem.*, t. XX, p. 46.

Inhaltsverzeichnis.

ERSTES KAPITEL.

ABSCHEIDUNG DES FLUORS.

ZWEITES KAPITEL.

NEUE APPARATE ZUR ERZEUGUNG VON FLUOR.

DRITTES KAPITEL.

PHYSIKALISCHE EIGENSCHAFTEN DES FLUORS.

VIERTES KAPITEL.

VERBINDUNGEN DES FLUORS MIT DEN METALLOIDEN.

UNTERSUCHUNG EINIGER FLUORVERBINDUNGEN.

FUENFTES KAPITEL.

VERBINDUNGEN DES FLUORS MIT DEN METALLEN.

SECHSTES KAPITEL.

EINWIRKUNG VON FLUOR AUF EINIGE ORGANISCHE VERBINDUNGEN.

SIEBENTES KAPITEL.

EINIGE CONSTANTEN DES FLUORS. — NEUE EIGENSCHAFTEN DES FLUORS.

Druck von
Louis Schneider & Cie., G.m.b.H., Berlin SW., Friedrichstr. 16.
(Maschinen-Satz.)

FSC
www.fsc.org
MIX
Papier | Fördert
gute Waldnutzung
FSC® C083411

Kolibri 360 GmbH
Ferdinand-Jühlke-Straße 7
99095 Erfurt, Deutschland
produktsicherheit@kolibri360.de